大美中国系列丛书

The Magnificent China Series

王贵祥　陈薇　主编

Edited by WANG Guixiang CHEN Wei

Chinese Ancient Capitals

王南　等　著

Written by WANG Nan et al.

中国建筑工业出版社

中国城市出版社

『十三五』国家重点图书出版规划项目

序

古罗马建筑师维特鲁威在2000年前曾提出了著名的“建筑三原则”，即建筑应该满足“坚固、实用、美观”这三个基本要素。维特鲁威笔下的“建筑”，其实是一个具有宽泛含义的建筑学范畴，其中包括了城市、建筑与园林景观。显然，在世界经典建筑学话语体系中，美观是一个不可或缺的重要价值标准。

由中国建筑工业出版社和城市出版社策划并组织出版的这套“大美中国系列丛书”，正是从中国古代建筑史的视角，对中国古代传统建筑、城市与景观所做的一个具有审美意象的鸟瞰式综览。也就是说，这套丛书的策划者，希望跳出既往将注意力主要集中在“结构—匠作—装饰”等纯学术性的中国建筑史研究思路，从建筑学的重要原则之一，即“美观”原则出发，对中国古代建筑作一次较为系统的梳理与分析。显然，从这一角度所做的观察，或从这一具有审美视角的系列研究，同样具有某种建筑学意义上的学术性价值。

这套丛书包括的内容，恰恰是涉及了中国传统建筑之城市、建筑与园林景观等多个层面的分析与叙述。例如，其中有探索中国古代城市之美的《古都梦华》（王南）、《城市意匠》（覃力）；有分析古代建筑之美的《名山建筑》（张剑葳）、《古刹美寺》（王贵祥）；也有鉴赏园林、村落等景观之美的《园景圆境》（陈薇、顾凯）、《水乡美境》（周俭）。尽管这6本书，还不足以覆盖中国古代城市、建筑与景观的方方面面，但也堪称是一次从艺术与审美视角对中国古代建筑的全新阐释，同时，也是一个透过历史时空，从艺术风格史的角度，对中国古代建筑的发展所做的全景式叙述。

在西方建筑史上，对于建筑审美与艺术风格的关注，由来已久。因而，欧洲建筑史，在很大程度上，就是一部艺术风格演变史。所以，欧洲人往往是从风格的角度观察建筑，将建筑分为古代的希腊、罗马风格；中世纪的罗马风、哥特风格；其后又有文艺复兴风格，以及随之而来的巴洛克、洛可可和古典主义、折中主义等风格。而中国建筑史上的观察，更多集中在时代的差异与结构做法、装饰细节等的变迁上。即使是对城市变化的研究，也多是从里坊与街市变迁的角度加以分析。故而，在中国建筑史研究中，从艺术与审美角度出发展开的分析，多少显得有一点不够充分。这套丛书可以说是透过这一世界建筑史经典视角对中国古代建筑的一个新观察。

尽管古代中国人，并没有像欧洲人那样，将“美观”作为建筑学之理论意义上的一个基本原则，而将主要注意力集中在对统治者的宫室建筑之具有道德意义的“正德”、“卑宫室”等限制性概念上，但中国人却从来不乏对于建筑之美的创造性热情。例如，早在先秦时期的文献中，就记录了一段称赞居室建筑之美的文字：“晋献文子成室，晋大夫发焉。张老曰：‘美哉，轮焉！美哉，奂焉！歌于斯，哭于斯，聚国族于斯！’文子曰：‘武也，得歌于斯，哭于斯，聚国族于斯，是全要领以从先大夫于九京也！’北面再拜稽首。君子谓之善颂、善祷。”[①]其意大概是说，在晋国献文子的新居落成之时，晋国的大夫们都去致贺。致贺之人极力称赞献文子新建居室的美轮美奂。文子自己也称自己的居室，可以与人歌舞，与人哭泣，与人聚会，如此也可以看出其居室的空间之宏敞与优雅。

虽然孔子强调统治者的宫室建筑，应该遵循“卑宫室”原则，但他也对建筑之美，提出过自己的见解：“子谓卫公子荆：‘善居室。始有，曰：苟合矣。少有，曰：苟完矣。富有，曰：苟美矣。’”[②]尽管在孔子看来，建筑之美，是会受到某种经济因素的影响的，但是，在可能的条件下，追求建筑之美，却是一个理所当然的目标。

可以肯定地说，在有着数千年历史的传统中国文化中，我们的先辈在古代城市、建筑与园林景观之美的创造上，做出了无数次努力尝试，才为我们创造、传承与保存了如此秀美的城乡与山河。也就是说，具有传统意味的中国古城、名山、宫殿、寺观、园林、村落，凝聚了历代文人与工匠们，对于美的追求与探索。探索这些文化遗存中的传统之美，并将这种美，加以细心的呵护与发扬，正是传承与发扬中国优秀传统文化的必由之路。

希望这套略具探讨性质的建筑丛书，对于人们了解中国传统建筑文化中的审美理念，理解古代中国人在城市、建筑与园林方面的审美意象增加一点有益的知识，并能够在游历这些古城、古山、古寺、古园中，亲身感受到某种酣畅淋漓的大美意趣。若能达此目标，则是这套丛书之策划者、写作者与编辑者们的共同愿望。

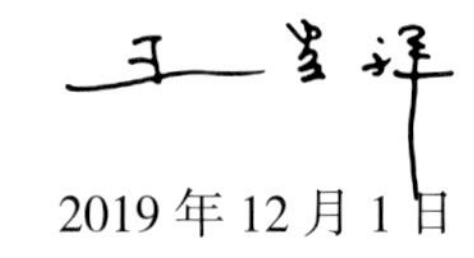

2019 年 12 月 1 日

① （清）吴楚材，吴调侯．古文观止・卷 3・周文．晋献文子成室（檀弓下《礼记》）．

② 论语．子路第十三．

目录

导言

历代名都概略

“商邑翼翼，四方之极。”

——《诗经·商颂·殷武》

中国早期都城发端于中原地区，具有四方之极、天下之中等象征意义。如《诗经·商颂·殷武》云：“商邑翼翼，四方之极。”《吕氏春秋·慎势》则称“古之王者，择天下之中而立国，择国之中立宫”。司马迁在《史记·货殖列传》中写道：“昔唐人都河东，殷人都河内，周人都河南。夫三河在天下之中，若鼎足，王者所更居也，建国各数百千岁……”故而古语有逐鹿中原、问鼎中原之谓。

随着历史的进程以及中国疆域的扩展，历代古都不再局限于中原地带，而是逐渐发展出一系列建都时间漫长、朝代繁多的著名古都——比较公认的所谓“六大古都”为西安、洛阳、北京、南京、开封与杭州。当然亦有将安阳加入，合称“七大古都”者；抑或再加入郑州，并称“八大古都”者，不一而足。

本书的正文（第一至六章）即分述最著名的六大古都，每章略述一座古都之历史沿革、都城格局以及主要建筑（尤其是皇家的宫殿、苑囿、陵寝及寺观等），尤其着重探讨该古都最繁华鼎盛时期的都城、建筑胜概。

比如西安，有“十三朝古都”之谓，曾先后为西周、秦、西汉、新莽、东汉、西晋、前赵、前秦、后秦、西魏、北周、隋、唐各朝的都城（或陪都）。本书以汉长安、唐长安之盛况为介绍重点。

洛阳亦有“九朝古都”之称，实则算上陪都则多达十一朝，包括夏、商、西周、东周、东汉、曹魏、西晋、北魏、隋、唐、后唐。以汉魏洛阳和隋唐洛阳为重点。

南京常被称作“六朝古都”，主要指孙吴、东晋和南朝宋、齐、梁、陈，共计六朝，此后南京又先后作为南唐、明朝都城，近代还一度作为太平天国都城、中华民国首都。其中，六朝建康之文采风流以及明代南京为论述要点。

开封世称“七朝古都”，先后为魏（战国）、后梁、后晋、后汉、后周、北宋、金之都城。其中北宋汴梁（亦称东京、汴京等）时期，古都达于科技、经济、文化之高峰，将重点讨论。

杭州曾为吴越国、南宋之都城，尤其在南宋达于尽善尽美之境。

北京先后为燕（战国）、辽、金、元、明、清等朝之都城（或陪都），其中元大都和明清北京为奠定今日首都北京格局的重要时期。

王国维曾经言道：“都邑者，政治与文化之标征。”中国历代古都，实为中国古代历史之缩影、文化之结晶。西安、洛阳、北京、南京、开封与杭州这六大古都可谓中国古代都城史之“主干”。当然，中国历代都城远不止于此。除以上六大古都之外，中国历朝历代其他名都数量众多，蔚为大观。清代顾炎武《历代宅京记》曾列举历代都城、陪都达 46 处之多。据当代学者统计，如果算上中原分裂时期的大小政权，以及各边区民族政权之都城，中国历代都城数量近于三百——这些数量众多的古都共同构成中国古代都城史的茂密“枝叶”。

下文将对六大古都之外的其他一些相对重要的都城，进行惊鸿一瞥式的略述，以此作为对中国古都历史的极其扼要的概览，亦作为对本书正文（主要讨论六大古都）的一点补充。

一、先秦古都

（一）夏商周都城

依《史记》《竹书纪年》等史籍，夏王朝自其创始至灭亡，先后共历十四世十七王，历时约四百年（公元前 2070—前 1600 年）。河南偃师二里头遗址是目前学术界公认的最早的王朝都城遗址，有学者认为其乃夏代晚期都城，也有学者认为其属于商代早期都城，尚无定论，因而夏代都城的认定还有赖考古工作的继续深入。关于二里头遗址的宫城、宫殿建筑基址的具体内容详见本书第二章。

商代都城的考古发现在三代都城中最为丰富。史载自首帝成汤迄于末世帝辛（即纣王），商王朝共十六世三十王，历时约六百年（公元前1600—前1046年），其间曾六度迁徙国都。目前经考古发掘确认的商代都城，依照时间先后顺序分别为：偃师商城、郑州商城、安阳洹北商城和殷墟。依照考古学者唐际根的分期，偃师商城和郑州商城属于早商，安阳洹北商城属于中商，安阳殷墟属于晚商。其中，河南洛阳偃师商城遗址被不少学者认为是商代第一都——商汤创立的“西亳”（班固《汉书·地理志》注中称“偃师尸乡，殷汤所都”），该遗址都城、宫殿等具体内容详见本书第二章。

周朝（公元前1046—前221年）自武王立国到战国末年秦昭襄王五十一年灭周，共历时791年，分为西周（公元前1046—前771年）与东周（公元前770年—前256年）。王朝中心由西周时的丰、镐二京（详见本书第一章）转至东周的成周、雒邑（雒邑曾为西周的东都，详见本书第二章）。

以下略述商代三座重要都城，即郑州商城、安阳洹北商城及安阳殷墟。

1. 郑州商城

郑州商城遗址位于今郑州市东偏之郑县旧城及其北关一带。城址平面为一折东北角之南北纵长的矩形，东墙、南墙各长约1700m，西墙长约1870m，北墙为折线，长约1690m，周长共计约6960m。城墙共有缺口11处，是否均系城门尚难断定（图0-1）。利用东城墙探沟内出土的木炭进行碳14测定，其年代为距发掘时3235±90年（公元前1285±90年），树轮校正年代为3570年±135年（公元前1620年）。有学者认为此城可能为传说中之“隞都”，也有学者认为是“西亳”，尚无明确结论。

城内东北隅有由红土与黄土筑成之夯土台若干，其面积最大者达2000m^2，小者亦有百余平方米，发掘者认为这一带很有可能是宫殿遗址区。其中，C8G15遗址被认为是一座宫殿遗址。该遗址按现存的房基槽计算，东西长超过65m(东边被马路叠压)，南北宽13.6m，面积比偃师二里头和黄陂盘龙城的商代宫殿大，其格局与黄陂盘龙城商代宫殿遗址F1类似（图0-2）。C8G16遗址房屋基槽南北长38.4m，东西宽31.2m，也是一座规模巨大的宫殿建筑遗迹。

除宫殿基址外，城内还发现有宫城墙、大型壕沟、规模宏大的蓄水池、排水沟、大型夯土水井等。城内南部及城外近郊半公里之内，皆有民居、作坊及墓葬分布。

1986—2002年，考古工作者还在郑州商城之四周陆续发现从四面围合内城城墙的外郭城墙，形状较不规则，在外郭之外还有宽约40m的护城河。目前发现的外郭

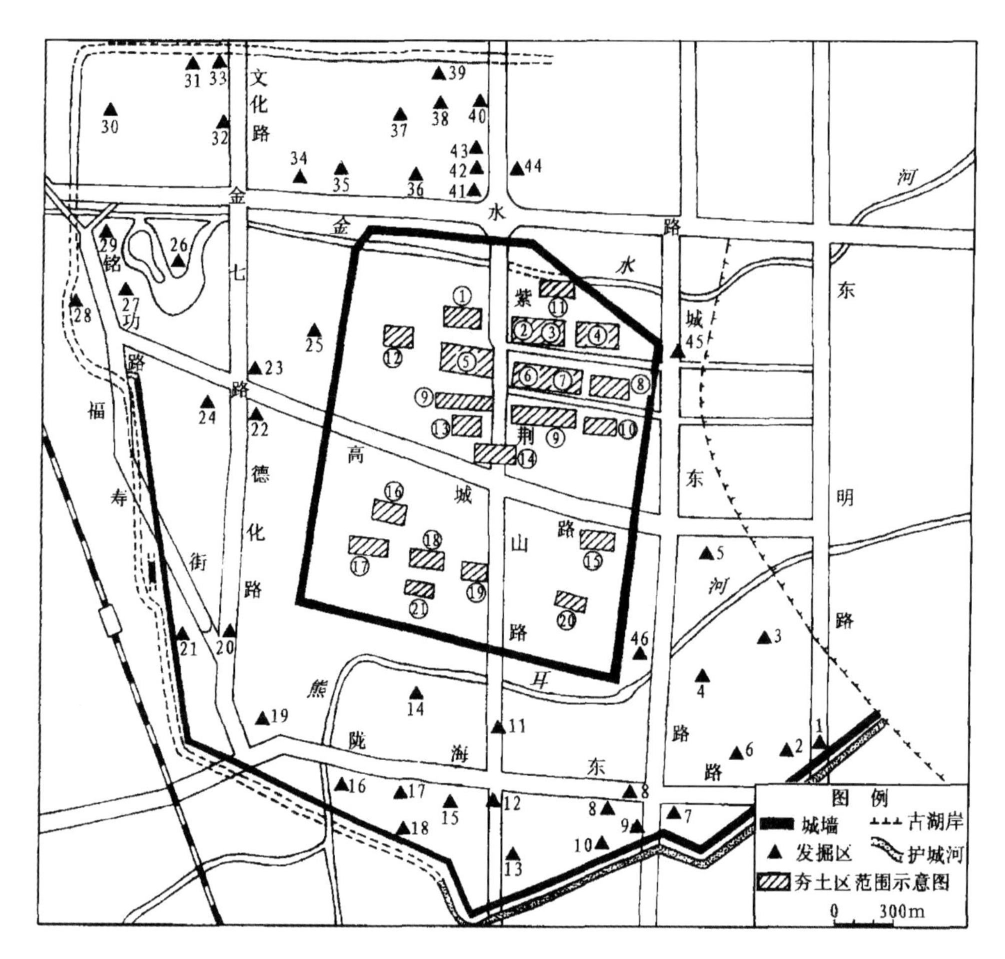

①. 第 1 夯土区 ②. 第 2 夯土区 ③. 第 3 夯土区 ④. 第 4 夯土区 ⑤. 第 5 夯土区 ⑥. 第 6 夯土区 ⑦. 第 7 夯土区 ⑧. 第 8 夯土区 ⑨. 第 9 夯土区 ⑩. 第 10 夯土区 ⑪. 黄委会 43 号院夯土区 ⑫. 河南油田驻郑办事处夯土区 ⑬. 郑州民族小区夯土区 ⑭. 紫荆山路中段夯土区 ⑮. 郑州电力技校夯土区 ⑯. 郑州万辉大楼夯土区 ⑰. 郑州永恒房产夯土区 ⑱. 中凯置业夯土区 ⑲. 长江置业夯土区 ⑳. 东大街中段夯土区 ㉑. 管城房管局夯土区 (①～⑩夯土区为 20 世纪 70 年代探出，部分已经过考古发掘，⑪～㉑夯土区均经发掘) 1. 杨庄墓葬区 2. 商代 23 号墓 3. 郑州玻璃厂 4. 郑州毛巾被厂 5. 郑州皮鞋厂 6. 河南电机厂 7. 二里冈遗址 8. 南关外遗址 9. 河南省商业储运公司 10. 火车站 11. 紫荆山路中南段 12. 南关外铸铜遗址 13. 郑州市木材公司 14. 烟厂墓区 15. 烟厂家属区 16. 河南服装总厂 17. 河南省客运公司 18. 郑州五中 19. 郑州十五中 20. 德化街 21. 银基商贸城 22. "二七" 路 23. 黄泛区园艺场 24. 郑州市金博大商场 25. 杜岭街 26. 人民公园青年湖 27. 九州城 28. 铭功路制陶作坊 29. 大石桥 30. 市儿童医院东部 31. 省图书馆 32. 省二轻厅 33. 省豫剧团 34. 省二附院 35. 军区幼儿园 36. 省委大院 37. 省委家属院 38. 省保险公司 39. 郑州八中 40. 河南省政协 41. 紫荆山铸铜遗址 42. 河南报业大厦 43. 制骨作坊 44. 省电信局 45. 白家庄墓区 46. 回族食品厂青铜器窖藏坑

图 0-1 郑州商城平面图

来源：袁广阔，曾晓敏 . 论郑州商城内城和外郭城的关系 [J]. 考古，2004 (3) ：59-67.

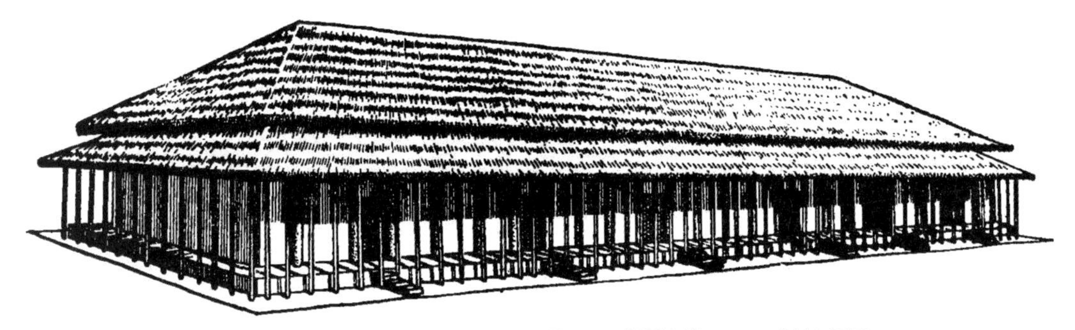

图 0-2　郑州商城 C8G15 遗址复原图

来源：河南省文物研究所．郑州商代城内宫殿遗址区第一次发掘报告[J]. 文物，1983（5）：1-28.

城墙基长度已达 6000 余米。发掘者指出，西、南、北三面的外郭城墙与内城的距离最宽处为 1100m 左右，郑州商城的防御体系是通过城墙、护城河与东部湖泊内的大面积水域构成的，推测其面积（指外郭以内）约 13km^2。外郭城内主要发现有手工业作坊和墓地、祭祀坑等遗迹。郑州商城是我国目前已知最早有郭城的都城城址，它证明了《吴越春秋》“鲧筑城以卫君，造郭以守民”的记载是可信的，同时也为其他商城寻找郭城提供了依据。

2. 安阳洹北商城

洹北商城属于商代中期，晚于偃师、郑州商城的早商文化遗存，早于传统意义上的洹河以南殷墟的晚商文化遗存。多数学者认为它是“盘庚迁殷”之殷都所在。

洹北商城发现于 1999 年，城址位于河南省安阳市北郊，南邻洹河，平面略呈方形，方向 13°，与举世闻名的殷墟遗址略有重叠，其南北向城墙基槽长约 2200m，东西向城墙基槽长约 2150m，占地约 4.7km^2（图 0-3）。

宫城位于洹北商城南部略偏东。平面呈长方形，方向 13°，南北长 795m，东西宽超过 515m，面积约 41 万 m^2。宫城四周城墙基槽宽 6 ~ 7m，墙体宽 5 ~ 6m。宫殿区内的 30 余处基址都是东西长、南北短，南北成排。一号基址是迄今发现的最大的商代建筑群。基址平面呈“回”字形（四周是建筑主体，中间为庭院），东西长约 173m（东部未发掘，测量数据依钻探资料），南北宽 85 ~ 91.5m（南部门塾和北部主殿宽于其他部分），总占地面积近 1.6 万 m^2（图 0-4）。一号基址通面阔 173m，约为宫城通面阔（515m）的三分之一。整个基址由门塾（包括两个门道）、主殿、

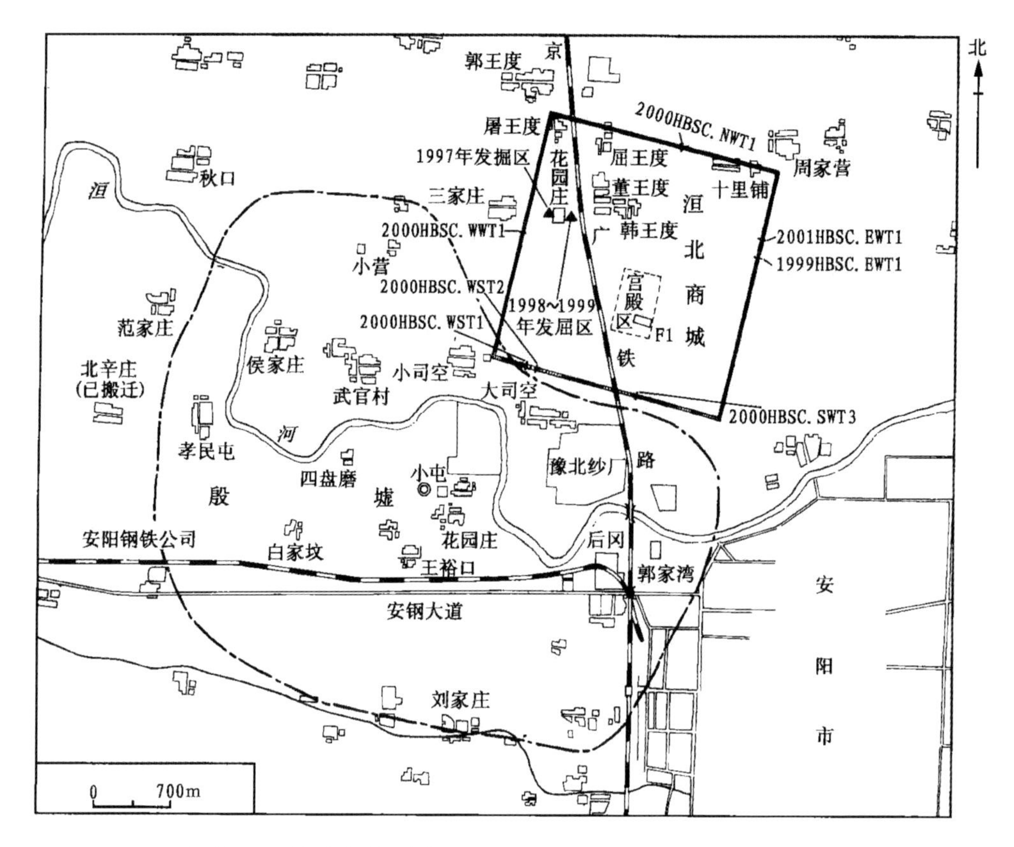

图 0-3　安阳洹北商城平面及其与殷墟位置关系图

来源：中国社会科学院考古研究所安阳工作队．河南安阳市洹北商城的勘察与试掘[J]. 考古，2003（5）：3-16.

图 0-4　安阳洹北商城一号基址航拍图

来源：中国社会科学院考古研究所安阳工作队．河南安阳市洹北商城的勘察与试掘[J]. 考古，2003（5）：3-16.

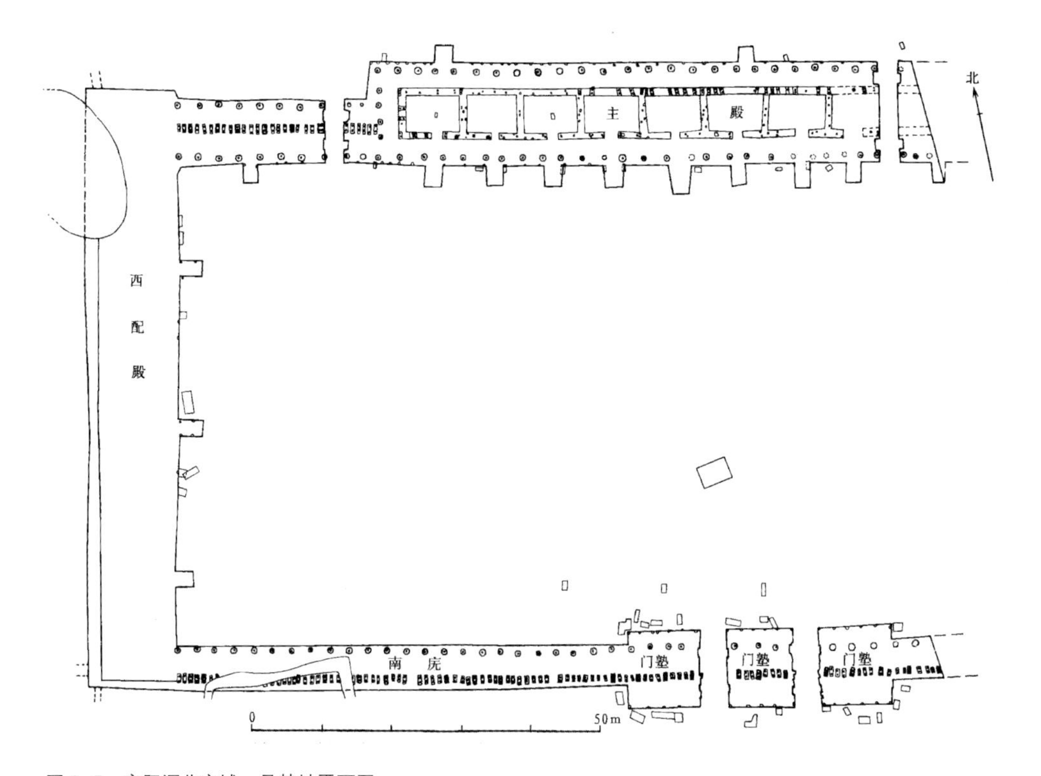

图 0-5　安阳洹北商城一号基址平面图
来源：中国社会科学院考古研究所安阳工作队．河南安阳市洹北商城宫殿区一号基址发掘简报 [J]. 考古，2003（5）：17-23.

主殿旁的廊庑、西配殿、门塾两旁的长廊组成。估计尚未发掘的基址东部还应有东配殿。主殿南北宽约 14.4m，长度在 90m 以上。主殿柱网结构清晰，中央为十间正室（已发掘九间），周围回廊，回廊宽约 3m。在正室的前方发现有一字排开的通向庭院的台阶，台阶与各“正室”的门对应（图 0-5）。一号基址的平面布局与偃师商城的 3 号、5 号宫殿建筑群布局几乎完全相同。有学者推测其为宗庙建筑。

二号基址位于洹北商城宫城的中部，在一号基址北部，与一号基址相距 29m。平面亦呈“回”字形，南、东、西三面为廊庑，北部正中为主殿。东西面阔 92m，南北跨度 61.4 ~ 68.5m（北部正殿宽于两侧耳庑），总占地面积 5992m^2（图 0-6）。主殿东西长 43.5m，南北宽 13.8m。

洹北商城西南隅有一小城，平面近方形，东西宽约 240m，南北长约 255m，其东墙南端与大城南墙衔接，北墙西端与大城西墙衔接。洹北商城北部分布有密集居民点。

3. 安阳殷墟

河南安阳殷墟遗址位于安阳西北之小屯村，整个遗址东西长 6km，南北宽 4km，总面积达 24km^2。安阳殷墟为商代后期自盘庚以下八代十三王共 273 年的国都。殷墟以坐落在洹水南岸与小屯村东北的宫室区为中心，环以手工业作坊与民居。王室、贵族的墓葬，则集中于洹水之北岸（今日之侯家庄与武官村北）。就目前所知，殷墟的宫室区仅依洹水及壕沟为防御，未见有宫墙之建设。都城外围，亦无城墙、外濠遗址。

宫殿宗庙区：1928—1937 年，中央研究院历史语言研究所在小屯村东北和洹河之间，从北向南共发现了甲、乙、丙三组建筑基址，共 53 座。建筑基址大多朝东西或南北，单体平面有矩形、方形、凹字形、曲尺形等多种。如今，已发现夯土建筑基址上百座，以及位于建筑遗址区西北侧、面积不小于 4.5 万 m^2 的大黄土坑（发掘者推测其为池苑遗址）。学者杜金鹏认为乙二十组基址（包括乙十六、十八、十九、二十）为外朝建筑群[①]（图 0-7 ~图 0-9）。

殷商王陵区：西北冈位于安阳洹河以北的武官村和侯家庄一带，是殷商王陵区的所在地。整个陵区东西长约 450m、南北宽约 250m，以中部空白地带为界，可分为东、西两区。其中东区有带四条墓道的大墓 1 座（HPKM1400），带两条墓道的大墓 3 座（HPKM1129、HPKM1443、50WGKM1），带一条墓道的大墓 1 座（84AWBM260）；西区有带四条墓道的大墓 7 座（HPKM1001、HPKM1550、HPKM1004、HPKM1002、HPKM1003、HPKM1500、HPKM1217），带一条墓道的大墓 1 座（78AHBM1），未修建完成的大墓 1 座（HPKM1567）。

（二）春秋战国诸侯国都城

1. 鲁曲阜（今山东曲阜）

西周初年，周武王封周公之子伯禽于鲁国，都城为曲阜，遗址在今山东曲阜。鲁曲阜故城平面形状作略不规则之横长矩形，东西最长处 3700m，南北最宽处 2700m，面积约 10km^2，规模宏伟。四面城垣除南垣较直外，东、西、北三面均有弧度，

① 有学者认为甲组建筑群为王室手工业作坊的集中区。参见：岳洪彬，孙玲．殷墟小屯宫殿区甲组基址的年代和性质探析 [J]. 三代考古，2013（00）：144-168.

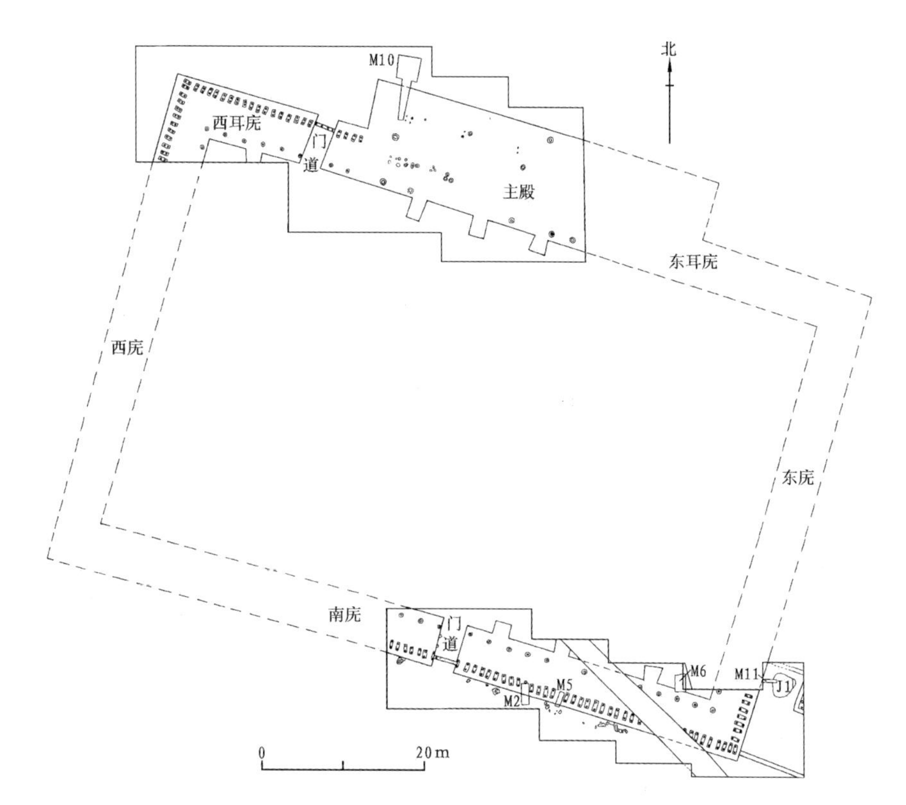

图 0-6　安阳洹北商城二号基址平面图
来源：中国社会科学院考古研究所安阳工作队．河南安阳市洹北商城宫殿区二号基址发掘简报[J]. 考古，2010（1）：9-22.

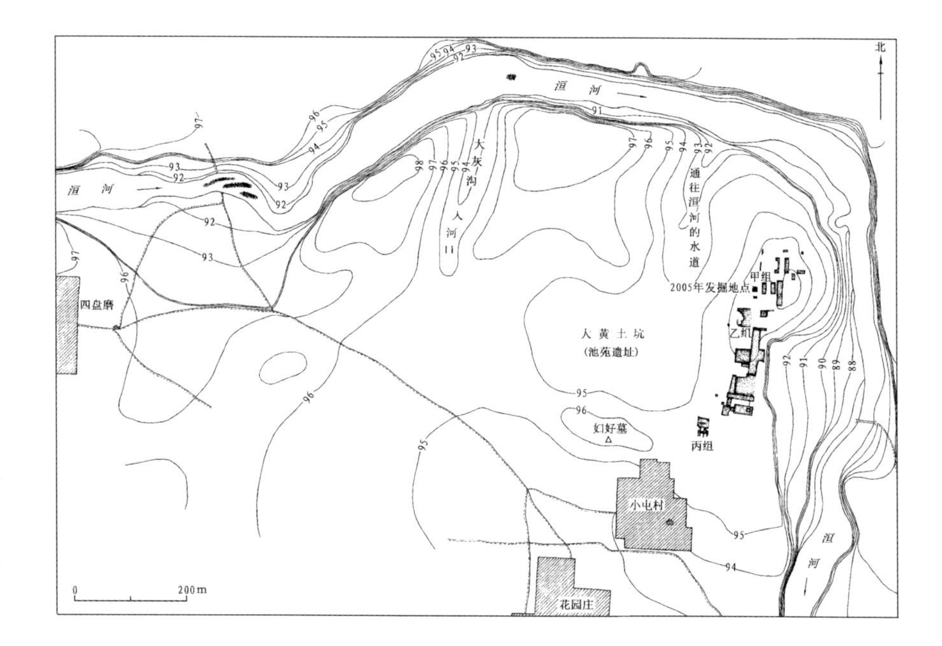

图 0-7　安阳殷墟小屯宫殿宗庙区及附近地区平面图
来源：中国社会科学院考古研究所安阳工作队．2004-2005 年殷墟小屯宫殿宗庙区的勘探和发掘[J]. 考古学报，2009（2）：217-245.

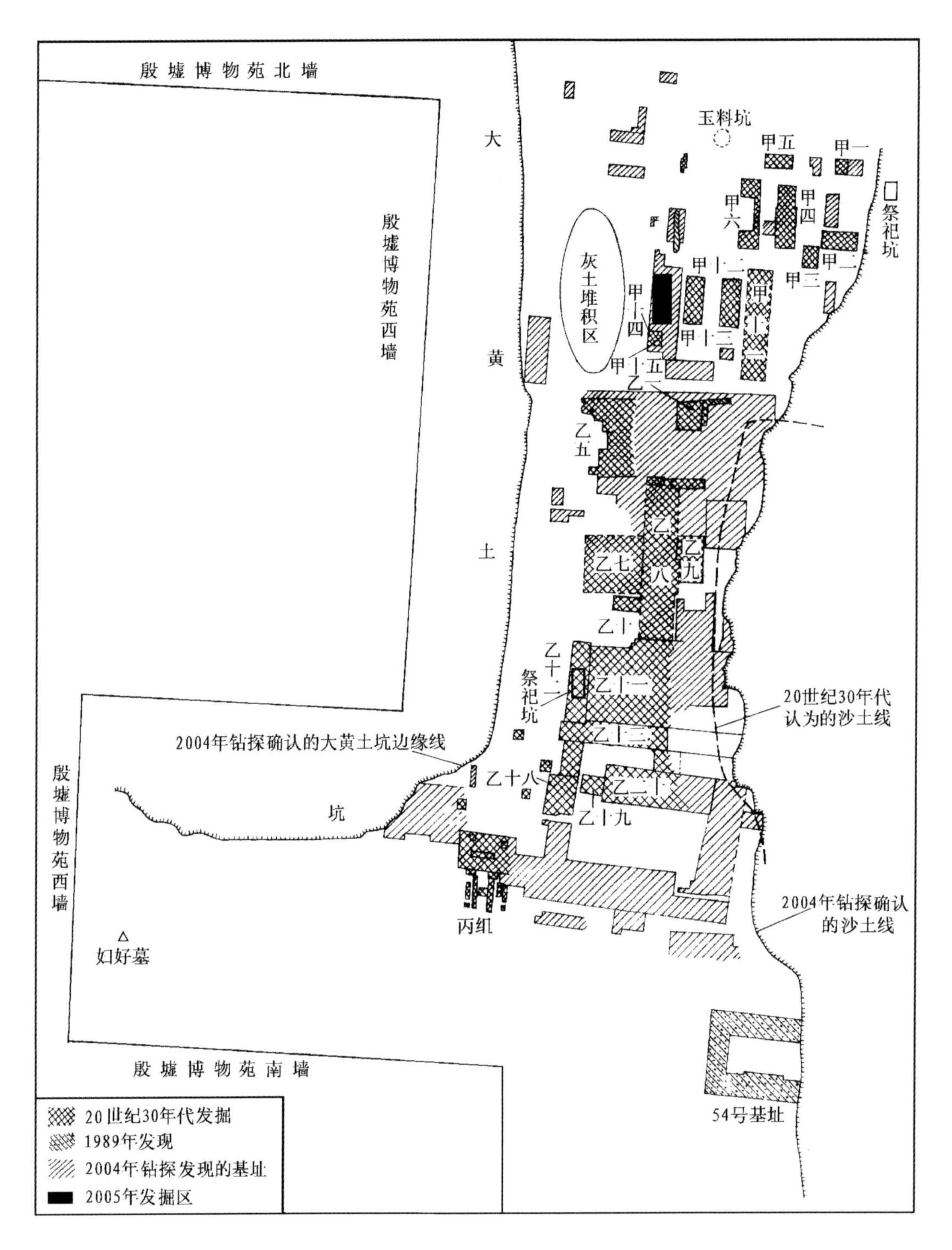

图 0-8 安阳殷墟小屯宫殿宗庙区平面图

来源：中国社会科学院考古研究所安阳工作队．2004—2005 年殷墟小屯宫殿宗庙区的勘探和发掘 [J]. 考古学报，2009（2）：217-245.

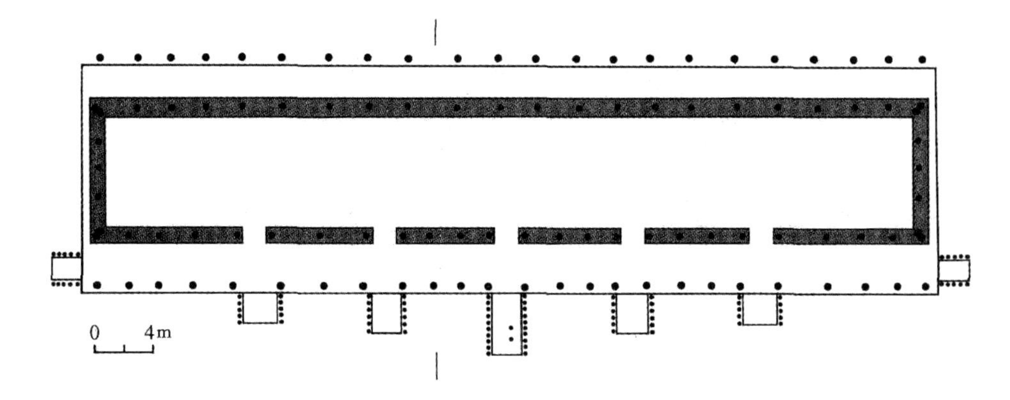

图 0-9 安阳殷墟小屯宫殿宗庙区乙二十基址平面复原图
来源：杜金鹏 . 殷墟宫殿区乙二十组建筑基址研究 [J]. 三代考古，2009 (00)：214-235.

四角呈圆角，城垣总周长 11771m。

据考古发掘，该城筑有内、中、外三道城垣，其外垣筑于西周晚期至西汉，中垣筑于东汉，内垣最晚（据记载为明嘉靖初所建），即今日曲阜古城之前身。内垣、中垣均共用外垣南墙西侧一段。外垣共辟有城门十一处，东、西、北各三门，南面二门。据《左传》等文献可知有稷门、东门、上东门、子驹门、莱门、雩门、鹿门、石门等。绝大多数门道宽 10m 左右。东北门即文献所说的上东门，门道宽 14m，长 38m。

外垣中央偏东北处（即中垣之东北隅）有大型夯土台多处，其范围东西 550m，南北 500m，推测此区可能为西周时期鲁国诸侯宫室区。外垣内之道路，已发现十条，东西向及南北向各半。其中最主要之干道为由宫室区南侧通向南墙东门者，并南延至城外 1700m 处之舞雩台——可以视作鲁曲阜城规划设计的南北中轴线（图 0-10）。

曲阜留存至今最著名的古迹当属“三孔”，即孔庙、孔府、孔林建筑群，此外还有颜庙等不少重要古建筑群（图 0-11）。

2. 齐临淄（今山东淄博）

齐临淄城东临淄河，西依系水（即今俗名泥河），南有牛山、稷山，东、北两面是辽阔的原野，北距渤海百余里。据《史记·齐太公世家》记载，齐国第七个统治者齐献公由薄姑迁都于此，时间约在公元前 9 世纪 50 年代。自此以后，经春秋战国时期至公元前 221 年秦始皇灭齐为止，临淄作为姜齐与田齐的国都长达 630 余年之久，是我国规模最大的早期城市之一。《战国策·齐策》中苏秦描绘临淄之盛况道：“临淄之中七万户……其民无不吹竽、鼓瑟、击筑、弹琴、斗鸡、走犬、六博、蹹踘者。

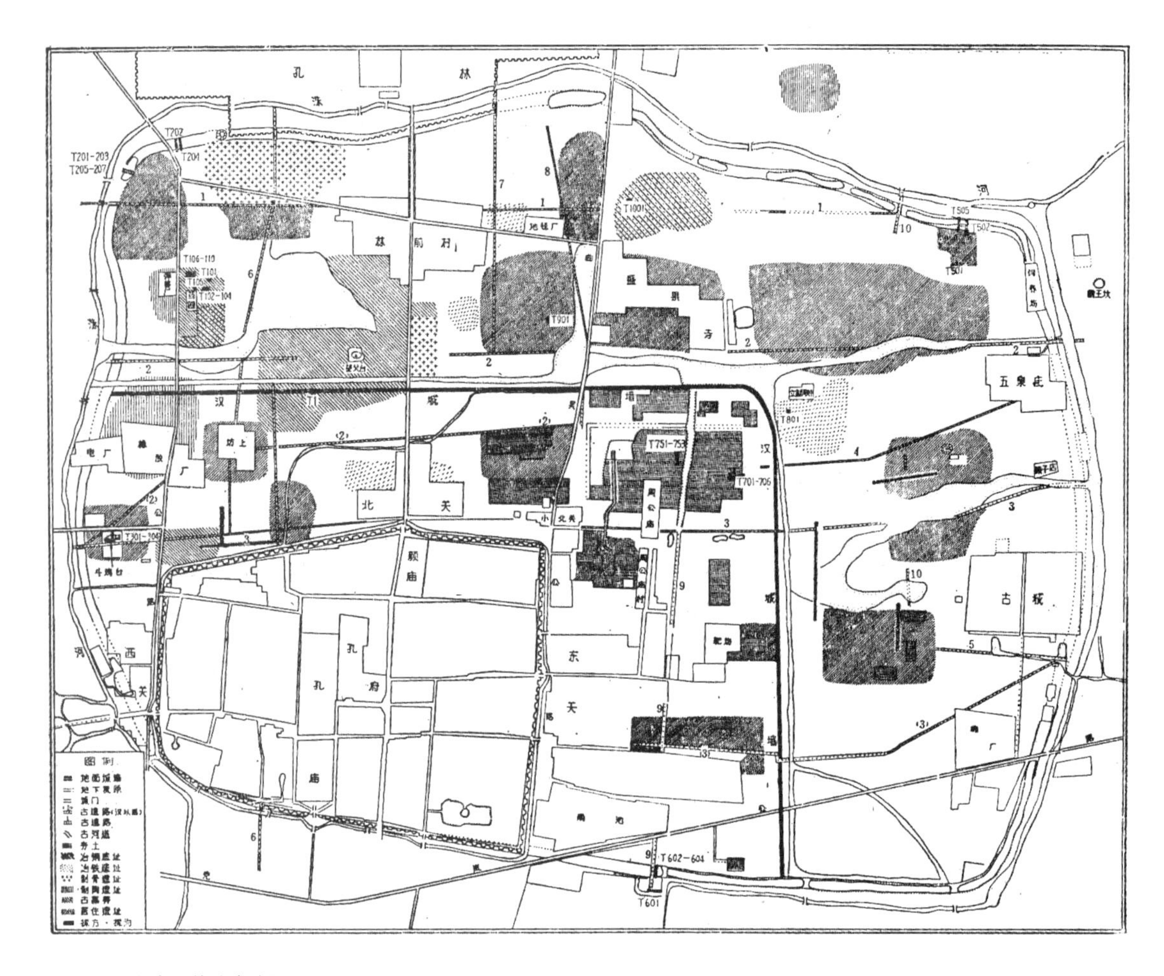

图 0-10 曲阜鲁故城遗址平面图
来源：田岸．曲阜鲁城勘探 [J]. 文物，1982（12）：1-10.

图 0-11 曲阜孔庙大成殿
来源：赵大海摄

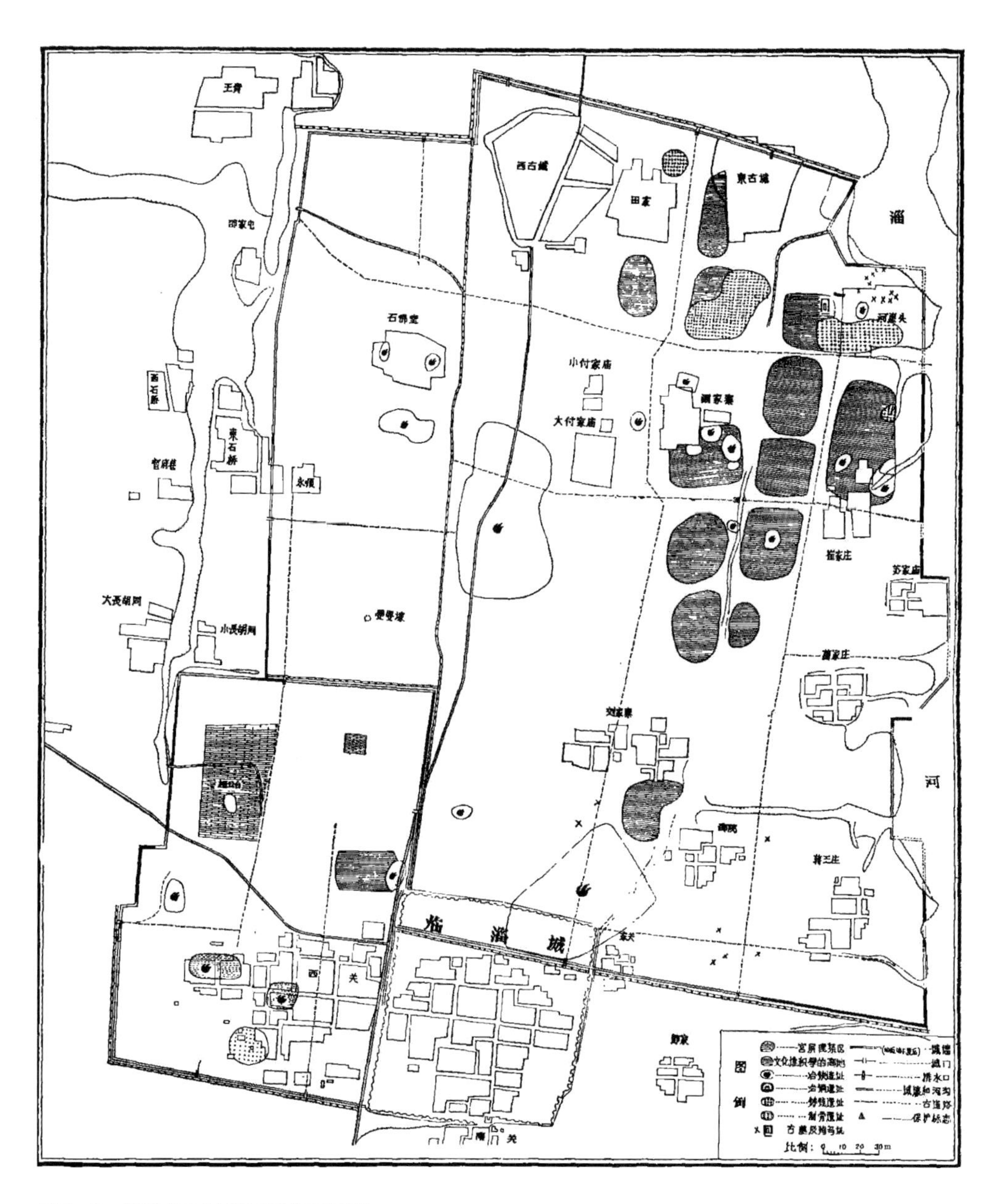

图 0-12 临淄齐国故城钻探实测平面图

来源：群力．临淄齐国故城勘探纪要 [J]. 文物，1972（5）：45-54.

临淄之途，车毂击、人肩摩，连衽成帷，举袂成幕，挥汗成雨，家敦而富，志高而扬。”

齐临淄故城遗址由大、小二城组成。小城位于大城西南方，其东北部伸进大城西南隅，两城相互衔接（图 0-12）。齐临淄城墙形状颇不规则，与《管子》中所谓“城郭不必中规矩”的论述颇相合。

大城南北长近 4.5km，东西宽 3.5km 余，实测城垣周长 14158m，西墙 2812m，北墙 3316m，东墙 5209m，南墙 2821m，面积约 $17km^2$。南墙与西墙较直，北墙与东墙多有曲折。城垣依东、西面之淄河与泥河为屏障，南、北二面则掘有宽 25 ~ 30m、深 3m 以上之城壕。已探明城门六处，计北墙二门，南墙二门，东、西墙各一门。大城内已发掘道路七条，其中南北向三条，东西向四条。大城之东部及中部，大部分为居住区及若干骨器作坊，冶铁场在城西及城南。

小城当地俗称“皇城”，县治称为“营丘城”。小城南北长 2km 余，东西宽近 1.5km，城垣周长约 7275m，东墙 2195m，南墙 1402m，西墙 2274m，北墙 1404m，面积约 $3km^2$。城墙北、东、南三面皆平直，仅西墙依泥河作曲折状。已查明辟有城门五处，南墙二门，其余诸墙各一门。小城内探出道路三条。小城西北隅有大面积夯土台遗存，此区应为齐侯宫室所在，其中心建筑为一南北长 86m、残高 14m 之椭圆形基址，俗称“桓公台”，位于全城之最高点。小城南部有冶铜及骨器作坊，城东有少量居住区。

城内有设计与铺筑良好的石砌水道。城西侧水道尤长，自北墙直通南墙，共 2800m，宽 30m（图 0-13）。

大城东北及东南发现春秋时期墓葬多处，其中有殉马达 600 匹之大墓——位于大城东北部的 5 号大墓。大墓为“甲”字形平面之土圹木椁墓。土圹东西宽 23.35m，南北长 26.3m，墓道在南侧。木椁南北长 7.9m，东西宽 6.85m。由于此墓东、北、西三面皆有大型殉马坑环绕，全部殉马约在 600 匹以上，故墓主应为国力极强盛的诸侯国君，学者推测墓主为公元前 547—前 490 年在位的齐景公（图 0-14）。

秦汉时的临淄城似乎完全沿用齐故城，魏晋以后主要沿用小城，大城已废弃不用。元代新建的临淄城即现在的临淄老城，其范围基本上在齐故城以外，它的西墙筑在故城小城的东墙上，北部仅压住故城不足百米，因此齐临淄故城仍是东周时期保存较好的一座大城遗址。

3. 燕下都（今河北易县）

燕下都城址位于河北省易县东南 2.5km，居于北易水与中易水之间，由东、西二城并联组成，中部有南北纵贯的古河道“运粮河”。全城东西距离约 8km，南北约 4 ~ 6km，东墙长约 3980m，北墙西城部分 4452m、东城部分 4594m，西墙长 3717m，南墙不全，西段长约 1755m，东段长 2210m，面积约 $30km^2$，为已知周代诸侯城中最大者（图 0-15）。

图 0-13　临淄齐国故城排水道遗址

来源：张龙海，朱玉德．临淄齐国故城的排水系统 [J]. 考古，1988（9）：784-787.

图 0-14　临淄齐国故城五号东周墓大型殉马坑

来源：山东省文物考古研究所．齐故城五号东周墓及大型殉马坑的发掘 [J]. 文物，1984（9）：14-19.

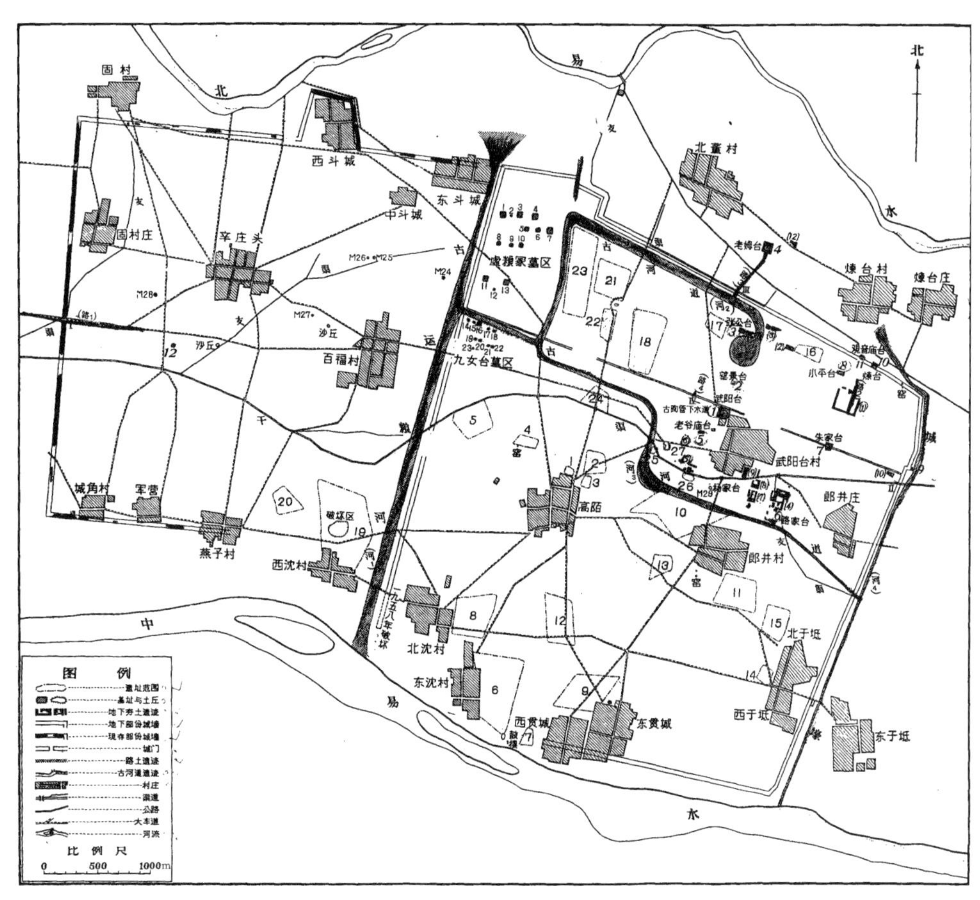

图 0-15　河北易县燕下都故城遗址平面图

来源：河北省文化局文物工作队．河北易县燕下都故城勘察和试掘 [J]. 考古学报，1965（1）：83-105.

东城营建时期约在战国中期，已发现其东、北、西三面各辟城门一道，城内偏北处有东西走向的内垣一道，长 4460m。在内垣南北及外垣外，发现多处大型夯土台基，应为燕国诸侯之宫室建筑遗址。宫殿区以“武阳台”和“老姆台”为主线，前后排列，部分还采用对称形式，周围辅以许多夯土建筑（如望景台、张公台），主次分明。从主体建筑——“武阳台”大型基址的整体来看，它可能是一座有二层或三层回廊、顶部为四合院形式的台榭建筑。燕下都的宫殿建筑遗址是东周时期诸侯宫殿“高台榭、美宫室”的典型代表（图 0-16）。东城东墙外还有连接城北部北易水和城南部中易水的城壕。东城内还分布若干手工业作坊及民居。城西北隅建有大墓二区。

西城建设稍晚，约在战国之末，可能为东城之附郭。目前探知西城只有一道城门和一条与其相连的道路。

燕下都遗址出土过大量精美建筑材料，如瓦、砖、排水道等，其中宫殿区出土有饕餮纹、双鹿纹、云山纹、树木对兽纹等半瓦当，以及蝉纹板瓦、绳纹板瓦和筒瓦、栏板砖等（图 0-17）。

4. 晋新田（即新绛，今山西侯马）

晋国晚期都城新田位于今山西省侯马市区西北之汾河与浍河之间。晋新田遗址共计发现 6 处古城遗址，其中 4 处古城组合成十字形平面，另外两处古城各自独立。

其中，白店古城年代最早，约建于春秋早期，平面呈矩形，南北长 1050m，东西宽 750m，其北部为后建之牛村古城与台神古城所叠压。牛村古城在白店古城东北，平面呈一缺东北角之矩形，南北长 1650m，东西宽 1100m，始建于春秋中、晚期，沿用至战国早期。城内中部偏北有大型夯土台遗存，当系宫室建筑基址。台神古城在牛村古城西侧，平面为矩形，南北宽 1250m，东西长 1700m，亦建于春秋中、晚期。平望古城在最北，与牛村、台神二城呈“品”字形格局，其平面呈东墙北段稍凸出之矩形，南北长 1025m，东西宽 900m，城内中部偏西亦发现大型夯土台基。

马庄古城在平望古城东 1km，由两座并列的矩形小城组成。其东侧者南北长 350m，东西宽 300m；西侧者南北长 250m，东西宽 200m。呈王古城在牛村古城东 1.7km，平面大体呈曲尺形，分作南、北二城，东西长约 600m，南北宽约 500m。在此城东南约 1.3km 处，发掘出的春秋晚期晋国贵族与卿大夫举行盟誓的地点与埋藏的文物，为确定以上古城为晋国都城遗迹提供了重要证据。据分析，马庄与呈王二古城可能是晋新田近郊的宗庙祭祀建筑所在（图 0-18）。

图 0-16　河北易县燕下都故城老姆台遗址

来源：中国历史博物馆考古组．燕下都城址调查报告[J]. 考古，1962(1)：10-19，54.

图 0-17　河北易县燕下都故城出土建筑构件（左：水管道；中：山字形栏杆砖；右：花砖）

来源：中国历史博物馆考古组．燕下都城址调查报告[J]. 考古，1962(1)：10-19，54.

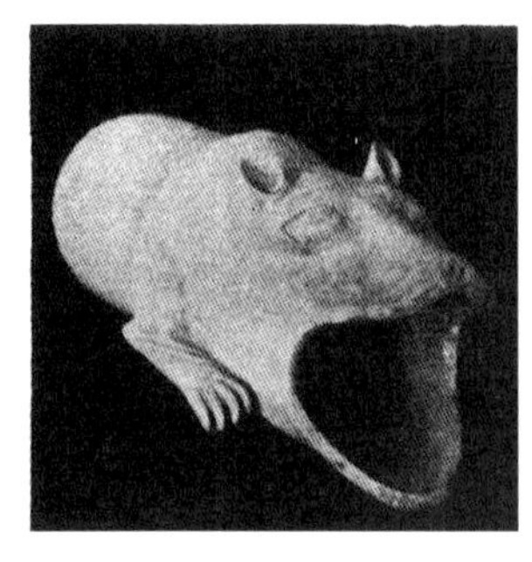

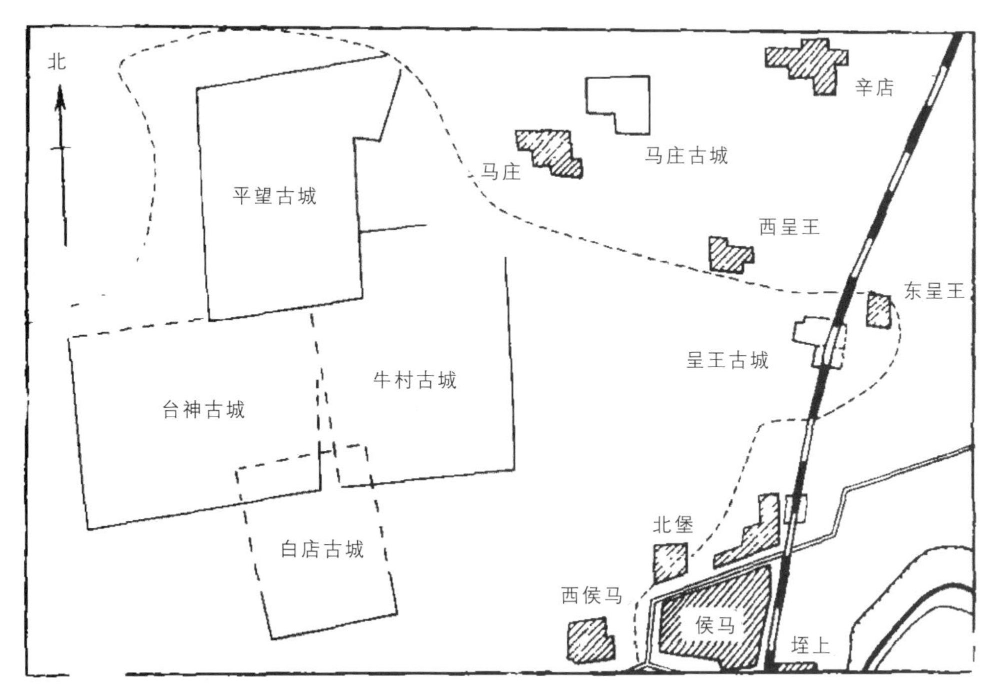

图 0-18　山西侯马晋新田故城遗址平面图

来源：山西省考古研究所侯马工作站．山西侯马呈王古城[J]. 文物，1988(3)：28-34，49.

5. 赵邯郸（今河北邯郸）

邯郸城邑在春秋时期已初具规模，它先属卫，后属晋，战国时期属赵。赵敬侯元年（公元前 386 年），赵国迁都邯郸，直至公元前 228 年为秦军攻占，作为赵国都城共计 158 年。赵都邯郸遗址包括宫城与郭城两部分（图 0-19）。

宫城（称“赵王城”）由呈“品”字形排列之三小城——北城、东城、西城组成，面积为 505 万 m^2。

西城：南北长 1390m，东西宽 1354m，南垣有门道二，东垣有门道三，北、西垣各一门。中部偏南有名为“龙台”之夯土高台，南北 296m，东西 265m，残高 19m，为已知战国时期最大的夯土台基，它是赵王城主要宫殿建筑的台基，由龙台往北尚有两大夯土台，形成南北中轴线，在这条中轴线的两侧还残存着夯土台及夯土建筑基址六处，为一组规模宏伟的宫殿群基址。

东城：南北长 1442m，东西宽 926m，南垣有门道两处，西垣亦有门道与西城相通。在通往西城的门址附近，南北对峙着两座大夯土台。北边的称“北将台”，南边的称“南将台”。在两将台之间及“南将台”以南还有夯土台及四处夯土基址，这又构成一组大型宫殿群建筑基址。

北城：中有渚河自西北向东南穿过。北城南北长 1520m，东西宽 1410m，其西垣内外有两大夯土台基对峙。

郭城（又称“王郎城”“大北城”）：在宫城东北约 100m 处，平面呈缺西北角之矩形，南北约 4800m，东西约 3200m。城内有铸铁、制陶及石、骨器手工业作坊多处。

秦统一六国后，邯郸为邯郸郡首府。汉代为诸侯国赵国的都城。汉以后，特别是在南北朝时期，整个华北平原在战争的破坏下日渐荒凉，邯郸亦随之衰落缩小，沦为一般县城。

6. 魏安邑（今山西夏县）

魏国前期都城安邑，在今山西夏县西北，始建于魏武侯二年（公元前 385 年），至魏惠王三十一年（公元前 340 年）魏国迁都大梁（今河南开封，详见本书第四章），仅二世都于此。

安邑城遗址平面大体呈矩形，共筑有外、中、内三道城垣（图 0-20）。

外城建造时间为战国前期，南北长 4.3km，东西宽 3.8km，城垣北、东、南三面较平直，西面曲折，残高 2 ~ 5m，周长 15.8km，面积约 13km^2。

中城位于外城西南，南北长 2.5km，东西宽 2.2km，面积约 6km^2。东北与小城相接。

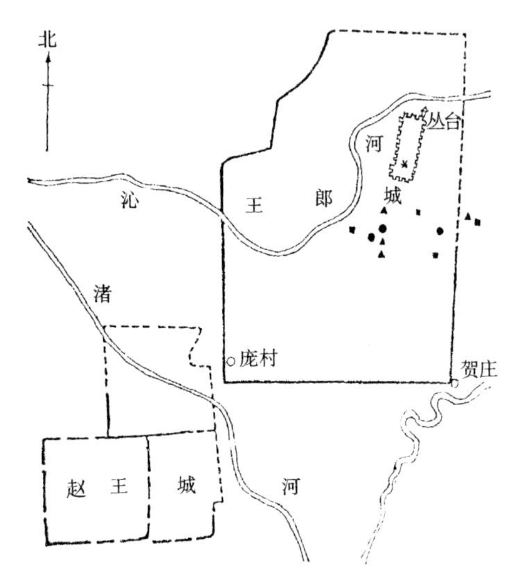

图 0-19 赵邯郸故城遗址平面图
来源：刘叙杰主编．中国古代建筑史・第一卷：原始社会、夏、商、周、秦、汉建筑[M]．2版．北京：中国建筑工业出版社，2009.

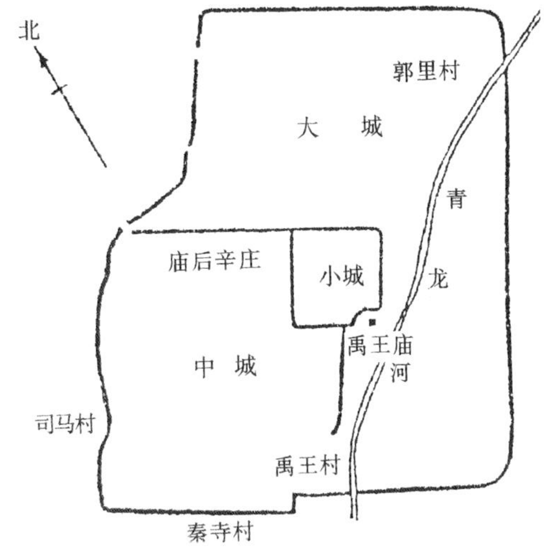

图 0-20 魏安邑故城遗址平面图
来源：刘叙杰主编．中国古代建筑史・第一卷：原始社会、夏、商、周、秦、汉建筑[M]．2版．北京：中国建筑工业出版社，2009.

中城筑于秦汉时期。

小城位于大城中央，平面近方形，缺东南角，南北长 930m，东西宽 855m，可能是宫城，建造时间与大城同。

7. 郑韩故城（今河南新郑）

郑韩故城为春秋战国时期郑国、韩国先后之国都。郑国为春秋时大国之一，其都城亦名郑，在今河南新郑市境内。郑国在此建都凡 395 年，到郑康公二十一年（公元前 375 年）郑国为韩国所灭。韩灭郑后迁都于此，传八世至王安九年（公元前 230 年）韩国灭亡为止。郑、韩两国先后在此建都长达 539 年。

郑韩故城位于双洎河与黄水河之间，平面形状极不规则，东西最长处为 5km，南北最宽处为 4.5km。城垣周长 20km，面积 16km^2。城中部有一南北向内垣，将都城划分为东、西两部分（图 0-21）。

东城面积较大，形状呈曲尺形，东垣长 5100m，南垣长 2900m，西垣长 4300m，北垣长 1800m。《左传》中记载有城门十座，北城门遗址已经进行了考古发掘。东城内有众多居住与手工业作坊遗址，显示出其郭城属性。

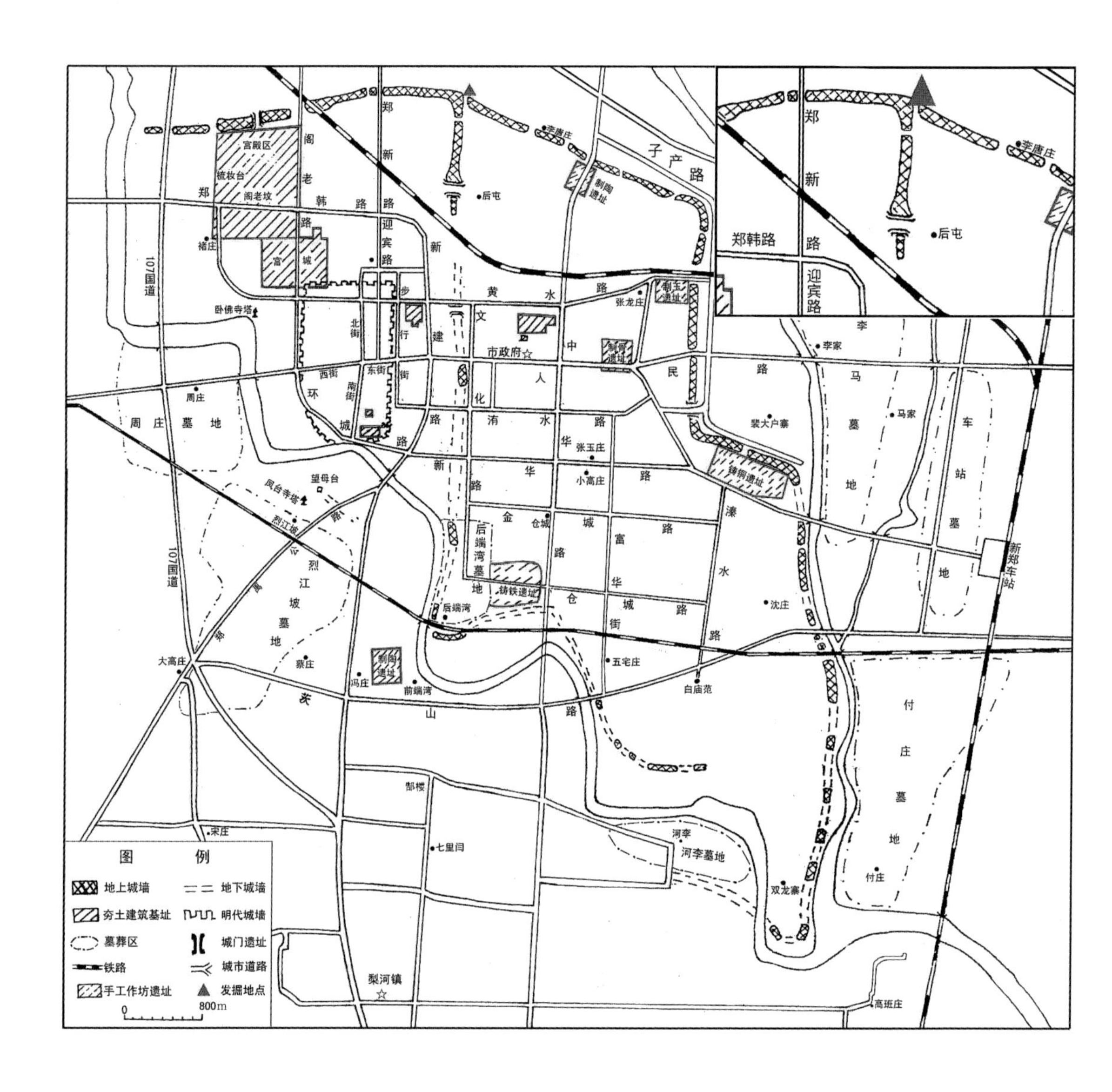

图 0-21　郑韩故城遗址平面图

来源：河南省文物考古研究院，新郑市旅游和文物局，城市考古与保护国家文物局重点科研基地．河南新郑郑韩故城北城门遗址春秋战国时期遗存发掘简报 [J]. 华夏考古，2019（1）：3-12，113.

西城现仅存北垣与东垣，双洎河曲折绕其西、南两面。北垣、东垣各发现城门一处。宫殿区位于西城中部及北部，留有密集的夯土台基。宫室之外，周以东西约 500m、南北约 320m 之宫城墙。

西城东南隅和东城西南隅发现春秋时期贵族墓葬（应属郑国）。三号车马坑位于郑韩故城东城内后端湾郑国贵族墓地的西北部，坑底清出至少 124 匹马骨，为春秋晚期郑公一号大墓的陪葬坑。1996—1998 年在东城西南部发掘出大型东周祭祀遗址，出土 348 件郑国青铜礼乐器，十分珍贵。

8. 楚郢都（今湖北荆州）

楚郢都故城位于今湖北省荆州古城北 5km 纪山之南，故亦称“纪南城”。纪南城南面长江，东临长湖，西、北有八岭山、纪山，近山傍水。据《史记·楚世家》载，楚文王元年（公元前 689 年）“始都郢”，由此至战国末秦将白起“拔郢”（楚顷襄王二十一年，即公元前 278 年）之四百余年间，除春秋时楚昭王一度迁都于鄀（今湖北宜城）以外，郢都一直为楚国国都。

郢都故城平面呈横长矩形，东西宽约 4450m，南北长约 3588m，城垣周长 15506m，面积约 16km^2。城垣外有护城河环绕，另有朱河、龙桥河、新桥河三河穿城而过。城东南有凤凰山，南城垣于此凸出一段，包纳凤凰山于城内。已确定的城门遗址有 7 处，即东墙一门，其余三面各二门，其中南垣西段和北垣东段有两座为水门（图 0-22、图 0-23）。

宫室遗址集中于城内东南，有较大夯土台基五六十处，宫殿区有宫城环绕，宫城区平面呈长方形，南北长 906m，东西宽 802m，面积达 726612m^2，与今天的北京故宫规模相当。

城内东北区亦有不少夯土台，估计为都城中另一处重要建筑群。手工业作坊分布于城内西南部。城外东郊则有制陶作坊遗址。

9. 秦雍城（今陕西凤翔）

秦雍城为秦国早期都城，位于今陕西省凤翔县南境雍水以北，始建于秦德公元年（公元前 677 年）。据《史记·秦本纪》载“德公元年，初居雍城大郑宫”。至秦献公二年（公元前 383 年）迁都栎阳（今陕西省临潼县东北）为止，先后为都 294 年。

雍城平面呈不规则之方形，南北长 3300m，东西宽 3200m，总面积约 10.56km^2。西墙保存较好，并发现城门遗址一处，此门内有大道直通宫室区。宫室分布为三区，即姚家岗、马家庄和高王寺一带，大体位于城内中区，时代为春秋中期

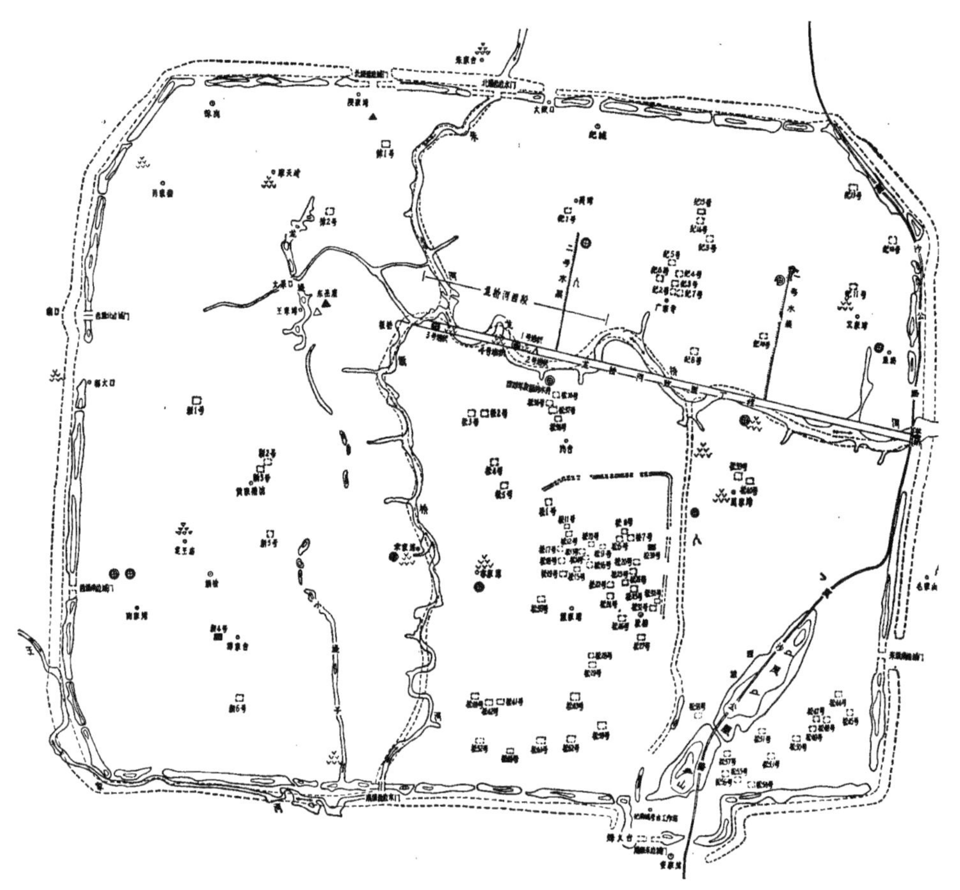

图 0-22　楚郢都故城遗址平面图
来源：湖北省博物馆．楚都纪南城的勘查与发掘（上）[J]. 考古学报，1982（7）：325-350.

图 0-23　楚郢都故城南垣水门遗址
来源：湖北省博物馆．楚都纪南城的勘查与发掘（上）[J]. 考古学报，1982（7）：325-350.

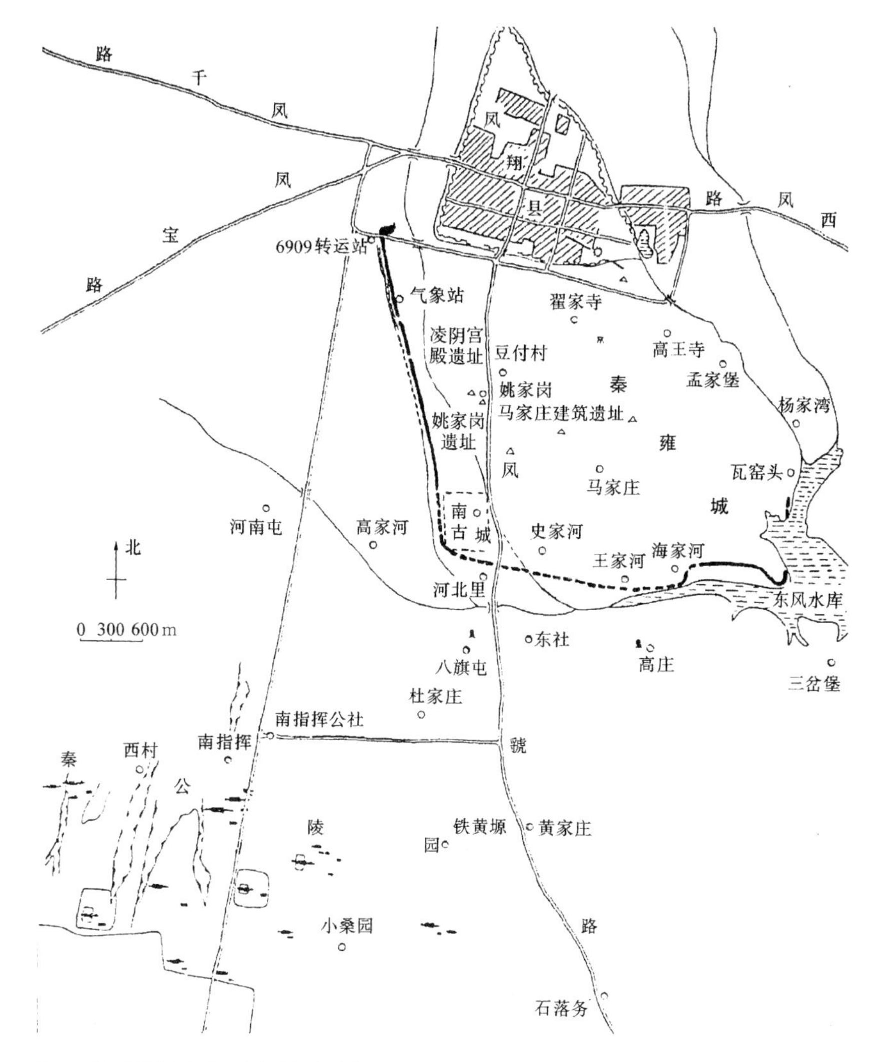

图 0-24　陕西凤翔秦雍城遗址平面图

来源：刘叙杰主编．中国古代建筑史·第一卷：原始社会、夏、商、周、秦、汉建筑 [M]. 2 版．北京：中国建筑工业出版社，2009.

至战国中期。发现的建筑遗址有宫室、宗庙、“凌阴”（即冰窖）等（图 0-24）。

马家庄三号建筑群遗址为迄今发现的保存较完整、规模最大的东周诸侯宫室遗址，占地 21849m^2，由五座庭院沿南北中轴线纵向布置，是中国古代宫室“五门”制度的重要实例（图 0-25）。马家庄一号建筑群遗址（春秋时期宗庙）由大门、主庭院、正殿（考古发掘简报称“朝寝”）、亭台形成南北中轴线，东西两侧对称设配殿，四面环以围墙（图 0-26）。

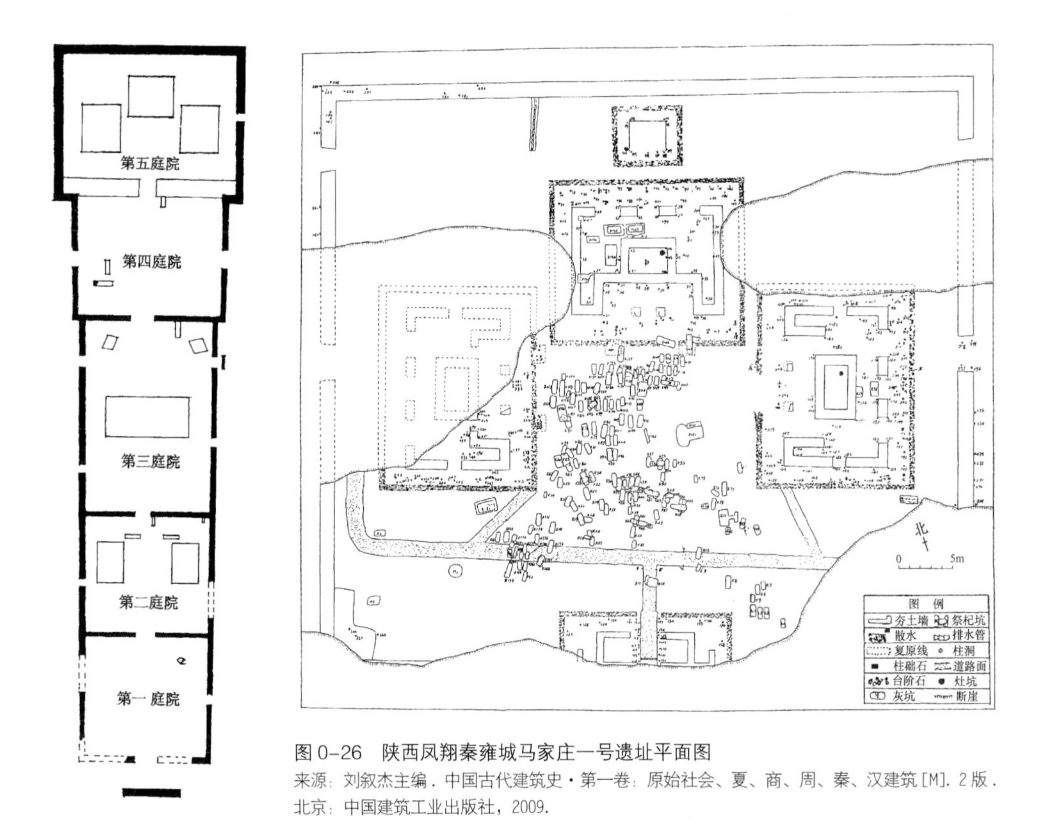

图 0-26　陕西凤翔秦雍城马家庄一号遗址平面图
来源：刘叙杰主编．中国古代建筑史·第一卷：原始社会、夏、商、周、秦、汉建筑[M]．2版．北京：中国建筑工业出版社，2009.

图 0-25　陕西凤翔秦雍城马家庄三号遗址平面图
来源：刘叙杰主编．中国古代建筑史·第一卷：原始社会、夏、商、周、秦、汉建筑[M]．2版．北京：中国建筑工业出版社，2009.

宫城遗址出土64件铜质建筑构件，这批构件可分为阳角双面蟠虺纹曲尺形、阳角三面蟠虺纹曲尺形、阴角双面蟠虺纹曲尺形、双面蟠虺纹楔形中空形、双面蟠虺纹单齿方筒形、单面蟠虺纹单齿方筒形、双面蟠虺纹双齿方筒形、单面蟠虺纹双齿方筒形、单面蟠虺纹双齿片状、小拐头等十个类型。其用途在大型建筑上是与木构材料结合使用，这批构件的出土则为了解当时木构建筑梁柱间交接形式是从早期以绳索扎结到晚期榫卯套接的发展过程中，曾存在使用金属构件进行连接的判断提供了实物依据(图0-27)。

“市”的遗址位于雍城北部，经考古勘探，该遗址为近似于长方形的封闭空间，四周为一夯土墙，四周墙上有门，为露天市场，面积达3万m^2左右。“市”的遗址位置与《周礼·考工记》所记载的“面朝后市”的布局类似。该遗址的年代当从战国早期至秦汉之际。

规模巨大的秦公贵族陵园，则位于城西南10km的凤翔县南塬。分为南指挥陵区和

图 0-27　陕西凤翔秦雍城宫城遗址出土铜质建筑构件
来源：王南摄

三岔陵区两部分。南指挥陵区由 13 座陵园组成，是目前所知最大的秦国君陵园区，目前已在该陵园勘探出“中”字形、“甲”字形、“目”字形及“凸”字形大墓和车马坑共 43 座和 2 处国人墓地。该陵园区总面积 13km²。三岔陵区目前发现了一座陵园，由 3 座“中”字形大墓和 2 座车马坑组成。已发掘的秦公一号大墓，平面为“中”字形，坐西向东，全长 300m，面积 5334m²，深 24m，是全国已发掘的先秦墓葬中最大的一座。墓室由主椁室、副椁室、箱殉 72 具、匣殉 94 具等组成。根据墓中出土的石磬刻文，基本确定大墓的墓主为春秋晚期的秦景公。椁室中南北两壁向带有柏木榫头的椁木组成长方形框式规范的主椁，初步认为是我国已发掘最早的一套“黄肠题凑”葬具。

10. 吴阖闾城（即吴“大城”，今江苏苏州）

今日的古城苏州始建于春秋时期，为吴国都城阖闾城。《吴越春秋・阖闾内传》记载了阖闾元年（即周敬王六年，公元前 514 年）吴王阖闾授命伍子胥建大城。唐代陆广微《吴地记》载：“阖闾城，周敬王六年伍子胥筑。大城周回四十二里三十步，小城八里二百六十步。陆门八，以象天之八风。水门八，以象地之八卦。《吴都赋》云‘通门二八，水道六衢’是也。西阊、胥二门，南盘、蛇二门，东娄、匠二门，北齐、平二门。不开东门者，为绝越之故也。”

宋代朱长文《吴郡图经续记》称：“筑大城周四十里，小城周十里，开八门以象八风，是时周敬王之六年也。自吴亡至今仅二千载，更历秦、汉、隋、唐之间，其城郭门名循而不变。”宋代范成大《吴郡志》载大城周回四十七里，小城周回十里，与《吴地记》《吴郡图经续记》所载略有出入。

秦统一天下后，以吴越地为会稽郡，治于吴，汉改为吴郡。隋代改名苏州，宋代改为平江府。春秋阖闾城屡经修筑，至五代始甃以砖。宋时唯有阊、胥、盘、葑、齐、娄六门，水陆共十二门。淳熙以后，胥门亦塞，仅余五陆门。子城即平江府治所。南宋平江郡守李寿朋刻有“平江府图碑”，详细绘记了南宋平江府的城池、河道、街坊、衙署等，为苏州古城最重要的历史地图（图 0-28）。由图中可见，大城略呈南北长、东西短之矩形，东面二门，其余三面各一门，共五门，均陆门、水门并列。各城门均不相对，无穿城直街。城内干道均为正南北或正东西向，作丁字或十字相交。子城在城中部偏南，南面、西面各开一门，内建衙署、仓库、军营等。城内河道纵横，且河

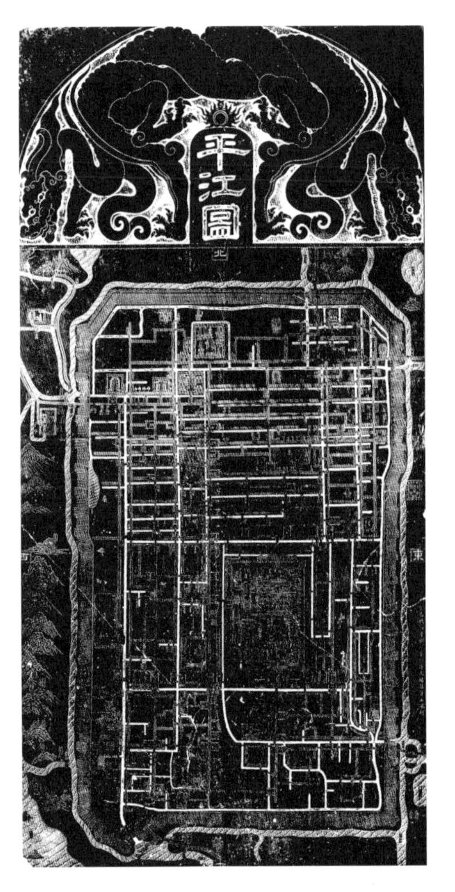

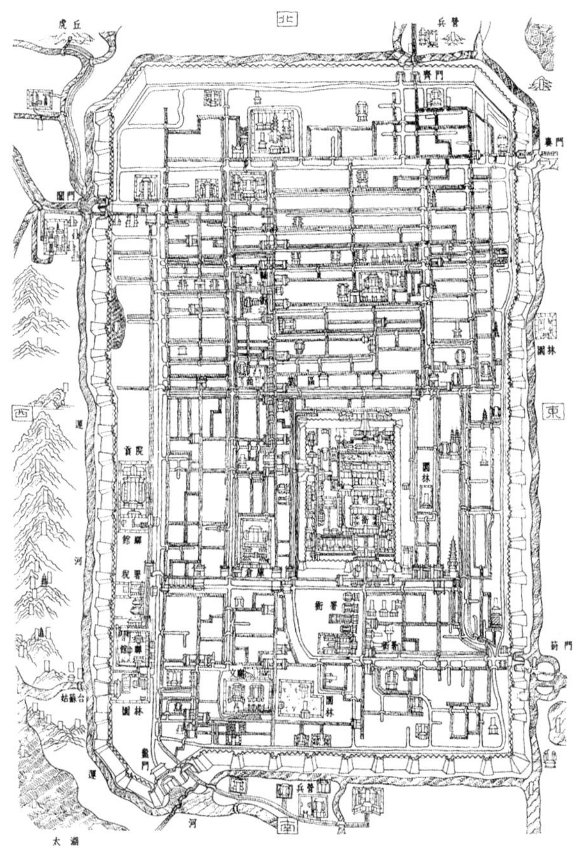

图 0-28　苏州宋“平江府图碑”拓片及线图

来源：建筑科学研究院建筑史编委会组织编写．刘敦桢主编．中国古代建筑史 [M]. 2 版．北京：中国建筑工业出版社，1984.

道多与街巷并行——使得苏州古城以其“水陆双棋盘”式街道 - 河道系统而著称，唐代白居易有“**绿浪东西南北水，红栏三百九十桥**”之谓。

吴都阖闾城位于今苏州古城之下，曾为一些局部考古勘探所证实。值得一提的是，有学者认为苏州西南灵岩山侧“木渎古城”为吴都阖闾大城，亦有学者认为无锡“阖闾城”为吴都阖闾大城。已有学者通过详实的文献和考古资料分析，指出苏州“木渎古城”一带发现的春秋遗址为吴国的离宫性质，而无锡的阖闾城实际上是具有军事城堡性质的“阖闾小城”。[①]

二、三国、两晋、南北朝古都

（一）三国

秦咸阳、西汉长安及东汉洛阳可详见本书第一、二章。下面来看三国时期的曹魏邺城、蜀汉成都及孙吴武昌，至于孙吴建业（今南京）则见本书第三章。

1. 曹魏邺城（今河北临漳）

邺城遗址在河北省临漳县境内，位于县城西南 20km，漳河横贯其间。邺城由北、南两座相连的城组成，可以分称为邺北城和邺南城。

文献记载邺为春秋时齐桓公所筑，邺的名称由此开始。建安九年（204 年）曹操平袁绍，开始营建邺城，后来成为曹魏五都之一。十六国时期的后赵（335—350 年）、冉魏（350—352 年）、前燕（357—370 年）均建都于邺北城。邺南城大部在今漳河南岸，始建于东魏天平二年（535 年）。北朝时期的东魏、北齐建都于邺南城，邺北城仍继续使用。邺城废于北周大象二年（580 年）。先后有六个北方王朝（即曹魏、后赵、冉魏、前燕、东魏、北齐）建都邺城，历时三百七十余载。

曹魏邺城（邺北城）平面为横长矩形，东西长 2400m，南北宽 1700m（《水经注》载邺北城“东西七里、南北五里”），城墙夯土筑成，基宽 15 ~ 18m。城南面三门，北面二门，东、西面各一门，共计七门。《水经注》记载邺北城“**有七门，南曰凤阳门，中曰中阳门，次曰广阳门，东曰建春门，北曰广德门，次曰厩门，西曰金明门**”（图 0-29、图 0-30）。

---

① 参见：吴恩培. 春秋“吴都”“三都并峙”现状与苏州古城历史文化地位的叙述——近三十年来有关苏州古城历史的争议述论兼及纪念苏州古城建城二千五百三十周年 [J]. 苏州教育学院学报，2016（1）：2-36.

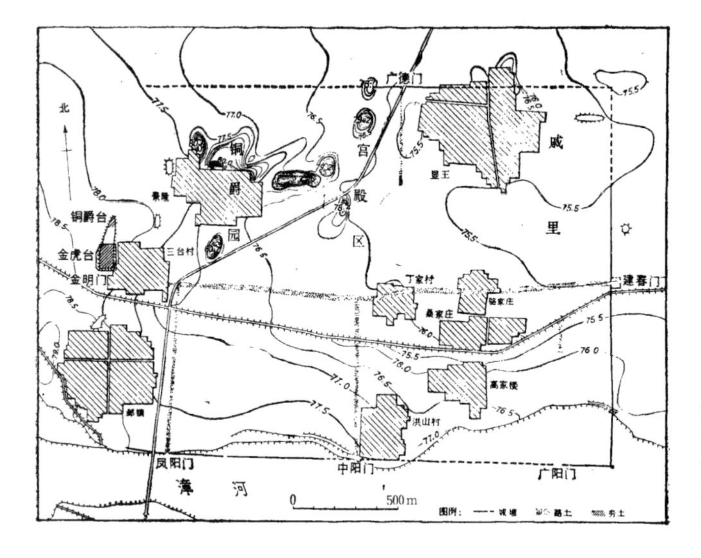

图 0-29　曹魏邺城（邺北城）遗址实测平面图

中国社会科学院考古研究所，河北省文物研究所，邺城考古工作队．河北临漳邺北城遗址勘探发掘简报[J]. 考古，1990（7）：595-600.

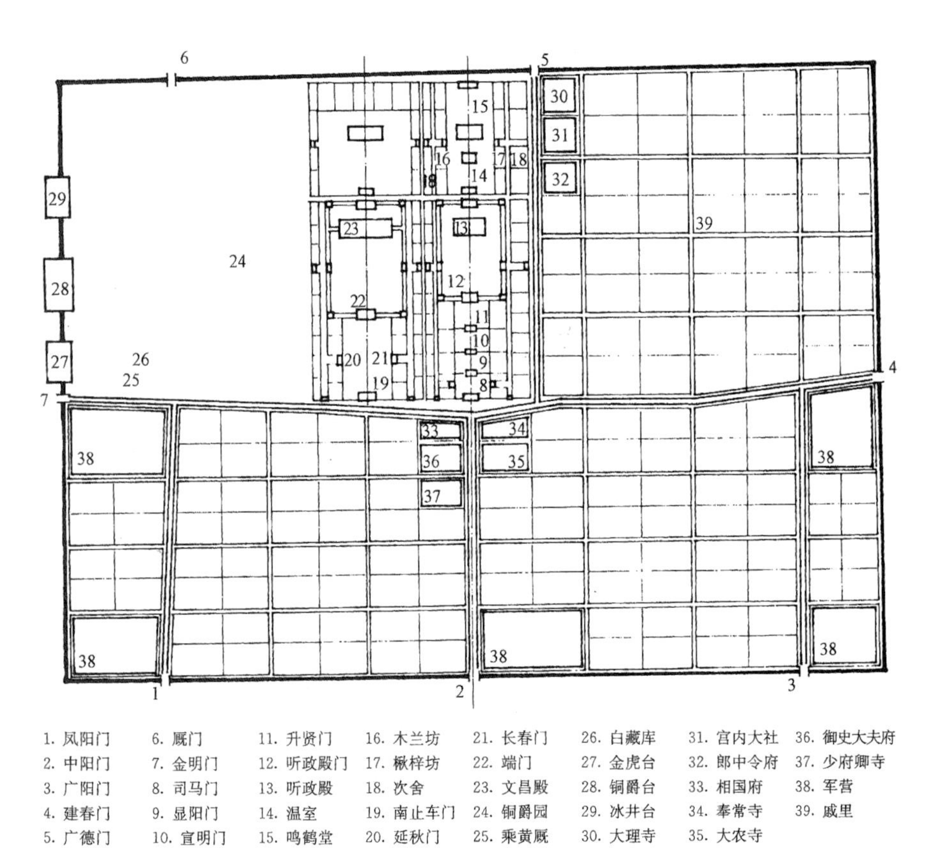

图 0-30　曹魏邺城平面复原图

来源：傅熹年主编．中国古代建筑史·第二卷：三国、两晋、南北朝、隋唐、五代建筑[M]. 2版．北京：中国建筑工业出版社，2009.

图 0-31　曹魏邺城（邺北城）金虎台遗址全景
来源：中国社会科学院考古研究所，河北省文物研究所，邺城考古工作队．河北临漳邺北城遗址勘探发掘简报[J]. 考古，1990(7)：595-600.

东西门间大道分全城为南北两半。南半部被自南墙上三座城门北延的三条南北大街分割为四区，其内布置居住里坊、市和军营；北半部被自北墙东偏门向南的一条南北街分为二区，东区是贵族居住区（即“戚里”），西区是宫殿区（含苑囿区）。宫殿区占全城面积的四分之一以上，北、西两面背靠城墙，西墙上筑有著名的“三台”（即铜爵台、金虎台、冰井台），不仅是饮宴赋诗的场所，更是军事堡垒（图 0-31）。

自南城中门向北，为南北向主街，北抵宫门，遥对宫中的司马门和听政殿建筑群，形成全城的南北中轴线。在主街两侧建主要官署，又在与横过宫前的东、西门大街相交处建赤阙、黑阙，形成壮丽的街景。曹魏邺城这种宫城在北，市、里在南，南北中轴线统率全城规划的手法，开中国古代都城布局之新模式，对后世历代都城规划有着十分深远的影响。[①]

① 参见：傅熹年．中国科学技术史·建筑卷[M]. 北京：科学出版社，2008：206-207.

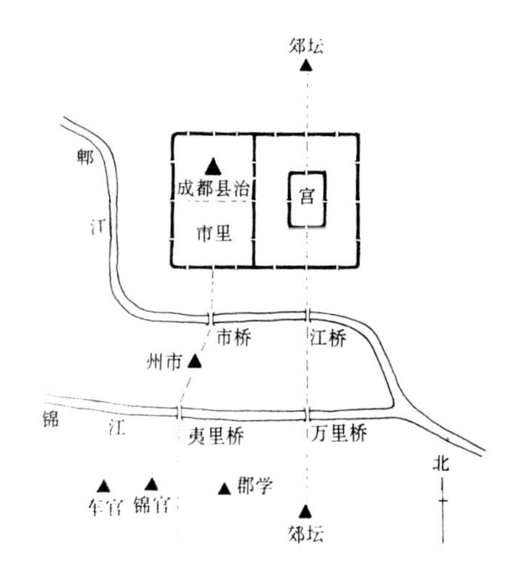

图 0-32　蜀汉成都城市格局示意图
来源：贺业钜．中国古代城市规划史 [M]．北京：中国建筑工业出版社，1996.

2. 蜀汉成都（今四川成都）

成都城始建于战国时的周赧王五年（公元前 310 年），为秦张仪、张若灭蜀国后所建。秦灭蜀后，设蜀郡，建郡城为行政中心。后又在郡城西城外建一城，与郡城东西并列，作为成都县治所。当时人称郡城为“大城”，县城为“少城”。史载秦代成都大城周回十二里，城高七丈。秦李冰为蜀守时，在城南、城西的郫江、检江上建了七座桥（图 0-32）。

西汉时，成都成为西南地区的政治、经济、文化中心。汉武帝元鼎二年（公元前 115 年）在成都增建外郭，并新辟十八座郭门。城门上都建有城楼。郭内居住区估计里坊过百——汉代扬雄《蜀都赋》称“其都门二九，四百余闾”。成都出土的一些东汉画像石中有阙门、住宅形象，为汉代成都此类建筑的珍贵图像资料（图 0-33、图 0-34）。

东汉建安二十五年（220 年），刘备在成都即帝位，成都遂成为蜀汉都城，开始营建宫室、宗庙、社稷、官署，使之符合都城礼制与实际需要。左思《蜀都赋》描写其外郭城门楼曰“结阳城之延阁，飞观榭乎云中。开高轩以临山，列绮窗而瞰江”；又谓其城门与干道曰“辟二九之通门，画方轨之广涂”；称其宫室“营新宫于爽垲，拟承明而起庐”；其主要市场皆位于大城西侧的少城——“亚以少城，接乎其西。市廛所会，万商之渊。列隧百重，罗肆巨千。贿货山积，纤丽星繁。”四川出土的东汉画像石中亦可见其时市里之情状。

图 0-33　成都出土的汉代门阙画像石

来源：建筑科学研究院建筑史编委会组织编写．刘敦桢主编．中国古代建筑史 [M]. 2 版．北京：中国建筑工业出版社，1984.

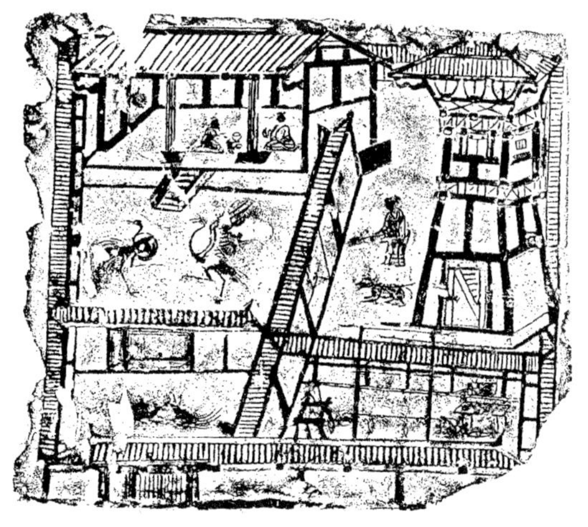

图 0-34　成都出土的汉代宅院画像石

来源：建筑科学研究院建筑史编委会组织编写．刘敦桢主编．中国古代建筑史 [M]. 2 版．北京：中国建筑工业出版社，1984.

3. 孙吴武昌（今湖北鄂州）

孙吴先后以吴（今苏州）、京（今镇江）、武昌（今湖北鄂州）、建业（今南京）为都，其中建业后经东晋和南朝宋、齐、梁、陈，成为著名的六朝都会。

孙权立国之初，曾驻吴（苏州）达八年之久，但估计未及大规模建设。建安十三年（208 年）移驻京（镇江），孙权所建小城就在今北固山处，前后因山，东西侧夯筑高墙，连南北二山，形成北面有绝壁临长江的封闭城堡，形势甚为险要。其遗址尚存，后世称为“铁瓮城”。辛弃疾《永遇乐・京口北固亭怀古》有“千古江山，英雄无觅孙仲谋处”之名句。

黄初二年（221 年）孙权迁都至鄂城，并改其名为武昌，开始兴筑城池。223 年筑武昌宫城，宫之正殿与曹魏洛阳同名“太极殿”，宫之正门称端门。至黄龙元年（229 年）迁都建业为止，共都于武昌九年。考古学者在湖北鄂州市鄂城区的长江南岸发现一古城遗址，认为即孙吴武昌城址，发掘报告称作“六朝武昌城”。该城址为东西长之矩形，东西长 1100m，南北宽 500m，建于北临长江之高地上。城北临长江，东面北段为湖泊，西、南、东三面有城壕，濠宽近 50m（图 0-35）。

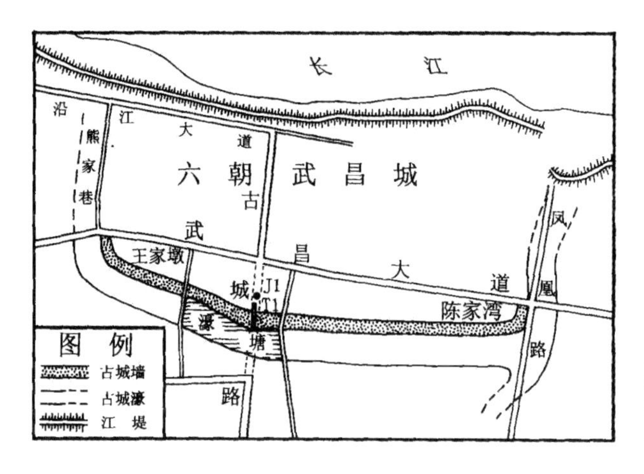

图 0-35　孙吴武昌城遗址平面图
来源：湖北省文物考古研究所，鄂州市博物馆．六朝武昌城试掘简报[J]．江汉考古，2003(4)：3-13．

（二）**十六国时期**

五胡十六国时期的都城，包括刘渊汉国的平阳（今山西临汾西南），前赵、前秦、后秦的长安，成汉的成都，前凉、后凉、北凉的姑臧（今甘肃武威），后赵的襄国（今河北邢台）和邺城（今河北临漳），前燕、北燕的龙城（今辽宁朝阳），后燕的中山（今河北定州），南燕的广固（今山东青州西北），西秦的苑川（今甘肃兰州西固），西凉的酒泉，南凉的金城（今甘肃兰州西），大夏的统万（今陕西靖边县）等。

（三）**北朝**

南北朝时期，南朝宋、齐、梁、陈皆以建康（今南京）为都，详见本书第三章。北魏后期以洛阳为都，见本书第二章。西魏、北周都长安，见本书第一章。以下略述北魏平城及东魏、北齐都城邺南城。

1. 北魏平城（今山西大同）

北魏平城故址在今山西大同市。公元 398 年，鲜卑拓跋部首领拓跋珪自盛乐迁都于此，定国号为魏（史称“北魏”），是为北魏道武帝。由此至 493 年孝文帝拓跋宏迁都洛阳为止，平城作为北魏都城，共历六代帝王，沿用近一百年。

据文献记载，北魏平城建有东宫、西宫，各有宫城，各建门楼、角楼。宗庙和社、稷建在西宫前两侧。城北半部为宫殿、府库，南半部为民居市里，应是仿自邺城。平城辟有城门十二，开南北二渠引水入城内。城北面建有鹿苑。北魏天赐三年（406 年）曾作过拓建“方二十里”之外城的规划，未能实施。泰常七年（422 年），“筑平城

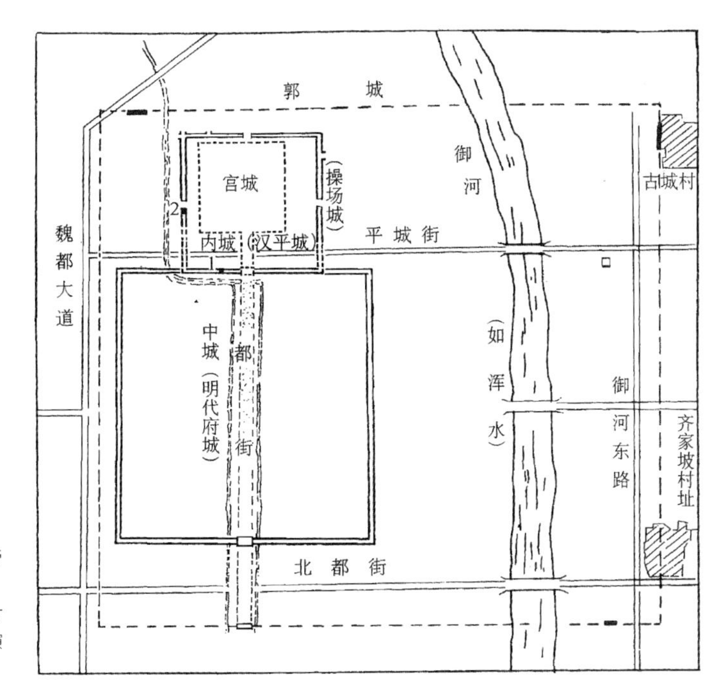

图 0-36　北魏平城（孝文帝时期）平面布局示意图
来源：王银田等著．北魏平城考古研究——公元五世纪中国都城的演变 [M]. 北京：科学出版社，2017.

外郭，周回三十二里”。学者傅熹年考证平城外郭包在内城的东、南、西三面。次年扩建西宫，**“起外垣墙，周回二十里”**（图 0-36）。北魏平城在内城东、南、西三面建外郭布置坊市的做法，直接影响了北魏洛阳和隋大兴（唐长安）的规划设计。太和十五年（491 年）创建明堂于南郭外。次年拆毁原皇宫正殿太华殿，在其地建太极殿及东、西堂（为此孝文帝专门派蒋少游去洛阳测量魏晋太极殿基址），并按魏晋、南朝宫殿之制在宫门上建重楼。

云冈石窟为北魏平城最重要的建筑文化遗存。公元 460 年，僧人昙曜在平城西面开凿石窟寺，即后来著名的云冈石窟。云冈石窟原名武周山石窟寺，亦名灵岩寺，郦道元《水经注》记载其“**凿石开山，因崖结构，真容巨壮，世法所稀，山堂水殿，烟寺相望，林渊锦镜，缀目新眺**”，一派诗情画意。石窟寺在大同西北武周川（今名十里河）北岸上层台地的南向陡壁之上开凿，大小洞口鳞次栉比，东西绵亘长达 1km。洞窟始凿于北魏和平年间（460—464 年），最晚至正光五年（524 年），前后营建达六十余年之久，其中主要部分完成于前三十年，即北魏迁都洛阳之前。现存大小窟龛 252 个，共存大小造像 51000 余尊，为中国石窟雕像数量之最，其中最大者高 17m，最小者仅高 2cm（图 0-37、图 0-38）。465 年献文帝即位后，平城佛教大兴，相继建成永宁寺（467 年）、三级佛图（467-471 年）等名刹。至孝文帝太和元年（477 年），平城已有佛寺近百所，僧尼二千人。

2. 东魏、北齐邺南城（今河北临漳）

东魏（534—550 年）、北齐（550—577 年）两朝以邺南城为都。

北魏于永熙三年（534 年）分裂为东魏、西魏，权臣高欢挟北魏孝静帝迁于邺城，

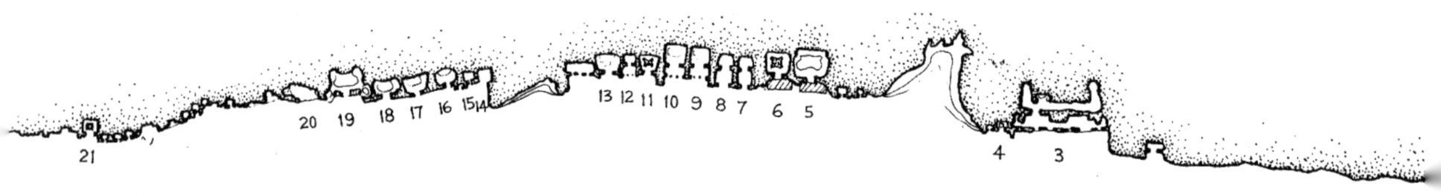

图 0-37　云冈石窟总平面图

来源：建筑科学研究院建筑史编委会组织编写 . 刘敦桢主编 . 中国古代建筑史 [M]. 2 版 . 北京：中国建筑工业出版社，1984.

图 0-38　云冈三座大佛窟全景——第十八（右）、十九（中）、二十（左）号窟

来源：王南摄

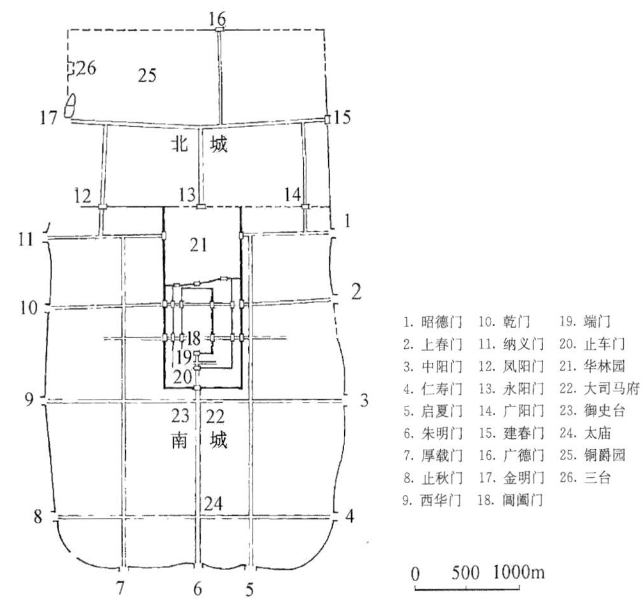

图 0-39　东魏北齐邺城平面复原图

来源：傅熹年主编．中国古代建筑史·第二卷：三国、两晋、南北朝、隋唐、五代建筑[M]．2 版．北京：中国建筑工业出版社，2009.

建立东魏。因旧城（邺北城）狭小，于公元 535 年北倚邺北城南墙扩建新都，史称邺南城。其规划者是名儒李业兴，史称他“披图按记，考定是非，参古杂今，折衷为制，召画工并所需调度，具造新图，申奏取定”（图 0-39）。

《邺中记》载邺南城“东西六里，南北八里六十步”。经考古勘测，城东西宽 2800m，南北长 3460m，城墙宽度一般为 8 ~ 10m。城墙的西南角和东南角均为圆角，与《邺中记》记载的“其堵堞之状，咸以龟象焉”相符。

因北依邺北城，故邺南城仅筑东、南、西三面城墙。全城共十四门：北面即沿用北城南墙三门；南面设三门，各有南北大道，中间一条北抵宫城正门为御街，成为全城中轴线；东、西墙相对各开四门，其间形成四条东西向大道。北面中正建宫城。《邺中记》载，宫东西四百六十步，南北连后园至北城合九百步。经实地勘探，宫城东西宽 620m，南北长 970m。在宫城内已探出建筑基址十多座。

史载邺南城还有外郭，东、西市建在郭中。在邺城的北郊和西郊，即今河北省磁县境内，是东魏、北齐贵族的陵墓区。2002 年以来，考古学者陆续发掘了邺南城以南的赵彭城北朝佛寺遗址、核桃园建筑基址群。其中，赵彭城北朝佛寺以木构佛塔为中心，已发现东南院、西南院和北部殿堂等遗迹，四周环以围濠，东围壕长 453m，

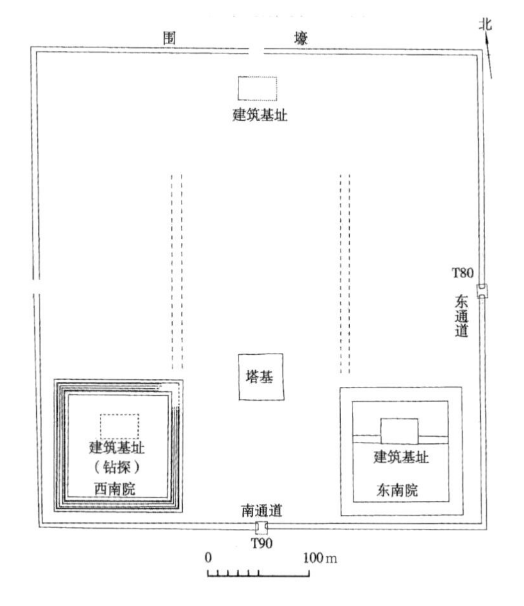

图 0-40　河北临漳县邺南城外赵彭城北朝佛寺遗址平面图
来源：中国社会科学院考古研究所，河北省文物研究所邺城考古队．河北临漳县邺城遗址赵彭城北朝佛寺 2010 ~ 2011 年的发掘 [J]. 考古，2013 (12) ：25-35.

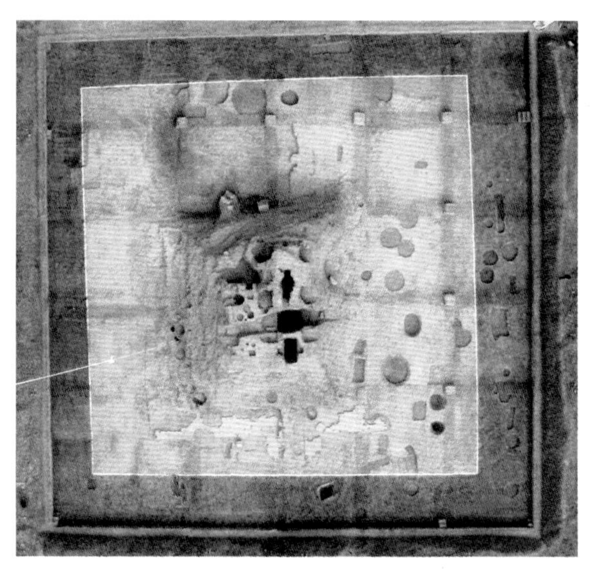

图 0-41　河北临漳县邺南城外赵彭城北朝佛寺佛塔遗址航拍图
来源：中国社会科学院考古研究所，河北省文物研究所邺城考古队．河北临漳县邺城遗址赵彭城北朝佛寺遗址的勘探与发掘 [J]. 考古，2010 (7) ：31-42.

南围壕长 433m，西围壕长 452m，北围壕长 435m，占地约 19 万 m^2，是目前已知北朝时期规模最大的佛寺，规模犹胜北魏洛阳永宁寺，对于了解北朝佛寺建筑具有十分重要的意义 (图 0-40、图 0-41) 。

公元 577 年北周灭北齐后，开始拆毁邺城宫室建筑等。公元 580 年在杨坚平定尉迟迥叛乱后，邺城被彻底焚毁。邺南城的规划在继承曹魏邺城 (即邺北城) 、北魏洛阳的基础上进一步规整化，为后来的隋大兴 (唐长安) 规划提供了重要借鉴，在中国都城史上具有承前启后的重要作用。①

三、五代十国及辽、金古都

（一）五代十国

北方五代之后梁、后唐、后晋、后汉、后周，除了后唐定都洛阳之外，其余皆定

① 傅熹年．中国科学技术史・建筑卷 [M]. 北京：科学出版社，2008：213-214.

都汴梁（今开封），详见本书第二、四章。

南方十国之都城包括：前蜀、后蜀的成都，今天还留有前蜀王建墓（即永陵），墓室建筑及雕刻均为艺术杰作（图 0-42 ~ 图 0-44）；南吴（亦称杨吴）的东都江都府（今扬州）和西都金陵府（今南京），南唐的金陵（南京），吴越的杭州，闽的福州，仅存五代木构建筑华林寺大殿及石塔乌塔（图 0-45、图 0-46）；马楚（亦称南楚）的长沙，南汉的广州，南平（亦称荆南、北楚）的荆州以及北汉的太原。

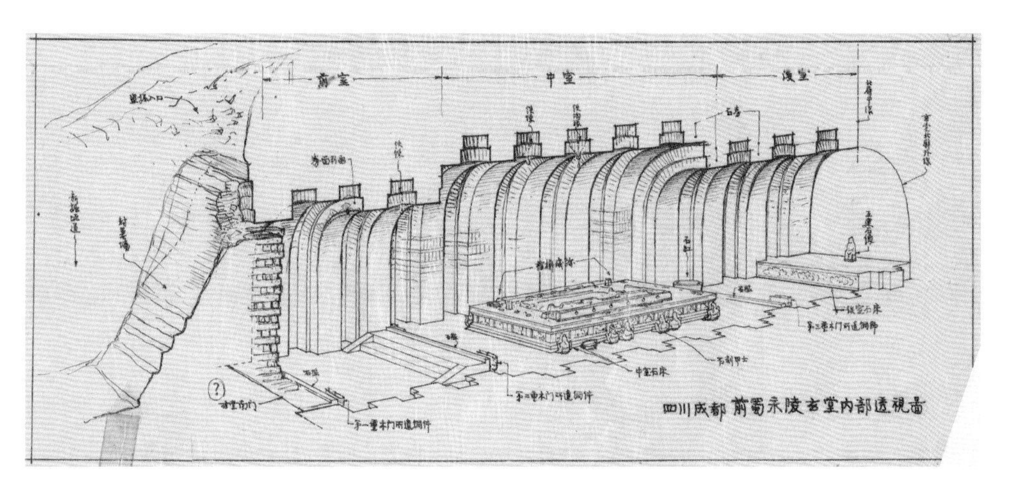

图 0-42　四川成都前蜀永陵（王建墓）墓室剖透视图
来源：清华大学建筑学院中国营造学社纪念馆藏

图 0-44　四川成都前蜀永陵（王建墓）墓室棺椁石雕乐伎图
来源：清华大学建筑学院中国营造学社纪念馆藏

图 0-43　四川成都前蜀永陵（王建墓）墓室内景
来源：王南摄

图 0–45　福州华林寺大殿（五代）
来源：王南摄

图 0–46　福州坚牢塔（即乌塔，五代）
来源：赵大海摄

图 0-47　大同善化寺大雄宝殿（辽代）立面渲染图
来源：清华大学建筑学院中国营造学社纪念馆藏

（二）辽

辽代共设有五京，分别为：上京临潢府（今内蒙古巴林左旗林东镇）、东京辽阳府（今辽宁辽阳市）、西京大同府（今山西大同市，存有辽金大寺善化寺及上、下华严寺）（图 0-47）、中京大定府（今内蒙古昭乌达盟宁城县）、南京析津府（今北京）。以下略述辽上京与辽中京概略。

1. 辽上京

辽上京位于今内蒙古巴林左旗林东镇东南。神册三年（918 年）耶律阿保机在此建立京城，名“皇都”；天显十三年（938 年）更名“上京”，府曰临潢。1120 年上京被金兵攻占，结束了作为辽代都城二百余年的历史。

辽上京平面略呈“日”字形，由南北二城组成，北曰皇城，南曰汉城，总面积约 5km^2（图 0-48、图 0-49）。

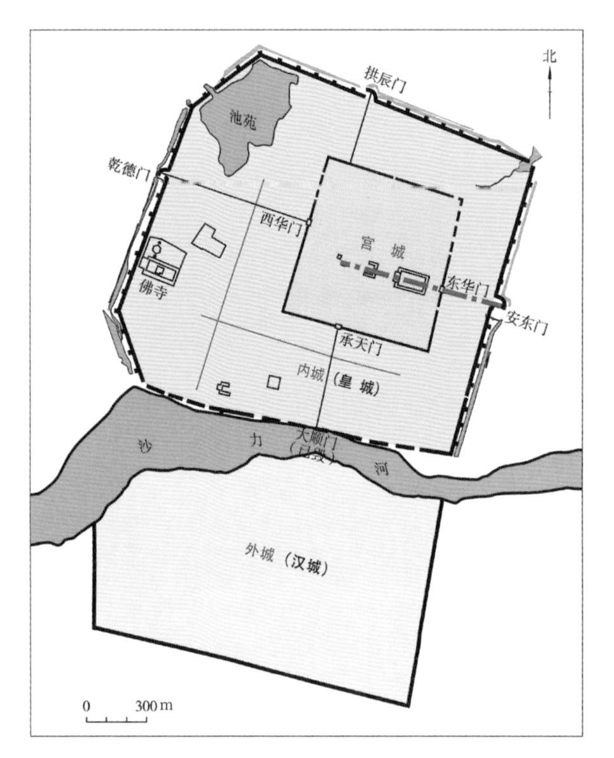

图 0-48 辽上京平面复原图
来源：董新林．辽上京规制和北宋东京模式 [J]. 考古，2019（5）：3-19.

图 0-49 辽上京遗址航拍图
来源：中国社会科学院考古研究所内蒙古第二工作队，内蒙古文物考古研究所．内蒙古巴林左旗辽上京宫城城墙 2014 年发掘简报 [J]. 考古，2015（12）：78-97.

北部皇城近乎方形，但西北、西南均抹角。南墙长 1619.6m，北墙长 1513.4m，东墙长 1492.3m。西墙不是直线，两端向内斜折，北段斜折墙长 430.3m，中段直墙长 1072.6m，南段斜折墙长 358.1m，总长为 1861m。城墙夯土版筑而成，墙残高 6 ~ 10m，横断面呈梯形，顶宽 2m，底宽 12 ~ 16m，与文献记载“城高三丈”相符。四面各开一门，**“东曰安东，南曰大顺，西曰乾德，北曰拱辰”**。皇城内道路宽 14 ~ 20m，路面铺碎石、方砖。皇城内建有官署、府邸、孔庙、佛寺、道观等。其中皇城西南部高地上确认一处规模宏大的东向的皇家佛教寺院。

宫城（即大内）位于皇城中部偏东，平面略呈方形：东墙北段未发现，已探明夯土残长 464.4m；南墙长 785.7m；西墙长 777.6m；北墙东段残缺，已知夯土残长 623.5m。宫城总面积约占皇城的五分之一。共三门，南门曰承天门，东、西门分别为东华门、西华门。其中东门为一门三道的殿堂式城门；南门和西门为单门道的过梁式城门（图 0-50）。考古发现宫城东门内有一组 3 处东向大型建筑基址：一号殿院落、

图 0-50　辽上京宫城南门遗址航拍

来源：中国社会科学院考古研究所内蒙古第二工作队，内蒙古文物考古研究所．内蒙古巴林左旗辽上京宫城南门遗址发掘简报 [J]. 考古，2019（5）：20-44.

二号殿院落（殿已不存）、三号建筑群（现存两座殿址）等。其中一号殿基址夯土台基边长约 51m，其上殿身通面阔 35.5m、通进深 32m，其平面布局为殿身面阔九间、进深八间，周回廊，考古学者推测为一大型楼阁。宫城内的建筑采取东向，反映了契丹习俗。皇城东门、宫城东门、宫城内一组东向的大型宫殿建筑址，及贯穿其间的东西向道路遗址，展现了辽上京东西向的中轴线布局，这一点尤其值得注意，应是契丹族尚东（太阳崇拜）的体现。

南部汉城呈不规则方形，东墙残长 1223.4m，南墙长 1609.1m，西墙残长 1220.9m。汉城是工匠和一般平民的居住区，“南当横街，各有楼对峙，下列井肆”。上京城遗址外现存砖塔两座：一在城南，通称南塔；一在林东镇内，通称北塔。

2. 辽中京

辽中京是辽圣宗统和二十五年（1007 年）以后所设都城，府曰大定，是平地起建的新城，遗址位于内蒙古自治区宁城县大明镇南部。辽中京城是辽代中后期重要的政治中心之一，至辽天祚保大二年（1122 年）金兵攻陷中京为止，作为陪都达 115 年。

辽中京城有外城、内城和宫城三重城墙，城墙为夯土版筑。整体格局受到北宋汴梁规制的影响（图 0-51）。

外城平面呈长方形，东西长 4200m、南北宽 3500m，占地约 14.7km^2，规模远胜辽上京。城墙四角有角楼。正南门为朱夏门，筑有瓮城。自朱夏门往北，有一条长达 1400m 的中央干道，道宽 60 余米，两侧有排水沟，能从城墙下的涵洞中排出污水。与中央干道平行的南北向街道，在两侧各有三条，另有东西向街道五条，道宽分别为 8m、12m、15m；还有市坊、廊舍、官署、庙宇及驿馆等建筑。

内城位于外城中央偏北，平面呈长方形，东西长 2000m、南北宽 1500m。正南门为阳德门。城内多空旷地带。

宫城（考古报告称“皇城”）位于内城北部正中，平面呈方形，边长 1000m。南侧两端有角楼。宫城内中轴线上有一处大型宫殿基址。南墙设有三门，正南门阊阖门与内城阳德门间有宽约 40m 的大道相连。

外城北部有寺庙、廊舍和官署遗址，西南角山坡上也有寺庙建筑遗址。城外西南部还残存一座半截塔及其寺院遗址。位于内城阳德门外东南的辽中京大明塔（即感圣寺舍利塔），为遗址内最重要辽代建筑遗存，为八角十三重密檐式砖塔，外观雄浑壮伟，雕刻精美，为辽代砖塔中的杰作（图 0-52）。

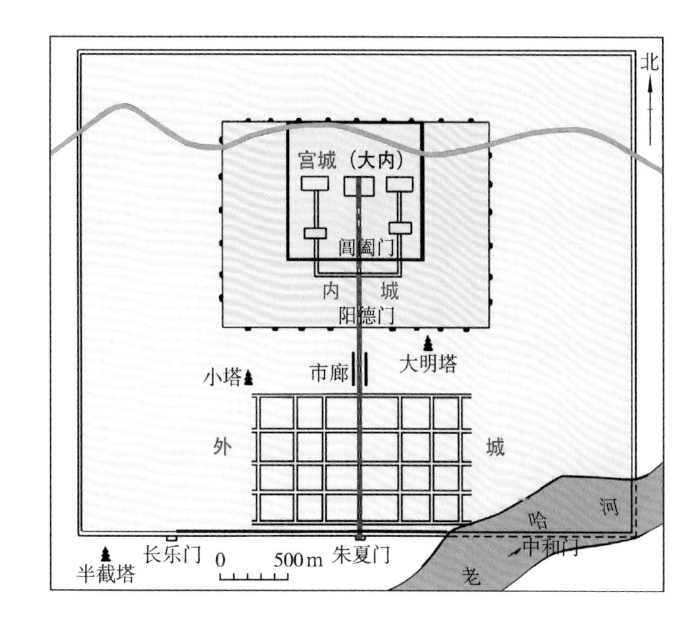

图 0-51　辽中京平面图
来源：董新林 . 辽上京规制和北宋东京模式 [J]. 考古，2019（5）：3-19.

图 0-52　辽中京大明塔（辽代）
来源：王卓男摄

（三）金

金承辽制，建五京。金中都位于今北京广安门一带，详见本书第六章；金以汴梁为南京，见本书第四章。以下略述金上京会宁府。

金上京（今黑龙江阿城）作为金代五京之一，是金王朝的早期都城，遗址位于黑龙江省哈尔滨市阿城区南郊 2km 处，城东有阿什河从南向北流经。自金太祖完颜阿骨打建国称帝，至海陵王完颜亮贞元元年（1153 年）迁都到金中都，金朝以上京为都城，前后经历四朝皇帝统治，历时达 38 年。

《金史·卢彦伦传》载："天会二年（1124 年），知新城事，城邑初建，彦伦为经画，民居、公宇皆有法。"卢彦伦，临潢人，原在辽朝为官，后降金。营建金上京会宁府，卢彦伦是具体的主持者和规划者。

金上京城由毗连的南、北二城组成，平面略呈曲尺形。二城周长约为 11km，总面积 6.28km^2，规模比辽上京略大。有学者认为辽上京南、北二城并联的规划布局模式对金上京产生了一定影响（图 0-53）。

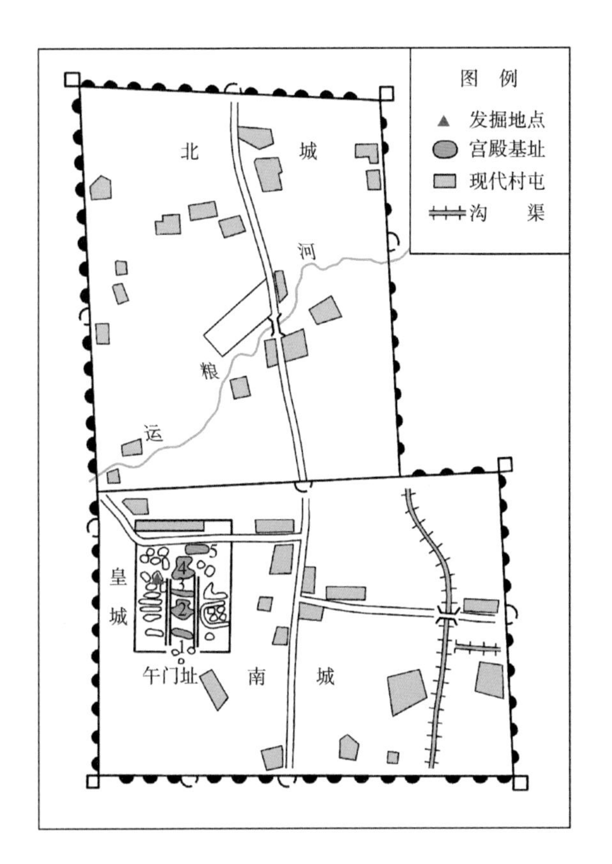

图 0-53 金上京平面图
来源：黑龙江省文物考古研究所．哈尔滨市阿城区金上京皇城西部建筑址 2015 年发掘简报 [J]. 考古，2017（6）：44-65.

城墙为夯土版筑，现存高 3 ~ 5m。城墙折角处有角楼，墙外有护城壕。全城共发现 12 个可能是城门的豁口，其中南城南墙西门址为单门道过梁式城门，外有瓮城。此门与皇城（宫城）午门正对，疑是南城的正门（图 0-54）。

北城南北长 1828m、东西宽 1553m；南城南北长 1528m、东西宽 2148m。南北两城间筑有隔墙，有门相通。南城西北部发现有皇城（即宫城），南北长 645m、东西宽 500m。皇城南墙中部的正门——午门外有土阙。午门内的中轴线上有一组宫殿台基，殿址两侧有左右廊基址。中轴线宫殿建筑群东西两侧，还有成组单体建筑基址（图 0-55）。北城可能为工商业区，其南部发现有手工业作坊。南城应为女真族皇帝和贵族的居所。

图 0-54　金上京南城南墙西门遗址航拍图

来源：黑龙江省文物考古研究所．哈尔滨市阿城区金上京南城南垣西门址发掘简报 [J]. 考古，2019（5）：45-65.

图 0-55　金上京皇城出土龙纹瓦当

来源：黑龙江省文物考古研究所．哈尔滨市阿城区金上京皇城西部建筑址 2015 年发掘简报 [J]. 考古，2017（6）：44-65.

四、元、明、清古都

（一）元

1. 元上都

元上都位于闪电河（即滦河上游，闪电河之名由“上都河”演变而来）北岸水草丰美的金莲川草原上。元宪宗五年（1255 年），蒙哥汗将此地赐封给忽必烈。次年（1256 年）忽必烈命刘秉忠选地建城郭，历时三年建成（应主要指宫城与皇城），将其命名为“开平府”。中统四年（1263 年），忽必烈以开平为“上都”，亦称上京、滦京。元上都遗址位于今内蒙古自治区锡林郭勒盟正蓝旗上都河镇东北 20km 处，犹存大量城墙遗迹与建筑群夯土基址。今日蒙古语称其地为“兆乃曼苏默”，意为“一百〇八庙”。

元上都由外城、皇城、宫城三重城墙构成，皇城位于外城东南隅，与外城共用东墙、南墙（图 0-56）。

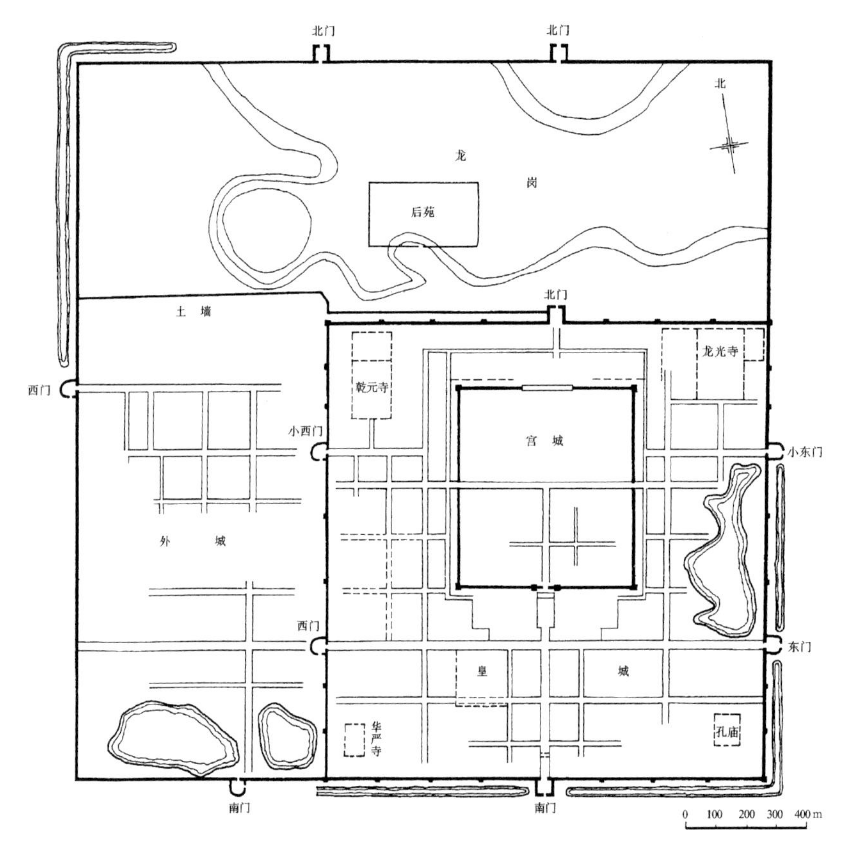

图 0-56 元上都总平面图
来源：潘谷西主编．中国古代建筑史·第四卷：元、明建筑 [M]. 2 版．北京：中国建筑工业出版社，2009.

外城为边长 2220m 的正方形，总面积 4.84km^2，不足元大都的十分之一。外城城墙全用黄土夯筑，残高 3 ~ 6m，底宽 10m，顶宽 2m。东、南、北三面各开二门（其中东墙二门、南墙东门开设在皇城东、南墙），西面开一门。城门设有马蹄形或者矩形的瓮城。城外西北角有一段宽约 25m 的护城河遗迹。城内自西门北侧城墙起，至皇城北门瓮城西墙，特筑一道宽约 2m 的土墙，把外城隔成不能相通的南、北两部分。外城南部、皇城西侧有纵横交错的街道和整齐的院落遗址。外城北部主要是一座东西横亘的山冈（考古学者推测其为文献中所谓的“龙岗”），没有街道。山冈中南部有一座东西长 350m、南北宽 200m 的院落，学者推测为御苑（称“北苑”）。

皇城位于外城东南隅，为边长约 1400m 的正方形。南北各开一门，东西各开二门。皇城南门称明德门，门道总长 24m，单门洞，青砖券顶，南端门洞较为短狭，长 4.8m，宽 4.7m；北端门洞较阔大，长 19.2m，宽 5.7m。其瓮城平面呈长方形，东西宽 63m，南北长 51m，规模颇可观。皇城城墙内部以黄土夯筑，外表用石块加砌一层厚约 70cm 的外皮，墙身底宽 12m，顶宽约 5m，残高约 6 ~ 7m。城墙四角有高大的角楼台基（图 0-57）。皇城内的街道主次分明，大致呈对称分布。以正南街（宽 25m）为中心，东、

图 0-57　元上都皇城城墙遗迹，夯土外侧包砌石块
来源：李耕忙摄

西各有一条大街（宽 15m），把城内东西方向四等分。宫城在皇城北部中央，宫城两侧所有的东西向街道皆相对。宫城南面的一条东西向大街（宽 25m）直通皇城南面的东、西二门。皇城内一些文献记载中的重要庙宇皆有遗址留存至今。

宫城在皇城中部偏北，东墙长 605m，西墙长 605.5m，北墙长 542.5m，南墙长 542m，面积为 32.8 万 m^2，规模不足元大都宫城的一半。城墙为夯土包砖（与元大都宫城相同），残墙高约 5m，底宽 10m，顶宽 2.5m。宫城四隅建角楼。宫城南门称御天门，东、西门分别称东华门、西华门，无北门。时人有“**东华西华南御天，三门相望凤池连**”（周伯琦《扈从上京宫学纪事绝句二十首》）之句。御天门为双重门楼，与皇城正门明德门相对。宫城外 24m，围有厚约 1.5m 的石砌“夹城”，与元大都大内外侧的夹垣类似。

宫城内的街道主要是一组通向南、东、西三门的“丁”字街。宫城内建筑群布局不像中国传统宫殿有一道南北中轴线，而是自由散布着一个个自成体系的建筑群。各建筑群多有一周围墙，有的作一、二进院落，或作东西并联之跨院。宫城内现今地表所见大小台基计有 43 处（图 0-58）。学者多谓元上都宫城为园林式自由布局。可知相对于元大都大内而言，元上都宫室更富于草原气息——与其作为草原夏都宫室之地位相称。

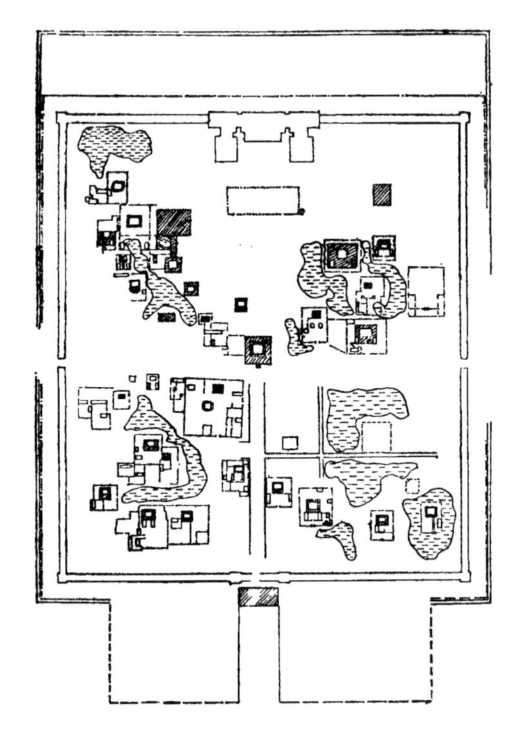

图 0-58 元上都宫城遗址平面图

来源：贾洲杰．元上都调查报告 [J]. 文物，1977（5）：65-72.

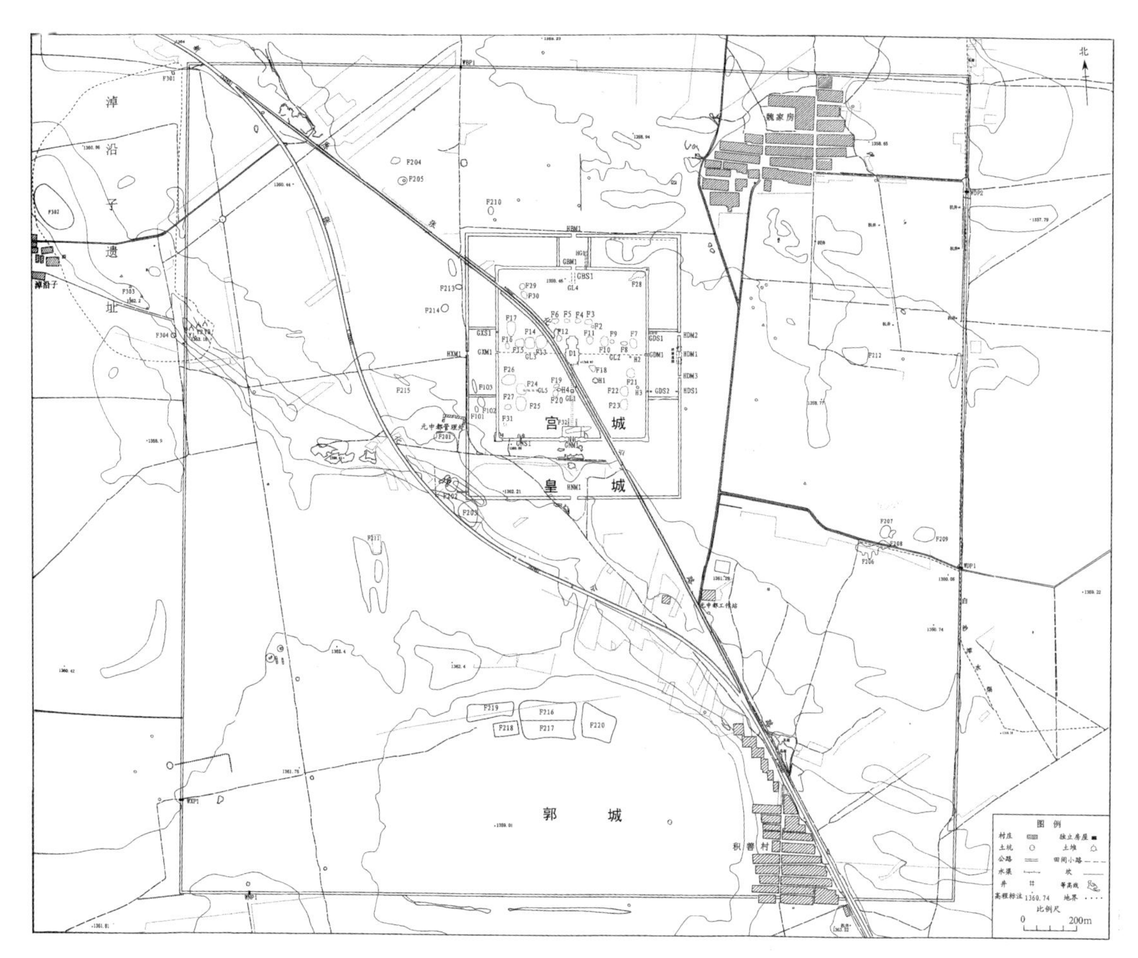

图 0-59　元中都平面图

来源：河北省文物研究所 . 元中都：1998—2003 年发掘报告（上、下）[M]. 北京：文物出版社，2012.

2. 元中都

元中都遗址位于河北省张北县城西北 15km 处，俗称白城子。元大德十一年（1307 年），元武宗海山来此游猎时选定此地为理想的建都之地，并下令“**建行宫于旺兀察都之地，立宫阙为中都**”。一年后行宫（即元中都宫室）建成，然而其他工程仍在大规模进行。至大四年（1311 年）海山去世，继位的元仁宗下令“**罢城中都**”，停止尚未全部完工的中都建设工程，解除了中都的陪都职能。所以实际上，元中都是一座未完成即夭折的都城。

元中都亦呈外城、皇城、宫城三重城垣相套之格局（图 0-59）。

外城东、南、西、北四墙长度分别为 2964m、2881m、2964m、2906m，周长 11715m，占地面积 8.58km^2，规模犹在上都之上。皇城位于外城中央偏北，东、南、西、北四墙长度分别为 927.7m、770m、930.6m、778.34m，周长 3406.64m，占地面积约 71.9 万 m^2，规模与元大都宫城及今北京故宫接近。皇城各面开一门（其中东门带左右掖门之类的门址）。皇城内目前仅发现三处建筑遗址。较为特别的是，在皇城内已探明了六道隔墙，它们从内城东、北、西三座城门的两侧向外延伸，两两平行，将皇城内的空地分隔成东西对称的六个独立单元。有学者推测其为驻军之“小禁垣”。

宫城东、南、西、北四墙长度分别为 603.5m、542m、608.5m、548.8m，周长 2302.8m，占地面积约 33 万 m^2——不论平面形状还是规模都和元上都宫城几乎完全一致（后者南北长约 605.25m，东西宽约 542.25m）。城墙残高 3 ~ 5m。民国时期曾在其上夯筑围寨土墙。宫城四面各开一门。城四角有角楼基址（图 0-60）。

宫城南门遗址经过发掘，可知其为形制“三观两阙三门道过梁式”，东西通长 87.68m。考古学者在宫城内发现建筑遗址三十余处，其中最重要者为 F1 号基址，即位于宫城正中央的“工字殿”遗址，简直可谓是元大都宫城大明殿的缩小版，也是目前考古发掘的元代大型“工字殿”的唯一实例，弥足珍贵。“工字殿”台基南北长 118m，东西宽 38 ~ 60m，高出地表 3.69m。“工字殿”由南向北依次由月台、前殿、柱廊、寝殿及其东、西夹室和香阁组成。其中，前殿台基东西 36.36m，南北 26.06m，其平面柱网布局为面阔七间、进深五间，有内外柱两周组成《营造法式》所谓“金厢斗底槽”式布局。寝殿面阔、进深均为三间，寝殿的东、西夹室（类似后世耳房）皆面阔、进深各三间，香阁凸出于寝殿北侧，同样面阔、进深各三间。出土大量汉白玉、琉璃建筑构件，工艺卓越，美轮美奂（图 0-61）。

（二）明

明中都（今安徽凤阳县）遗址位于今安徽省滁州市凤阳县西北部淮河南岸的高地上，占地面积 50 余平方公里，与元大都之规模旗鼓相当。城址东起独山东麓，南至老人桥，西南伸出凤凰山山嘴南坡，西接马鞍山，北抵京沪铁路，规模宏大，气势撼人。明中都是明太祖朱元璋一度悉心营建的都城，差一点成为明代的首都所在。

明洪武二年（1369 年），朱元璋决定在自己的家乡临濠（今安徽凤阳）营建中都，“诏以临濠为中都，……始命有司建置城池宫阙如京师之制焉”（《明太祖实录》），并且在中都城南十里处营建了规模宏阔的皇陵。朱元璋派得力助手韩国公李善长、中山侯汤和等“董建临濠宫殿”，举全国之力营建之，集各地名材和百工、军士、民夫、

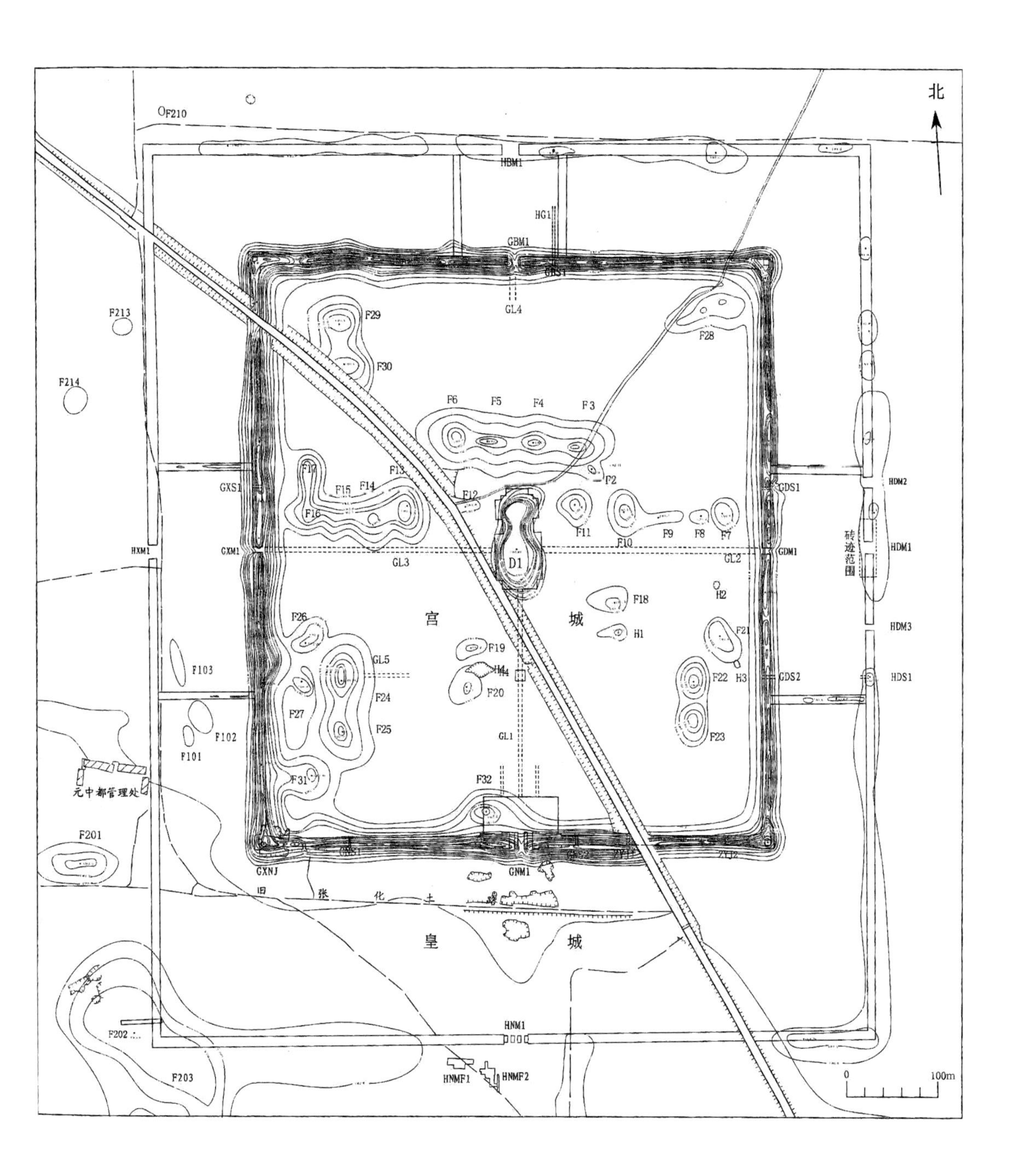

图 0-60　元中都皇城、宫城平面图

来源：河北省文物研究所 . 元中都：1998—2003 年发掘报告（上、下）[M]. 北京：文物出版社，2012.

图 0-61　元中都宫城“工”字殿遗址航拍图
来源：河北省文物研究所．元中都：1998—2003 年发掘报告（上、下）[M]．北京：文物出版社，2012.

移民、罪犯等近百万人，营建六年之久。洪武八年（1375 年），朱元璋“亲至中都验功赏劳”，终于因为难以收拾“役重伤人”引发的反抗，于是以“劳费”为由，“诏罢中都役作”。尽管如此，已建成的部分还是初步具备了都城的基本格局。

明中都由内、中、外三道城墙环环相套而成，分别为皇城、禁垣和中都城（图 0-62、图 0-63）。

内为皇城（相当于北京故宫），又称紫禁城，与明南京、明北京宫殿同名。据考古勘测，中都皇城南北长 960m，东西宽 890m，占地 85.4 万 m^2，犹在北京故宫的 72 万 m^2 之上。城墙砖筑，周长 3702m，设四门，分别为午门、东华门、西华门、玄武门。午门呈凹字形平面，设有东、西两观，也与南京、北京的紫禁城午门形制类似（图 0-64）。宫城四隅均建有角楼。皇城内主要建筑包括前三殿奉天殿、华盖殿、谨身殿，后两宫乾清宫、坤宁宫及东西六宫等，两侧有文楼和武楼、文华殿和武英殿等，名称皆与南京、北京紫禁城相同。

中为禁垣（相当于北京的皇城），洪武五年（1372 年）筑，高二丈，周长 7670m，同样设四门，分别为承天门、东安门、西安门、北安门。据实测禁垣南北长 2160m，东西宽 1860m，占地 4.02km^2，约为明北京皇城的五分之三。

最外为中都城，呈扁方形。实测东西长 7760m，南北宽 7170m。洪武五年（1372 年）定址，七年（1374 年）筑土垣，高三丈，无濠。城原开十三门，其中南面三门，正南为洪武门，东为南左甲第门，西为前右甲第门；东面三门，由南向北依次为朝阳门、独山门、长春门；西面二门，由南向北依次为涂山门、长秋门；北面二门，东为北左甲第门，西为后右甲第门。罢建中都后，革去三门。

中都城南北中轴线纵贯全城，作为都城规划的主轴线。中轴线南起都城正门洪武门（门外有凤阳桥），向北依次为宫廷前广场大门大明门、禁垣正门承天门、皇城（即紫禁城）、禁垣北门北安门，最后结束于万岁山（镇山），全长约 4km。中轴线两侧，洪武街段有东西对称的左右千步廊、中书省、大都督府和御史台等中央文武官署，太

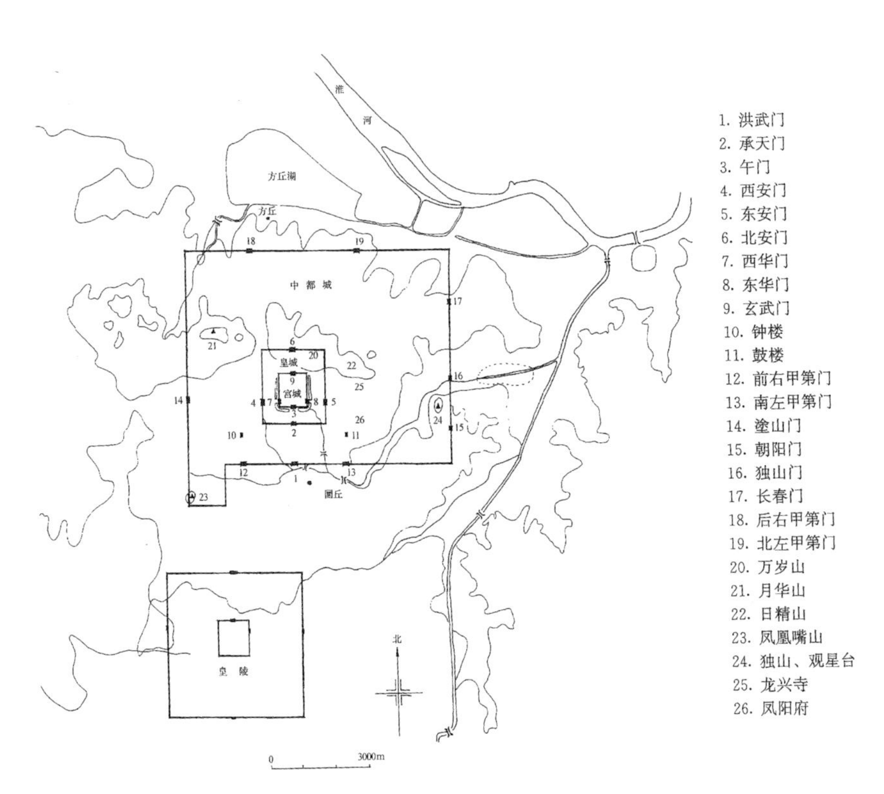

图 0-62　明中都复原图
来源：潘谷西主编．中国古代建筑史·第四卷：元、明建筑[M]．2 版．北京：中国建筑工业出版社，2009.

图 0-63　明中都紫禁城午门北望全景：中央为宫殿中轴线，右方山巅为万岁山顶，再右为日精峰，左边为月华峰，三山环拱紫禁城
来源：孙广懿摄

图 0-64　明中都紫禁城午门城台正面全景
来源：孙广懿摄

万岁山
日精峰

庙、太社稷位于阙门左右。在大明门前云济街上，向东排列着城隍庙、金水桥、国子监、鼓楼；向西有功臣庙、金水桥、历代帝王庙、钟楼（图 0-65）。城内设二十四街，一百〇四坊。城内外还有圜丘、朝日坛、夕月坛、皇陵十王四妃坟、苑囿、观星台、龙兴寺等。

如今，中都皇城即紫禁城的夯土包砖城墙基址宛然，护城河也基本保持旧观，午门和西华门台基保存尚好，西南角楼与东南角楼遗址亦清晰可辨，北门玄武门也有土堆遗址留存（图 0-66）。尤其是南面和西面城墙保存较多，大部分城墙皆可上人，行走在高墙之上，可以清晰地感受到紫禁城及北面万岁山、东面日精峰、西面月华峰形成的明中都规划格局与气魄（图 0-67）。

大殿的蟠龙石础、御道丹陛石雕、午门基座长达 400 余米的汉白玉浮雕等，更是不可多得的明早期石雕艺术珍品，尤其是午门门洞两侧地面上 160cm 高的汉白玉须弥座上连续不断的精美石雕，其题材丰富多彩，除常见的龙、凤之外，还有方胜、卍字、双狮、麒麟、梅花鹿、牡丹、荷花、西番莲以及其他各种花卉纹饰（图 0-68）。中都宫殿内的蟠龙石础十分巨大，达 2.7m 见方，而北京故宫太和殿的石础不过 1.6m 见方，比中都小得多。

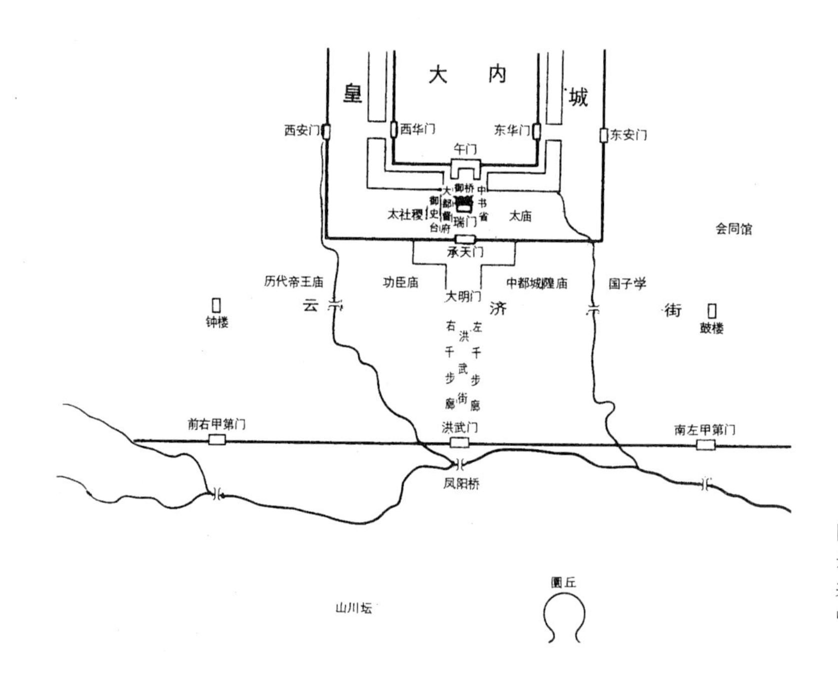

图 0-65　明中都中轴线南部布局示意图

来源：王剑英．明中都研究 [M]．北京：中国青年出版社，2005.

中都城“规制之盛，实冠天下”，其后的明南京、明北京两座明代重要都城也在很大程度上皆以明中都为“蓝本”。

图 0-66　明中都紫禁城玄武门遗址
来源：孙广懿摄

图 0-67　明中都紫禁城西墙南段
来源：孙广懿摄

图 0–68 午门须弥座上的汉白玉石雕
来源：孙广懿摄

（三）清

清代改沈阳中卫城为盛京城（今辽宁沈阳），曾为清初太祖、太宗两朝帝都，迁都北京后又被立为陪都。盛京城包括内城、外郭两重城垣，郭圆城方，“郭周三十二里十八步，城周九里三十二步”。据清康熙二十三年（1684 年）《盛京通志》载：“……天聪五年（1631 年）因旧城增拓其治，内外砖石高三丈五尺，阔三丈八尺，女墙七尺五寸，周围九里三十二步。四面垛口六百五十一，敌楼八座，角楼四座。改旧门为八：东之大东门曰‘抚近’；小东门曰‘内治’；南之大南门曰‘德盛’；小南门曰‘天佑’；西之大西门曰‘外攘’；北之大北门曰‘福胜’；小北门曰‘地载’。”

由皇太极新建的皇宫大内位于城市中央略偏西，位于此前由大政殿和十王亭组成的旧宫西侧，二者共同构成盛京皇宫，即今沈阳故宫。连接内城八门的“井”字形街道分内城为九个部分，其中，北面的东西横街与两条南北纵街的交叉口上分别建钟楼和鼓楼。德盛门（大南门）外五里建天坛。内治门（小东门）外三里建地坛。皇宫南面的几片街坊内设置内阁六部等衙署。皇宫北面的四平街（今中街）辟为商业街。皇太极于崇德八年（1643 年）于城外敕建东、西、南、北四塔（图 0–69）。

沈阳故宫是我国现存仅次于北京故宫的最完整的宫殿建筑群。沈阳故宫位于沈阳市沈河区明清旧城中心，占地面积约 63000m^2（大约为北京故宫的十二分之一），共有建筑 419 间。建筑群始建于后金天命十年（1625 年），初成于清崇德元年（1636 年）。清顺治元年（1644 年），清朝移都北京后，成为“陪都宫殿”。从康熙十年（1671 年）至道光九年（1829 年）间，清朝皇帝 11 次东巡祭祖谒陵曾驻跸于此，并有所扩建。

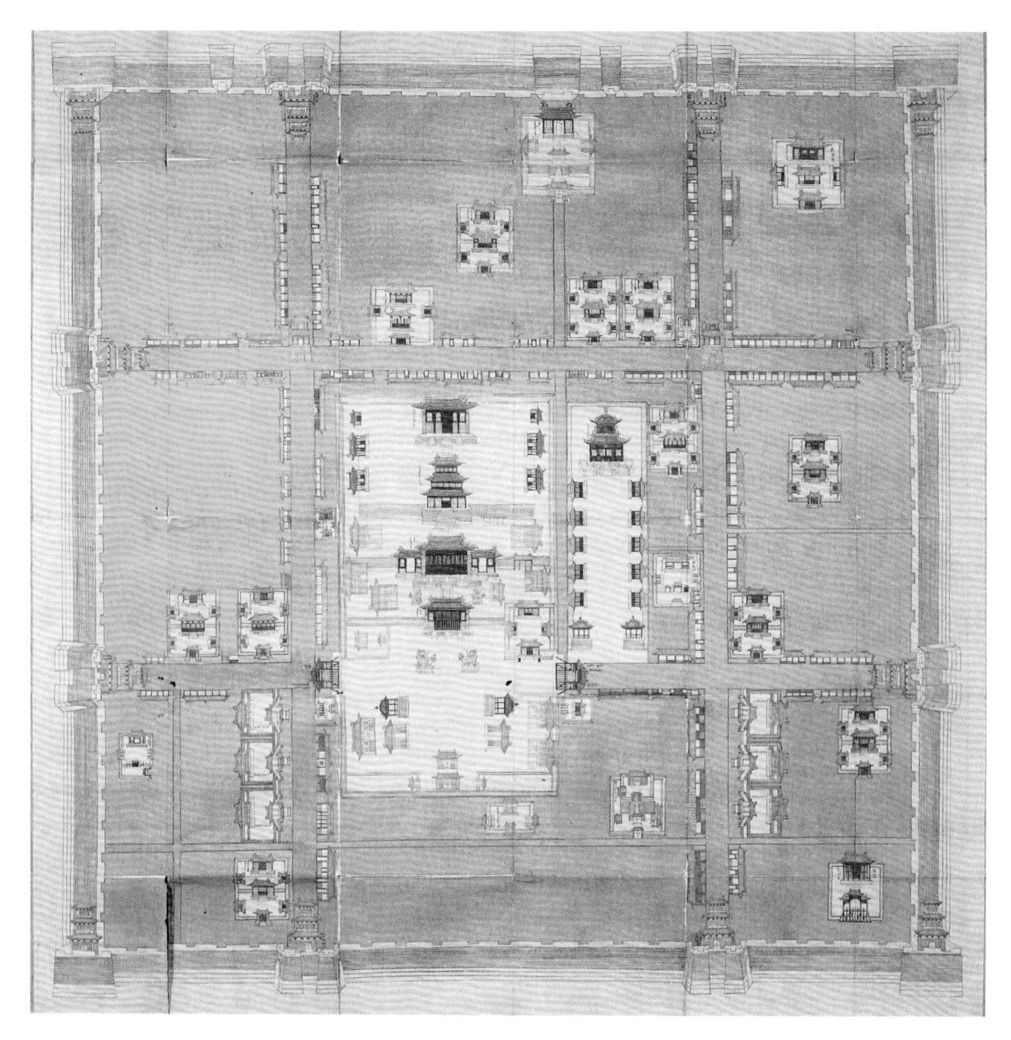

图 0-69 《盛京城阙图》
来源：曹婉如．中国古代地图集（清代）[M]．北京：文物出版社，1997.

沈阳故宫的建筑布局分为东、中、西三路。其中东路建筑群始建于努尔哈赤时代；中路主体建筑始建于天聪六年（1632 年）；中路西侧的东西两所行宫及崇政殿配套建筑建于乾隆十年（1745 年）；西路建筑建于乾隆四十六年（1781 年）（图 0-70）。

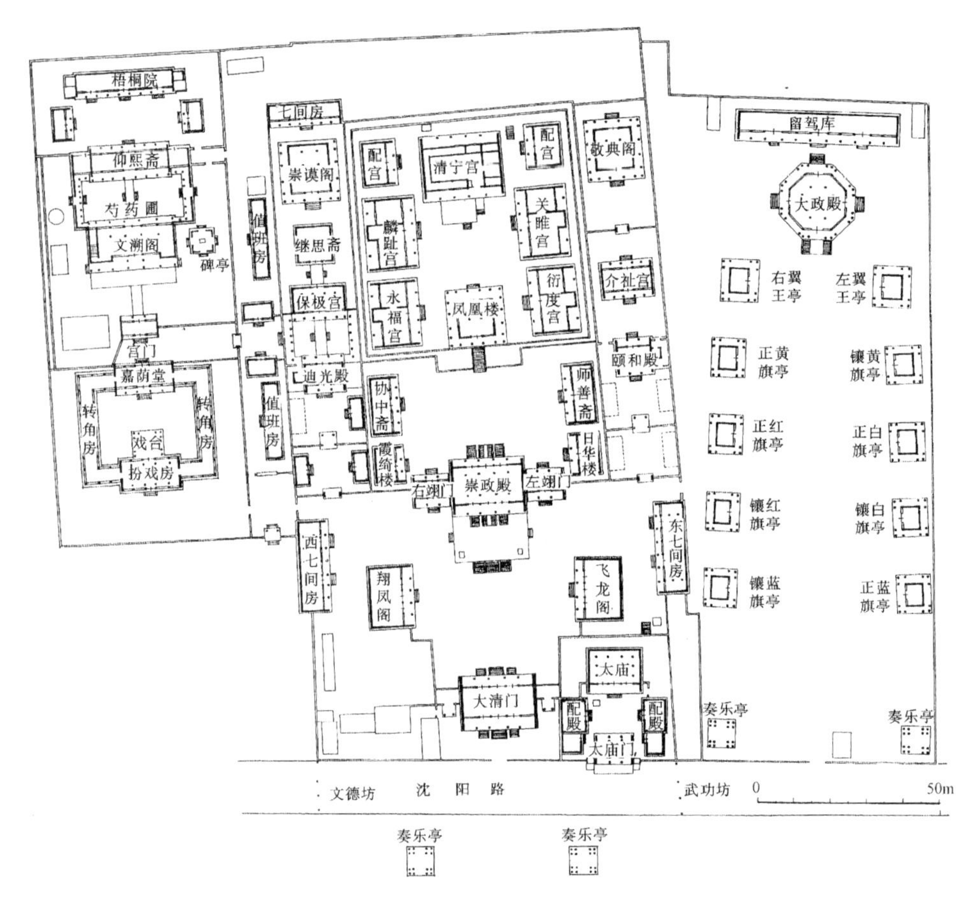

图 0-70 沈阳故宫平面图
来源：孙大章主编．中国古代建筑史·第五卷：清代建筑[M]. 2 版．北京：中国建筑工业出版社，2009.

东路建筑群以金碧辉煌的大政殿为主体（图 0-71）。大政殿为八角重檐亭式建筑，内部结构为彻上明造，下有大青石修建的须弥座台基，殿顶为黄琉璃瓦绿剪边重檐攒尖顶，殿内有宝座、藻井。大殿正面两根檐柱以木雕涂金蟠龙环绕，增添不少气势。十王亭位于大政殿前长 195m、宽 80m 的纵长广场上，自北向南，东侧为左翼王亭、镶黄旗亭、正白旗亭、镶白旗亭、正蓝旗亭；西侧为右翼王亭、正黄旗亭、正红旗亭、镶红旗亭、镶蓝旗亭，是左、右翼王和八旗办公之所在。南为大红墙，内侧东西分立奏乐亭一座，清初为开放式广场，以木栅与宫外相隔。整个东路建筑群以大政殿为统率，左右分立八字形布局的十王亭，是由临时帐篷演变为固定建筑群布局的生动体现，反映了清代早期政治制度。

西路建筑群主体为文溯阁，建于乾隆四十六年（1781 年），外观二楼内部三层，面阔六间，黑琉璃瓦绿剪边硬山顶，用于存放四库全书，仿北京故宫文渊阁样式建造。后有仰熙斋，前有嘉荫堂戏台建筑群。

中路建筑群为沈阳故宫核心，沿南北中轴线依次建有大清门、崇政殿、凤凰楼、清宁宫，呈“前朝后寝”格局。大清门又称“午朝门”，是沈阳故宫的正门。崇政殿又称“金銮殿”，是皇太极处理政务、接见使臣的场所，清代历朝皇帝东巡祭祖时均在此听朝理政。面阔五间，黄琉璃瓦绿剪边硬山顶，前后有出廊，围以石护栏。殿内为彻上明造，和玺彩绘，宝座后有贴金龙扇屏风，旁为贴金蟠龙柱。殿外庭院左右有飞龙阁、翔凤阁、东七间楼和西七间楼。凤凰楼原名“翔凤楼”，为清宁宫内院的门楼，高三层，歇山顶，面阔、进深各为三间（图 0-72），曾是皇帝计划军政要事和举行宴会之地，清朝入关后改为存放历代实录、玉牒、“御影”以及玉玺的场所。

清宁宫原称“正宫”，是皇太极登基之前的王府所在地，位于高 3.8m、62m 见方的高台之上，前有凤凰楼，四周为高墙，构成独立的城堡式建筑。宫殿为五间十一檩硬山式建筑，黄琉璃瓦绿剪边屋面。东边一间为帝后寝宫，西边四间为神堂，是萨满教祭祀之所。宫前有索伦杆，东为关雎宫、衍庆宫，西为麟趾宫、永福宫，合称“五宫”。

图 0-71　沈阳故宫大政殿
来源：屠美君摄

图 0-72　沈阳故宫凤凰楼
来源：屠美君摄

第一章 西安——秦中自古帝王州

瞿塘峡口曲江头，万里风烟接素秋。
花萼夹城通御气，芙蓉小苑入边愁。
珠帘绣柱围黄鹄，锦缆牙樯起白鸥。
回首可怜歌舞地，秦中自古帝王州。

——杜甫：《秋兴八首》(其六)

西安素有“十三朝古都”之谓，曾先后作为西周、秦、西汉、新莽、东汉、西晋、前赵、前秦、后秦、西魏、北周、隋、唐这十三个王朝的都城(图1–1)。

古都西安坐落于陕西渭河平原关中盆地，有“八百里秦川”“秦中”之称——杜甫有“秦中自古帝王州”之名句。其地东有函谷关之固，西有散关之险，南有武关，北有萧关，因位居四关之中，故亦称“关中”。关中形胜险要，易守难攻，汉代张良称其“被山带河，可进可退，四塞以为固，可谓金城千里”(《史记·留侯世家》)；清顾祖禹《读史方舆纪要》则云：“以陕西而发难者，虽微必大，虽弱必强，不为天下雄，则为天下祸。”

关中盆地地势西高东低，南北高、中间低，渭河自西向东横贯其间，形成平坦辽阔的冲积平原，所谓“黄壤千里，沃野相望”，使关中盆地又有“天府”“陆海”之称。关中盆地水源亦颇丰，尤其是龙首原附近河流密布，有渭水、浐水、灞水、涝水、沣水、滈水、皂水、潏水八条河流环绕，人称“八水绕长安”(图1–2)。

以下各节将分别论述古都西安历代都城之沿革、重要的宫殿、陵寝及寺塔建筑。

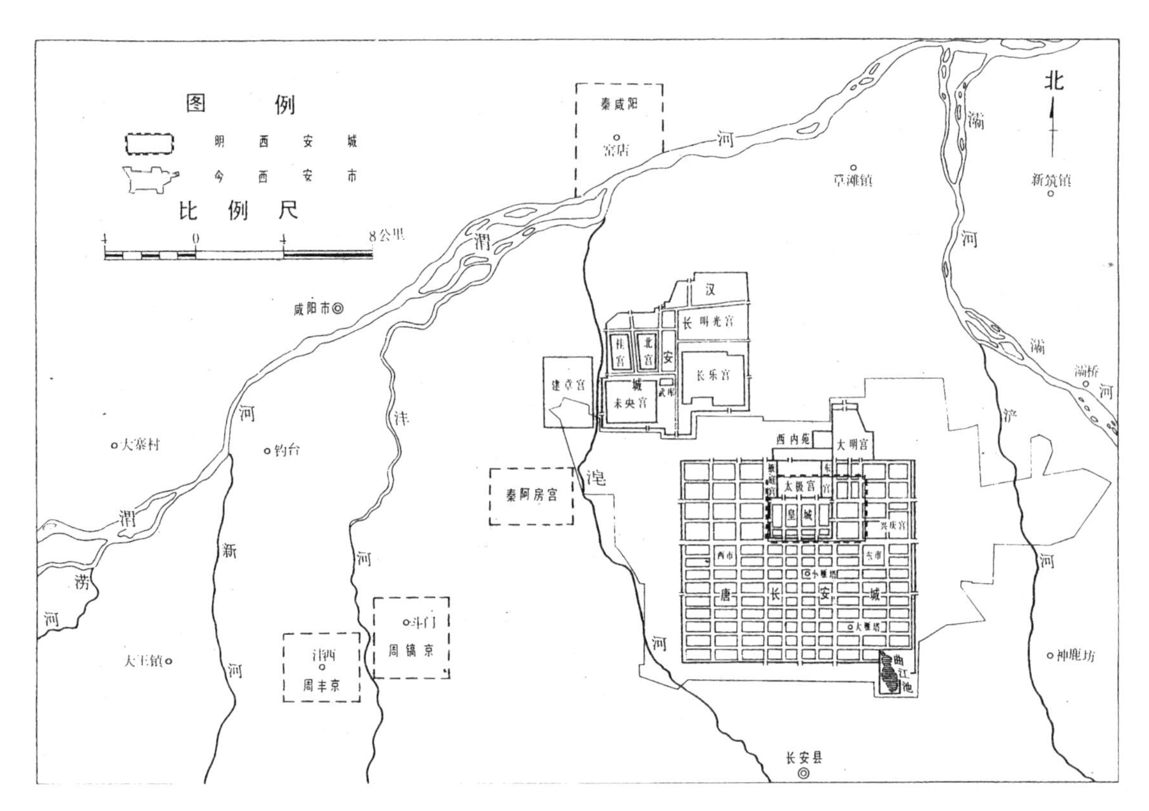

图1-1　西安历代城址演变示意图

来源：雷行，余鼎章. 中国历史文化名城丛书：西安[M]. 北京：中国建筑工业出版社，1986.

图1-2　民国时期西安旧影：背景为终南山，左为大雁塔，右为小雁塔

来源：足立喜六摄

第一节　都城沿革

周、秦、汉、唐皆为古代中国繁荣昌盛之朝代，而四朝皆曾以长安为都，其中尤以西汉长安和隋唐长安达于极盛。可以说截至唐代之前的中国古代都城史，许多最为辉煌隆重的大戏都是在古都西安这片土地上演的。

一、西周丰镐

公元前1136年周文王灭崇侯虎，在关中平原的沣水西岸营建丰京（或曰丰邑，因沣水而得名），即《诗经·大雅》“文王有声”中所谓“既伐于崇，作邑于丰”。周武王继位后又在沣水东岸营建镐京，后来亦称“宗周”，即“考卜维王，宅是镐京”。丰镐乃是周文王所建丰京与周武王所建镐京之合称。灭商之后，丰、镐合为周王朝的统治中心（丰京有西周宗庙），为西安历史上第一都。自周武王灭商直至公元前770年周平王东迁之前的近三百年间，丰镐一直为周朝之政治、经济与文化中心。丰、镐二京始毁于西周末年犬戎入侵。西汉时汉武帝在上林苑穿凿昆明池，二京遗址进一步遭破坏。

据考古发掘，丰、镐二京位于今西安市西南[①]（图1-3）。

丰京遗址位于今西安西南长安县内的客省庄、马王村、西王村、冯村和张家坡一带，遗址面积约6km²。丰京的中心区域可能在客省庄、马王村一带，考古工作者在此区域范围内发现大量西周夯土建筑基址。4号夯土基址是其中最大的一座单体建筑，基址整体平面呈“丁”字形，面南，东西长61. 5m，南北最大进深35.5m，基址总面积1826.98m²，规模宏巨，是一座高台式中心主体建筑。

镐京遗址隔着沣河与丰京相对，在今斗门镇、花园村和普渡村一带，面积约4～5km²。镐京遗址的北部，有大面积夯土建筑群基址，考古发现西周建筑基址11座，其中5号宫殿基址规模最大，建筑基址整体平面呈“工”字形，坐西朝东，主体建筑居中，南北两翼为附属部分，主体建筑南北长59m，东西宽23m，附属两翼东西

---

① 丰京在今沣河中游西岸，遗址北及客省庄、张家坡，南达新旺村、冯村，东至沣河，西至灵沼河。镐京在今沣河中游东岸，遗址北及洛水村，南达斗门镇，东至昆明池故址，西至鄗水故道。参见：胡谦盈. 丰镐地区诸水道的踏察——兼论周都丰镐位置[J]. 考古，1963（4）：188-197；胡谦盈. 丰镐考古工作三十年（1951-1981）的回顾[J]. 文物，1982（10）：57-67.

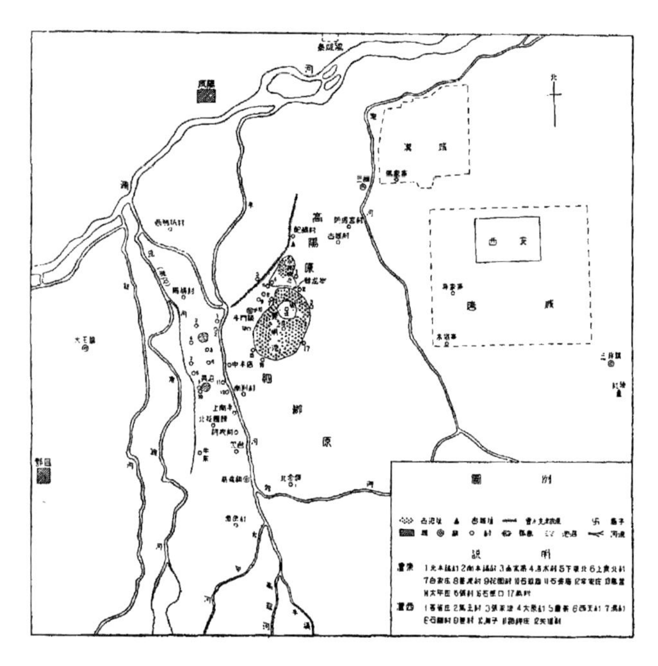

图1-3　西周丰、镐遗址位置示意图
来源：胡谦盈. 丰镐地区诸水道的踏察——兼论周都丰镐位置[J]. 考古，1963（4）.

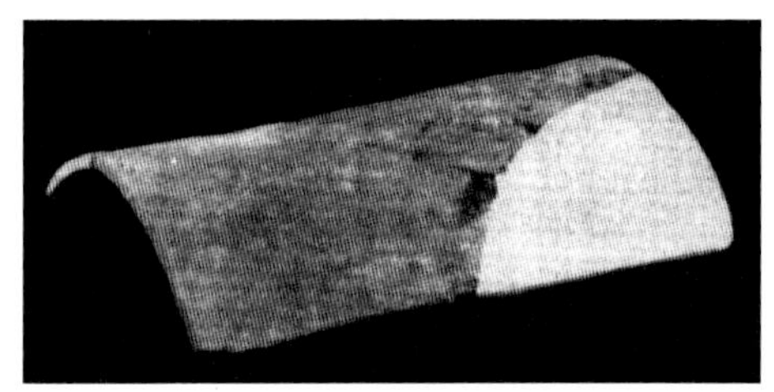

图1-4　西周镐京出土大型宫室建筑板瓦
来源：郑洪春，穆海亭. 镐京西周五号大型宫室建筑基址发掘简报[J]. 文博，1992（4）.

各长为59m，南北宽为13m。“工”字形建筑群整体南北长85m，东西长59m，是已发掘的丰镐宫殿建筑基址中规模最巨大者，为研究西周宫殿建筑的珍贵实例。[①]

丰、镐遗址皆出土许多西周板瓦、筒瓦，甚至还有新型的槽瓦（图1-4）。

二、秦都咸阳

秦孝公十二年（公元前350年），秦孝公东迁定都咸阳（今西安市西北郊），咸阳成为秦国（当时为诸侯国）都城。[②]随着公元前221年秦始皇灭六国统一天下，咸阳成为整个秦王朝的都城。

秦孝公始建时，咸阳只在渭水北岸建有冀阙和宫室，惠王时大加扩建[③]，秦始皇

① 参见：郑洪春，穆海亭. 镐京西周五号大型宫室建筑基址发掘简报[J]. 文博，1992（4）:76-83；郑洪春. 西周建筑基址勘[J]. 文博，1984（3）：1-9.

② 《史记》卷五・秦本纪载：“孝公十二年作为咸阳，筑冀阙，秦徙都之。”

③ 《汉书》卷二十七・下・五行志称：“先是惠文王初都咸阳，广大宫室，南临渭，北临泾。”《三辅黄图》载：“惠文王初都咸阳，取岐雍巨材，新作宫室。南临渭，北逾泾，至于离宫三百。”

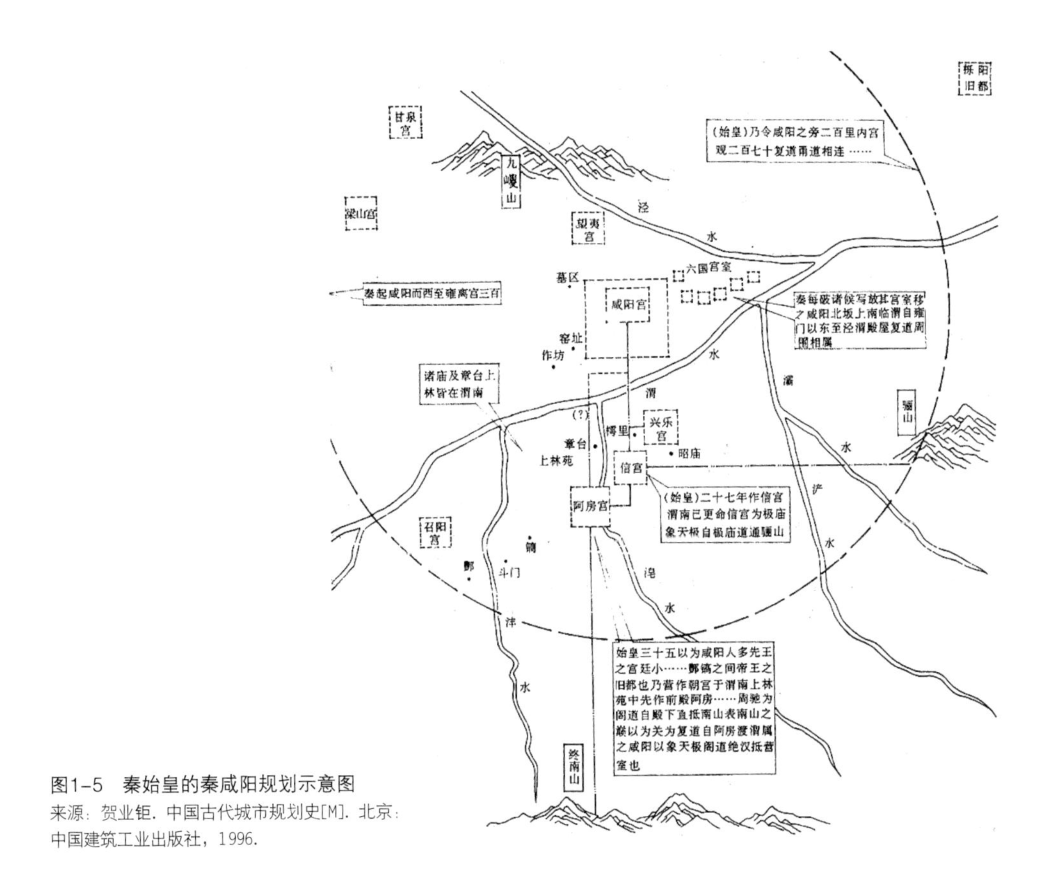

图1-5　秦始皇的秦咸阳规划示意图
来源：贺业钜. 中国古代城市规划史[M]. 北京：中国建筑工业出版社，1996.

时咸阳规模空前发展：位于渭河以北的部分，大致东起柏家嘴，西讫毛王沟，南至草滩农场 (即秦代渭河北岸, 由于河道变迁现已变成渭河南岸)，北抵高干渠，东西广约6km，南北深约7.5km，面积达45km^2。①

不仅如此，秦始皇还将都城建设拓展到渭南，模仿“天象”经营咸阳宫与渭南上林苑。《三辅黄图》称：

“始皇穷极奢侈，筑咸阳宫，因北陵营殿，端门四达，以则紫宫，象帝居。渭水贯都，以象天汉；横桥南渡，以法牵牛。”

据考古发掘，渭北的秦咸阳宫殿建筑遗址分布, 西自毛王沟,东至柏家嘴, 北起高干渠, 南至咸铜铁路以北, 主要分布于都城北部地势高爽的二道塬上，便于居高临下，控制全城，其范围东西长6km, 南北长2km（图1-5）。

① 参见：刘庆柱. 秦都咸阳几个问题的初探 [J]. 文物，1976（11）：25-30.

实际上，咸阳宫室除了渭北咸阳宫，还有六国宫殿、渭南兴乐宫（汉长安长乐宫之前身）、章台宫、信宫（后改为极庙）以及未完成的阿房宫等，形成“东西八百里，南北四百里，离宫别馆，相望联属”之浩大规模。

（一）咸阳宫

咸阳宫为都城最早的宫殿，位于渭水北岸，自秦孝公都咸阳起开始建设，其后不断踵事增华。目前，已发掘一、二、三号等宫殿遗址，其中一号宫殿遗址最为完整、宏大：基址平面为曲尺形，东西宽60m，南北长45m。建筑大体分为三层，上层夯土台面距地面约5m。各层建筑均依傍夯土台建造，环绕主体的各层宫室，排列相当灵活，没有轴线关系。整体建筑为木构架与夯土结合之土木混合结构[①]（图1-6、图1-7）。

一号宫殿基址出土大量砖、瓦、壁画及金属构件，极为精美（图1-8～图1-10）。

总体观之，咸阳宫一号宫殿基址是研究战国至秦代宫室建筑的珍贵实例。

秦始皇于咸阳北阪仿建六国宫室，《史记·秦始皇本纪》称：“秦每破诸侯，写放其宫室，作之咸阳北阪上，南临渭，自雍门以东至泾、渭，殿屋复道周阁相属。所得诸侯美人钟鼓，以充入之。”

考古学者认为六国宫殿可能与咸阳宫相错杂。[②]

（二）阿房宫

秦始皇三十五年（公元前212年），开始兴建渭南上林苑中朝宫之前殿——阿房宫。据《史记·秦始皇本纪》载：

“……始皇以为咸阳人多，先王之宫廷小，吾闻周文王都丰，武王都镐，丰镐之间，帝王之都也。乃营作朝宫渭南上林苑中。先作前殿阿房，东西五百步，南北五十丈，上可以坐万人，下可以建五丈旗。周驰为阁道，自殿下直抵南山。表南山之巅以为阙。为复道，自阿房渡渭，属之咸阳，以象天极阁道绝汉抵营室也。阿房宫未成；成，欲更择令名名之。作宫阿房，故天下谓之阿房宫。”

可见，尽管阿房宫前殿未能真正建成，但是其规划的宏图是以前殿阿房宫象征天极，以终南山之巅为天然门阙，视渭河为“天汉”，即银河，凭借复道、甬道、驰道

---

① 参见：刘庆柱，陈国英. 秦都咸阳第一号宫殿建筑遗址简报[J]. 文物，1976（11）：12-24；陶复.秦咸阳宫第一号遗址复原问题的初步探讨[J]. 文物，1976（11）：31-41. 此外，也有学者认为该遗址是某宫门阙或者六国宫室建筑之一，甚至为祭祀建筑。参见：瑞宝. 秦咸阳一号建筑遗址分析[J]. 文博，2000（3）：20-23.

② 刘庆柱. 秦都咸阳几个问题的初探[J]. 文物，1976（11）：25-30.

图1-6　秦咸阳第一号宫殿建筑遗址全景
来源：刘庆柱，陈国英. 秦都咸阳第一号宫殿建筑遗址简报[J]. 文物，1976（11）.

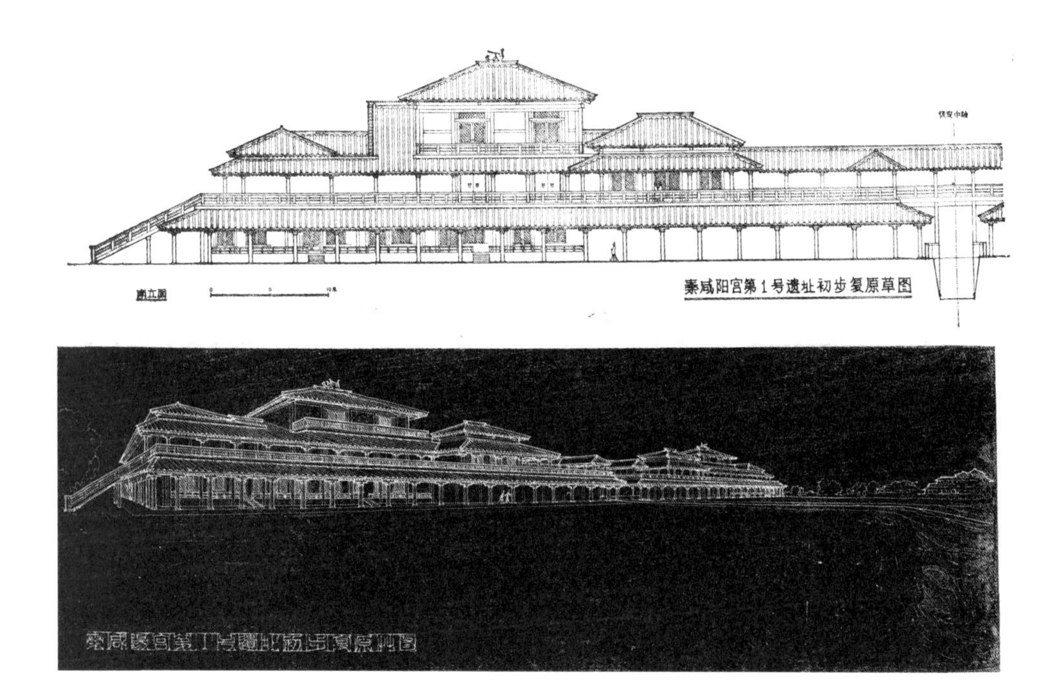

图1-7　秦咸阳宫第一号遗址复原立面图及透视图
来源：陶复. 秦咸阳宫第一号遗址复原问题的初步探讨[J]. 文物，1976（11）.

图1-8　秦咸阳第一号宫殿建筑遗址出土龙纹、凤纹空心砖

来源：刘庆柱，陈国英. 秦都咸阳第一号宫殿建筑遗址简报[J]. 文物，1976（11）.

图1-9　秦咸阳第一号宫殿建筑遗址出土瓦当

来源：刘庆柱，陈国英. 秦都咸阳第一号宫殿建筑遗址简报[J]. 文物，1976（11）.

图1-10　秦咸阳第一号宫殿建筑遗址出土各类建筑构件

来源：刘庆柱，陈国英. 秦都咸阳第一号宫殿建筑遗址简报[J]. 文物，1976（11）.

及桥梁等作为联络手段，渡渭而北直达咸阳宫，就好像天体一般，自天极，经阁道，渡银河，直抵“营室”。[①]

据考古报告，阿房宫遗址位于今陕西省西安市以西13km处的古滈河西岸、渭河以南，与秦都咸阳城隔河相望。阿房宫前殿遗址夯土台基东西长1270m，南北宽426m（面积达54.1万m^2，规模超过今天的北京天安门广场），残存最大高度（从台基北边缘秦代地面算起）12m（图1-11）。阿房宫前殿遗址未发现被火焚烧的痕迹。前殿仅完成夯土台基及其三面墙（北墙、东墙和西墙）[②]的局部建筑，一直未能建成——考古发现与《史记》《汉书》所记阿房宫未建成秦朝即灭亡的记载相吻合，而杜牧《阿房宫赋》的华美辞藻终究还是诗人驰骋瑰丽想象的产物。

咸阳从孝公定都起，作为秦国都城历时144年，最终在秦末战争中被项羽付之炬——《史记·项羽本纪》称其“烧秦宫室，火三月不灭”。此后，随着渭水北移，咸阳遗址部分为河水淹没。

图1-11　秦咸阳阿房宫前殿夯土台遗址
来源：中国社会科学院考古研究所，西安市文物保护考古所，阿房宫考古工作队．阿房宫前殿遗址的考古勘探与发掘[J]．考古学报，2005（4）．

① 参见：贺业钜．中国古代城市规划史[M]．北京：中国建筑工业出版社，1996：311.

② 宋敏求《长安志》称：“秦阿房一名阿城，在长安县西二十里，西、北、东三面有墙，南面无墙。”据此有学者认为这三面墙即是阿房宫（或阿城）的宫墙。

三、西汉长安

秦咸阳为统一的中国的第一座都城，可惜由于秦王朝的短命而尚未建成即遭毁灭。相比之下，汉长安的经营，始于高祖，盛于武帝，先建宫殿，后建城墙、道路、市肆、里坊等，有颇为完整的规划，又经数代精心营建，遂成中国古代帝都的第一个成熟杰作（图1–12）。

（一）城墙斗折

汉长安紧邻渭水南岸而建，城墙建于惠帝时期，东、西城墙大致为直线（西城墙有些许曲折），北墙和南墙则呈斗折蛇行之不规则轮廓，后世往往附会称北墙象征“北斗”，南墙象征“南斗”，甚至称汉长安为“斗城”。也有学者认为长安城墙之形状当是因为渭水东北—西南之走向而作的“因地制宜”的规划设计。

汉长安城墙由黄土夯筑而成，夯土版筑为中国古代城墙常见之传统做法，后世唐长安、元大都等著名都城皆是如此，明代起才逐渐被夯土包砖的城墙取代。长安城墙现残高约12m，最厚处约16m（与明北京内城城墙尺度相似），每面设三座城门，每门开三座门洞，门洞各宽8m，可容四辆车并行，即班固《西都赋》所谓“披三条之广路，立十二之通门”。在已发掘的霸城门道之中，宽1.5m的车辙犹依稀可辨（图1–13）。城外有护城河，宽约8m，深约3m。整个长安城城墙周长25700m，面积约为36km^2，同时期（即共和时期）的古罗马城仅有4.26km^2，约为汉长安的九分之一——即便是公元3世纪古罗马帝国鼎盛时期，罗马城也仅为20km^{2}左右，约为汉长安的一半。

（二）街坊棋布

汉长安不仅占地规模超过罗马，其规划布局亦严整有序——虽还远不及后世唐长安、元大都之完美，但比起古罗马城完全自由生长的混乱布局，汉长安规划可谓条理分明，从中可以看出中国城市规划设计之早熟。

城内有八条主要大街，皆与城门相通，街道皆是正南北、东西走向，互相作十字或丁字相交，将城内地块划分为工整的形状。其中，贯通南北的安门大街基本位于城市正中央，长达5.5km，为汉长安最长的街道——而对比西方近代名都如巴黎的中轴线，由卢浮宫至凯旋门不过才3.63km，足见中国古都气势之宏大。长安的主要大街宽约50m，中央为宽20m的皇帝御用的“驰道”，两侧为宽2m的排水沟，沟两侧又有宽13m的街道供市民使用，街道两侧皆种植行道树，包括槐、榆、松、柏等。

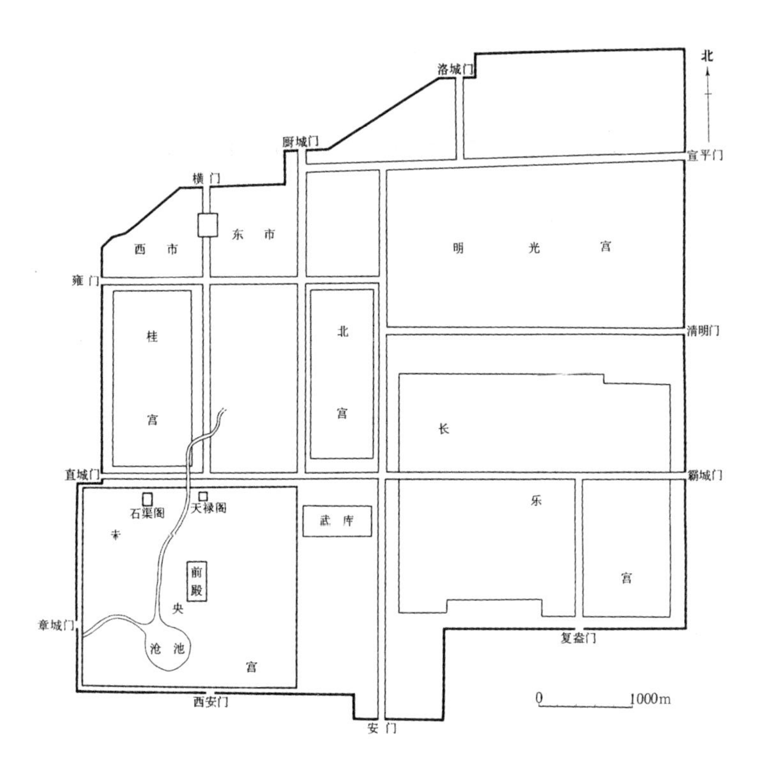

图1-12 西汉长安城总平面示意图

来源：中国社会科学院考古研究所编著. 汉长安城未央宫：1980—1989年考古发掘报告（上）[M]. 北京：中国大百科全书出版社，1996.

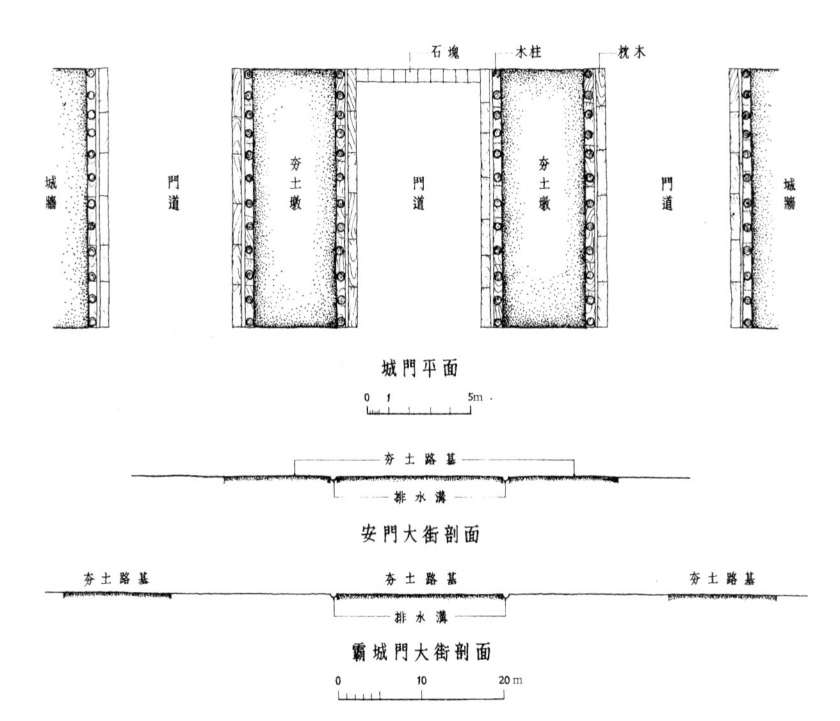

图1-13 西汉长安城门及街道示意图

来源：建筑科学研究院建筑史编委会组织编写. 刘敦桢主编. 中国古代建筑史[M]. 2版. 北京：中国建筑工业出版社，1984.

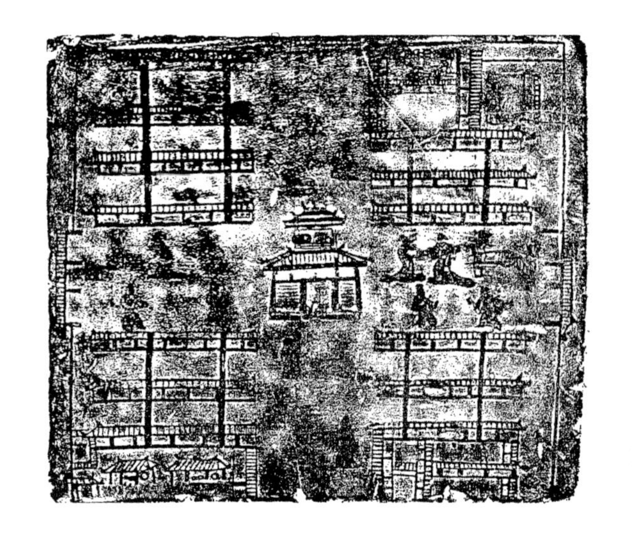

图1-14　四川东汉画像砖中的市肆
来源：建筑科学研究院建筑史编委会组织编写. 刘敦桢主编. 中国古代建筑史[M]. 2版. 北京：中国建筑工业出版社，1984.

汉长安城绝大部分为宫殿所占据。除了宫殿，根据文献记载，城中还有九府、三庙、九市、十六桥、一百六十闾里。长安城的居住区称“闾里”或“里坊”，有坊墙围绕，其内不设市场和商店，为封闭式管理。而城市的商业区称作“市”（中国古代城市的城、市二字分别对应“城墙”与“市集”，突出表现了中国古代城市的政治、军事与商业功能），长安城的“市”主要集中于城内西北隅，分作“西市”和“东市”。这些市肆周围均有市墙围绕，墙厚5～6m，市内各有东西向和南北向道路两条，形成“井”字形布局，中央设有市楼，楼上悬鼓，以司市之启闭。据考古资料，东市东西宽780m，南北长650～700m，面积约0.53km^2；西市东西宽550m，南北长420～480m，面积约0.25km^2，规模均十分可观。东、西市之制一直沿袭到唐长安城，故中国俗语称购物为“买东西”，指的是赴东、西市进行商业活动。长安的市集除了供交易活动之外，同时为刑人示众之所，一如北京之菜市口（图1-14）。

（三）礼制建筑

王莽期间，长安城有颇多改制，如改长安十二城门名称、改诸宫殿名称等。尤其是在长安城南郊修建了明堂、辟雍、宗庙等礼制建筑，修复重建了秦汉之际的官社、官稷等，从而形成了都城完整的礼制建筑群。

已经考古发掘的西汉末年汉长安南郊礼制建筑群遗址是中国古代都城考古发掘的规模最大、内容最丰富、遗址性质最明确、时代最清晰的礼制建筑群遗址，包括“王莽九庙”、社稷和辟雍（明堂）遗址。[①]

辟雍遗址（考古发掘报告称“大土门遗址”）分为三部分：第一部分是中心建筑，位于一个圆形夯土台上；第二部分是环绕中心建筑的方形围墙、东南西北四门和四隅曲尺形配房；第三部分为环绕围墙的圜水沟。其圆方相套的总体布局赋予建筑群“天圆地方”之象征意义（图1–15）。

中心建筑位居一个方形土台中部，夯土台南北长205m、东西长206m，平均边长205.5m，取汉代1尺=23.5cm（以下计算均取此值），合87.4丈。中心主体建筑物的地基是一个圆形夯土台，上部直径62m，底径60m（合25.5丈）。

中心主体建筑物平面呈“亚”字形，东西通面阔42.4m，南北通进深42m，平均值为42.2m，合18丈。正中为一大方形夯土台，南北长16.8m，东西长17.4m，平均值17.1m，合7.3丈，推测此台上原有楼阁式建筑；土台四隅各有两个小方形夯土台。大夯土台四面有东西南北四堂，四堂各自面阔24m，合10.2丈（图1–16）。

辟雍遗址的围墙边长235m，合100丈；圜水沟直径东西368m，南北长349m；水沟与围墙四门相对处又各围合出一个长方形小水沟，东西两小水沟长90m，距大圜水沟27m，南北两小水沟长72m。取大圜水沟东西直径加两侧长方形水沟宽之总和为368+27+27=422m，合179.6丈，约180丈。

各门门道长12.5m，宽4.5m；门道两侧的夯土台（即塾的台基）皆被墙分作内、外两部分，即《尔雅·释宫》中所谓“一门而塾四”。其中，内台面阔5.5m，进深7.65m；外台面阔5.45m，进深7.65m。

考古发掘的第1号至第12号遗址，据发掘者推测是《汉书·王莽传》所载的“王莽九庙”。该遗址群位于汉长安南城墙以南约1km处，处于西安门和安门的南延长线之间，包括12座建筑遗址，皆作“回”字形平面，其中11座（第1号至第11号遗址）分布在同一大院落中，另一座（第12号遗址）在大院落南部。

每一座建筑遗址均由一座中心建筑和一道方形围墙、四座门阙以及围墙四隅各一座曲尺形配房组成，12座遗址形制基本相同。中心建筑边长55m左右，中央有

① 据文献记载，汉长安南郊礼制建筑中还有圜丘、灵台、太学等，但这些遗址的具体位置尚未探明。见：刘庆柱，李毓芳. 汉长安城宫殿、宗庙考古发现及其相关问题研究——中国古代的王国与帝国都城比较研究之一[A]// 中国社会科学院考古研究所，陕西省考古研究院，西安市文物保护考古所编. 汉长安城考古与汉文化：汉长安城与汉文化——纪念汉长安城考古五十周年国际学术研讨会论文集. 北京：科学出版社，2008：55.

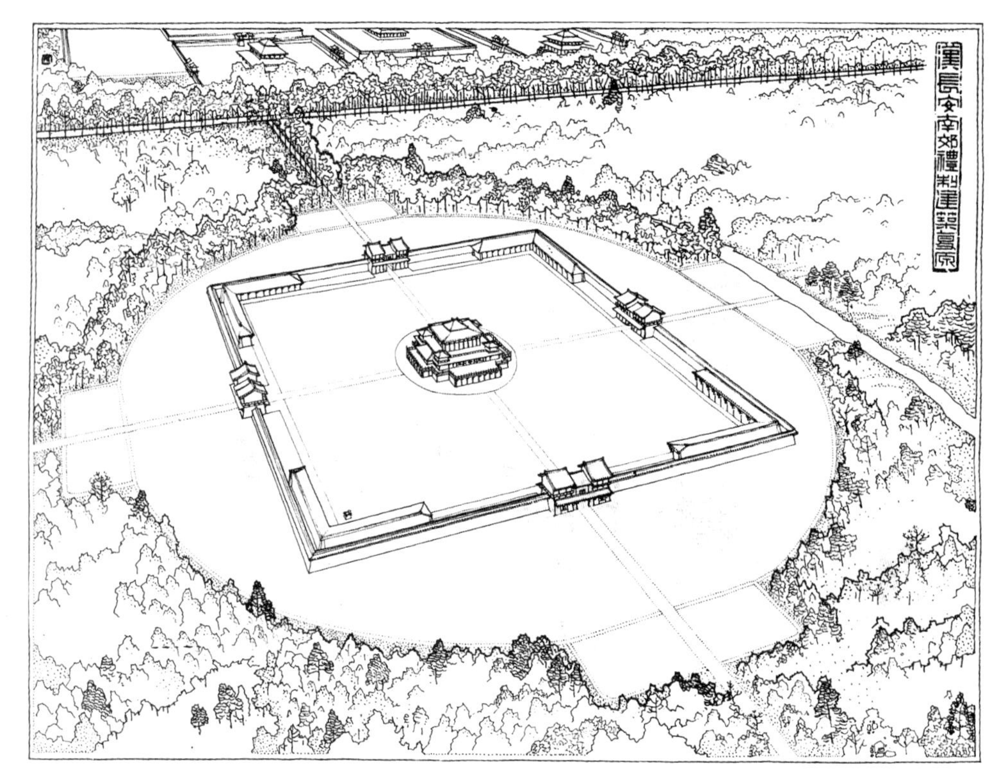

图1-15　汉长安南郊礼制建筑辟雍总体复原图
来源：建筑科学研究院建筑史编委会组织编写．刘敦桢主编．中国古代建筑史[M]．2版．北京：中国建筑工业出版社，1984．

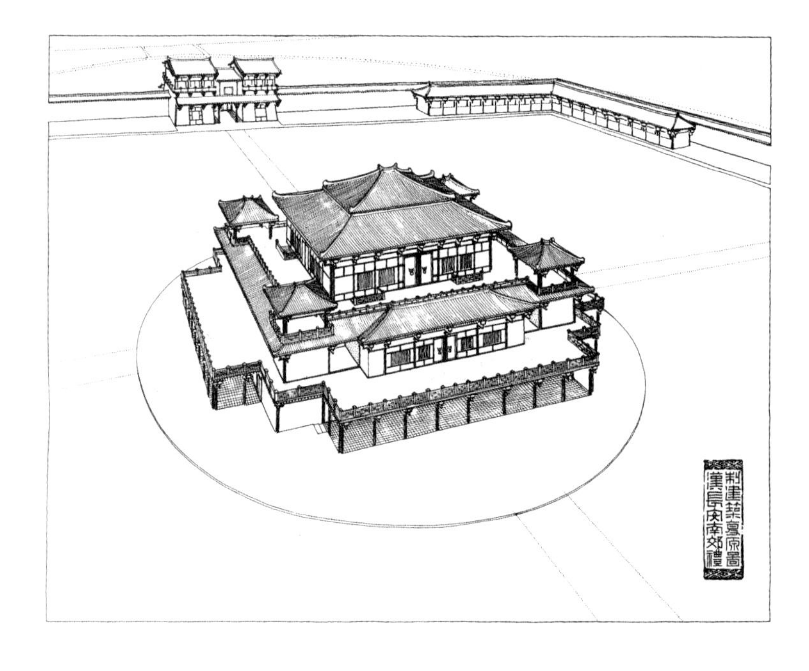

图1-16　汉长安南郊礼制建筑辟雍主体建筑复原图
来源：建筑科学研究院建筑史编委会组织编写.刘敦桢主编．中国古代建筑史[M]．2版．北京：中国建筑工业出版社，1984．

图1-17 汉长安南郊礼制建筑宗庙遗址之一
来源：刘庆柱，李毓芳. 汉长安城[M]. 北京：文物出版社，2003.

图1-18 汉长安南郊礼制建筑宗庙遗址出土四神瓦当
来源：刘庆柱，李毓芳. 汉长安城[M]. 北京：文物出版社，2003.

“亜”字形建筑，由中心太室（边长27.5m左右）、四隅的夹室（边长7.3m）和太室四面的四座厅堂（学者推测为东堂青阳、南堂明堂、西堂总章、北堂玄堂）组成。各组建筑的围墙呈正方形，边长270～280m。各围墙之间东西间距约54m，南北间距约200m。第12号遗址平面布局与前11座遗址相仿，唯中心建筑边长约100m（图1-17、图1-18）。

西汉末年战乱，长安城遭到了很大破坏。刘秀东汉政权迁都洛阳后，长安一直作为陪都。东汉初平元年（190年），董卓焚毁洛阳宫室，迁都长安，修葺宫殿居住。五年后又经战乱，新修葺的宫室又被破坏殆尽。

四、乱世旧都

魏晋南北朝时期，长安又多次作为都城。

汉末及魏晋战乱期间，长安毁坏严重。西晋初年，文学家潘岳所撰《西征赋》中描写当时长安城“街里萧条，邑居散逸。营宇寺署，肆廛管库。蕞尔于城隅者，百不处一。所谓尚冠、修成，黄棘、宣明，建阳、昌阴，北焕、南平，皆夷浸涤荡，亡其处而有其名。尔乃阶长乐，登未央，汎太液，凌建章，萦峧娑而歙骀荡，桐𢶍诣而轹承光。徘徊桂宫，惆怅柏梁，鹜雉雊于台陂，狐兔窟于殿傍”，宫城、官署、市坊、闾里，皆是一派荒凉残破景象。

（一）十六国长安

十六国时期，长安先后作为前赵、前秦、后秦的都城，经过近百年的恢复重建，至后秦时又成为宫室壮丽、居民达六万户的北方雄都。前赵、前秦、后秦的长安基本沿用汉末旧城格局，改动不大。

319年，刘曜在长安称帝，长安遂成为前赵都城。城中建有新宫，前殿为光世殿，后殿为紫光殿。此后两年间立宗庙、社稷、南北郊，在原汉代长乐宫东立太学，在未央宫西立小学，起丰明观，并效法西晋洛阳另立西宫，形成东、西宫并列的布局，宫中正殿亦效法魏晋洛阳宫东、西堂之规制。

351年，前秦在长安建都，沿用前赵宫殿，西宫为王宫，东宫为太子宫。西宫的门、殿，名称、规制全仿西晋洛阳宫殿，正门称端门，门外有东西二阙。端门左右有东、西掖门。东门称云龙门，正殿称太极殿，太极殿两侧有东、西两堂。《晋书》中说车师前部王等朝觐苻坚，见“宫宇壮丽，仪卫严肃，甚惧，因请年年贡献”，反映出其宫室建筑之壮丽。

后秦长安仍沿用旧城，史载北面有朝门、平朔门和横门，南面有杜门，分别为汉代的洛城门、厨城门、横门和覆盎门，仅更改部分名称。后秦宫殿亦沿用前秦宫室。

417年，东晋刘裕攻陷长安，以长安为雍州，关中再度陷入战乱。418年，大夏国赫连勃勃攻陷长安，晋雍州刺史朱龄石焚长安宫室东逃。至此，自319年刘曜建都以来，长安近百年的新建设再次化为灰烬。

（二）西魏、北周长安

439年，北魏拓跋氏统一北方，定都洛阳，宇文泰镇守关中。534年，因权臣高欢控制朝政，魏孝武帝逃至长安投奔宇文泰。次年，宇文泰毒杀孝武帝，在长安拥元宝炬为帝，史称西魏。高欢另在邺城拥元善为帝，史称东魏，自此北魏政权一分为二。

西魏国力日渐增强，长安陆续有所兴建，再次走向繁荣。西魏长安似偏重长安旧城的中部和北部。城内居住区仍为里坊制。

554年，宇文泰攻克南朝梁之建康，活捉梁元帝，将俘虏的数万名战俘和百姓驱入长安。557年，西魏帝被迫禅位，宇文泰之侄宇文护拥泰之幼子宇文觉为帝，史称北周，长安继续为都。北周不久就举行了祀圜丘、方丘、太社、太庙诸礼，可知在西魏时诸礼制建筑已建成，但具体位置、规制已不可考。此后宇文护两次易帝，其执政十余年间，对长安宫室、坛庙、苑囿有所经营。

572年，北周武帝杀宇文护后亲政。史载周武帝是一位汉化程度较高的明君，他释放奴婢为民，实施西魏时的均田制和府兵制，使国家经济和军事实力大大增强。577年，周武帝统一北方，其后又占领了南朝陈在长江以北的领地，为后来隋朝统一天下奠定了基础。

北周长安宫殿沿袭魏晋以来的东、西二宫，东宫为太子宫，西宫为皇宫。但北周政权标榜依周制立国，所以宫室名称比拟周代之名：比如宫内主殿把太极殿和东、西堂改名为露寝及左、右寝，殿前之门称露门，宫城正门称应门，等等。此外，也有如乾安、延寿、文昌、明德、正武、大德、天德、含仁等其他殿宇。其中，正武殿、大德殿为外朝的主要议政殿宇。宫中有永巷，即贯通宫城的东西向横街，将宫城分为外朝和内廷两部分。

581年杨坚以隋代周，582年舍弃旧都，在长安旧城东南的龙首原营建新都“大兴城”（即之后唐长安城的前身）。自此，由西汉初年建成的长安旧城终遭废弃。

五、隋唐长安

唐长安是人类古代社会规模最大的城市，占地84km^2，不但超过了它的中国“先祖”汉长安（36km^2）、北魏洛阳（53km^2），更是远远超过西方古代大都会如罗马（20km^2）、君士坦丁堡（14km^2）。单就占地规模而言，唐长安城在全世界古城中达于极盛，直到人类进入资本主义社会以后，诸如伦敦这样的现代大都会才对唐长安保持了一千年以上的记录实现了超越。

唐长安的创建其实是在隋开皇二年（582年），当时称作大兴城（因隋文帝杨坚曾为大兴公而得名），由隋代天才规划师宇文恺设计，规划大兴城时他年仅28岁。宇文恺不仅规划了首都大兴城，还在23年后规划了东都洛阳城，后来同样为唐代所沿用。因此，中国隋唐时期最重要的两座都城均出自他一人之手，宇文恺真是中国历史上既伟大又幸运的一位规划师兼建筑师。由宇文恺规划设计的大兴城，在唐人的踵事增华之下，终于成为辉煌的一代名城——唐长安。

（一）城墙城门

如果在8世纪上半叶即“开元盛世”之际造访长安，目之所及将是一幕幕如梦如幻的场景。

由终南山一路向北前往朝圣这座名都，眼前是无边无际的渭河南岸平原，即所谓“八百里秦川”，背后是起伏连绵的北山。唐长安是关中这片土地上的第三座宏大帝都，其中秦咸阳在最西北端，位于渭河北岸，与渭水南岸未竟的阿房宫隔河遥望；汉长安在咸阳东南面，唐长安又在汉长安东南，秦之前尚有更古老的周丰、镐二京，约在阿房宫西南。唐时秦汉都城宫室早已颓圮，唯余“西风残照、汉家陵阙”而已。眼前这座唐长安城的外郭一如这关中大平原，它的南面是一道绵延近10km、漫长无际的城墙，高度在5.3m左右（仅相当于两层楼），全部以黄土夯筑而成，那悠长的水平线条仅被三座城门所打断，充满了沉雄、粗犷的气息。城西南角拔地耸出两座高达33丈（约97m）的木塔，那是大庄严寺与大总持寺木塔，为宇文恺所建，据说这位规划师认为城西南方因为有汉长安昆明池，地势卑下，故特意建双塔以平衡之。然而即便是高耸入云的双塔，与这横亘万米的黄土墙相比，仍显得微不足道。整个长安城东西长9721m，南北宽8652m，分别折合唐代的3300丈和2950丈，李白诗中喜用三千形容尺寸之大，如“飞流直下三千尺”“白发三千丈”之类，长安城正是边长三千丈的超级大城（图1–19）。

居于长安城南墙中央的是都城正门——明德门，下为夯土包砖的城台，上建面阔十一间的城楼，高约17m。城台上设有五座门洞，值得注意的是，明德门的门洞并非后世常见的圆拱形券洞，而是由木骨架支撑的梯形门洞，这是中国古老的城门结构样式，在敦煌壁画或《清明上河图》中均可见到（图1–20）。明德门中央的大门紧闭，仅御驾经过时方开启，日常进出均由左右四座旁门，左出右入。长安城方整的城墙上，除北面设四门外，其余三面均是三门。除明德门外，其余诸门皆设三座门洞，形制低于明德门——五座门洞的独特形制符合明德门作为长安城大门的身份。幸运的是，敦煌莫高窟第138窟晚唐壁画中，我们得以见到一座五道门洞的城门形象（图1–21）。据此画和考古发掘，建筑学家得以复原长安明德门的形象（图1–22）。长安诸门城楼及四隅角楼皆由唐代大画家阎立本之兄长阎立德督建，阎氏兄弟二人皆是既精于绘画又通晓营造之工的人才。

（二）街道里坊

走进明德门，无论来自当时世界哪个角落的访客都会目瞪口呆，因为眼前是宽达155m的中央大街——朱雀门大街，今天的北京长安街宽达120m，街两边的大楼大都

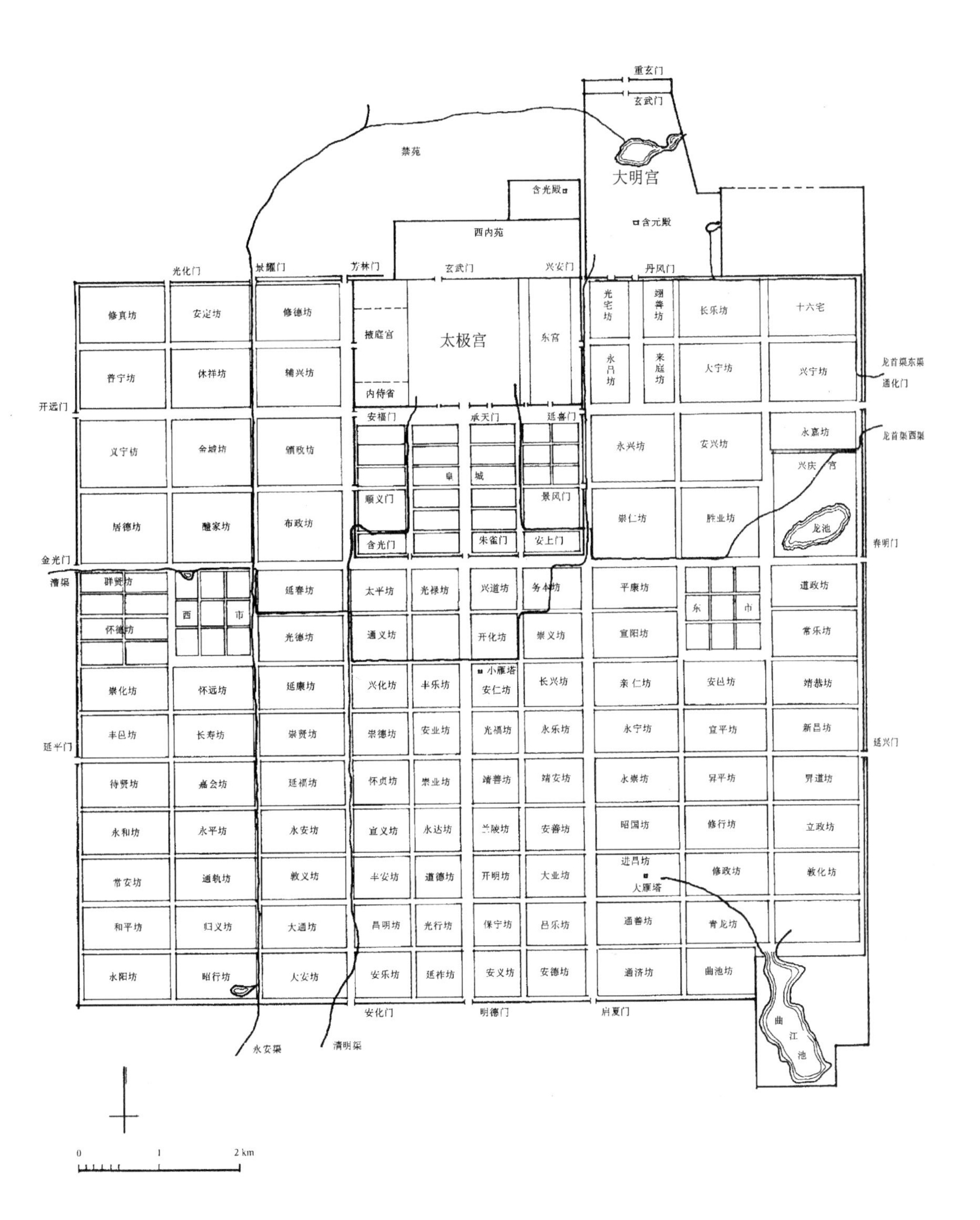

图1-19 唐长安总平面图

来源：傅熹年主编. 中国古代建筑史·第二卷：三国、两晋、南北朝、隋唐、五代建筑[M]. 2版. 北京：中国建筑工业出版社，2009.

图1-20　敦煌莫高窟第217窟盛唐壁画中的城墙、城门和角楼
来源：敦煌研究院主编. 敦煌石窟全集21建筑画卷[M]. 香港：商务印书馆（香港）有限公司，2003.

图1-21　莫高窟第138窟晚唐壁画中带五个门道的城门形象
来源：敦煌研究院主编. 敦煌石窟全集21建筑画卷[M]. 香港：商务印书馆（香港）有限公司，2003.

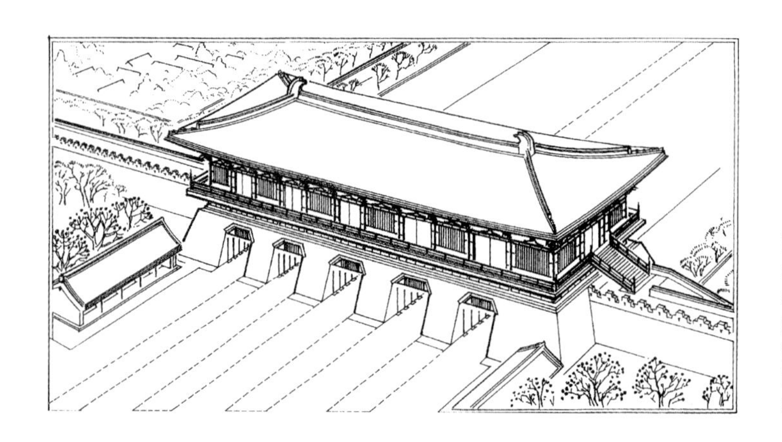

图1-22　唐长安明德门外观复原图
来源：傅熹年主编. 中国古代建筑史·第二卷：三国、两晋、南北朝、隋唐、五代建筑[M]. 2版. 北京：中国建筑工业出版社，2009.

高达数十米，而朱雀门大街两侧却是清一色的居住里坊的坊墙，不过几米高，这样不可思议的宽度加上两侧街坊的高度，构成了极为特殊的空间体验，应该是全世界城市中独一无二的。

长安的宽阔街道远不止朱雀门大街一条，整个长安城以三纵三横的所谓“六街”为主干道，分别联系四面城墙上的各座城门。此外主干道之间又辟有次干道，最终形成东西向横街十二条、南北向纵街九条，纵横交错，犹如棋盘。其中，中央大街东西两侧分别是由南城启夏门、安化门通向北城兴安门、芳林门的两条纵街，各宽134m；而三条东西向主街中，北侧的一条几乎同朱雀门大街同宽，中央一条宽120m，南侧最窄的一条也宽达55m；其余各次干道宽度亦在39～75m之间，而此时欧洲中世纪城

图1-23 莫高窟第156窟晚唐壁画展现的归义军节度使张议潮出行图
来源：萧默. 敦煌建筑研究[M]. 北京：机械工业出版社，2003.

镇的主街恐怕也不足30m宽。首次造访长安的人——不论是中国外地人，还是外国使节、商人或者留学生，大都会为这座大城为何要造这样宽的街道感到费解，然而马上即将出现的场面会立即给他答案：不知是哪位皇亲国戚或者大官僚、大将军的仪仗队从大街尽头浩浩荡荡驶来，在行人的左躲右闪中迳自呼啸而过，这大队人马竟有数百骑之多。史载唐代亲王仪仗约650人，一品官仪仗500人，金吾大将军出行也有200余人护卫，若是帝王祭天，则全副仪仗（称大驾卤簿）过万人，且大部分为马队（图1-23）。这股仪仗队过去后，扬起飞尘无数，黄沙漫天，和你一样被风沙迷了双眼的可能就有徜徉在朱雀大街边的李白，回到家旋即愤然写出“大车扬飞尘，亭午暗阡陌”“路逢斗鸡者，冠盖何辉赫”的诗句。中国北方都城的大街通常都是土路，长安如此，北京亦然，北京民间俗语形容京城的街道“晴天是个香炉，雨天是个墨盒”“无风三尺土，有雨一街泥”，这些用来描绘长安街道也同样贴切。王小波在小说《红拂夜奔》里对此进行了更为夸张的想象：在隋末洛阳城的土路上，由于泥泞太深，出现了专门用麻袋背人过街的“出租司机”；而少年李靖更是踩着高跷招摇过街……小说虽荒诞不经，但长安、洛阳街道俱是土路却是不假。长安街道两旁有排水沟，并有居民组织栽种的行道树，其中以槐树居多，形成颇为优美的街景，故诗人岑参登上大雁塔俯瞰长安街市时有“青槐夹驰道”之语。

长安城的大街予人的第一观感是宽阔无比，第二则是横平竖直，十二横、九纵的街道犹如棋盘，纲举目张，这是中国古代城市尤其是北方平原城市的一大特色，白居易所谓“百千家似围棋局，十二街如种菜畦”为长安街道之生动写照。其实这是农业文明的遗产，某种意义上说，城市的街道就像农田中的“阡陌交通”，贵为都城亦不例外。长安的街道虽然宽敞气派，可以容纳浩浩荡荡的仪仗队呼啸而过，但是这样的气派毕竟不能天天显摆，于是久而久之，有些大街的宽度就实在显得大而无当，于是就有附近居民开始在街畔种菜——这岂不正是都城街道布局来源于农田阡陌的最佳例证吗？

不像后世中国城市沿街布置商铺、酒肆、饭庄，一派繁华景象犹如《清明上河图》，长安城的大街两旁几乎都是高墙围绕的居住区。整个长安城被纵横交错的主次街道划分为一百多个长方形的街区，称作“里坊”。这些里坊大多由高大厚实的坊墙包围，在四面坊墙的正中开设“坊门”，居民皆由坊门出入。夜晚坊门统统关闭，整座城市实行“宵禁”，大街上有军队（称金吾卫）巡逻，居民只能在里坊里过夜，不能上街。坊门关闭后还在大街上行走者称为“犯夜”，要受到“笞二十”的刑罚。偌大的长安城，夜晚街道上却是空无一人，宋人的《南部新书》称唐长安“六街鼓歇行人绝，九衢茫茫空对月”。只有三品以上官员的宅第可以临街开门，这主要是为了便于官员早朝，因为早朝时分坊门尚未开启。其余普通居民只能由坊门进出里坊，于是宅第沿街开门也就成为身份的象征，如白居易所说“谁家起甲第，朱门大道边”。

整个长安城共计108坊：东西十二横街、南北九纵街将全城划分为130个长方形网格，中央北端的16格被宫殿和皇城占据，东起第二列和西起第二列中部各有两格被“东市”和“西市”占据（东、西市是长安城的商业中心），这样还剩下110格，即隋代和唐初的110个里坊。据说宇文恺在大兴城的平面布局中，以宫殿、皇城南面的四列里坊象征一年四季，而东、西各六列里坊分为南北十三行，则象征一年十二个月加上闰月。唐开元间玄宗用二坊之地建“兴庆宫”，故最终唐长安剩余108坊。这108坊的大小规模不等，最大者如兴庆坊可达0.94km^2，甚至超过北京故宫，这在当时中世纪的西方已经是一个规模不小的城镇了；最小的里坊也有0.29km^2。各坊的长和宽规划设计得十分规整，里坊的东西长度由中央向两边分别为350、450、550、650步，南北宽度由北向南依次为450、550、350步（唐代1步＝1.47m）。各坊皆环以夯土筑的坊墙，厚达2.5～3m。绝大多数里坊四面设坊门，皇城以南的四列里坊仅东西两侧设门。史载洛阳坊门“普为重楼，饰以丹粉”，长安应与之类似，各坊大门皆是二层楼阁，饰以红色，并书有坊名。坊门上设鼓，以司坊门启闭，颇似后世中国城镇中的鼓楼。坊之四角还设有角亭，犹如城之角楼一般。长安108个里坊，实际犹如大城内的

108座小城，长安的住宅、寺观、地方衙署以及旅店等，皆分布于里坊之中。

坊墙以内，设十字街，分里坊为四区；各区内又有小十字街，将里坊细分为十六小区（图1-24）——日本奈良时期和平安时期的都城平城京、平安京完全仿唐长安规划设计，皆可谓长安城的“具体而微者”，其里坊也按所谓“十六坪”或曰“十六町”的方式划分，悉如长安（图1-25）。长安里坊中的16个小区内还有东西向的“巷”，以及南北向的“曲”，如同后世的胡同、巷道之类，大量民居就分布在巷和曲之中。

长安的所有集中商业活动都是在两个巨大的里坊中进行的，即东市和西市。它们一如居住里坊，有4m厚的市墙围绕，内部开辟井字形的主街，分市为九区，中央有

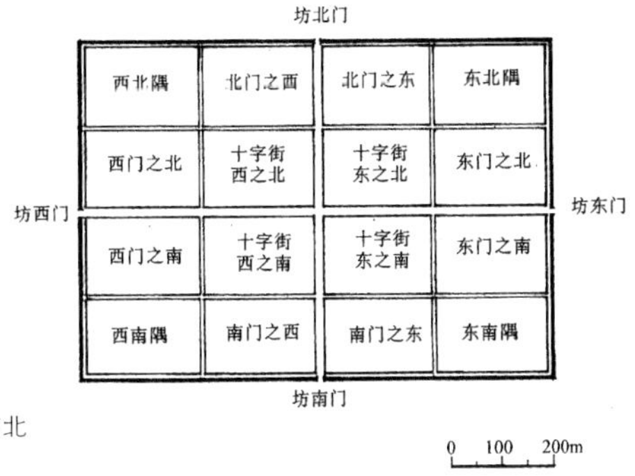

坊北门

西北隅	北门之西	北门之东	东北隅
西门之北	十字街西之北	十字街东之北	东门之北
西门之南	十字街西之南	十字街东之南	东门之南
西南隅	南门之西	南门之东	东南隅

坊西门　坊东门

坊南门

0　100　200m

图1-24　长安里坊布局示意图

来源：傅熹年主编. 中国古代建筑史·第二卷：三国、两晋、南北朝、隋唐、五代建筑[M]. 2版. 北京：中国建筑工业出版社，2009.

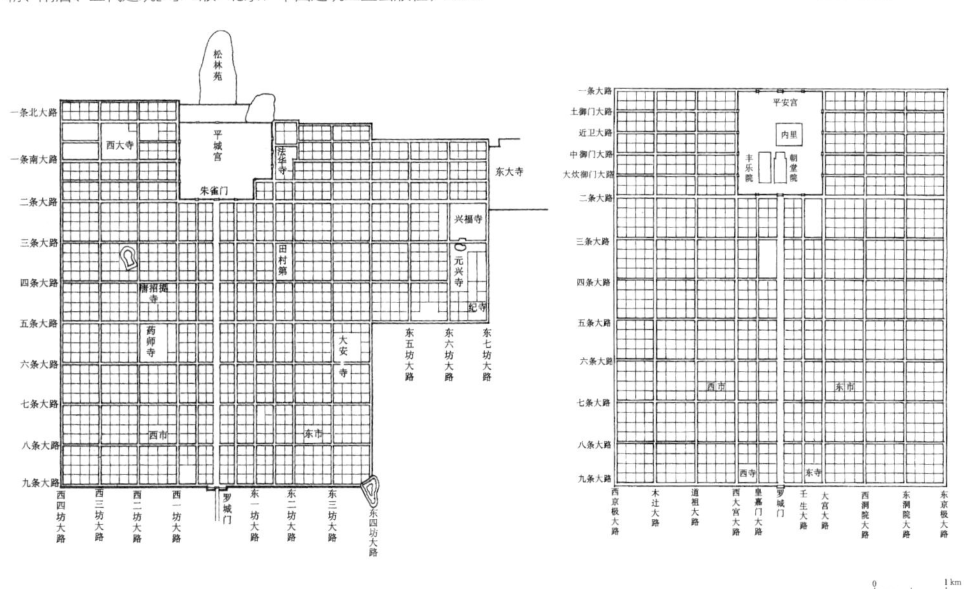

图1-25　日本奈良平城京（左）及京都平安京（右）复原平面图：整体布局仿照长安，里坊也采用“十六坪”方式划分

来源：傅熹年主编. 中国古代建筑史·第二卷：三国、两晋、南北朝、隋唐、五代建筑[M]. 2版. 北京：中国建筑工业出版社，2009.

管理机构市署和平准署，沿街布置各行各业店铺，沿市墙设仓库。两市的规模均达到1km²左右，即便在今天也是名副其实的超级市场。史载东市有二百二十行，有学者推测东市中约有个体九千家，包括行肆六千余、邸店八九百及两千左右的人家。东市东北角和西市西北角各有放生池，东市中还有寺庙。由于长安城东多巨宅，故人口密度不及城西，故西市较东市更加繁荣。加之西市靠近长安西门，故有大量来自西域的“胡人”在其中经商，李白诗曰“笑入胡姬酒肆中”，此类雇有西域歌姬进行乐舞表演的酒肆当集中在西市之中。而李白自己常于“长安市上酒家眠”，估计也大半是在西市有胡姬的酒家之中，故西市应是最能体现唐长安作为国际大都会之所在。在东、西两市附近还分布有不少祆教（即波斯拜火教）、景教（基督教的一支）和摩尼教（亦称明教）、伊斯兰教的庙宇，进一步体现出唐长安的国际化氛围。

这便是宋代以前中国城市的基本状况，城墙以内由纵横交错的大街划分为若干居住里坊，里坊由坊墙围绕，沿街不得做买卖，商业活动在集中的“市”内进行——中国古代所谓城市，即分别指城墙和集市。当然，如果全部商业活动都必须在东、西两市解决，长安的生活将十分不便，因为长安城中最偏远的里坊距离东、西市有三四公里远。实际上里坊中大都开有供应居民日常生活所需的小商铺，还有旅店之类，如文献记载长兴坊有毕罗店（毕罗大概是西域的“抓饭”）和旅馆，宣阳坊有小铺席，升平坊门旁有胡人鬻饼之舍，崇仁坊有乐器行，永昌坊有茶肆，等等。从某种程度上说，长安里坊内的十字街要远比城中的大街更加富有商业和生活气息。这样的局面直至唐末宋初才有所改变，一些繁华都市如扬州、长安、洛阳已陆续出现了夜市、街市，至北宋汴梁（今河南开封）则彻底拆除了里坊的坊墙，沿街出现了大量店铺、酒肆、茶楼之属，于是才有了张择端笔下《清明上河图》中热闹繁华的街道画卷——唐长安的大画家们大概无论如何不会描绘由坊墙、大街和“大车扬飞尘”构成的长安街景吧。

（三）宅邸院落

长安城的美丽不在大街上，却深藏在一座座里坊之中。

先来看坊内的住宅。《三辅旧事》称长安里坊内“室居栉比，门巷修直”。各坊之中最显眼的首先是王公贵族的大宅第，所谓“中贵多黄金，连云开甲宅”。其中最大者可尽占一坊之地，如隋代蜀王杨秀宅独占西城归义坊，占地约54.5万m²，相当于四分之三个北京故宫，庞大之极；汉王杨谅宅占西城昌明坊，约36.2万m²；唐初晋王府（高宗为亲王时的府第）占朱雀大街东侧保宁坊，约30万m²。还有一些巨宅占到半坊之地，如唐睿宗为相王时以大明宫东南长乐坊东半为府；太平公主府占朱雀门东南兴道坊半坊，约19万m^2。再降一等，一些大型宅第可占到四分之一坊，如长孙无忌宅占东市西北崇仁坊四分之一；郭子仪宅则占东市西南亲仁坊四分之一，占地约13.3万m^2，史载郭子仪家人达三千之众，以至于出入者互不认识，《唐语林》称郭家“所居宅内，诸院往来乘车马”——曹雪芹《红楼梦》中所写宁、荣二府已是规模宏大、人物众多，可是比起长安郭子仪府家人三千，宅内往来要乘车马，真是小巫见大巫了，长安的豪宅甲第，实在是匪夷所思。

我们不妨走进开元年间的几处里坊，切身感受一下坊内住宅的情状。位于东市西侧的平康坊，属于长安城比较标准的里坊（东西650步，南北350步），坊内各类大小不同的宅第集聚一处（图1–26）。十字街西北是占地四分之一坊的长宁公主府，占地10.3万m^2，宅中甚至带有巨大的蹴鞠场。郭子仪宅家人三千，长宁公主府亦可想而知——从目前已发掘的永泰公主墓壁画中可以见到唐代公主府中大队侍女的绰约风姿。十字街西南被小十字街分作四个小区，其中西北小区为大书法家褚遂良宅，占十六分之一坊，其余三个小区各自一分为二，共有五户宅第外加一处官署（进奏院）。十字街东南，宰相李林甫宅占去东半，合八分之一坊，剩余两个小区南半部为菩提寺，北半部分为若干巷、曲，内为大量普通民宅。十字街东北以普通民宅为主，仅东南小区为阳化寺。综观平康坊全坊，长宁公主府与李林甫宅为坊中之“大户”，所有民居“散户”加起来所占面积，才刚刚等于长宁公主府一个“大户”。作为“散户”的普通民宅占地约1唐亩（约600m^2），仅为长宁公主府的二百分之一左右。除去以上住宅、寺观、官署，据《北里志》记载平康坊北里的中曲和南曲这些小巷中开设有一些高级的妓院，颇为清静幽雅，“二曲中居者皆堂宇宽静，各有三数厅”，且“左右对设小堂”。

顺着平康坊向南即进入宣阳坊（图1–27）。十字街东南角西半部是杨国忠宅，占去八分之一坊，与李林甫宅规模相当；另外两个小区中，南部为官署万年县廨，北部一分为四，两份为杨贵妃的姊妹韩国夫人和秦国夫人宅，另两份为官署进奏院和榷盐院。十字街东北，杨贵妃二姐虢国夫人宅占去西南小区，《明皇杂录》称虢国夫人宅“栋宇之华盛，举无与比”。李齐物宅占去东南小区，余下皆为普通民宅。十字街西南，高仙芝宅、驸马独孤明宅各占四分之一，净域寺占四分之一，余为民宅。十字街西北，恩国公主宅占四分之一，其余四所大宅各占八分之一，余为民宅。与康平坊类似，宣阳坊平民住宅仅占四分之一坊的面积。宣阳坊一目了然是杨氏家族的“地盘”，我们行走于坊间，会见到不论杨国忠宅还是虢国夫人宅，皆在热火朝天地大兴土木，千万不要以为这是在兴建新宅，其实不过是又在进行新一轮

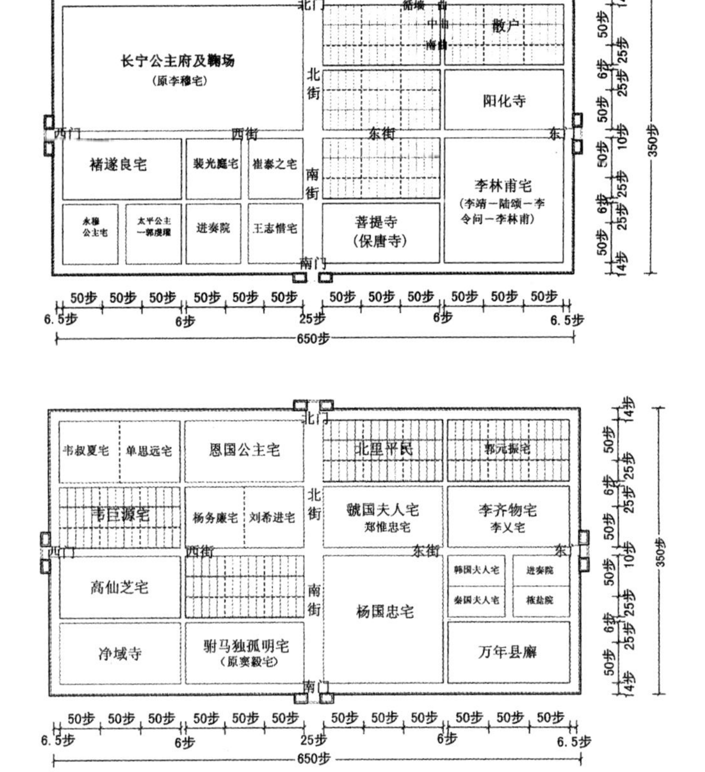

图1-26　唐开元间平康坊布局示意图

来源：贺从容. 古都西安[M]. 北京：清华大学出版社，2012.

图1-27　唐开元间宣阳坊布局示意图

来源：贺从容. 古都西安[M]. 北京：清华大学出版社，2012.

大规模翻修而已。据《旧唐书·后妃传》载，杨氏“姊妹昆仲五家，甲第洞开，僭拟宫掖”“每构一堂，费逾千万计。见制度宏壮于己者，即撤而复造，土木之功，不舍昼夜”——好一个“土木之功，不舍昼夜”，无怪《资治通鉴》慨叹“李靖家庙已为杨氏马厩矣”。

以上二坊多豪宅，一方面因靠近皇城、宫殿，另一方面又邻近东市，可谓长安的黄金宝地。而东市以南的永宁、安邑二坊在《卢氏杂记》中则分别被称作“金盏地”“玉杯地”，足见其地段价值。

唐代住宅没有任何地上遗存，所幸有敦煌壁画和唐代三彩明器，可以让我们一睹唐代住宅的风采。比之汉代宅第中有仓楼、望楼、水榭及百戏楼等高楼林立不同，唐代住宅基本以一层建筑为主，沿南北中轴线采取“前堂后室”之布局，分为外宅和内宅。外宅为男主人日常活动之所，其中“堂”为男主人待客之主体建筑（亦称“正寝”）；

内宅处女眷，寝室（或曰寝堂）为女主人待客之所，是内宅的主体建筑。长安里坊中大量的普通住宅占地约1亩，分前、后两进院落，设大门一间，门内有时设影壁一座，前院主体为三间正堂，左右为东、西厢房；后院主体为寝室三间。有时堂、寝两侧还带有东、西挟屋（或称耳房），有的院落后部还有厨房、马厩之类附属设施。普通住宅的建筑屋顶皆为悬山式，即两坡屋顶呈“人”字形，屋顶山面悬出山墙若干距离以保护山墙免受雨淋，故谓之悬山顶。富裕者屋顶用瓦覆盖，贫寒者则仅用茅草。西安出土的唐三彩三进院落的住宅明器可谓唐长安中小型住宅最写实的模型（图1–28）。

五品以上的官员可在宅门外另设一道夯土围墙，加设“乌头门”一座，形如后世的牌坊或棂星门。莫高窟第23窟盛唐壁画《法华经变》中即可见到大门外另设乌头门和夯土墙的住宅。从画面中可以看到，住宅围墙是抹白灰的，而外围的夯土墙则是素面，于是带夯土围墙和乌头门的宅第成为达官贵邸的标志之一，即《唐语林》中所谓“土墙甲第”。画中乌头门以内是悬山顶大门一间，大门与乌头门之间的院落中有西厢房三间，或许为门房、仆役住所之类。大门内为主院，正堂三间，中央明间为门，两次间安直棂窗，檐下有斗栱。主人与客人坐在堂中的床榻之上。正堂左右有东、西耳房各三间，耳房檐下还绘有卷起的帘幕，夏日可遮阴。正堂、耳房皆坐落于高大的台基之上。正堂南面还有类似北京四合院倒座房的一所房舍。庭院中绘有两株大树，树下有人活动。虽然画中没有绘出内宅院落，但此图已可视为唐长安三品以下、五品以上官员宅邸的“标准图”（图1–29）。据学者考证，位于长安东城靖安坊的韩愈宅，占地约三十二分之一坊（达到十余亩，为四品官员住宅标准），包括大门、二门、中堂和作为正寝的北堂，另有东堂和果蔬园、杂院、马厩等，这样的规模及格局与莫高窟第85窟晚唐壁画中的住宅颇为类似（图1–30）。

王公贵族及三品以上官员则可建面阔三间的悬山顶大门，门外按照品级立戟；正堂面阔可达五间，用歇山顶。不仅大门和正堂的规模可以扩大，堂以及院落数量亦可大大增加，一些大府邸有前堂、中堂之谓，唐玄宗在亲仁坊为安禄山建造的新宅“堂皇三重，皆像宫中小殿”，白居易诗中更有“累累六七堂”之句，唐传奇《昆仑奴》中则描写唐代宗大历中某“勋臣一品”者，宅中有十院歌姬，红绡妓居第三院。莫高窟第148窟盛唐壁画中，已经出现了重重院落、累累堂屋、层层廊庑的大型宅第画面，庭院中描绘了各种树木（包括柳树、竹子等）以及八角形亭子、两层楼阁等园林建筑，可谓当时王公贵族宅邸的写照，恰似欧阳修笔下“庭院深深深几许”之意境（图1–31）。此番意境最终成为中国古代建筑——不论住宅、寺观、官署乃至于皇宫所追求的主要

图1-28 陕西省博物馆藏唐三彩住宅院落明器
来源：王南摄

图1-29 莫高窟第23窟盛唐壁画《法华经变》中带乌头门和夯土外围墙的宅第
来源：敦煌研究院主编. 敦煌石窟全集21建筑画卷[M]. 香港：商务印书馆（香港）有限公司，2003.

图1-30 莫高窟第85窟晚唐壁画中带马厩的宅第
来源：敦煌研究院主编. 敦煌石窟全集21建筑画卷[M]. 香港：商务印书馆（香港）有限公司，2003.

审美取向。如果说汉代因为普遍信仰“仙人好楼居”而竞相起高楼、台榭，北魏因崇佛而大起浮图，甚至建造了中国历史上最高的建筑洛阳永宁寺塔，那么唐人虽然依旧气魄宏大，但似乎对高层建筑兴趣不大，故不再秉持“欲与天公试比高”的态度，转而追求与大地、自然、庭园的结合，形成了唐以后中国建筑水平延展的平面格局和庭园深深的审美意境。唐诗宋词中均有大量表现中国建筑庭园美景的词句，正是这种审美追求的绝佳写照，而莫高窟第148窟壁画则是唐代建筑美学与绘画意境的完美结合。

堂是所有豪宅装修之重点所在，前文已提及杨氏家族“每构一堂费逾千万”，而中唐名将马璘宅的“中堂”费二十万贯，玄宗时著名歌手李龟年在洛阳通远里的大宅，更是“中堂制度甲于天下”。当时宅邸正堂多以文柏或文杏为梁柱，除因此类木

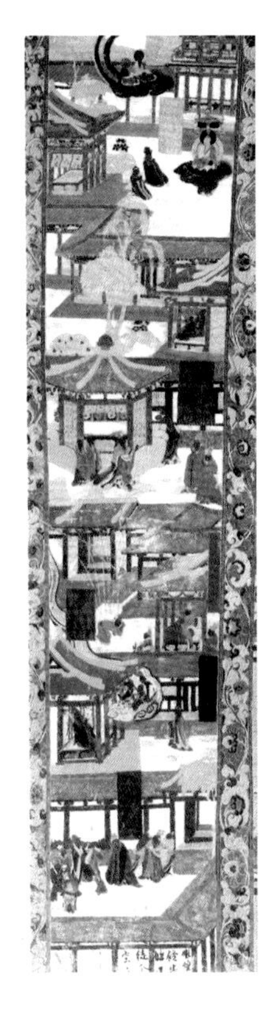

图1-31　莫高窟第148窟盛唐壁画中“庭院深深深几许”之意境
来源：敦煌研究院主编. 敦煌石窟全集21建筑画卷[M]. 香港：商务印书馆（香港）有限公司，2003.

图1-32　莫高窟172窟盛唐壁画中主人高坐于正堂中的胡床之上
来源：敦煌研究院主编. 敦煌石窟全集21建筑画卷[M]. 香港：商务印书馆（香港）有限公司，2003.

材本身纹理之美外，更因柏木有香气，可令一室芬芳；一些豪宅甚至以红粉香泥涂壁，室内更是香气萦绕不绝。据说武则天从姊之子、官至宰相的宗楚客在洛阳的宅第“皆是文柏为梁，沉香和红粉以泥壁，开门则香气蓬勃”，以至于太平公主见到其宅第时竟感叹曰“看他行坐处，我等虚生浪死”——宗楚客居室的豪华装修居然令公主都自叹白活了。杨国忠宅第内则有“四香阁”，建筑“用沉香为阁，檀香为栏，以麝香乳香筛土和为泥饰壁。每于春时木芍药盛开之际，聚宾友于此阁。禁中沉香之亭，远不侔此壮丽也”。最豪华的室内装修手法为贴金银箔、螺钿与铜件等，可取得金碧辉煌之效果，今天日本平安后期（相当于中国北宋）的中尊寺“金色堂”还保留了此种装修做法，着实令人目眩。宅邸内部陈设则大量使用帷幕、帐幄、帘、床、几、屏风之类，不仅见于壁画，也多见于唐诗。莫高窟172窟盛唐壁画中，面阔五间的正堂之上，主人即高坐于床榻之上（图1-32）。汉代中国人在室内还是以席地而坐为主，唐时由于受胡人文化的影响，已开始大量使用桌、椅、胡床等家具了。《唐语林》称

“明皇为安禄山起第于亲仁坊，敕令但穷极壮丽，不限财力。既成，具幄、帘、器皿充牣其中。布贴白檀床二，皆长一丈，阔六尺。银平脱屏风帐一，方一丈八尺”。唐代贵邸中最为奇特的建筑当属开元间宠臣王鉷宅内的“自雨亭”，《唐语林》载“宅内有自雨亭子，檐上飞流四注，当夏处之，凛若高秋”，有学者认为这种自行喷水的凉亭是受到当时拂菻国（即东罗马）建筑影响的舶来品。

当然，唐代官邸也有极其简朴的例子，尤其是初唐时期。《资治通鉴》载，贞观十六年（642年）魏征卧病，因宅内无堂，唐太宗命辍小殿之材以构之，五日而成，可见清廉的魏征宅中竟不设堂，令李世民都看不过去了。这件小事同时也是中国古代木结构建筑可以轻而易举地“搬迁”的一个例证，宫中小殿搬到大臣家中组装为堂屋，全程仅五天，着实不可思议。同样是太宗朝宰相的温彦博宅中也无堂，卒后殡于别室，而按照礼制主人故去应殡于正堂，故太宗命有司为之造堂。类似的例子还有高宗时的李义琰，身居相位而无正寝。可惜简朴如魏征等人的毕竟是极少数，唐代权贵豪宅奢靡之风极盛，尤其在“则天以后，王侯妃主，京城第宅，日加崇丽”，从某种程度上加剧了唐王朝的衰亡。白居易讽喻长安奢侈豪宅的《伤宅》诗曰“谁家起甲第，朱门大道边。丰屋中栉比，高墙外回环。累累六七堂，栋宇相连延。一堂费百万，郁郁起青烟”，堪为长安贵邸之写照。

白居易自己亦多年在长安为官，曾经住过三所不同的住宅，故颇能体会长安住宅贵贱若天壤之别。早年为校书郎（正九品上）时白居易只能租住东市东南常乐坊之普通民宅，仅“茅屋四五间，一马二仆夫”而已，好在诗人以“窗前有竹玩，门外有酒沽”，亦悠然自得。后任太子左赞善大夫（正五品上），白居易改住长安城东南人烟稀少的昭国坊（位于今大雁塔北），从租住民宅变为住进偏远地段的大宅，“柿树绿阴合，王家庭院宽”，但却是“贫闲日高起，门巷昼寂寂”“槐花满田地，仅绝人行迹”。后为中书舍人，仍是正五品上官阶，白居易终于在紧靠东城墙的新昌坊购得一座旧宅，一家二十口居其中，其地是“省吏嫌坊远，豪家笑地偏”，但对于白居易而言，已是在长安住过的最好的宅院，大约占地十亩（约6000m^2），合六十四分之一坊。最后在53岁时，白居易官至太子右庶子（正四品下），得以在东都洛阳履道坊购新宅，白居易为此处新宅作《池上篇》曰：“十亩之宅，五亩之园，有水一池，有竹千竿。勿谓土狭，勿谓地偏，足以容膝，足以息肩。有堂有亭，有桥有船，有书有酒，有歌有弦。有叟在中，白须飘然，识分知足，外无求焉。”白氏为官一生，见识了长安的连云甲第，最后仍旧欣然知足于十亩之宅、五亩之园（与韩愈宅相若），这应是长安杰出知识分子的典型心态吧。

当然，不论是达官贵人的豪宅，抑或是文人名士的名园，或者仅仅是普通长安市民的小院，都是规模不同的院落式住宅而已，它们以同样的布局方式分布在长安的108个里坊中，故唐人诗句“好住四合舍，殷勤堂上妻”可谓各类住宅所共通之处。而家家户户庭院中生长的树木，随着年深日久，树冠逐渐连成一片，终于把下面的屋顶全部遮蔽，不论它是巨宅的华瓦，还是陋室的茅茨。登上长安高处如乐游原或者大雁塔，目之所及是绿树掩映下的万户千家，一如20世纪50年代以前登上北京景山所见之景象——这是中国古代城市中万千建筑群与大自然水乳交融而成的最美的风景。

李白诗曰：“长安一片月，万户捣衣声。”现在我们知道，长安城的永夜，千家万户其实是在一个个坊墙围绕、坊门紧闭的里坊之中，透过各自宅院上方“四角的天空”，来共同仰望一轮明月的。

然而辉煌的隋唐长安城，亦未能逃离中国古代都城的噩运，数百年的苦心经营，最终毁于一旦。据《资治通鉴》载：唐末黄巢起义军于880年攻占长安，883年黄巢军战败，“焚宫室遁去”；唐军攻入长安后，“暴掠无异于贼，长安室屋及民所存无几”。天祐元年（904年）正月，朱温逼迁唐帝于洛阳，“毁长安宫室、百司及民间庐舍，取其材，浮渭沿河而下，长安自此遂丘墟矣”。自583年隋大兴建成，至904年长安毁于朱温之手，共经历隋唐二朝，计321年。与王维诗中开元盛世时“云里帝城双凤阙，雨中春树万人家”形成惨烈对照的是唐末五代诗人韦庄笔下的“长安寂寂今何有，废市荒街麦苗秀”“昔时繁盛皆埋没，举目凄凉无故物”（《秦妇吟》）。

六、古都遗韵

唐代以后，全国政治中心东移，面对经济迅速发展的江南、华北以及广大中原地区，偏处西北的长安作为全国中枢的辉煌日渐不再，但在政治、经济和文化上，仍然占有举足轻重的地位，特别是明清两代。

907年朱温建立后梁后迁都洛阳，为适应军事防卫需要，驻守长安的佑国军节度使韩健改建了长安城，放弃了规模宏大的外郭城和破坏殆尽的宫城，仅修复唐长安的皇城，称为“新城”。同时，在新城外南面的东、西两侧修建了两座小城，作为“长安”“万年”两县的县治，与“新城”形成军事上的三犄角相互支持之势，这种状况一直延续到宋元时期。

七、明清西安

明洪武二年（1369年），明朝改元朝的奉元路为西安府，这是“西安”之名的第一次出现，体现出西安城作为保障中国西北部安全的重要地位，自此“西安”之名一直沿用至今。明代对西安的城市建设贡献颇大，包括扩建城区、修葺城墙、建钟鼓楼等。

西安明城墙是明太祖朱元璋洪武三年至十一年（1370—1378年），以隋唐长安皇城范围为基础，向北、东、南面延伸扩建而成（图1-33、图1-34）。城池平面为矩形，城墙全长13.74km，有98座敌台和敌楼。四面各建有一座城门和瓮城，分别有正楼、箭楼及闸楼。瓮城外护城河上有控制“吊桥”的闸楼（亦称谯楼）。城墙顶部宽14m，内侧建“女墙”防护，外侧建垛墙和垛口以供射击。城墙内面建登城马道和供排水用的“溜水槽”等。城墙四角还各建有一座角楼（图1-35、图1-36）。

西安钟楼始建于明洪武十七年（1384年），原址在今西安市广济街口，明神宗万历十年（1582年）由巡安御使龚贤主持移于今西安城内东西南北四条大街的交会处，成为明城墙东、南、西、北四门内大街相交的中心，清乾隆五年（1740年）重修。钟楼下为墩台，上建楼阁，总高36.08m。墩台内开十字交叉孔道，楼阁面阔、进深均为三间，副阶周匝，上下二层，上层覆重檐攒尖顶，下层设腰檐一周，构成“三滴水”形制（图1-37）。

西安鼓楼建于明洪武十三年（1380年），位于西安市西大街与北院门交会处，在钟楼之西，后又经清康熙三十八年（1699年）和清乾隆五年（1740年）先后两次重修，是国内目前最大的鼓楼。鼓楼下为城台，上建重檐歇山顶三滴水城楼，楼面阔七间，进深三间，周回廊（图1-38）。

明末李自成起义，1643年10月攻占西安，次年正月定西安为西京，国号大顺。1644年李自成率部攻克北京，失利后又于7月撤回西安。1645年年初，清兵分两路攻打西安，李自成在潼关保卫战失利后，弃城向东退向湖北，最后战死在通山九宫山。作为一年多大顺政权的都城，西安再续一段短暂而悲壮的都城史。

清代对西安城也有所修葺，但改动不大。近代战争中西安古城屡遭战火破坏，但仍保留有城墙、城门、钟楼、鼓楼等一批重要历史建筑。尤其是西安城墙，为中国历史名城中保护最完整的城墙之一，弥足珍贵。

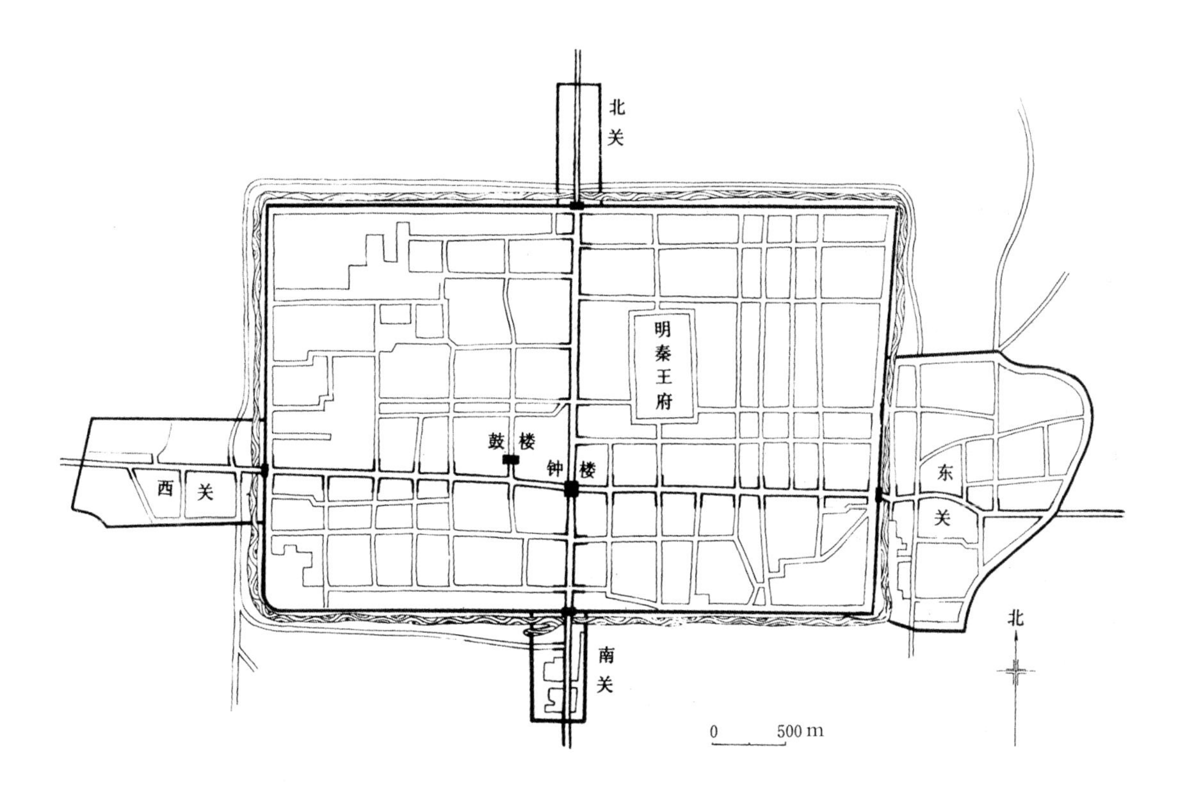

图1-33　明、清西安城总平面图
来源：建筑科学研究院建筑史编委会组织编写. 刘敦桢主编. 中国古代建筑史[M]. 2版. 北京：中国建筑工业出版社，1984.

图1-34　民国西安城旧影
来源：Sirén, Osvald. The walls and gates of Peking-researches and impressions [M]. London John Lane, 1924.

图1-35　民国西安城墙城门旧影

来源：Sirén, Osvald. The walls and gates of Peking researches and impressions [M]. London John Lane, 1924.

图1-36　西安南城门永宁门

来源：王南摄

图1-37　西安钟楼

来源：王南摄

图1-38　西安鼓楼

来源：王南摄

第二节　汉唐宫苑

一、长乐未央

通过前文的简单勾勒，我们对于西汉长安的规划有了粗略的概念。然而尽管具有作为都城的各项完备的功能，但是汉长安的一个重要特征却在于，宫殿占据了都城的绝大部分地区——甚至可以毫不夸张地说，汉长安是一座由宫殿组成的都城。

下面来看汉长安最重要的三座宫殿，即长乐宫、未央宫与建章宫（图1-39）。

（一）**长乐宫**

汉长安的建设始于长乐宫。长乐宫在秦代离宫兴乐宫之基础上改扩而成，竣工于高祖七年（公元前204年），应该利用了不少秦代遗物，最终建成后平面大致呈矩形，东西长2900m，南北宽2400m，占地面积约7km^2，几乎10倍于今日北京故宫。整个宫殿几乎占长安城面积的五分之一。宫内可谓高台林立，保持了春秋战国以来诸侯“高台榭、美宫室”的传统，其中最高者为秦始皇所筑“鸿台”，高四十丈（汉代一丈约2.3m，故鸿台高约92m），上起观宇，始皇帝曾射鸿于台上，故名。古代高台建筑或曰“台榭”皆是在巨大的夯土台上建造木结构华美殿宇，后世如曹操之“铜雀台”等皆以此为滥觞。今天北京北海的“团城”可谓中国古代宫苑中台榭建筑的最后遗存，十分难得（图1-40）。

图1-39　汉未央宫椒房殿遗址出土“长乐未央”瓦当

来源：中国社会科学院考古研究所编著. 汉长安城未央宫：1980-1989年考古发掘报告（下）[M]. 北京：中国大百科全书出版社，1996.

图1-40　北京北海“团城”——中国古代宫苑中“台榭”的重要代表
来源：王南摄

宫四面各建有司马门一座，但仅东、西二门之外立阙，谓之东阙与西阙。其中西阙正对未央宫之东阙，为二宫之轴线相对处，尤为壮丽。秦始皇曾聚天下兵器，铸十二铜人，汉代即置于长乐宫中。待未央宫建成之后，西汉朝廷即迁往未央宫，不过刘邦还是时常居于此并驾崩于长乐宫中，足见此宫在西汉早期之重要性。

（二）**未央宫**

汉高祖刘邦定都长安第二年，萧何即开始营建未央宫，作为汉代第一座平地兴建的宫殿（长乐宫是因秦之旧）。司马迁在《史记》中记载了刘邦视察未央宫建设时与萧何的一番对话——据说刘邦见到未央宫极为壮丽，甚怒；而萧何对曰：“天子以四海为家，非令壮丽无以重威，且无令后世有以加也。”

刘邦于是深感得意。萧何此番对答也随即成为中国此后近两千年帝王宫殿营建的指导思想。像秦始皇一般大兴宫室，此前被认为是“穷奢极欲”“骄奢淫逸”；但是有了“非令壮丽无以重威”的客观需要，皇帝大兴土木变得名正言顺——萧何于是为后代宫室营建确立了合法性。此后历朝历代，中国古人都把最卓越的建筑技术和艺术运用于宫殿的建造。

未央宫始建于高祖七年（公元前200年），主体建筑于高祖九年（公元前198年）竣工，主持具体建造的匠师阳城延也有幸得以留名，并被封梧齐侯。未央宫于高祖时期初具规模，大约在武帝时期才全部落成，达于鼎盛。未央宫平面为矩形，东西长约2250m，南北宽约2150m，占地面积5km²，约7倍于北京故宫，相当于长安城的五分之一。虽占地略少于长乐宫，但华丽过之。据《西京杂记》载，未央宫有“台殿四十三，其三十二在外，其十一在后宫。池十三，山六。池一山一亦在后宫。门闼凡九十五”（图1–41）。

未央宫同样是四面各辟一座司马门，仅在北门、东门外建阙，称北阙（亦称玄武阙）、东阙（亦称苍龙阙）。其中，北门为宫之正门，门外有横门大街与直城门大街；而东门、东阙分别与长乐宫西门、西阙相对，为往来二宫间必经之路；二宫之间更建有“复道”相连，即今天所谓的天桥。中国历代宫殿往往以南门为正门，然而长乐、未央二宫南墙由于紧挨长安南城墙，故南门皆非正门，均作了因地制宜的不得已的变通。未央宫以北门为正门，更为中国宫殿史上少有之例（另外一个著名的例子是南宋临安宫殿，同样是宫殿居南，衙署居北，城市中心在更北，也是在利用杭州旧城基础

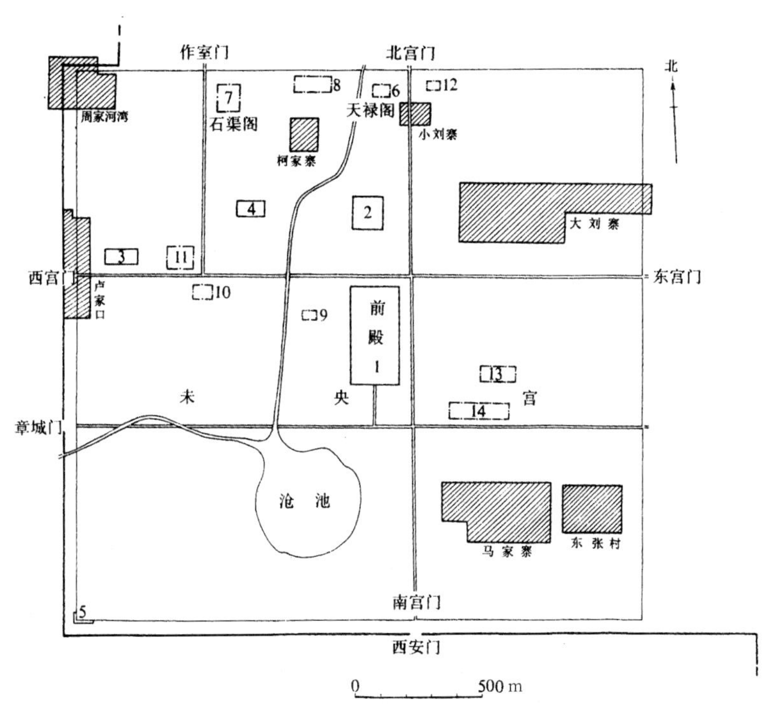

图1–41　未央宫平面示意图

来源：中国社会科学院考古研究所编著. 汉长安城未央宫：1980–1989年考古发掘报告（上）[M]. 北京：中国大百科全书出版社，1996.

上所作的权宜之计，俗称“倒骑龙”）。

根据目前考古发掘的几处未央宫遗址可知：未央宫主要建筑“前殿”（即未央宫第一号建筑遗址）大致位于宫之正中央，为一矩形平面，南北长约350m，东西宽约200m，大致有三组宫殿建筑由南向北排列在巨大的夯土基址之上，酷似北京故宫三大殿共同立于高大台基之上，形成“前朝”主体建筑群。只是未央宫的台基残高（北端最高处）有15m，几乎两倍于故宫三大殿的台基（8m余）；未央宫台基总面积70000m^2，故宫三大殿台基总面积25000m^2，未央宫几乎3倍于故宫（图1–42）。未央宫三大殿的朝向则很难说清：按照传统形制应该是坐北朝南的前、中、后三殿，但是由于未央宫正门为北门，同时夯土基址的北部因龙首山丘陵而建，处在最高点，更有可能是前殿，如此一来则整个三大殿就坐南朝北了。另外一个特殊之处在于：与后世宫殿主要殿阁皆位于宫殿中轴线上不同，未央宫前殿基址位于南、北二门形成的南北向大道西侧，一如汉长安城中长乐、未央二宫分别位于中央大街东西两侧。可见在汉代似乎尚未形成关于都城、宫殿南北中轴线的成熟规划布局。同样，对于城墙形状、重要建筑群朝向等一系列重要问题似乎还是本着因地制宜的权宜原则，还未形成完整、统一的礼制要求。

前殿北侧的未央宫第二号建筑遗址被认为是后宫之“椒房殿”遗址（图1–43）。椒房殿，“*以椒和泥涂，取其温而芬芳也*”，为皇后居所。武帝时又分嫔妃所在为八

图1–42　未央宫及前殿遗址航拍（由北向南）
来源：中国社会科学院考古研究所编著. 汉长安城未央宫：1980–1989年考古发掘报告（下）[M]. 北京：中国大百科全书出版社，1996.

图1–43　汉未央宫椒房殿遗址航拍
来源：中国社会科学院考古研究所编著. 汉长安城未央宫：1980–1989年考古发掘报告（下）[M]. 北京：中国大百科全书出版社，1996.

舍，命名为昭阳、飞翔、增成、合欢、兰林、披香、凤凰、鸳鸯。成帝皇后赵飞燕为昭仪时，即居昭阳舍，史籍记载“其中庭彤朱而殿上髹漆，切皆铜沓冒黄金涂，白玉阶，壁带往往为黄金釭，函蓝田璧，明珠翠羽饰之，自后宫未尝有焉”，可知当时昭阳舍之华丽已为后宫之冠。未央宫甚至建有“贮冰”以供夏日避暑之清凉殿和“爇火”以供冬日取暖之温室殿，已出现后世暖气、空调之雏形。

长安城内除了高祖兴建的长乐、未央两座最重要的宫殿外，还建有北宫，武帝时期又增建桂宫和明光宫，总共五座宫殿。其规模之大，除北宫、明光宫不详之外，即使最小的桂宫也两倍于今天的故宫。长乐、未央、桂宫加起来则几乎20倍于北京故宫，着实不可思议。

（三）建章宫、上林苑

然而我们如果以为汉室的宫殿建筑至此就到头了，那就又低估古人了。汉武帝在长安西墙外建造的建章宫与上林苑才真正将汉代建筑艺术推向顶峰。这群宫室苑囿自然是武帝个人的纪念碑，并且在未央宫“非令壮丽无以重威”的美学追求之外，增加了武帝个人非常沉迷的“求仙”思想，因此处处竭力模拟各色方士所描绘的“仙境”意象；此外，又因著名文人司马相如的《上林赋》与《大人赋》中所驰骋的瑰丽想象，而更加穷尽富丽奢华之能事，终成西汉之鼎盛格局。从这个意义上讲，建章宫与上林苑是汉武帝、方士、司马相如及无数匠师的集体创作。

上林苑原为秦代旧苑，武帝大加拓展，最终形成“周袤三百里，离宫七十所，皆容千乘万骑”的广袤格局，范围之大与宫室之多皆居于西汉首位（图1–44）。汉代苑囿远较后世皇家园林广大，包含了巨大的自然郊野山林，供帝王畋猎等活动，因此是天然多于人工的粗放式园林景观。上林苑中水面甚多，尤以“昆明池”最大且最负盛名：“是时粤欲与汉用船战逐，乃大修昆明池，列馆环之。治楼船高十余丈，旗帜加其上，甚壮”；“池中有豫章台及石鲸。刻石为鲸鱼，长三丈，每至雷雨，常鸣吼，鬐尾皆动”；“昆明池中有二石人，立牵牛、织女于池之东西，以象天河”。最神奇的是，历经两千余载，置于昆明池东、西两侧的牵牛、织女竟然出土与世人相见，成为上林苑为数不多的珍贵遗存（图1–45）。今天北京颐和园之昆明湖显然是对武帝昆明池之仿效，连牛郎、织女隔着“天河”遥遥相望的动人场景也被沿袭下来——只是在颐和园，牛郎、织女的巨石雕像被转化为更富象征含义的设计，昆明湖东岸知春亭不远处一尊铜牛蹲伏，翘首深情遥望着西岸的“耕织图”景区，暗喻牛郎、织女之款款深情（图1–46）。

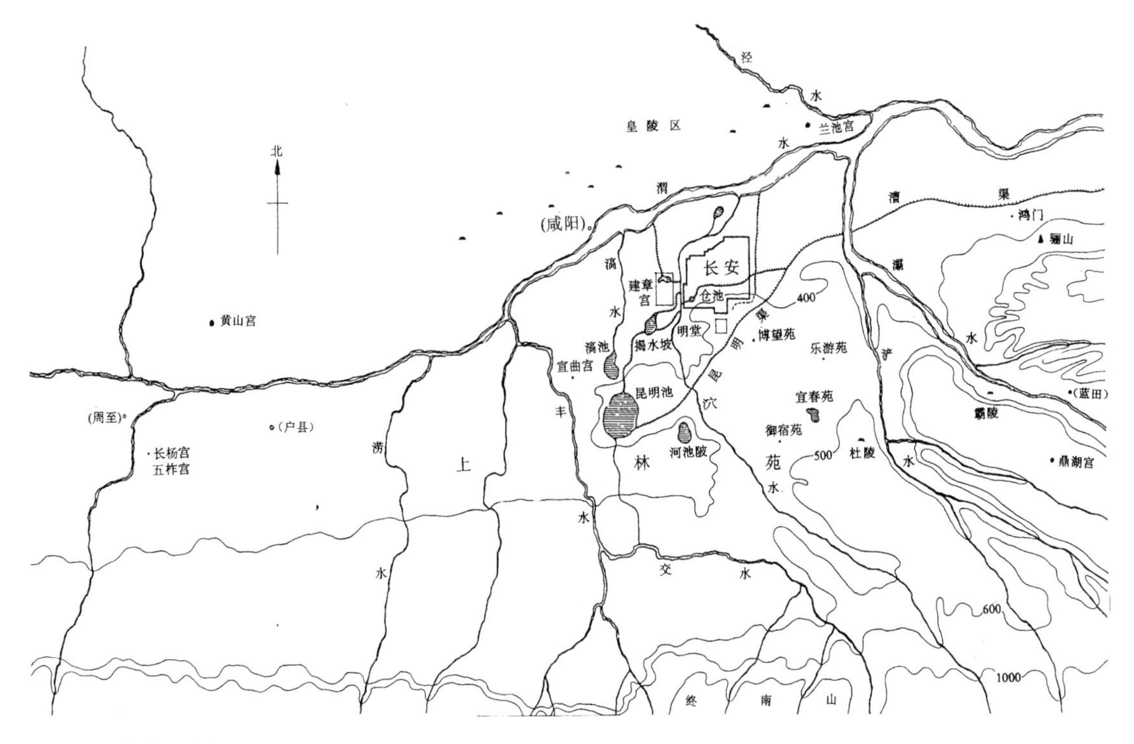

图1-44　汉长安、建章宫与上林苑示意图

来源：周维权. 中国古典园林史[M]. 2版. 北京：清华大学出版社，1999.

图1-45　上林苑遗址出土的西汉牛郎与织女石刻

来源：（美）巫鸿著. 中国古代艺术与建筑中的"纪念碑性"[M]. 李清泉，郑岩等译. 上海：上海人民出版社，2008.

图1-46　北京颐和园昆明湖畔铜牛——翘首遥望织女

来源：王南摄

除了是一座大型风景园，上林苑更是一座超级动植物园，由中国各地乃至于外域进贡而来，甚至包括战争、抄家所得的各色珍禽异兽、稀有植物皆如潮水般涌入上林苑，诸如“九真之麟、大宛之马、黄支之犀、条支之鸟”等，其中一些珍稀动物如白象、能言鸟，甚至被认为是来自天赐的“祥瑞”；而越南进献的高大珊瑚树，植于上林苑池塘之中，其462根枝条在夜间发出璀璨光芒……

司马相如夸张的文字把上林苑定位为环四海皆天子园囿：“左苍梧，右西极，丹水更其南，紫渊径其北……视之无端，察之无崖。”

建章宫可谓是上林苑中的明珠，周围二十余里，正门在南墙，名阊阖门，高二十五丈（近58m），“中殿十二间，阶陛咸以玉为之。铸铜凤高五丈，饰以黄金，栖屋上，椽首溥以玉璧，因曰：璧玉门也”。门内起“别风阙”（亦称“折风阙”），高二十五丈，对峙“井干楼”，高五十丈。北宫门外建有北阙，东宫门外建有东阙——东阙上立金凤凰，故又名“凤阙”（图1–47）。大宫中又划分为诸多小宫，殿、堂、楼、阁、台、榭众多，遂有“千门万户”之称——后世常以此语形容帝王宫殿。最主要的建筑亦称“前殿”，极其高峻，甚至可“下视未央”，可以想见武帝登临此殿，一定颇有超越前朝之自得。

“方士”们向武帝进献了诸多“求仙”的方式：“上即欲与神通，宫室被服非象神，神物不至”“仙人好楼居”等，在这些建议之下，武帝在建章宫大起高台楼阁，又仿造东海仙山，以求“迎仙”。建章宫最著名的大湖称太液池，周回千顷，在宫之北，池中有“蓬莱、方丈、瀛洲、壶梁，象海中神山、龟鱼之属”。后世皇家园林中的水景基本皆是沿汉武帝建章宫太液池之“一池三山”模式，以太液池象征东海，以三座岛屿象征蓬莱、方丈、瀛洲三座仙山，典型者如北京三海之琼华岛（白塔山）、团城和南海瀛台，或者颐和园昆明湖之南湖岛、治镜阁与藻鉴堂，皆是因循武帝太液池的传统，表现道家关于仙境的幻想（图1–48）。《三辅旧事》生动描绘了汉成帝与赵飞燕在太液仙境中如神仙眷侣般的画面：“成帝常于秋日与赵飞燕戏于太液池。以沙棠木为舟，以云母饰于舟首，一名云舟。又刻大桐木为虬龙，雕饰如真，夹云舟而行。”

如同长乐未央一样，建章宫中也是高台林立，著名楼台有井干楼，“高五十丈，积木为楼，言筑累万木，转相交架如井干”——“井干”为中国木结构之重要形式：以原木或方木四边堆叠成为木构墙体，因四面堆叠若“井”字形而得名，建章宫井干楼以万木垒叠，当是中国历史上此类木结构楼阁之冠。建章宫中最富有神秘气息的是神明台，“台高五十丈，上有九室，常置九天道士百人”；“上有承露盘，有铜仙人舒

图1-47 建章宫双凤阙遗址
来源：刘庆柱，李毓芳. 汉长安城[M]. 北京：文物出版社，2003.

图1-49 北京北海琼华岛仙人承露盘
来源：王南摄

图1-48 《都畿水利图卷》中的万寿山清漪园（今颐和园）昆明湖一池三山意象
来源：中国国家博物馆编. 中国国家博物馆馆藏文物研究丛书·绘画卷（风俗画）[M]. 上海：上海古籍出版社，2007.

掌捧铜盘玉杯，以承云表之露，和玉屑服之，以求仙道"；"承露盘高二十丈，大七围，以铜为之"——"仙人承露盘"这一巨型雕塑高耸于50丈高的神明台之上，成为整个建章宫求仙主题的高潮。尽管武帝深信方士所言，并将承露盘所得"云露"与玉石粉末共同服食以求长生，最终依然难免归于尘土。反倒是建章宫太液三山、仙人承露这些优美的园林意境却得以生生不息——今天北海琼华岛（白塔山）北坡尚有仙人承露盘铜像，当然就如同后世宫殿与汉代宫室的关系一样，这个仙人也仅仅是武帝时期仙人的"缩微版"（图1-49）。唐代诗人李贺的著名诗篇《金铜仙人辞汉歌》即是对这一建章宫标志物所作的绮丽想象——当此像被魏明帝使人拆下，并欲运至洛阳宫中时，承露仙人竟而潸然泪下："衰兰送客咸阳道，天若有情天亦老。携盘独出月荒凉，渭城已远波声小。"

二、大唐三宫

唐长安中轴线上的大街称朱雀门大街，由此街一路向北，将直抵皇城大门——朱雀门，相当于北京天安门。朱雀门外是一条宽阔的横街，宽约150m，与朱雀门大街相若。横街以北，逐渐达到长安城整个规划布局的高潮：前半部称皇城，后半部称宫城（即皇宫所在）。皇城被朱雀门内大街分成东西两半，两侧对称布置重要的中央衙署和庙社：太庙、太社按照《周礼·考工记》中"左祖右社"的传统分别布置在皇城东南隅和西南隅，此外还有六省、九寺、一台、三监、十四卫等中央衙署，气氛庄重而森严，成为对宫殿区的拱卫和铺垫。今天的西安古城为明代创建，其规模与长安皇城加宫城的面积相当（东西比长安皇城略宽，南北比长安皇城加上宫城略短），唐长安的皇城衙署建筑群遗址就沉睡在今天车水马龙的西安古城之下。

（一）太极宫

皇城之北，即是整个都城的核心——太极宫。太极宫居于长安中轴线最北端，坐北朝南，君临长安城。宫东西宽1285m，南北深1492m，占地1.9km^2，约2.7倍于北京故宫——虽然太极宫的规模比之汉长安长乐宫、未央宫、建章宫之类有所不及，但也是中国历史上极大的一座宫殿。太极宫东侧建有东宫，西侧建有掖庭、太仓和内侍省，南对皇城中央衙署区，北面则是范围浩阔的禁苑，连同汉长安城旧址亦被囊括其中，禁苑中驻军，为保卫长安的最精锐部队。太极宫为四面一众建筑群所拱卫，更显出其不可撼动的中心地位（图1-50）。

最宏伟的是太极宫正门承天门前的横街，竟然宽达220m，这恐怕是中国历史上最宽阔的大街，东西长则为2820m，占地面积达62万m^2，甚至超过今天的天安门广场（40万m^2），可谓长安城的中心广场。这里是举行元旦、冬至大朝会和朝贡、大赦等盛大典礼之所在。承天门上建有巨大的城楼，两侧有双阙辅佐，是北京紫禁城午门的先祖。唐长安中轴线由明德门起，一路经过九重里坊，两侧依次有路东保宁坊昊天观、靖善坊大兴善寺、荐福寺小雁塔，路西崇业坊玄都观等宏伟寺观夹峙，直抵皇城朱雀门，共计5km。又经过一系列中央官署的拱卫，来到太极宫承天门前广场，遂达

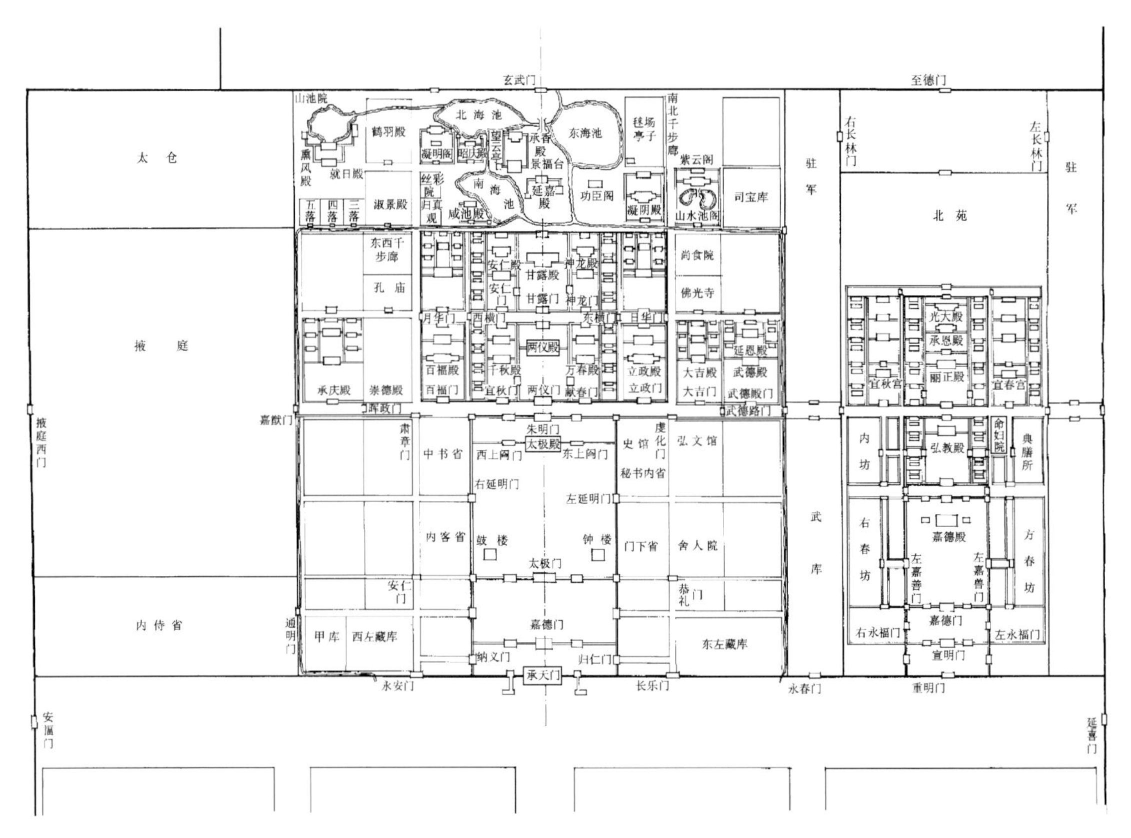

图1-50 唐长安太极宫平面复原示意图

来源：傅熹年主编. 中国古代建筑史·第二卷：三国、两晋、南北朝、隋唐、五代建筑[M]. 2版. 北京：中国建筑工业出版社，2009.

到一个高潮。承天门内是由太极门、太极殿形成的“前朝”建筑群；继而是由两仪门、两仪殿，甘露门、甘露殿形成的“后寝”建筑群，其实就是长安住宅中“前堂后室”的放大版；最北是御苑，内有东海池、北海池、南海池三处池沼，并建有凌烟阁、功臣阁、紫云阁等一系列亭台楼阁，此外还有蹴鞠毬场等。宫城北门为玄武门，即著名的“玄武门之变”的发生地。

太极宫的前身是隋代大兴宫，宇文恺的宫殿规划比附《周礼》和《礼记》中所谓“三朝”之说，沿南北中轴线依次布置外朝、中朝和内朝（亦称外朝、内朝和燕朝）。以宫城大门广阳门（即唐代承天门）为元旦、冬至大朝会之所，即外朝；以正殿大兴殿（唐称太极殿，相当于北京故宫太和殿）为皇帝朔望听政的中朝；后寝部分的主殿中华殿（唐称两仪殿，相当于故宫乾清宫）作为内朝，用于日常听政。如此一来，隋唐大兴宫——太极宫基本奠定了中国后世宫殿布局的基本模式，即沿中轴线分作前朝、后寝两部分，并且分别以宫城正门、前朝主殿和后寝主殿象征“周礼”所谓的“三朝”，分别承担不同的庆典与听政功能。

（二）大明宫

太极宫只不过是唐朝排名第二的宫殿，特别是因其地势低洼容易积水，导致潮湿阴冷，乃其规划设计的一大弊病。于是唐高宗龙朔二年（662年）在长安城外东北营建新宫，次年建成，这就是历史上著名的大明宫，堪称唐代第一宫。

大明宫以长安城北墙东段为南墙，由此向北延伸，前半部呈长方形，后半部作梯形，总面积3.4km^2，约为北京故宫的4.8倍，更胜太极宫一筹。宫城北、东、西三面均设有夹城（即双重城墙），内驻禁军以保卫宫室（图1–51）。

太极宫通过承天门前广场取得先声夺人的效果，大明宫在这方面则更胜一筹，达到中国历代宫殿建筑的一个高峰。首先大明宫利用宫城前部635m进深的一块平地作为前广场，然后在宫殿中部高地（即所谓龙首岗）与前部平地交界的一座陡崖处，因势利导地建造了著名的含元殿，其地位正相当于太极宫承天门，只是下部不设门洞，故曰殿。龙首岗本来高出其南部地面10m左右，加上含元殿下部3m高的基座，形成13m的高台，超过故宫太和殿下部高达8.3m的三重汉白玉台基。含元殿面阔十三间（包括外回廊），重檐庑殿顶，东西宽67.33m，略宽于故宫太和殿。殿左右又起双阙，左曰翔鸾阁，右曰栖凤阁，双阙以游廊与主殿相连，三者共同形成“凹”字形平面，在敦煌壁画中亦为重要建筑群常用之造型。双阙皆是下筑夯土高台，上建木结构殿宇，作三重“子母阙”形式——此种造型虽不曾见于敦煌壁画，但却可在唐高宗与武则天合葬墓乾陵的从葬墓懿德太子墓壁画中见到细致入微的描绘。整个含元殿建筑群最精彩的一笔，是在殿前建造了漫长的、逐步登上13m高台的坡道，坡道采取一段坡、一段平的样式，反复七折，长约100m，称“龙尾道”，当真犹如神龙摆尾，与高踞崇台之上的含元殿和翔鸾、栖凤二阁共同形成了中国古代宫殿中一处动人心魄的场景（图1–52）。从时人记载中可以遥想昔日含元殿大朝会时，皇帝登临大殿，文武百官及各国使臣顺序立于殿下广场中仰望大殿，浩大的仪仗队森严端列于殿庭、回廊及龙尾道上的壮观场面（图1–53、图1–54）——“每元朔朝会，禁军与御仗宿于殿庭，金甲葆戈，杂以绮绣，罗列文武，缨珮序立，蕃夷酋长仰观玉座，若在霄汉”。如果朝会在大明宫正殿宣政殿（即中朝）举行，则百官须由广场鱼贯而前，沿着长长的龙尾道升入含元殿，实在犹如登天梯一般。

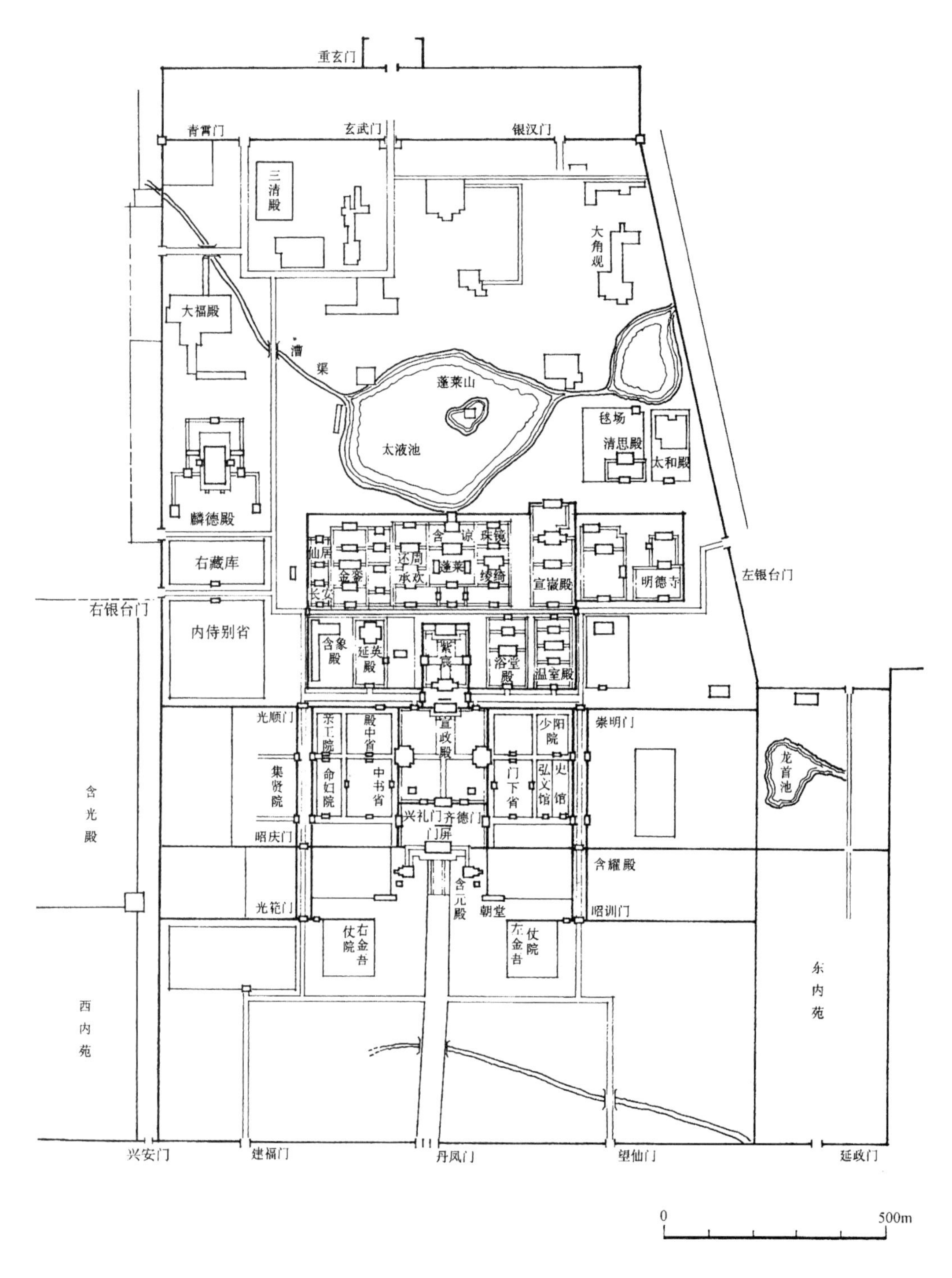

图1-51 唐长安大明宫平面复原图

来源：傅熹年主编. 中国古代建筑史·第二卷：三国、两晋、南北朝、隋唐、五代建筑[M]. 2版. 北京：中国建筑工业出版社，2009.

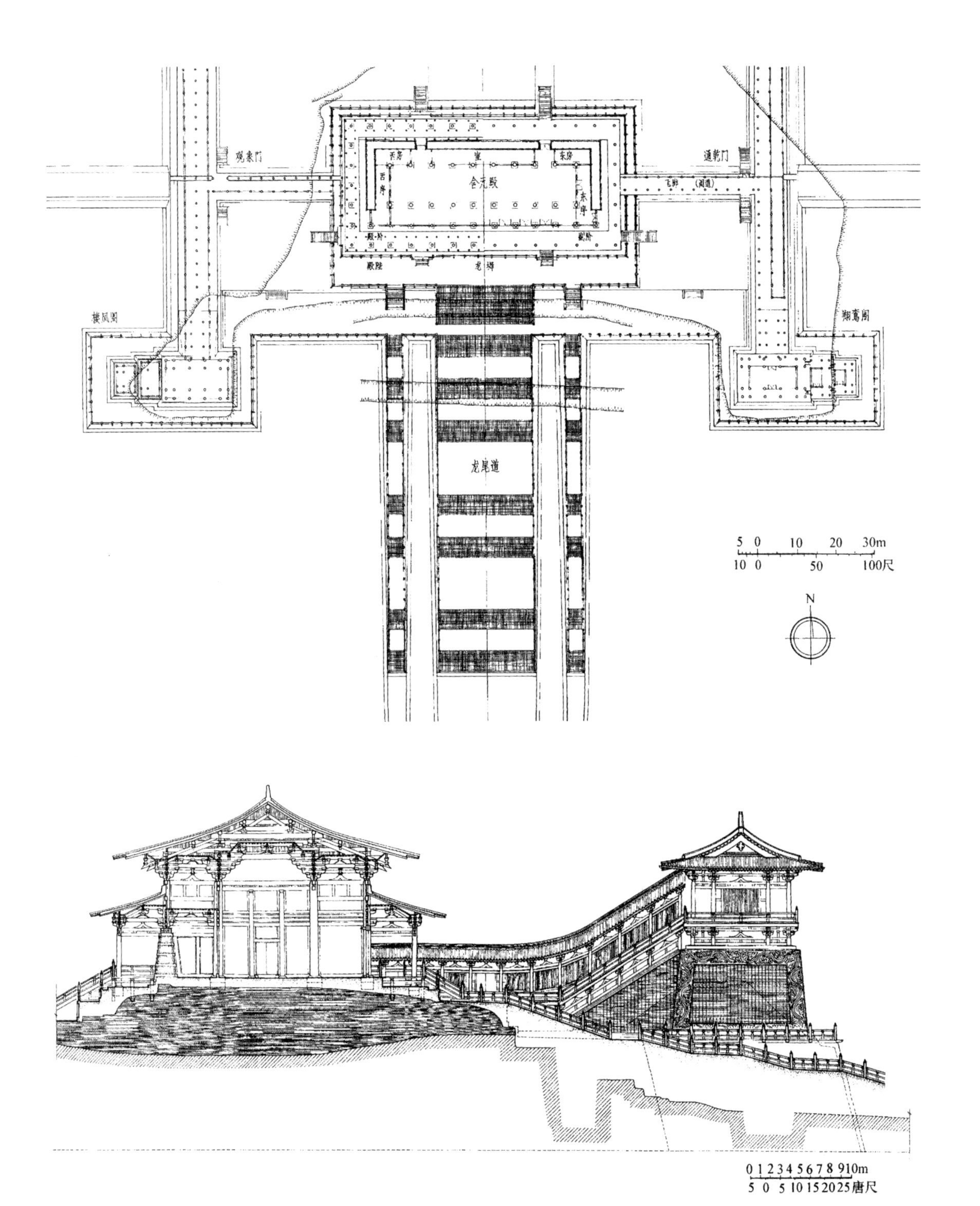

图1-52 大明宫含元殿平、剖面复原图

来源：傅熹年主编. 中国古代建筑史·第二卷：三国、两晋、南北朝、隋唐、五代建筑[M]. 2版. 北京：中国建筑工业出版社，2009.

图1-53　大明宫含元殿复原效果图
来源：傅熹年绘

图1-54　大明宫含元殿室内复原效果图
来源：傅熹年绘

含元殿以北300m处为龙首岗之最高点，在此建前朝正殿宣政殿，规模与含元殿相若。宣政殿建筑群由回廊环绕自成一组院落，其东西两侧布置宫内官署，以东侧门下省和西侧中书省为首，是宰相办公之所。宣政殿以北为后寝区，以紫宸殿为核心。紫宸殿之东有浴堂殿、温室殿，顾名思义是宫中奢侈享受的所在。后寝之北为广阔的御苑，以太液池和蓬莱山为中心，象征东海仙境。

大明宫后部环绕太液池建有大量殿阁楼台，其中太液池西岸一组宫殿，壮丽程度犹在含元殿和宣政殿之上，称麟德殿。麟德殿是举行大宴会和非正式接见的便殿，不论是平面布局、外部造型还是内部空间，其在中国古代宫殿建筑中皆可谓独树一帜。中国古代重要单体建筑通常坐北朝南，并且平面形状采取东西宽、南北窄的横长矩形，这是因为东西方向宽可以加强建筑正面的气魄，但南北方向如果太深则照不到太阳，会令建筑室内幽暗阴冷。当代一些影视作品为了表现中国古代宫殿之宏伟，设计了进深很大的大殿，文武百官皆立于大殿之中，以此展现场面之浩大，然而大大有违历史事实。北京故宫太和殿进深就不算大，仅三十余米，根本不足以容纳文武官员站立，大朝会时文武百官和盛大的仪仗队其实都是在大台基之上以及殿前广场之中。与西方大教堂深邃的内部空间相比，中国皇宫大殿的内部空间绝大多数都不幽深，这是采光这一重要因素所决定的（西方大教堂则要通过大量高侧窗为幽暗的中厅带来光线）。但麟德殿是一个重要的例外，它由前、中、后三殿相连，形成东西面阔十一间，南北进深十七间，深度大大超过宽度的特殊平面格局。扣除局部减掉的10根立柱，整个大殿共有177根立柱，成为一座类似著名的波斯大流士皇宫“百柱大厅”的殿宇，在中国古建筑中实属罕见。唐王朝与波斯帝国的商业、文化交往均颇密切，不知麟德殿的建造是否与此有关。麟德殿室内空间巨大，约5400m²，2.7倍于故宫太和殿，其间不仅可容纳百官站立，还可举行大型宴会或者三教辩论等大型活动。不仅如此，麟德殿前广庭也很宏敞，史载大型宴会时，庭中廊下可坐三千人，广庭之中还可进行马球比赛等。外部造型方面，麟德殿前、中、后三殿连属，俗称“三殿”，前、后殿为单层殿宇，中殿为二层楼阁，三者组合成中间高、前后低的起伏变化的屋顶轮廓，左右更翼以楼阁亭台，造型极为繁丽，与其作为宴饮娱乐之功能相符，是大明宫最庞大的建筑之一（麟德殿北侧还有大福殿，遗址规模犹在麟德殿之上，估计是同样壮观的殿阁）（图1–55）。麟德殿的造型让人极易联想到敦煌壁画大型经变中，佛寺

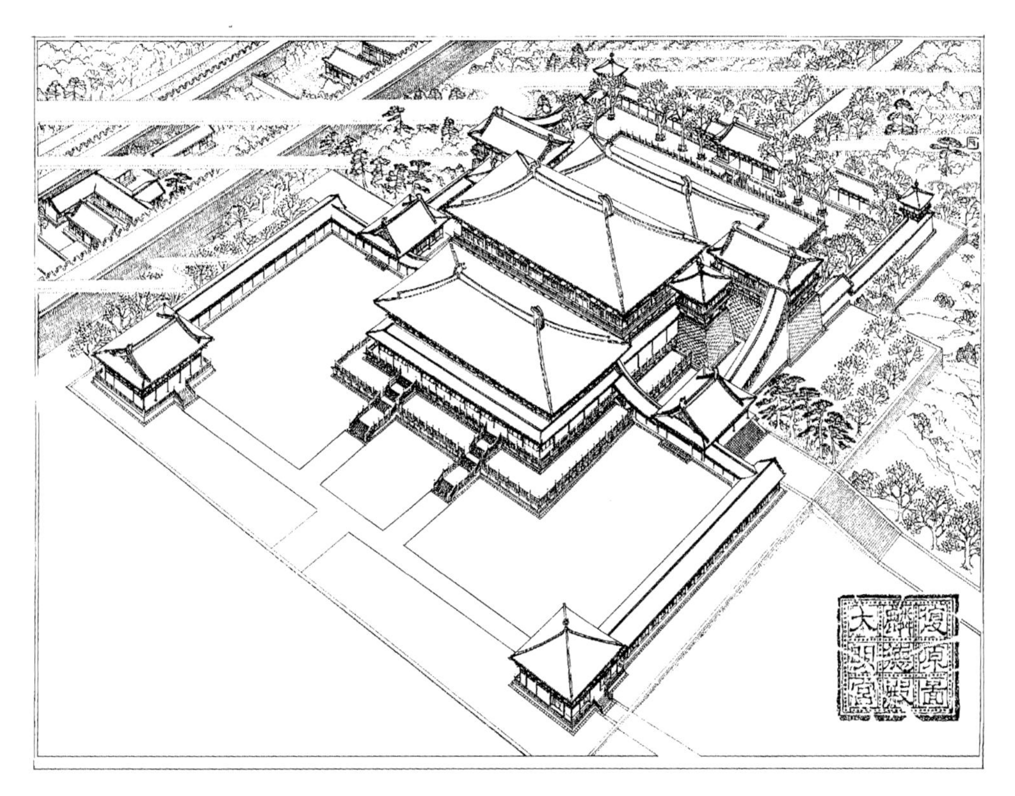

图1–55　大明宫麟德殿复原鸟瞰图

来源：傅熹年主编. 中国古代建筑史·第二卷：三国、两晋、南北朝、隋唐、五代建筑[M]. 2版. 北京：中国建筑工业出版社，2009.

主庭院中前殿、中阁、后殿重重相叠的画面，因此麟德殿可以视作是将佛寺中最壮丽的三座主体建筑拼合成一座大殿，当然也不排除敦煌画师是以大明宫麟德殿造型作为其壁画绘制的“蓝本”，一如隋代画家杨契丹所作的那样。那么麟德殿是否亦如西方大教堂一样通过开设高侧窗来解决幽深的室内空间的采光问题呢？从文献记载来看似乎并没有，因为据说唐高宗时洛阳皇宫中也曾建有与麟德殿类似的“五殿”，史称其“下有五殿，上合为一，亦荫殿也”——从“荫殿”的名称即可猜到，不论大明宫中的麟德殿（三殿）或者洛阳宫中的“五殿”，内部都是光线幽暗的，不过夏日似乎可以起到遮阴避暑的作用，当举行大规模宴会或者辩论会时，估计要借助灯火照明。后世中国宫殿建筑依旧以大面宽、小进深作为主要模式，宋元时则一度流行前后两殿以廊道相连形成“工”字殿布局，可视作麟德殿的简化版，然而却始终少见高侧窗的设计，可见除了麟德殿等少数实例，中国建筑并没有太多兴趣发展单体建筑的纵深空间和光线效果，不得不视为一个遗憾。反倒是西藏（唐时称吐蕃）古代建筑尤其是佛殿中大量使用高侧窗为中央佛像采光，以营造神秘的宗教氛围。

见惯了北京故宫红墙黄瓦的人，初见大明宫时恐怕会诧异于唐朝宫殿的质朴作风，千百座殿宇的屋瓦均以灰黑色的青掍瓦为主，仅重要殿宇的屋脊和檐部饰以绿色琉璃瓦，一如敦煌壁画中所见佛寺。唐中后期，大明宫中才出现了一些奢华的建筑，如太液池西北的三清殿，其基址出土了黄、绿、蓝等颜色的琉璃瓦，甚至还有唐三彩的琉璃瓦，由莫高窟第158窟的中唐壁画中可以见到唐三彩琉璃瓦的瑰丽形象（图1–56）。大明宫建筑之柱、梁、额枋、斗栱等裸露的木结构部分皆漆成赭红色或朱红色，木结构之间的墙壁则涂白粉，形成红、白二色的鲜明对比。大门为版门，窗户以简洁的直棂窗为主。墙壁均为夯土砌筑，外部抹灰，其中外墙涂赭红或白色，内壁皆涂白灰，贴地面加紫红色饰带。这朱漆梁柱、白墙、青瓦的素雅效果与紫禁城红墙、黄瓦、青绿描金彩绘的金碧辉煌效果大相径庭。大明宫建筑群素雅的外观加上规模巨大的夯土宫墙，形成了关中平原上唐代宫室所独有的质朴、豪放的气度（图1–57）。

为了一改太极宫地势低洼之弊，大明宫刻意选择了龙首岗高地。这一选址极其成功，由于整个宫殿的主体坐落在高出长安城地面十余米的高地上，取得了高屋建瓴的宏大气势——比之春秋战国及秦汉宫殿中人工砌筑的高大夯土台即所谓“高台榭、美宫室”，唐大明宫通过巧妙利用地形获得了同样“壮丽重威”的效果。这种因地制宜的构思，一如高宗与武后的合葬墓乾陵“因山为陵”的手法，对比于秦汉

图1-56　莫高窟第158窟中唐壁画中的三彩琉璃瓦形象
来源：敦煌研究院主编．敦煌石窟全集21建筑画卷[M]．香港：商务印书馆（香港）有限公司，2003.

图1-57　大明宫含元殿外观细部复原效果图
来源：傅熹年绘

皇陵通过巨大的人造“封土”营造陵冢的壮观气势，唐人显得更加从容大气，懂得利用大自然的伟观来烘托人造物——这在中国古代建筑观念中，实在是个重大的发展与进步。

大明宫选址的另一大妙处在于，可以端坐于宫中俯瞰整个长安城——《两京新记》称大明宫“北据高岗，南望爽垲，终南如指掌，坊市俯而可窥”。不仅如此，大明宫的中轴线正对位于进昌坊的慈恩寺大雁塔，含元殿与大雁塔相距约8km，二者遥相呼应，可谓长安城规划设计的画龙点睛之笔：不论是帝王由大明宫含元殿御座上南瞻浮图，还是普通市民登大雁塔北望宫阙，皆是气势如虹——正如岑参诗云：“塔势如涌出，孤高耸天宫。登临出世界，蹬道盘虚空。突兀压神州，峥嵘如鬼工。四角碍白日，七层摩苍穹。下窥指高鸟，俯听闻惊风。连山若波涛，奔凑如朝东。青槐夹驰道，宫馆何玲珑。秋色从西来，苍然满关中。五陵北原上，万古青蒙蒙。”

如今大雁塔犹存，大明宫却已成丘墟，然而登临含元殿高高的夯土废台，仍能依稀感受到唐长安与大明宫之气魄。就像在秦始皇骊山陵、汉武帝茂陵前，我们可以体验到秦汉建筑的粗犷气度一样，在大明宫含元殿的残迹前，或者在乾陵的大山脚下，我们才能真正领略唐代建筑的宏大气象。

（三）兴庆宫

开元盛世中，长安营建了第三座宫殿——兴庆宫，位于紧贴长安东墙的兴庆坊，唐玄宗为藩王时与诸兄弟合住此坊，称五王宅。从此长安三大宫殿告成，太极宫称西内，大明宫称东内，兴庆宫称南内。兴庆宫南北长1250m，东西宽1075m，占地面积1.34km^2，虽为长安三宫中最袖珍的一座，但依旧将近二倍于北京故宫（图1-58）。宫南部横亘着著名的龙池，以西面北门兴庆门为正门，门内兴庆殿为正殿，这样随宜的布置也符合兴庆宫作为离宫的身份。龙池南北建有诸多殿宇，其中龙池北岸为南薰殿，即杜甫诗中描写大画家曹霸“开元之中常引见，承恩数上南薰殿”之所在。最著名的沉香亭则在龙池北岸东端，以亭北所植牡丹闻名于世。

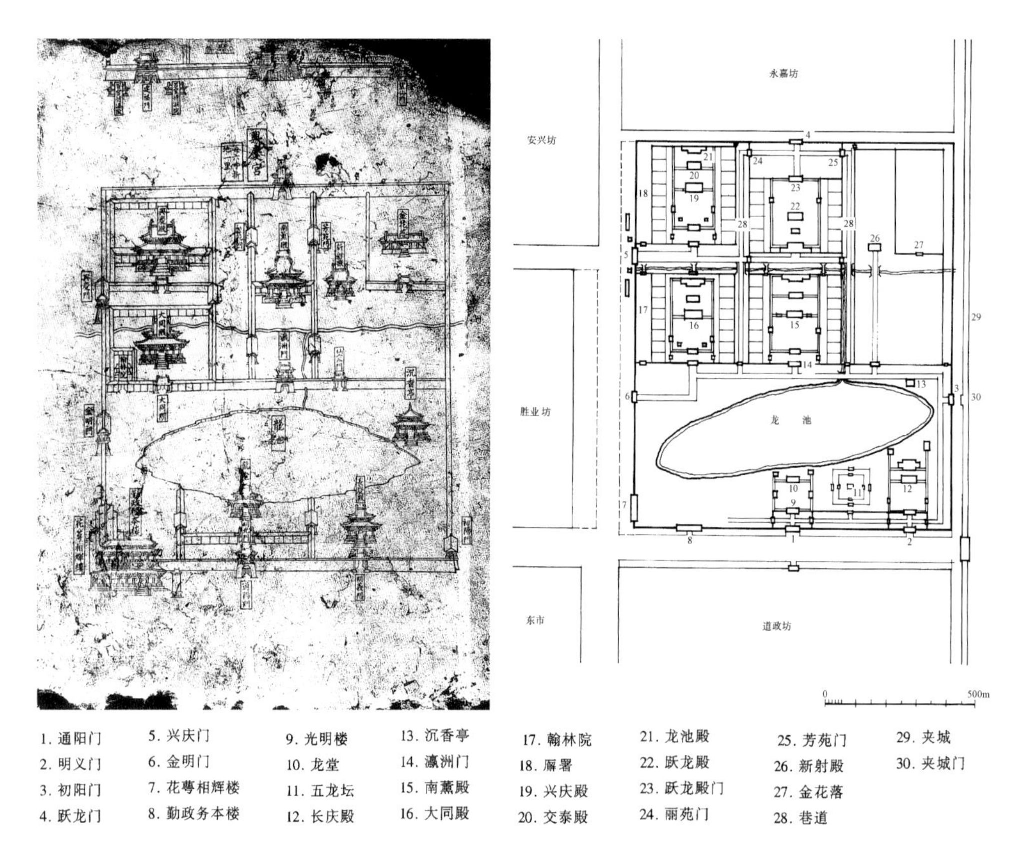

图1-58　宋代石刻《兴庆宫图》（左）及兴庆宫平面复原示意图（右）

来源：傅熹年主编. 中国古代建筑史·第二卷：三国、两晋、南北朝、隋唐、五代建筑[M]. 2版. 北京：中国建筑工业出版社，2009.

图1-59　唐舞马衔杯纹银壶
（现藏陕西历史博物馆）
来源：王南摄

兴庆宫虽远不及太极、大明二宫壮丽，却有一处独一无二的所在，即位于宫殿西南角的城市广场，作为举行城市庆典的地方。兴庆宫西南角建有两大标志性建筑，即面南的勤政务本楼和面西的花萼相辉楼。与太极宫承天门前的广场不同，兴庆宫西南角的广场更具有市民气息，史载勤政务本楼为唐玄宗生日受贺、正月十五日夜观舞乐、大酺等仪式的举行地。《唐开元礼》载有玄宗生日受贺仪式：百官先立班于楼前广场之南，皇帝御楼后，百官上寿酒，由侍中及殿中监等登楼敬酒，然后于楼前广场南北露天入席。《旧唐书》载玄宗上元观乐时，广场上有舞马、舞犀、大象及百戏，大酺时甚至允许百姓观戏。足见唐开元间，兴庆宫西南广场已经流行起“露天派对”和大型节日狂欢表演，已接近西方的城市广场，唐人之开放精神由此可见一斑。兴庆宫广场的节日表演中，尤以唐玄宗命人精心培训的百匹“舞马”最足观：这批训练有素的宝马良驹可作“以口衔杯，卧而复起”等高难度动作，活脱就是今天“盛装舞步”的前身——许多出土文物都表现了精彩的舞马造型（图1-59）。可惜“安史之乱”中，这些舞马落入不识货的军阀田承嗣之手，沦为战马，并且因为总是“闻乐起舞”而被视为妖孽，惨遭鞭棰而死，令人扼腕。

伴随兴庆宫的建设，唐玄宗还建造了一个皇室专属的交通设施，那就是沿着整个长安城东墙的一道将近10km长的夹城，皇室仪仗队可由此从大明宫直通兴庆宫，甚至能一路向南至抵长安东南隅的曲江池芙蓉苑，这条夹城可谓帝王的“密道”。最具匠心的设计是在夹城与东城墙上三座城门交会之处还专门建造了天桥阁道，以保证城门内外的交通正常运行，可谓后世立交桥之先驱。

幸运的是，我们不用再费心想象皇室仪仗队由此密道浩浩荡荡去往离宫或者曲江风景区的场面，因为大诗人王维在其著名诗篇《奉和圣制从蓬莱向兴庆阁道中留春雨中春望之作应制》中，为我们精心描绘了由大明宫前往兴庆宫的阁道中俯瞰盛世长安的全景："渭水自萦秦塞曲，黄山旧绕汉宫斜。銮舆迥出仙门柳，阁道回看上苑花。云里帝城双凤阙，雨中春树万人家。"

第三节　帝王陵寝

一、秦始皇陵

秦始皇陵为秦代大型建设（包括都城、宫殿、苑囿、长城、驰道等）中历时最久的一项，前后超过37年，共动用刑徒军匠七十余万人，工程规模之大史无前例。虽然早在秦始皇之前，中国已有大量王陵建筑群，但秦始皇陵是真正意义上的第一座帝陵，其规划布局开一代之先河，并且直接影响了两汉帝陵的营建。

据1962年以来的多次地面与空中探测，确定始皇陵园平面为矩形，有内外两圈围墙，四隅建有角楼，陵门各置门阙，俨然帝都宫殿之样式。陵园依出土文物称作"丽山园"，主轴线为东西向，正门朝东。陵冢即巨大的封土位于内垣南侧，位于陵园东西主轴线和南北次轴线的交点，内垣以内、封土西北侧有寝殿、便殿等祭祀建筑群遗址。举世闻名的兵马俑陪葬坑位于东大门外的神道北侧，而铜车马陪葬坑则位于封土西侧50m处。此外，外垣之外还有王室陪葬墓（包括杀殉墓，推测墓主为宫廷斗争中被杀的始皇子女们）、窑址、建材加工场、刑徒墓地等，因此始皇陵的总体布局范围是包括一个南北、东西各约7.5km的浩阔地域，占地面积在56km^{2}以上；而位居中央的陵园外垣南北2165m，东西940m，占地103.5万m^2；内垣南北1355m，东西580m，占地78.6万m^2，比北京紫禁城还要略大一些（图1–60）。

秦始皇陵最醒目的外观是其巨大的封土，平面大致呈正方形，边长约350m，残高76m，有学者推测其原高约115m，是中国古代最高大的封土，犹如一座大山（图1–61）。

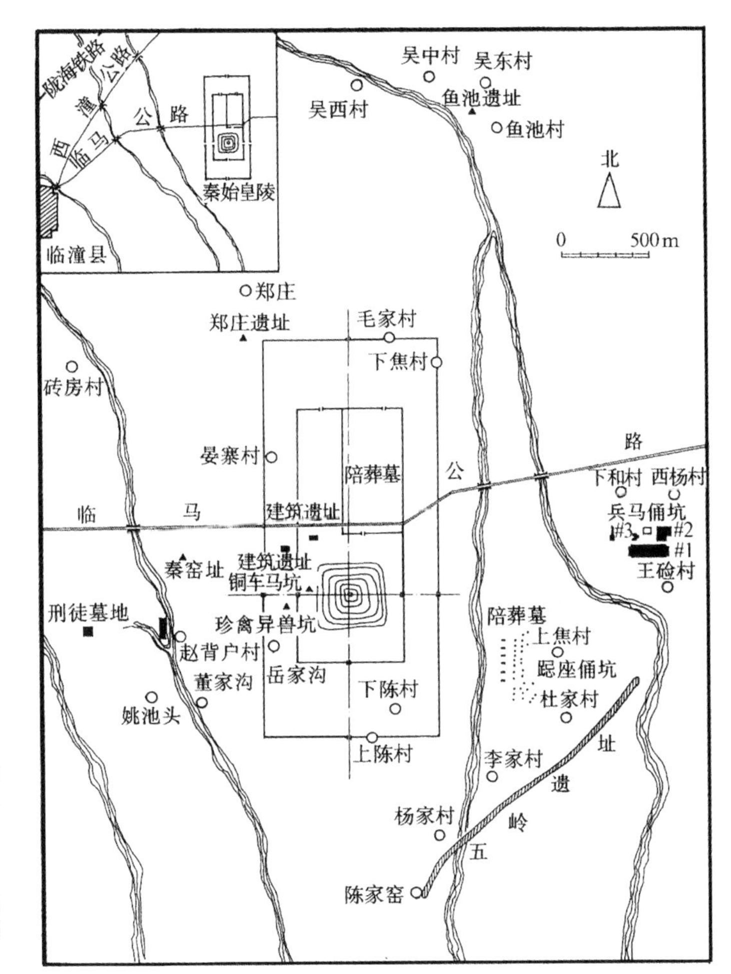

图1-60 秦始皇陵平面示意图

来源：刘叙杰主编. 中国古代建筑史·第一卷：原始社会、夏、商、周、秦、汉建筑[M]. 2版. 北京：中国建筑工业出版社，2009.

图1-61 秦始皇陵封土

来源：（美）巫鸿著. 中国古代艺术与建筑中的"纪念碑性"[M]. 李清泉，郑岩等译. 上海：上海人民出版社，2008.

不过真正巨大的工程却是地下世界的营造。

历代帝王陵寝最神秘的地方都是深埋地下的地宫，秦始皇陵地宫更是引发现代人无穷无尽的遐思。即便是最具权威性的《史记》对于秦陵地宫的描写，也不可避免地带着司马迁个人想象的因素——毕竟参与建造秦陵地宫的匠工皆被困于陵中陪葬，是否可能真有人知道地宫建造的秘密并一直流传到汉武帝时期由司马迁记录下来，只能和秦陵地宫本身一样，成为难解之谜。但司马迁的描绘依然具有重要意义，并且有一些细节被现代考古探测所证实，而其中的神秘色彩对后世则具有永恒的吸引力：

“始皇初即位，穿治骊山，及并天下，天下徒送诣七十余万人，穿三泉，下铜而致椁，宫观百官奇器珍怪徙臧满之。令匠作机弩矢，有所穿近者辄射之。以水银为百川江河大海，机相灌输，上具天文，下具地理。以人鱼膏为烛，度不灭者久之。二世曰：‘先帝后宫非有子者，出焉不宜。’皆令从死，死者甚众。葬既已下，或言工匠为机，臧皆知之，臧重即泄。大事毕，已臧，闭中羡，下外羡门，尽闭工匠臧者，无复出者。树草木以象山。”（《史记·秦始皇本纪》）

可知始皇陵地宫规模宏大，有丰富的陪葬物，并且最重要的是“上具天文，下具地理”“以水银为百川江河大海”—— 足见始皇欲以地宫象征一个微缩的宇宙，在死后继续享有对整个帝国的权力。经现代探测可知，始皇陵之地表下2.7 ~ 4m处，砌有东西宽392m、南北长460m之地宫墙垣一道，四面辟门，已发现东侧有门道五条，西、北、南各有门道一条，此墙内所包围之面积约为18万m^2，相当于北京故宫之四分之一，规模惊人。其中部之12000m^2处据测定呈强烈的汞异常反应，由此印证了《史记》中所载的“以水银为百川江河大海”是颇有事实根据的。而在已发掘的汉代至辽代墓葬中亦不乏在墓顶绘制星图以象征“上具天文”者，甚至一些辽墓中竟然出现了描绘精致的黄道十二宫（即今天所谓十二星座）图案，故司马迁对始皇陵之描述恐怕所言不虚。但地宫内部究竟如何规划布局依旧难知其详。

虽然秦陵地宫依旧迷雾重重，然而兵马俑坑的意外发现却震惊世界——并且这个伟大的奇迹还仅仅是秦始皇陵地下世界的“冰山一角”。

兵马俑坑位于陵园以东约1km处、东门外中轴线大道的北侧，共有四座大坑，总面积达25380m^2。1号坑最为巨大，平面为矩形，东西长230m，南北宽62m，面积达14260m^2，距地表4.5 ~ 6.5m，周以一圈回廊，沿东西方向建有九道并列的过洞，每洞净宽2.75 ~ 3.25m，可容4人或4马并列，其间间隔以2.5m厚的夯土墙。坑中共有排列为38路纵队的步兵武士俑6400人，另有四马战车76辆之多。军阵浩浩荡荡，气势非凡，俨然始皇帝之禁卫军（图1–62、图1–63）。此坑中还可见到目前最早的木结构残迹和条砖铺地及墙体残迹：依着坑壁和土墙两侧，每隔1.1 ~ 1.5m立对称之木柱，柱断面有方、圆、八角三种，柱径自20 ~ 35cm不等；柱上承枋木，其上再密排棚木（或称小梁）——现因年代久远，棚木皆变形作波浪翻卷形状——棚木上铺席，席上置胶泥，再以黄土夯实；坑底均墁铺表面带有绳纹的青砖。鉴于秦代地上建筑完全无存，这些坑道让我们得以直观秦代地下建筑之面貌，至为珍贵。2号坑为曲尺形平面，面积约6000m^2，其间骑兵、步兵（包括弩手）及战车混合布置。3号坑平面作“凹”字形，面积约524m^2，推测为整支部队的指挥部所在，其间有职位较高之军官及将军俑。中室有一辆军士簇拥的四马战车，气势不凡（图1–64）。4号坑根据发掘情况推断似乎并未能建成。

比兵马俑更为精致的“艺术品”来自紧邻封土和地宫的陪葬坑。在封土西侧20m处的地下，出土了两座精彩绝伦的彩绘铜车马。两车原来位于一座大型木椁内，由于年久，木椁腐朽导致葬坑坍塌，将铜车马压碎成数千片，经专家8年的修复终于重放异彩（图1–65、图1–66）。

每车由四匹马拽引、一名御车官驾驭，二车皆属秦始皇之车马仪仗。1号车为戎车（又称“立车”“高车”），是一辆开道车，长2.25m，高1.52m，重1061kg。驾车者立于车上，车上立有铜伞，并设铜弩、铜矢及铜盾（盾上绘有彩绘夔龙纹，古称“龙盾”）。御车官雕刻细腻，尤其双手前伸，拇指、食指各自分开，其余三指并拢，作执辔状，可谓刻画入微。2号车为安车，是车主乘坐的车，长3.17m，高1.06m，重1241kg。安车有顶盖及前后室，前室无侧板，为御车官坐处；后室宽大带侧板，两侧及前端开设小窗，车后辟双扇门，所有车窗均可自由开合，窗板均镂空铸成菱形花纹小孔，十分精美。每辆车的四匹马马嘴中均为六颗牙齿，说明正当壮年期；最右边一匹马头上竖有缨络，英姿飒爽，为古代天子乘舆马头之装饰。铜车马之比例为实物之半，通体青铜铸造，并饰以金银，施以彩绘装饰图案，光彩夺目，给人极强的雍容华贵之感。两组铜车马分别由3000多个零件组装而成，其中装饰缨络采用青铜拔丝法，直径仅0.3 ~ 0.5mm。后车顶盖为一次浇铸而成，为椭圆弧面造型，最薄处仅1.5mm，最厚处也不过4mm。

除了铜车马坑，目前还发掘出中央封土西南隅的文官俑坑，内垣西南侧的马厩坑、珍禽异兽坑及跽座俑坑，内垣东南侧的石铠甲坑、百戏俑坑等，这些都比兵马俑更加靠近中央地宫，已是陪伴始皇帝左近的陪葬内容。

综合以上关于秦陵地上地下之概观，可知秦陵实际上是在一个都城的尺度内进行的庞大整体规划，而其核心即陵园区俨然宫殿，有双重陵墙环护，四面设门，并出于

图1-62　秦始皇陵兵马俑1号坑全景
来源：王南摄

图1-63　秦始皇陵兵马俑群像
来源：王南摄

图1-64　秦始皇陵兵马俑3号坑战车
来源：王南摄

图1-65　秦始皇陵铜车马之戎车
来源：王南摄

图1-66　秦始皇陵铜车马之安车
来源：王南摄

秦人“西方”为尊的理念而呈坐西朝东布局，并以巨大封土作为地上标志，于其上植树以“象山”。地下则竭尽全力营造一个“缩微宇宙”，以象征始皇帝死后继续对天下的拥有与统治。举世闻名的兵马俑坑才仅仅是这个巨大“象征系统”的一个序幕而已；接近地宫核心地带则分布着象征始皇帝车驾的铜车马（车马这一重要象征物在汉代墓葬中亦一再出现，应是秦汉高级墓葬中的代表性随葬品），象征上林苑的珍禽异兽与饲养人俑，或许是象征“百官”的文官俑和石甲胄，以及象征宫廷艺人的百戏俑……仅目前陵园及周边已发掘陪葬坑、陪葬墓600余座，出土重要文物50000余件。足见司马迁所谓“宫观百官奇器珍怪徙臧满之”并非虚言——估计始皇帝生前所拥有的一切权力、财物都有一一对应的象征内容，深藏在陵区广袤的大地之下。

二、汉家陵阙

太白千古绝唱“西风残照，汉家陵阙”被王国维誉为“寥寥八字，遂关千古登临之口”。李白所登临的“乐游原”是唐长安城中一处著名的登高之所，唐代文人墨客皆喜登临——李商隐名句“夕阳无限好，只是近黄昏”亦是登乐游原之作——此处位于唐长安城东南，向东可望“年年柳色，灞陵伤别”；而向西北望，则近有汉长安城残迹，远可遥见渭水北岸西汉九座帝陵一字排开，由最东端之景帝阳陵，直至最西端之武帝茂陵，诸陵如一座座巨大的黄土金字塔高高坟起，在一望无际的关中平原之上，尤为醒目，唐时西汉诸陵应该尚存门阙，故而在诗人眼中形成无比雄浑壮伟之画卷——比之秦咸阳、汉长安之荒草丛生，西风残照中的汉家陵阙为唐人可见到的关于汉代辉煌的重要象征。

秦始皇陵之规模可谓是“前不见古人，后不见来者”。汉承秦制，西汉诸陵皆可谓始皇陵之具体而微者，但由于西汉历时久远，远胜秦朝，因此一座座皇陵首尾呼应，形成了一个庞大无比的陵寝群落，气魄又更胜秦陵（图1-67）。

西汉帝陵分布于长安附近南北两区：北区位于渭水北岸，计有高祖刘邦与吕后合葬之长陵、惠帝刘盈安陵、景帝刘启阳陵、武帝刘彻茂陵、昭帝刘弗陵平陵、元帝刘奭渭陵、成帝刘骜延陵、哀帝刘欣义陵、平帝刘衎康陵等九处，沿河呈东西向一字形排开，蔚为壮观；南区在长安东南“白鹿原”（因西周时期出现过白鹿而得名），包括文帝刘恒霸陵、宣帝刘询杜陵二陵，此外尚有高祖薄姬（后追尊太后）南陵。总体上长安渭水以北九陵与东南二陵合称“西汉十一陵”。

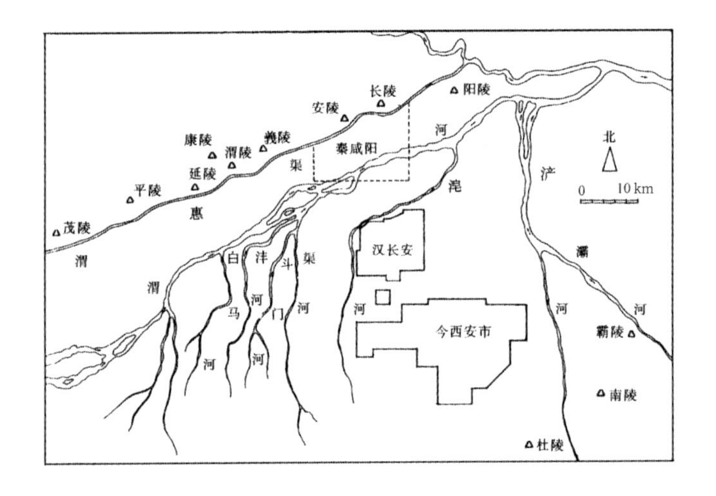

图1–67　西汉十一陵布局示意图
来源：刘庆柱，李毓芳. 西汉十一陵[M]. 西安：陕西人民出版社，1987.

（一）西汉陵制

十一陵中，高祖及吕后之长陵、惠帝与张皇后之安陵形制最为特殊，帝后墓位于同一陵园之内，唯“同茔不同穴”。自景帝以降，帝陵与后陵皆各在独立之陵园中且后陵形制小于帝陵，位置大多在帝陵之东（少数列于西侧）。西汉诸陵的另一个特例是文帝霸陵，“因其山，不起坟”，即依山崖凿洞室为崖墓。除了长陵、安陵、霸陵三个特例，其余八陵均大同小异，大致皆分为陵园、寝园及陵邑三区。

西汉帝陵地面上的建筑包括陵墙、门阙、角楼和封土等。陵园平面多为正方形，四面陵墙由夯土筑成，边长由370～780m不等。陵墙四面正中各开一门，称司马门——与长乐、未央宫殿一样，因此陵园可视作宫殿之象征——其中东门为陵园正门，一如始皇陵。陵园中央建有高大的封土，造型为去顶之方椎体（即方锥台，个别封土呈二层锥台形），汉代称作“方上”。

封土之下则为地宫，称“方中”，如今通过对汉阳陵地宫之探测，可知西汉帝陵地宫平面呈“亞”字形，坐西朝东，有东、南、西、北四条墓道，东墓道为主墓道，体现了汉代沿袭自秦代的“尊西”观念。

陵园附近多陪葬墓，如妃嫔、皇族或勋臣之墓。还有埋藏俑人、车马、器皿、宝货、珍禽异兽之陪葬坑。西汉专门设有管理陵园的官员——“园令”，司马相如就曾任文帝霸陵的园令。

寝园为帝王陵寝中一组专门用以供奉先王神位、御用衣物及每日“四时上食”之祭祀建筑群。目前，西安诸陵中仅杜陵寝园建筑群遗址较为完整，包含门殿、走廊、正殿、寝殿、吏舍及庭院等，位居陵园东南侧。

陵邑的设置始于秦始皇，西汉沿袭之，于每座帝陵之旁设陵邑，并自全国各地迁徙富豪之家前来守陵——也是汉代“强干弱枝”的政治策略之一。诸陵邑之人户，均在三万户至五万户之间，迁来者大都是皇亲、权臣或富豪之家——唐人诗中常出现的“五陵少年”即指来自渭北五大陵邑的纨绔子弟。诸陵邑人口众多：长陵邑有十八万人，而茂陵邑更达到二十八万人——甚至超过当时长安城的二十五万人口；最少的杜陵邑也有十万余人。这样规模巨大的守陵人群实际上形成了长安城周边的一系列“卫星城”或者“新城”。汉家陵邑的人口加起来至少超过七十万，加之长安城中的二十五万，超过此前中国历史上的所有城市。古罗马城在公元3世纪鼎盛时期人口达到百万，但早在两三百年前，汉长安及周边陵邑的人口已如此繁盛。

西汉诸陵，下面择其中两座论之，分别是景帝阳陵和武帝茂陵。

（二）景帝阳陵

景帝阳陵位于渭北九陵最东端，已有较多考古发现，截至目前可谓西汉诸陵中形象最为清晰的一座。整个陵区平面呈不规则的葫芦形，东西长6km，南北宽1～3km占地面积约12km^2，大致相当于秦始皇陵区的五分之一。其中，帝陵居于陵区中部偏西，坐西朝东，后陵、南区从葬坑、北区从葬坑、一号建筑基址等距分布于帝陵四角；陪葬墓园星罗棋布于帝陵东侧的大道——司马道的南、北两侧；阳陵邑位于陵区最东端。整个陵区以景帝陵园为核心，坐西朝东，有明显的东西中轴线，各建筑群环卫中央，布局严谨，体现出西汉帝陵的成熟规制。

景帝陵园平面为正方形，边长417.5～418m，有陵墙环绕，陵墙厚3～3.5m，四面正中皆有“三出”门阙，为汉代诸陵门阙保留较完好者，成为“汉家陵阙”的最珍贵遗物（图1-68）。中央封土边长约168m，高32.28m，均不及始皇陵之一半。

地宫为西汉诸陵中第一次准确探测出形状者，平面呈“亞”字形，坐西朝东，因封土堆积过厚，故具体结构无从探知。东西南北四条墓道大部分被封土积压，仅有少部分超出封土范围，各墓道超出封土范围的形状皆为梯形，内大外小；其中东侧墓道为主墓道，长69m，东端宽8m，西端宽32m（图1-69）。

最为惊人的发现是，在陵墙与封土之间的范围内，竟然钻探发现整齐密布的从葬坑86座，其中东侧21座，南侧19座，西侧20座，北侧21座，东北角5座。东西两侧从

图1-68　阳陵封土及南阙门遗迹
来源：陕西省考古研究所编. 汉阳陵[M]. 重庆：重庆出版社，2001.

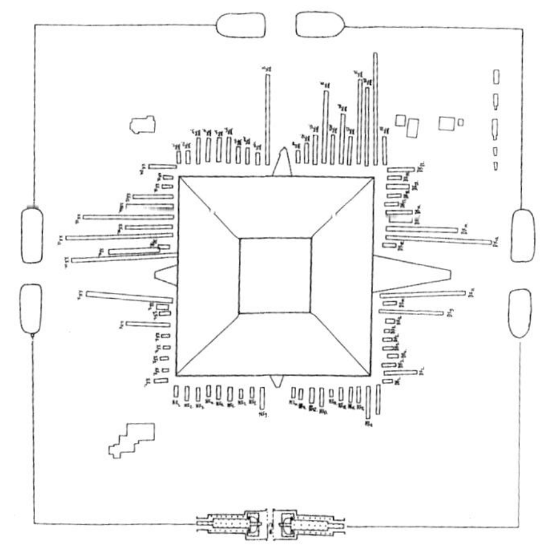

图1-69　阳陵陵园平面示意图
来源：陕西省考古研究所编. 汉阳陵[M]. 重庆：重庆出版社，2001.

葬坑呈东西向布置，南北两侧从葬坑呈南北向布置。四面从葬坑与中央封土的距离均在10m左右，应当是精心规划的布局。各陪葬坑的宽度仅3～4m，相当于走廊的宽度，长度则相去甚远，最短者仅4m，而最长者超过100m，俨然是地下长廊，坑底部据现在地表8m。陵墙、封土、墓道、地宫整齐排列如梳子（当然，梳子的“齿”长短不一）形成了极其对称严谨的陵园平面格局，庄严肃穆。如果景帝陵可以看作西汉帝陵的成熟规制的话，那么其余诸陵之平面布局亦不难推想。

阳陵俑与始皇陵俑最大的不同之处：一方面是尺寸变为缩微俑，更重要的方面是出现了女性陶俑，甚至还有宦官俑；而就制作工艺不同，又出现了“着衣式”和“塑衣式”两大类型。

阳陵的许多陶俑初见天日的时候，令发掘者大吃一惊，因为眼前蓦然出现成百的“裸体俑”——这些俑有男有女，都是一丝不挂，并且没有双手，实在怪异之极。通过仔细研究发现，这大批男女“裸体俑”其实恰恰在制作之时是“着衣俑”，它们的形制比之出土的其他那些衣冠楚楚的“塑衣俑”还要高，仅供帝王使用，王公贵族要使用“着衣俑”需要皇帝特许。所谓“着衣俑”其实是陶躯、木臂、赋彩着衣的“高档”陶俑，昔日有着木雕的精致手臂，身上穿着高级布料制成的华服——然而历史跟它们开了个巨大的玩笑：昔日华服博带的高级皇家着衣俑，重见天日时竟然成了一丝

图1–70　阳陵“裸体俑”（实为着衣俑）
来源：陕西省考古研究所编. 汉阳陵[M]. 重庆：重庆出版社，2001.

不挂的裸体俑（图1–70）。

反观那些形制“次一等”的塑衣俑——它们反而为我们完美呈现了汉代人物雕塑的神髓。汉俑的种类极为丰富，包括立俑、拱手立俑、执物立俑、踞座俑、俯身俑、舞蹈俑、驭车俑、奏乐俑、行走俑、骑马俑等，就身份而言有将军、步兵、骑兵、宦官、门吏、侍男、侍女、驭手、伎乐俑等。

比较秦汉兵马俑，可以见出巨大的对比，二者呈现截然不同之美感与精神世界：秦兵马俑真人大小，将士大都雄强勇武、威猛彪悍，即便表情轻松诙谐者，身形亦矫健精干，一望而知是好勇斗狠之徒。而汉代至景帝之世，已是一派国泰民安、饱满富足之象，这种生活安逸的精神状态完全体现在汉兵马俑身上：首先，远比真人微小的小兵们从尺度上直接予人亲切之感，而其表情几乎个个喜上眉梢、温柔随和，列队齐整的兵士不像是去打仗，倒似是集体出去春游一般。最有趣的是：汉兵马俑的马匹倒是依旧膘肥体壮，而这些小小的将士官兵骑在高头大马之上，愈发像是小朋友，憨态可掬，简直就是一帮“童子军”（图1–71）。这种人与马比例之“失调”，不知是刻意为之还是制作失误——我倒更愿意认为是前者，因为这样的“设计”加强了整个军队安逸闲适的气度，透露出“文景之治”下军士们无忧无虑的心理状态。

比战士们更加安逸、优美的形象是侍女们，也是全部汉代陶俑中最精华的艺术

图1-72　阳陵跽座拱手侍女俑
来源：陕西省考古研究所编. 汉阳陵[M]. 重庆：重庆出版社，2001

图1-71　汉代兵马俑（咸阳博物馆藏）
来源：王南摄

品。这些侍女身形窈窕，长发中分轻拢于脑后，有时梳成极为飘逸的坠马髻（亦称坠髻，梳时中分，挽至颈后集为一股，挽髻之后垂至背部，另从髻中抽出一绺，朝一侧下垂，显得既端庄又复妩媚，为汉代极为流行之发式），眉目如画，朱唇微启，态度极为温柔恭顺；身着长衣（亦称深衣，因被体深邃而得名），长袖、细腰、下摆极长而向两侧自然展开形成极为优雅之弧线。其中一尊"跽座拱手俑"更是足称神品：她躬身跪坐，双手拱于鼻前方，微微遮住朱唇，眉目低垂并略望向左下方，温柔妩媚之姿难于言表。全身白衣如雪，唯在领口、袖口及腰带处施以红、黄、紫等色带，更衬出美人无限风韵（图1-72）。与秦俑雄性的阳刚之美相较，这尊汉代侍女的柔媚之姿更加令人无法忘怀——若说她是汉代文景之世的"美的代言人"恐怕亦不为过。

（三）**武帝茂陵**

正如武帝一手经营的建章宫和上林苑是汉长安最为壮丽的宫苑一样，武帝的死后宫苑——茂陵——也是西汉诸陵中最宏大壮伟的一座。

茂陵位居渭北诸陵之最西端，是西汉诸陵之最巨者，陵园东西长430m，南北宽

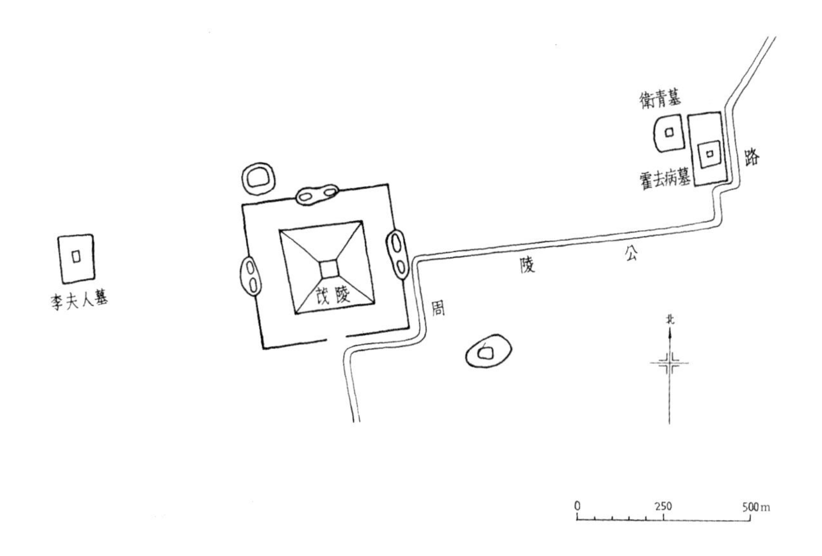

图1-73　汉武帝茂陵平面示意图
来源：建筑科学研究院建筑史编委会组织编写．刘敦桢主编．中国古代建筑史[M]．2版．北京：中国建筑工业出版社，1984．

图1-74　汉武帝茂陵封土
来源：王南摄

415m，陵墙四面中央各辟司马门一座。封土边长230m，高47m，边长与高度皆为始皇陵封土之三分之二左右，在汉代则已是最为高大。陵园东侧分布陪葬墓二十余座，著名者如卫青、霍去病、金日磾、霍光、董仲舒等墓。李夫人墓称“英陵”，在茂陵西北525m，封土高24.5m（图1-73、图1-74）。

图1–75　马踏匈奴
来源：王南摄

图1–76　跃马
来源：王南摄

图1–77　虎
来源：王南摄

图1–78　巨人搏熊
来源：王南摄

茂陵虽尺度为西汉之最，但毕竟相去秦陵甚远，若单看封土、陵园并不足为奇。然而其陪葬墓石雕之威名却远在陵园之上，那就是茂陵陪葬墓之一——霍去病墓——的一批惊世骇俗的石刻（图1–75～图1–78）。

史籍载霍去病墓“冢在茂陵东北，与卫青冢并。西者是青，东者是去病冢。上有竖石，前有石马相对，又有石人也”。据此，近代以来人们将俗称“石岭子”的一处封土认作霍去病墓（即今天茂陵博物馆所在地）。封土底边东西宽60m，南北长95m，墓道位于封土北面偏东。在霍去病墓封土顶部、四坡和附近发现14件人物、动物形象的石刻和3件文字石刻——由文字石刻中“左司空”的字样可推断工程由少府左司空督造，而“平原乐陵宿伯牙、霍巨孟”题记则涉及了参与工匠之姓名及住地。石刻中既有虎、马、牛、羊等动物，也有诸如怪兽食羊、人熊相搏等神秘题材，这些巨大石刻的长度一般超过1.5m，其中大者超过2.5m。最著名的石刻被称作“马踏匈奴”，被认为是象征霍去病征服匈奴的功业。这些石刻，每件单独欣赏，都不失为一件杰出的雕刻作品；而放在一起则形成一个题材庞杂、构思奇特的群体，它们是完成“为冢象祁连山”这个特殊象征主题的特殊元素。①

三、因山为陵

有唐一代二十位皇帝中，有十八位葬在长安西北的北山脚下，人称“唐十八陵”。西起唐高宗与武后合葬的乾陵，东至唐玄宗泰陵。

唐初帝陵沿前朝旧制，唐高祖献陵仍是平地深葬，夯筑封土。自唐太宗起开始因山为陵，以自然山体之气势来形成宏大之纪念性。唐十八陵中有十四座采取因山为陵模式营建，现存较完整者有太宗昭陵、高宗及武后乾陵、睿宗桥陵、肃宗建陵等，其中以太宗昭陵规模最大，以高宗、武后乾陵在选址和利用地形上成就最高。

唐代帝陵包括陵园、陵墓及寝宫三大部分。

陵园四周有两重墙垣。内垣位于山陵或封土四周，一般平面呈方形，每面开一门，分别称青龙、白虎、朱雀、玄武门。四门外建有双阙，并置石狮一对，北门外另加设石马。正门为南门朱雀门。门内建有献殿，即祭祀所用之殿，殿后即是陵冢。朱雀门外向南有长达数里的神道，神道两侧由南向北依次排列着土阙、石柱、翼马、石马、石碑、石人、蕃酋君长像等。

外垣称“壖垣”，墙上辟门，称司马门。在陵区最外还立有一圈界标，称“立封”，界标内称“封域”。外垣内遍植柏树，称为柏城。一般的陪葬墓只能建于柏城外的封域中，只有子女陪葬墓才能置于柏城之内。

寝宫为祭拜和追思先帝后或祖先之处，一般在陵墓西南数里，大多位于柏城之内。

陵墓，地上部分为山陵或封土，内有隧道（即“羡道”）通至地下部分的墓室（即“玄宫”，存放棺椁之处）。

（一）太宗昭陵

唐太宗昭陵在西安西北礼泉县的九嵕山。九嵕山孤峰回绝，前方左右有两座山峦

① 参见：郑岩. 逝者的面具：汉唐墓葬艺术研究[M]. 北京：北京大学出版社，2013.

图1-79　唐太宗昭陵孤峰回绝
来源：王南摄

夹峙，宛如双阙，气势壮伟卓绝（图1-79）。昭陵因九嵕山主峰为陵，在其深处开凿玄宫。从山峰南面陡峭的悬崖上向内开凿墓道，深约200m后到达玄宫门，玄宫有五重石门。贞观十年（636年）葬长孙皇后时，曾修建300多米的绕山栈道通向悬崖上的墓道。贞观二十三年（649年）太宗入葬后，遂封闭墓室和墓道，拆除栈道，并在墓道口建神游殿。

昭陵山峰四周建陵垣，围成方形，四面设门。陵园南面朱雀门内建有献殿，献殿西南建寝宫。昭陵是陪葬墓最多的一座唐陵，至今考古调查已发现167座。举世闻名的“昭陵六骏”石刻原本置于陵园北司马门之内，现在四尊藏于西安碑林博物馆，两尊藏于美国费城宾夕法尼亚大学博物馆（图1-80 ~ 图1-85）。

（二）高宗（武后）乾陵

高宗武后合葬之乾陵在陕西省乾县北，684年葬入高宗，706年武则天合葬入内。乾陵以梁山主峰为陵，在山腰山石中凿出墓道、墓室。乾陵的墓道已发现，为正南北向，全长65m，宽3.87m，尽端为隧道入口。墓道及隧道口全用条石封闭，条石间用腰铁连固，再用铁熔汁灌注。石条之上用夯土封固，与山体齐平。从墓道现状看，尚未被盗，墓室内情况不明（图1-86）。

图1-80 昭陵六骏之特勒骠
来源：王南摄

图1-81 昭陵六骏之青骓
来源：王南摄

图1-82 昭陵六骏之什伐赤
来源：王南摄

图1-83 昭陵六骏之飒露紫
来源：王南摄

图1-84 昭陵六骏之拳毛䯄
来源：王南摄

图1-85 昭陵六骏之白蹄乌
来源：王南摄

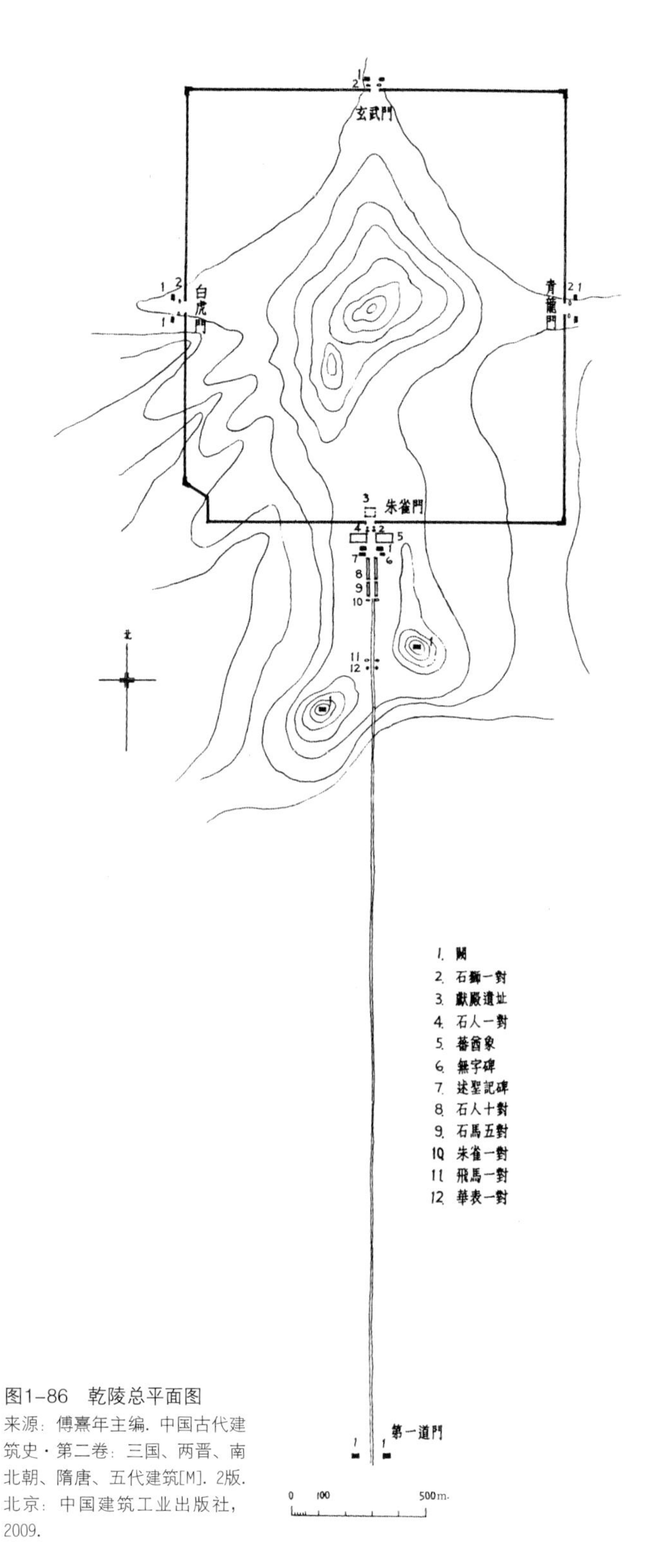

图1-86　乾陵总平面图
来源：傅熹年主编．中国古代建筑史·第二卷：三国、两晋、南北朝、隋唐、五代建筑[M]．2版．北京：中国建筑工业出版社，2009.

图1-87　乾陵石狮
来源：王南摄

陵园有两重夯土陵墙，内墙筑于主峰四周，平面近方形，东西长1450m、南北长1538m，西南角略有内收，四角均建有包砖的角阙。四面内墙中央开门，四门之外各有一对包砖的土阙，门阙内各有一对石狮，雄健伟岸，无与伦比（图1-87）。南门外加设二石人，北门外加设六石马，大概是仿“昭陵六骏”之遗制。

图1-88　西安乾陵及神道全景
来源：王南摄

图1-89　乾陵双阙如双乳坟起，当地人俗称“双乳峰”
来源：王南摄

图1-90　暮色晚照中的乾陵远景
来源：王南摄

陵园内墙南面朱雀门内建有献殿，朱雀门外有神道，向南伸向陵园外墙（即“壖垣”）南门。神道顺着梁山支脉向南延伸，其南端左右各有一个山阜，形成天然的门阙（当地俗称双乳峰），山阜上各建一座巨大的包砖土阙，阙两边连着壖垣，垣内为柏城。

乾陵神道悠长，两侧自南而北依次排列着石柱、翼马、朱雀各1对，石马5对，石人10对，石碑1对。由神道遥望陵山、阙门，气势宏伟异常（图1-88、图1-89）。阙北东有石人29座，西有石人31座。

乾陵是唐陵中利用地形最为成功而巧妙的实例。其陵体所选梁山主峰浑厚开阔，周围众山俯伏拱卫而又气脉相连，显得主峰独尊。最重要的是主峰两侧有山冈为翼，向南有支脉逐渐下降，南端又有两个门阙似的山阜相夹，可谓天然形胜之地（图1-90）。

此外，经考古调查发现，乾陵陵域内有17座陪葬墓，包括章怀太子李贤（高祖之子）、懿德太子李重润（高祖之孙）、永泰公主李仙蕙（高祖孙女）之墓等。上述三墓均为覆斗形封土，其中懿德太子墓封土方58m，高17.92m，陵墙南北长256.5m、东西长214m，陵墙四角有角阙，南面正中有双阙，阙南为神道，有石狮、石人、石柱等。

唐代帝陵的地宫部分情况不明，但目前已发掘多处唐代王子和公主墓地宫，从中或可窥见帝陵地宫之一斑。西安已发掘唐代王子和公主墓的地下部分，多有两个墓室，墓室之间有甬道相连。墓室用砖砌四壁，上部逐层内收形成攒尖顶。最外一间墓室前接甬道，甬道上装墓门。甬道外为通向陵外的土隧道和土羡道。隧道上方有数个天井通向地面（图1–91）。墓内多绘有壁画，一般是在羡道两侧画青龙白虎和仪仗队、墓主出行图等。隧道入口门洞上方画楼阁和阙，以表示阴宅入口（图1–92、图1–93）。隧道被天井分割成若干段，每段均画壁柱、阑额、天花板以表示室内，天井侧壁画壁柱、棨戟、车乘等以表示庭院。甬道也画壁柱、阑额、天花板以表示门屋和廊道，前后墓室内则绘有更精致的壁柱、阑额和斗栱，以表现墓主人的前堂后寝。墓室顶多画天象图及金乌等，或为表现天国，前后墓室间的甬道顶也画有云鹤，应与此同义。

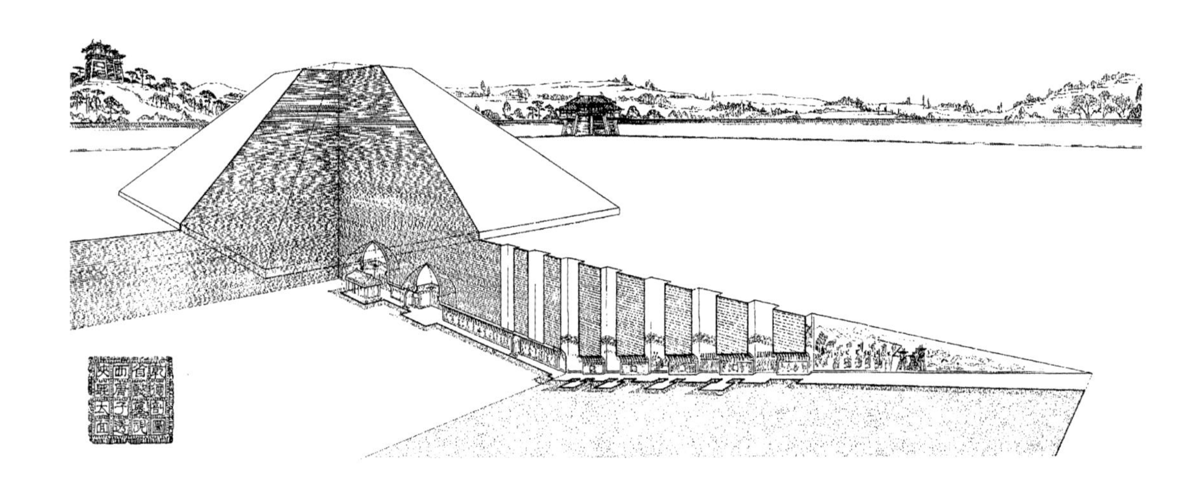

图1–91　陕西乾县唐懿德太子墓剖视图

来源：傅熹年主编. 中国古代建筑史·第二卷：三国、两晋、南北朝、隋唐、五代建筑[M]. 2版. 北京：中国建筑工业出版社，2009.

图1-92　唐懿德太子墓道三出阙壁画（复制品，原作藏陕西历史博物馆）
来源：王南摄

图1-93　唐永泰公主墓壁画《侍女图》两幅（复制品，原作藏陕西历史博物馆）
来源：王南摄

第四节　盛唐浮图

一、大、小雁塔

今日西安城中最负盛名的唐代建筑遗存，首推慈恩寺大雁塔和荐福寺小雁塔。

大慈恩寺是唐长安的四大译经场之一，也是中国佛教法相唯识宗的祖庭。寺位于古都西安南郊，原为隋代的无漏寺，唐贞观二十二年（648年）太子李治为了追念其母文德皇后而建，故名大慈恩寺。据《慈恩传》和《长安志》载，唐时大慈恩寺重楼复殿，云阁洞房，凡十余院，总1897间，面积占晋昌坊半坊之地，规模宏伟。

如今寺院山门内，有钟、鼓楼对峙，中轴线之主体建筑依次为大雄宝殿、法堂、大雁塔、玄奘三藏院。

大雁塔为方形七层楼阁式砖塔，塔高64余m，塔基边长25m，立于方约45m、高约4m的台基之上。塔内设有楼梯可供游人登临，由此可俯视古城全貌。唐永徽三年（652年），玄奘法师为安置从印度带回的经像、舍利，奏请高宗允许而修建。唐高宗和唐太宗曾御笔亲书《大唐三藏圣教序碑》和《述三藏圣教序记碑》。塔最初建于永徽三年（652年），玄奘法师亲自设计并参与建造，“塔基面各一百四十尺，仿西域制度……塔有五级，并相轮霜盘，凡高一百八十尺”（《大慈恩寺三藏法师传》），采取了西域样式。现存塔为武后长安中（701—704年）重建，“依东夏刹表旧式，特崇于前”（《长安志》卷八），改为中国楼阁式。后经明代重修，唐代塔身被包砌在明塔之内，不过仍保持了唐塔外形轮廓之基本特征。

塔身逐层向内收分，一、二层方9间，三、四层方7间，五层以上方5间。塔身以砖砌出瘦长之扁柱、阑额，柱上施大斗一枚，无补间铺作，每层正中辟圆券门，写仿木楼阁的样式。各层塔檐采用正反叠涩砌成。塔顶相轮露盘不存。塔内中空，各层铺设木楼板，各层之间架木楼梯沟通上下（图1-94）。

塔底层西面门楣上保留有十分珍贵的唐代石刻，描绘有一座细致入微的唐代佛殿形象，为研究唐代木构建筑重要的图像资料（图1-95）。

荐福寺始建于唐睿宗文明元年（684年），是高宗李治死后百日，皇室为其献福而建，故初名“献福寺”。武则天天授元年（690年）改为“荐福寺”。安仁坊塔院，原为隋炀帝藩邸，景云二年（711年），此处建造了一座秀丽的高塔及塔院，唐宋时称

图1-94　西安慈恩寺大雁塔
来源：王南摄

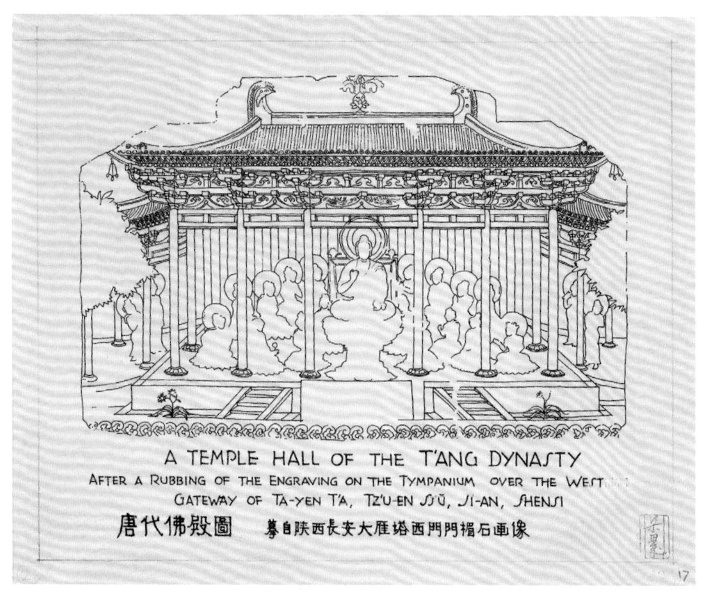

图1-95　西安大雁塔西门门楣石刻摹本
来源：梁思成绘，藏于中国国家图书馆

图1-96　西安荐福寺小雁塔
来源：曾佳莉摄

“荐福寺塔”，后世又称“小雁塔”。

荐福寺小雁塔为典型的方形密檐式砖塔，首层边长11.25m，塔身原为15层，高约45m，明嘉靖三十四年（1555年）陕西地震时，震塌2层，仅余13层，残高43.3m。每层用砖砌叠涩出檐，壁面无雕饰，檐上砖砌低矮平座。塔身比例纤细，整体轮廓呈秀丽畅快之“卷杀”曲线，为西安诸唐塔之最秀美者（图1-96）。

塔身内部中空，以木楼板分层，靠内壁有砖砌磴道以供上下。塔外四周原有数层台基，台基周边还有青石遗迹。据宋代碑文记载，塔下原有“周回副屋”。1960年此塔整修，发现塔底层外壁遗留有梁头卯孔，证明塔底层原来确实建有周圈木构围廊。

二、玄奘墓塔

兴教寺在今西安城南40里处的长安县樊川少陵原。寺之最重要建筑遗存为玄奘墓塔，此外还有其弟子窥基和圆测之墓塔。

玄奘塔建于总章二年（669年），为方形5层仿木构楼阁式砖塔，高约21m，底层边长5.4m。砖叠涩出檐，檐下以砖砌成阑额、普拍枋及《营造法式》所谓“把头绞项作”斗栱，塔身各层四面用砖砌成隐出的倚柱，仿面阔三间之木构立面。梁思成在其《中国建筑史》（1944年完稿）一书中指出，“国内砖塔之砌作木构形者，当以此为最古”①（图1–97、图1–98）。

三、香积寺塔

西安香积寺是中国净土宗祖庭。唐高宗永隆二年（681年），净土宗创始人之一的善导大师圆寂，弟子怀恽修建了香积寺和善导大师供养塔，使香积寺成为中国佛教净土宗正式创立后的第一个道场。香积寺位于终南山子午谷正北神禾原西畔（今西安城南约17.5km处的长安区香积寺村），南临镐河，北接风景秀丽的樊川，镐河与潏河汇流萦绕于其西。

寺之最重要遗存为唐代香积寺塔。此塔为高僧怀恽于永隆四年（683年）所造，原为方形13层楼阁式砖塔，现残存10层，底层边长9.5m，塔残高33m左右。第一层平素无饰，叠涩出檐，以上各层均仿四柱三间的木构立面样式，用砖砌出倚柱、阑额和斗栱，柱头施一大斗，补间亦施一大斗，其上叠涩出檐，叠涩出檐的下部有两道斜角砖牙装饰线。每层四面当心间均辟圆券门，次间壁面砌立颊及假直棂窗。塔为中空，各层楼板已毁，自下层可仰视至顶。

香积寺塔外观属于楼阁式塔，但也融入了一些密檐式塔的特点，如底层较高，其上各层层高骤减，砖砌叠涩出檐层数变密，等等。塔身宽度由下而上逐层递减，作直线收分，没有密檐式塔常见的抛物线式轮廓（图1–99）。

---

① 梁思成. 梁思成全集（第四卷）[M]. 北京：中国建筑工业出版社，2001：66.

图1-97　西安兴教寺玄奘舍利塔
来源：王南摄

图1-99　西安香积寺塔
来源：王南摄

图1-98　西安兴教寺玄奘舍利塔细部
来源：王南摄

第二章 洛阳——散入春风满洛城

谁家玉笛暗飞声，
散入春风满洛城。
此夜曲中闻折柳，
何人不起故园情。

——李白：《春夜洛城闻笛》

洛阳有“九朝古都”之谓——东周、东汉、曹魏、西晋、北魏、隋、唐、后梁、后唐等王朝先后定都于斯。此外，依据考古发现，更早的夏、商两代均曾在洛阳附近的偃师一带建都，而西周曾以周公所营“洛邑”为陪都（东都），北宋则以洛阳为西京，这样算的话，洛阳亦可视作多达十余朝之古都。

北宋李格非《洛阳名园记》中之名句“天下之治乱，候于洛阳之盛衰”，道出了古都洛阳在中国历史上的重要地位。

洛阳位于河南中西部伊洛冲积平原边缘，因地处洛河北岸、邙山南侧，故而得名。洛阳地处黄河下游，东扼虎牢、西据崤函、北依邙山、南对伊阙，是中国古代交通要冲，地势非常险要。从战略位置来看，洛阳西为函谷关，乃中原与关中之间的锁钥之地，其地势西高东低，退可以据守关中、进可以直入中土，是历来兵家必争之地；北依太行而枕黄河，南望伏牛，西屏秦岭，东南扼嵩岳，俯临一望无际的中原沃土。从地理形胜来看，洛阳是联系关中、山右、荆襄、徐州、冀州等地的咽喉，故人称洛阳为“河山拱戴，形势甲于天下”[1]（图2-1）。

① 参见：王贵祥．古都洛阳 [M]. 北京：清华大学出版社，2012：8.

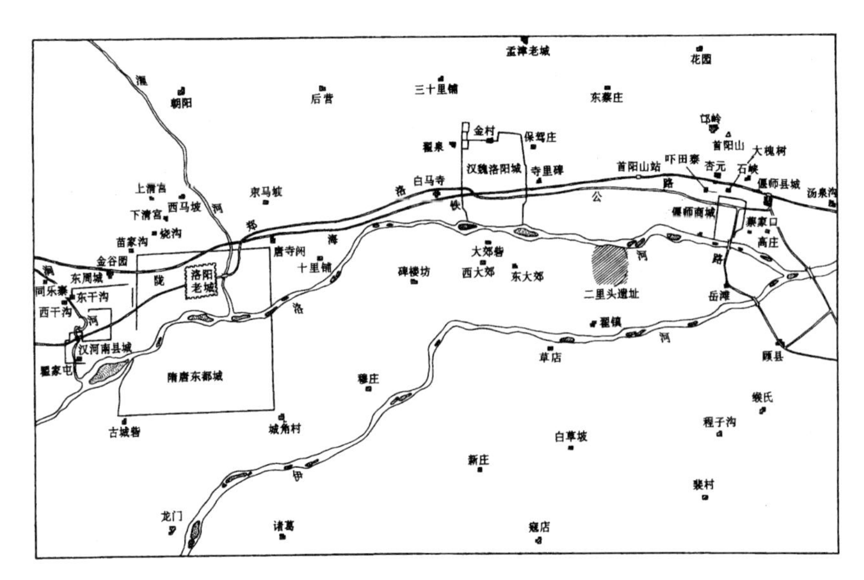

图2-1 洛阳历代城址变迁示意图

来源：中国社会科学院考古研究所编著．偃师二里头：1959年—1978年考古发掘报告[M]．北京：中国大百科全书出版社，1999.

不仅如此，洛阳甚至素来有“天下之中”的称谓。《史记·周本纪》载：“成王在丰，使召公复营洛邑，如武王之意。周公复卜申视，卒营筑，居九鼎焉。曰：‘此天下之中，四方入贡道里均。’”

唐人颜师古谈到洛阳时则称：“夫天下之中，天地之所合也，四时之所交也，风雨之所会也，阴阳之所和也。故宅中土，则可以祀天地，而神歆之矣。盖欲配皇天，则于上下之祀，不可不慎，慎于祀天地神祇，然后可以治民也。故周公谓作大邑于此，以举祭祀之典，而后能配皇天，又当于此土中致其治也。”[1]

特别值得指出的是，古都洛阳在中国古代建筑史上创造了一系列重要纪录，诸如中国最早的佛寺（东汉洛阳白马寺）、最高的佛塔（北魏洛阳永宁寺塔）、规模最大的皇宫正殿（隋洛阳宫乾阳殿）、体量最为巨大的木结构单体建筑（唐洛阳宫武则天明堂）等，足以见出洛阳曾经的辉煌无限。

下面分别略述古都洛阳的都城沿革、宫殿苑囿与寺塔石窟之代表。

① 转引自：王贵祥．古都洛阳[M]．北京：清华大学出版社，2012：20.

第一节　都城沿革

洛阳堪称中国最古老的都城，三代均曾建都于斯。而古都洛阳之鼎盛时期大约有三次。第一是东汉洛阳时代，此时之洛阳是真正意义上的全国政治、经济与文化中心。第二是北魏洛阳时代，时人杨衒之所撰《洛阳伽蓝记》尽现了北魏洛阳城作为帝王之都与佛教中心的盛况，此时期虽然短暂，却成就了当时世界上最宏伟的大都会以及中国建筑史上最高的佛塔——洛阳永宁寺塔。第三则是隋唐（包括武周）洛阳时期，不论是都城规划还是宫殿建筑，均达于洛阳城市史之顶峰，尤其是洛阳宫中由隋炀帝营建的乾阳殿和武则天修造的明堂，都臻于中国古代建筑史上同类建筑的极致。

一、晚夏都城

洛阳地区是中华古文明的重要发祥地之一。如果以将洛阳作为全国性的政治中心算起，最早可以追溯到夏、商时代。据《史记·夏本纪》记载，夏王朝最初就在这一带活动。著名的偃师二里头遗址据考古学者认为，即为夏代晚期都城遗址（不过也有学者认为它是早商都城）。偃师二里头开了洛阳建都之先河，奠定了洛阳在中国各大古都中建都年代最早的地位。

据考古发掘，河南洛阳偃师二里头遗址为夏代大型都邑，其中最重要的建筑基址是位于遗址中心区的一号和二号宫殿基址（属于二里头文化三期，相当于夏代晚期）。①

二里头一号宫殿基址是一座由主殿、南大门、东侧门、北侧门、四周回廊（包括单廊和复廊）、东回廊辅助建筑以及广阔庭院组成的大规模“廊院式”建筑群，系我国迄今为止已发掘的年代较早且规模较大的宫殿建筑基址。有学者推测其为夏王发布政令的场所，为王权之象征。据考古发掘，建筑群基址总面积达9585m^2，建筑群东北隅独缺一角，原因尚不明晰（图2-2）。

① 二里头文化三期，根据碳十四测定，经树轮校正，年代为公元前1450±155年，相当于夏代晚期，为二里头文化的繁荣阶段。参见：中国社会科学院考古研究所编著. 偃师二里头：1959年—1978年考古发掘报告[M]. 北京：中国大百科全书出版社，1999：151，391-392.

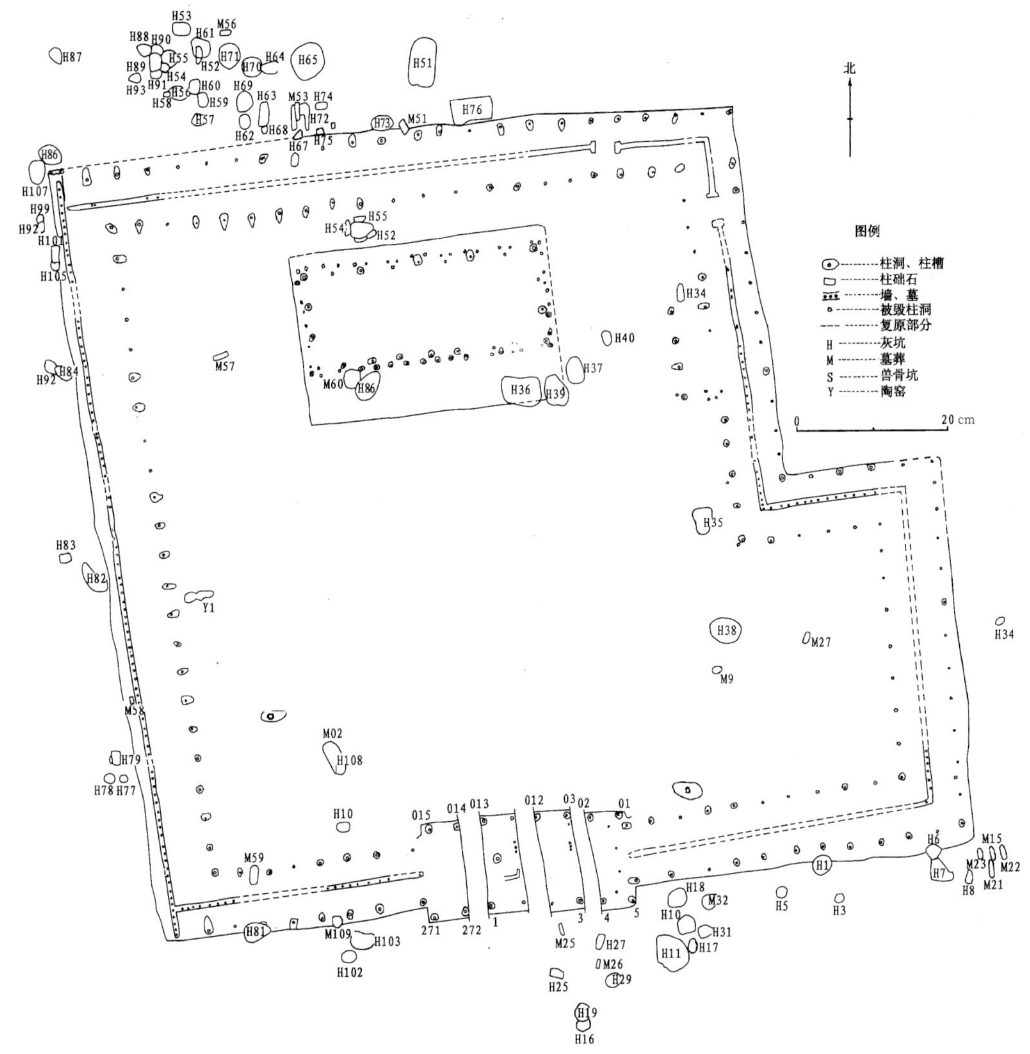

图2-2 河南偃师二里头遗址第一号宫殿基址总平面图

来源：中国社会科学院考古研究所编著. 偃师二里头：1959年—1978年考古发掘报告[M]. 北京：中国大百科全书出版社，1999.

二里头二号宫殿基址由主体殿堂，东、南、西三面回廊及四面围墙，南面的门屋（包括东西塾房）、东侧塾房和主庭院共同组成“廊院式”建筑群[①]（图2-3）。

---

① 有学者根据其位居一号宫殿之东（左）以及大门两侧有塾等特征，推测其为宗庙。参见：刘庆柱，李毓芳. 汉长安城宫殿、宗庙考古发现及其相关问题研究——中国古代的王国与帝国都城比较研究之一 [A]// 中国社会科学院考古研究所，陕西省考古研究院，西安市文物保护考古所编. 汉长安城考古与汉文化：汉长安城与汉文化——纪念汉长安城考古五十周年国际学术研讨会论文集. 北京：科学出版社，2008：62-63.

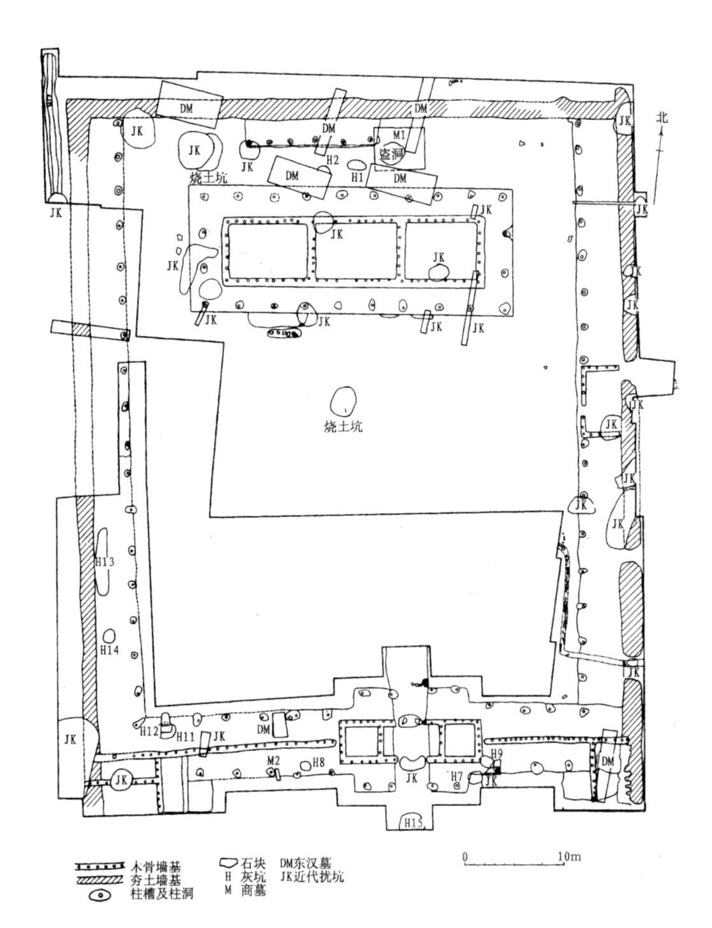

图2-3　河南偃师二里头遗址第二号宫殿基址总平面图
来源：中国社会科学院考古研究所编著. 偃师二里头：1959年—1978年考古发掘报告[M]. 北京：中国大百科全书出版社，1999.

一号宫殿与二号宫殿外有矩形的宫城城墙环绕（其中宫城东墙与二号宫殿东墙重合）。据考古实测，宫城东、西墙分别长378m、359m，南北墙分别长295m、292m，总面积约10.8万m^2，规模颇为可观（图2-4）。

二、偃师商城

偃师商城北依邙山，南临洛河（在现洛阳城东约30km处），呈宫城、小城、大城三重城相套之格局，其中小城西墙、南墙与大城西墙、南墙重合，宫城位于小城中部偏南。就年代而言，宫城最早，小城次之，大城最晚。大城南北（取完整平直的西城墙长度）1710m，东西（取北部最宽处）1215m，形如刀把，之所以形状不规则，应

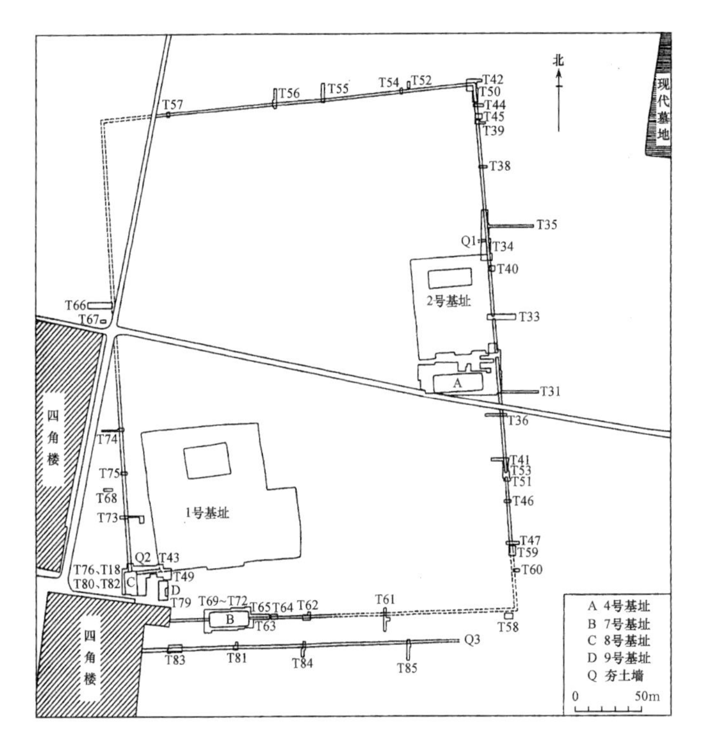

图2-4　河南偃师二里头遗址宫城总平面图

来源：中国科学院考古研究所二里头工作队. 河南偃师市二里头遗址宫城及宫殿区外围道路的勘察与发掘[J]. 考古，2004（11）.

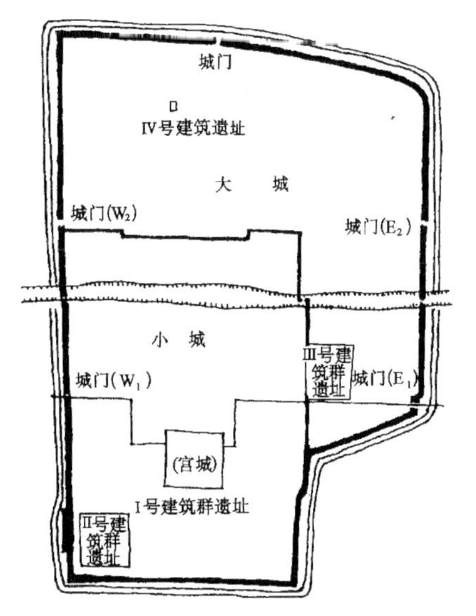

图2-5　河南洛阳偃师商城总平面图

来源：中国社会科学院考古研究所河南第二工作队. 河南偃师商城小城发掘简报[J]. 考古，1999（2）.

是在小城基础上扩建并受周围自然地理状况限制所致，总面积约190万m^2（图2-5）。

偃师商城宫城形状近方形，南北长约230m，东西最宽216m，总面积达45000余m^2。宫城由南向北依次为宫殿区（占宫城三分之二左右，包括朝堂、寝宫和宗庙）、祭祀区和池苑区（主体为一东西130m、南北20m的人工矩形水池）。

其中，宫殿区分作东、西两路，东路由南向北依次为五号（下部为六号）、四号宫殿基址，学者推测五号、四号宫殿为宗庙建筑群，六号为庖厨；西路由南向北依次为三号（七号）、一号、二号（九号）、十号、八号宫殿基址，学者推测为朝寝建筑群，呈“前朝后寝”格局：其中三号（七号）宫殿为外朝，二号（九号）宫殿为内朝（一号是直接服务商王的庖厨），十号、八号宫殿为寝宫。东、西两路的布局实现了朝寝与宗庙的清晰分区，即“宫庙分列”，并且宗庙居左。每组宫殿自成一体，互相之间又有门道相连属。

偃师商城的宫城建筑基址至少可分为三个阶段：第一阶段包括早期宫墙，西路的一、七、九、十号宫殿和东路的四号宫殿基址；第二阶段，九号宫殿的正殿被改建为二号宫殿正殿，还建了第二期宫墙、八号宫殿和六号宫殿（即五号宫殿下层）；第三阶段，建了第三期宫墙，将七号宫殿扩建为三号宫殿，并于六号宫殿处重建与三号宫殿东西并列的五号宫殿①（图2-6）。

三号宫殿基址位于宫城西南部，是宫城西路建筑群的最南边一组宫殿，也是体量最大的一处院落组群，学者推测其为“外朝”建筑群。三号宫殿与北侧的二号宫殿（推测为“内朝”）隔庭院相望，东侧是与之并列且形制类似的五号宫殿上层基址（推测为宗庙）。建筑群以主殿、东西配殿及东、西、南三面廊庑环绕（南庑设门塾，西庑分为东西两排），形成“回”字形格局。基址东西长104m，南北宽度中部为80.5m，两端为72m，总面积近8000m^2（图2-7）。

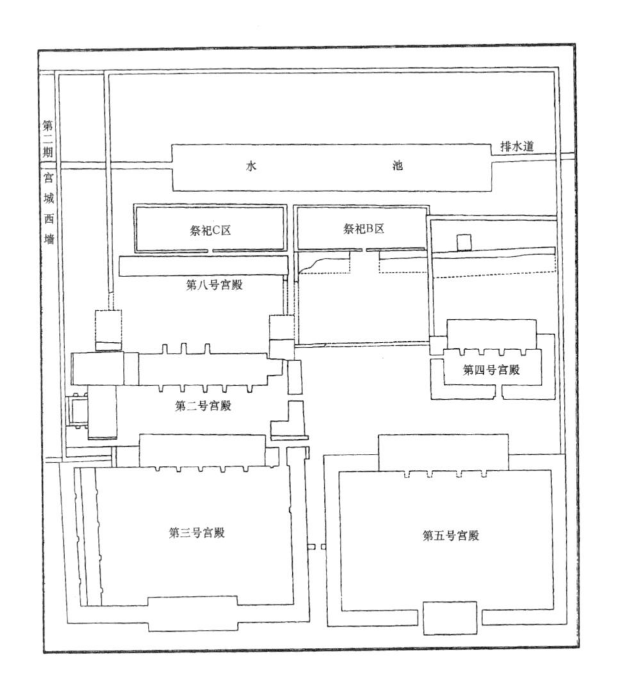

图2-6 偃师商城宫城一至三期基址示意图
底图来源：王学荣，谷飞. 偃师商城宫城布局与变迁研究[J]. 中国历史文物，2006（6）：4-15.

① 参见：王学荣，谷飞. 偃师商城宫城布局与变迁研究 [J]. 中国历史文物，2006（6）：4-15；谷飞，曹慧奇. 2011 ~ 2014年偃师商城宫城遗址复查工作的主要收获 [J]. 三代考古，2015：192-207.

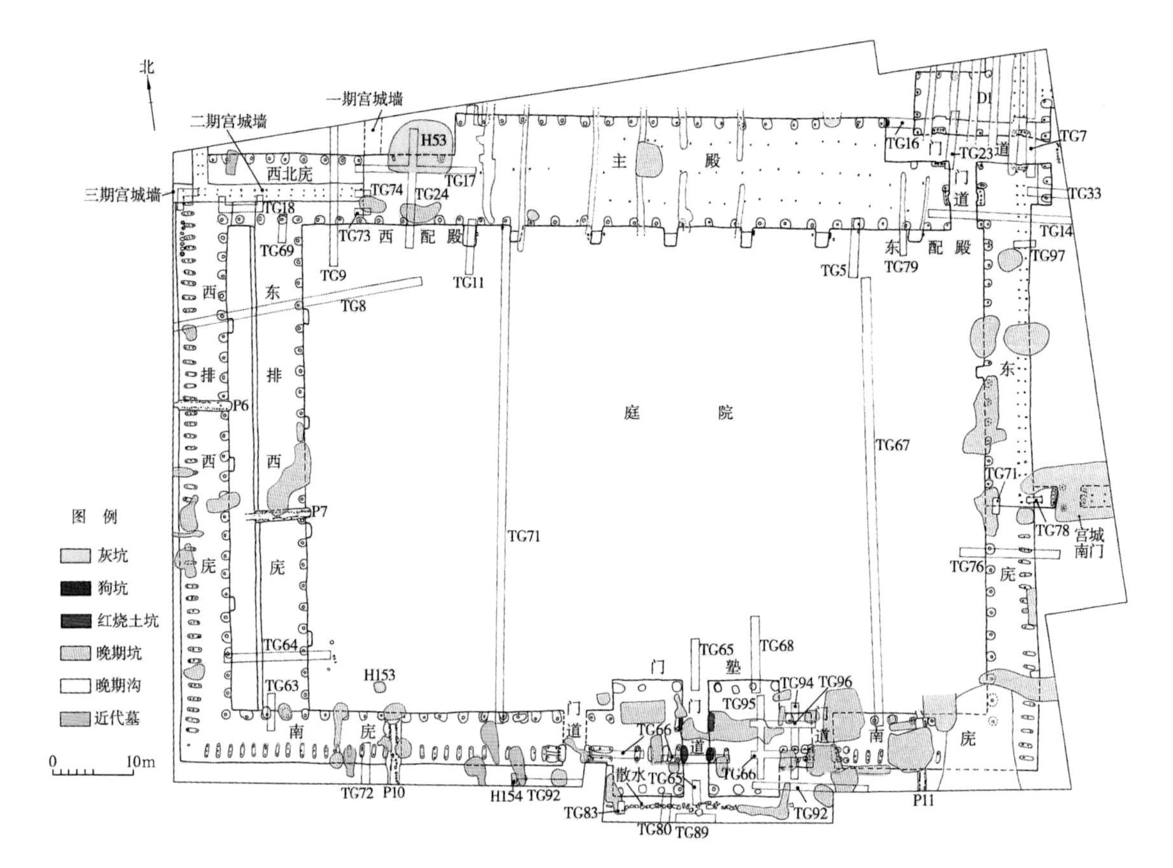

图2-7　河南偃师商城宫城第三号宫殿建筑基址总平面图

来源：中国社会科学院考古研究所河南第二工作队. 河南偃师商城宫城第三号宫殿建筑基址发掘简报[J]. 考古，2015（12）：38-51.

三、周都洛邑

在洛邑（亦称“雒邑”）建都，始于西周。周成王命召公、周公在此相地营建。周公在涧水东、瀍水西营建了洛邑，并迁九鼎于此，洛邑遂为西周之东都。据《尚书》记载：“成王在丰，欲宅洛邑，使召公先相宅，作《召诰》……惟太保先周公相宅……太保朝至于洛，卜宅。厥既得卜，则经营。”

周平王元年（公元前770年），周平王正式东迁洛邑，居于周王城之中。由此直至东周末代天子周赧王五十九年（公元前256年），东周天子在洛阳延续了二十五代，共计515年。一般认为西周在洛邑一共营建了两座重要的城，分别是周王城和成周城。[①]

（一）**周王城**

通过考古发掘，在今洛阳市中州路一带，发现了周王城遗址。其北墙保存最为完整，全长2890m，方向北偏东，墙体呈一直线。西墙较曲折，现存约2200m，大部分位于涧河以西，其南北走向墙身基本顺磁针方向。南墙仅余西南一段较明显，全长约1000m，横跨涧河，方向与西墙垂直。东墙亦残存东北一段约1000m，与北墙相接。王城形状大体呈方形，南北相距约3200m，墙体均由夯土筑成，夯体结实。早期城墙厚度为5m，后经多次培筑，现存墙宽均约10m。北墙之外留有宽5m之护城河遗迹。但各面城垣之城门位置及数量，尚不明了。另据《逸周书·作雒》载："王城郛方七十二里，南系丁洛水，北固于郏山。"可知王城还有外郭（图2-8）。

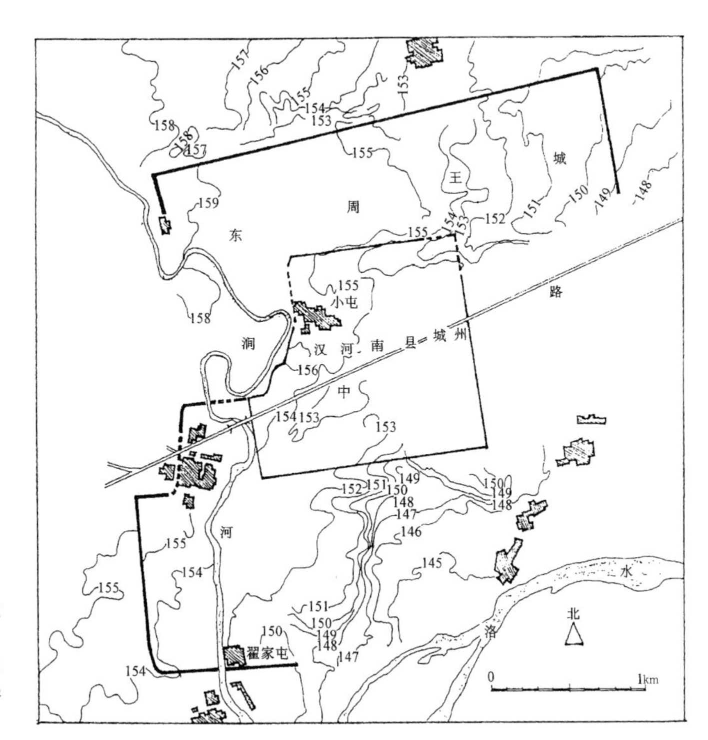

图2-8　河南洛阳东周王城遗址总平面图

来源：考古研究所洛阳发掘队．洛阳涧滨东周城址发掘报告[J]．考古学报，1959（2）．

① 近年来也有学者认为考古发现的周王城和汉魏洛阳故城的西周城址都不是西周初年周公所营洛邑（或成周），并根据洛阳出土西周文物的分布，倾向于认为西周的成周城位于洛阳市瀍河两岸的邙山与洛河之间。参见：叶万松，张剑，李德方．西周洛邑城址考[J]．华夏考古，1991（2）：70-76．

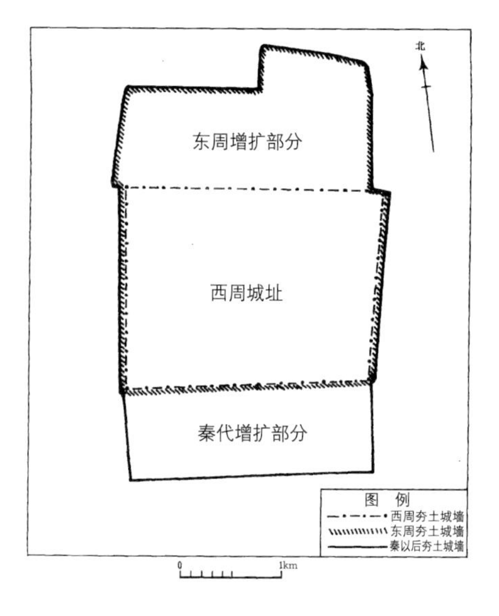

图2-9 河南洛阳汉魏洛阳故城早期城址沿革示意图

来源：中国社会科学院考古研究所洛阳汉魏城队. 汉魏洛阳故城城垣试掘[J]. 考古学报，1998（3）.

（二）成周城

1984年，考古学者对汉魏洛阳故城城垣遗址进行试掘，从而基本确认了成周城始建与扩展之先后顺序与时空范围。成周之兴建大体分为三期：中部始建于西周，其平面大致呈南北五里、东西六里的横长方形。北部扩建于东周春秋中晚期，平面作曲尺形。南部则建于秦代，平面作东西长南北狭之矩形。至此，全城南北九里、东西六里，为东汉、曹魏、西晋及北魏所沿用（图2-9）。

四、东汉洛阳

东汉建武元年（公元25年），汉光武帝刘秀定都洛阳。东汉洛阳城沿用了前述周秦洛阳城旧址，在其基础上修葺改建，并兴建宫殿、祠庙、官署、仓廒等。班固《东都赋》描述了东汉洛阳城之盛况："然后增周旧，修洛邑，扇巍巍，显翼翼。光汉京于诸夏，总八方而为之极。是以皇城之内，宫室光明，阙庭神丽，奢不可逾，俭不能侈。外则因原野以作苑，填流泉而为沼，发蘋藻以潜鱼，丰圃草以毓兽，制同乎梁邹，谊合乎灵囿。"

根据考古勘察，东汉洛阳城为南北纵长方形，据实测东垣残长3895m、宽14m；西垣残长3510m、宽约20m；北垣残长2820m、宽约25～30m。南垣以东、西垣间距计算约为2460m。加上东、西墙南段被洛河冲毁的墙垣，整个城圈长度接近14km，大致

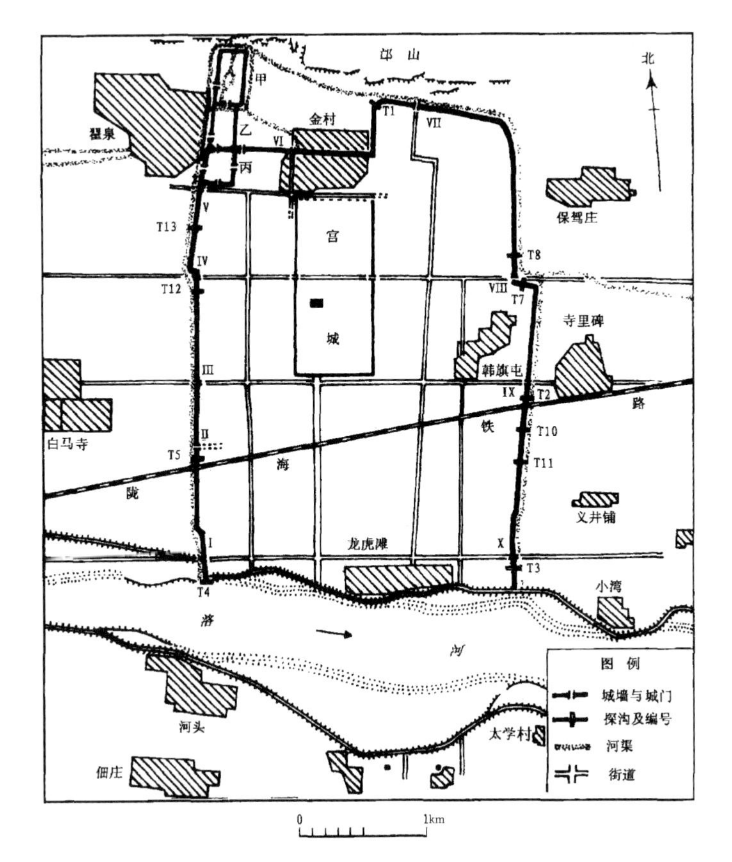

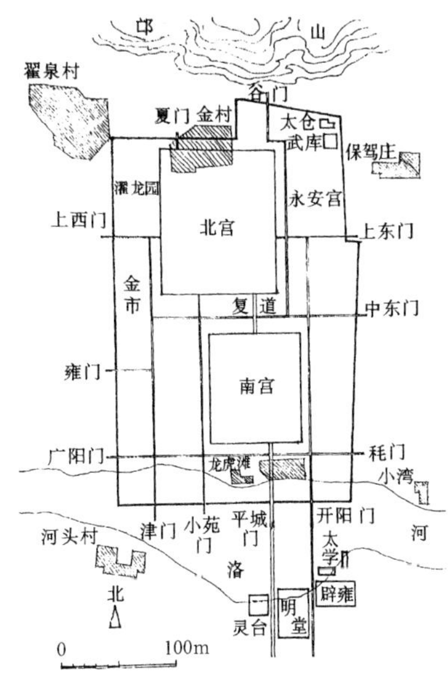

图2-11　东汉洛阳总平面示意图

来源：刘叙杰主编. 中国古代建筑史·第一卷：原始社会、夏、商、周、秦、汉建筑[M]. 2版. 北京：中国建筑工业出版社，2009.

图2-10　河南洛阳汉魏洛阳故城总平面图

来源：中国社会科学院考古研究所洛阳汉魏城队. 汉魏洛阳故城城垣试掘[J]. 考古学报，1998（3）.

合汉晋时期的30里，符合许多文献中汉晋洛阳城南北九里、东西六里的记载[①]，即俗称的“九六城”（图2-10）。城设十二座城门，东、西墙各3座，南墙4座，北墙2座。城内有24条街道，道旁植有树木，时人有“洛阳城东路，桃李生路旁。花花自相对，叶叶自相当”[②]之句。

洛阳城内建有南、北两座宫城，中间以复道相连属。此外还有永安宫、永乐宫、长秋宫、西宫、东宫等小宫苑。宫内殿台遍布，主要有却非殿、前殿、崇德殿、德阳殿、含德殿、章台殿等，北宫正殿德阳殿（朝会正殿）有“珠帘玉户如桂宫”之誉。此种以南北二宫为主的宫城布局形制，自秦代起便已形成。城中南北两个宫殿，占据城内将近一半的土地（图2-11）。

① （清）徐松《河南志》引《帝王世纪》载，东汉洛阳“城东西六里十一步，南北九里一百步”。转引自：王贵祥. 古都洛阳 [M]. 北京：清华大学出版社，2012：44.

② （东汉）宋子侯《董娇饶》。

城东北还有太仓、武库，西侧有金市，城外东郊有马市，南郊有南市。在南郊，还建有规模宏大的太学、明堂、辟雍和灵台等礼制建筑。城西，则有佛教沿丝绸之路东传中国内地后创立的第一座寺院——白马寺。

东汉末（190年），董卓挟汉献帝迁都长安，焚毁洛阳。据《三国志》载，洛阳“宫室烧尽，街陌荒芜，百官披荆棘，依丘墙间……饥穷烧甚，尚书郎以下，自出樵采，或饥死墙壁间”。洛阳作为东汉都城165年后沦为废墟。

五、魏晋洛阳

（一）曹魏洛阳

魏文帝曹丕黄初元年（220年），曹魏政权迁至洛阳，并“初营洛阳宫”，重建自北宫始①。宫中有建始殿、玄武馆、前殿、西厢、嘉福殿、崇华殿（又名九龙殿）、鞠室等建筑。至魏明帝太和三年（229年），又“大治洛阳宫，起昭阳、太极殿，筑总章观”。魏明帝时期还大兴苑囿、坛庙、城池及道路。

曹魏沿用东汉城池，城门位置和数量没有变化，但名称多有更改。城门上大都建有二层的城楼，城门外有阙，护城河上建有石桥，城上相隔百步建一楼橹。城北面西侧的大夏门因靠近宫苑，门楼高达三层，是魏明帝时所建最壮丽之城门。

曹魏新修的洛阳宫是在汉代北宫基础上营造（南宫被废弃②）的，宫城正门改曰阊阖门，正殿改称太极殿，而且宫城前出现了作为都城中轴线大街的铜驼街（因魏明帝曾置铜驼于阊阖门外，故阊阖门至都城南门宣阳门之间的南北向大街得名“铜驼街”）——这种宫城位居都城之北、居中布置，以及宫前中轴线大街（东西两侧布置太庙、社稷及官署等）这种新的规划格局（受到曹魏邺城影响）的出现，在中国古代都城发展史上具有重要的意义（图2-12、图2-13）。

曹魏时期另一项比较大的建造活动当属在洛阳城西北角筑造金墉城。据考古发掘，金墉城是位于洛阳大城西北角上的三座连在一起的小城。其作用除了“西宫”之外，可能还具有避难和军事防御等功能。③文献记载，金墉城中还有魏文帝建造的

① 三国志·卷二·魏书二·文帝纪第二 [M].

② 关于南宫被废弃之推断，可参见：傅熹年主编．中国古代建筑史·第二卷：三国、两晋、南北朝、隋唐、五代建筑 [M].2 版．北京：中国建筑工业出版社，2009.

③ 自曹魏后期起，直至西晋末年，金墉城变成囚禁废帝、废后、废太子的高级监狱。

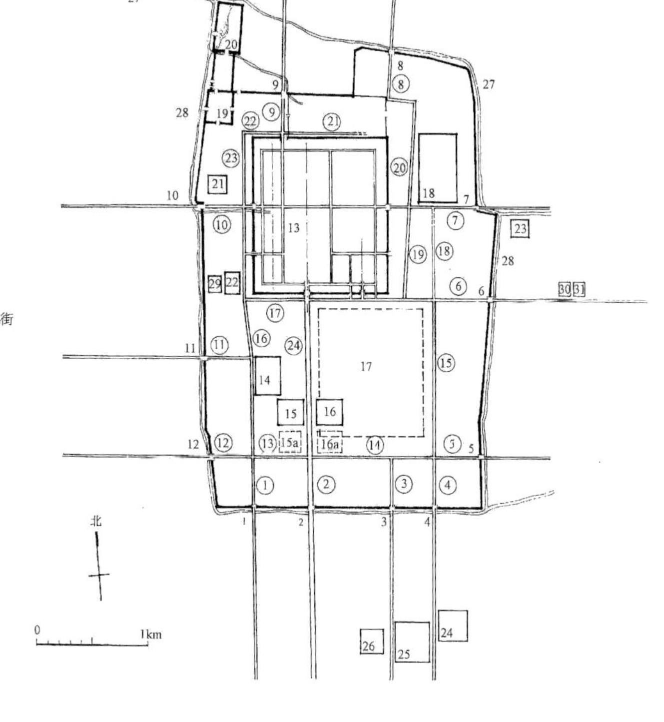

图2-12　魏晋洛阳总平面复原图

来源：傅熹年主编. 中国古代建筑史·第二卷：三国、两晋、南北朝、隋唐、五代建筑[M]. 2版. 北京：中国建筑工业出版社，2009.

1. 掖门
2. 阊阖门
3. 掖门
4. 大司马门
5. 东掖门
6. 云龙门
7. 神虎门
8. 西掖门
9. 尚书省
10. 朝堂
11. 太极殿
12. 式乾殿
13. 昭阳殿
14. 建始殿
15. 九龙殿
16. 嘉福殿
17. 听讼观
18. 东堂
19. 西堂
20. 凌云台

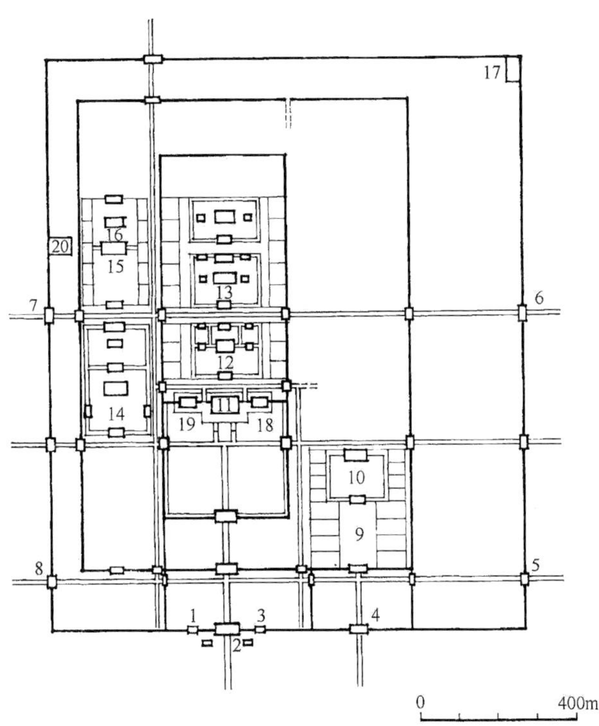

图2-13　曹魏洛阳宫殿总平面示意图

来源：傅熹年主编. 中国古代建筑史·第二卷：三国、两晋、南北朝、隋唐、五代建筑[M]. 2版. 北京：中国建筑工业出版社，2009.

“百尺楼”，应该是当时洛阳城中最高的建筑物之一。

魏文帝时，还在洛阳城中兴造了大规模的园林建筑，如芳林园（后更名华林园）。

值得一提的是，曹魏洛阳城中还曾出现过一座中国古代建筑史上十分奇巧的建筑物，即仿邺城著名的“三台”而建造的凌云台。《艺文类聚》中引用了《世说新语》的记载：“《世说》曰：凌云台楼观极精巧，先称平众材，轻重当宜，然后造构，乃无锱铢相负揭，台虽高峻，恒随风摇动。魏明帝登台，惧其势危，别以大材扶持之，楼即便颓坏，论者谓轻重力偏故也。”①

还有文献记载，凌云台高25丈，以一北魏尺为0.241m计，其高度约为60m余，是曹魏洛阳名副其实的高层建筑。

（二）西晋洛阳

265年，西晋以“禅让”方式代魏。西晋洛阳沿用了曹魏时的主要建筑，并有所增益。西晋时代的洛阳城见于《河南志》所引陆机《洛阳记》：“洛阳十二门，门有阁。闭中，开左右出入。城内大道三：中央御道，两边筑土墙，高四尺；公卿、尚书、章服从中道；凡人行左、右道。左入右出，不得相逢。夹道种槐、柳树。《晋书》曰：洛阳十二门，皆有双阙。有桥，桥跨阳渠水……华延俊《洛阳记》曰：城内宫殿、台观、府藏、寺舍，凡有一万一千二百一十九间。”②

历史上还有一个著名的典故，发生在西晋与北魏时期的洛阳，这就是“洛阳纸贵”之成语的出处。据说：“左思作《三都赋》，豪贵之家竞相传写，洛阳为之纸贵，邢邵文章典丽，每文一出，京师传写，为之纸贵。”③由此也可以看出，这一时期洛阳城在文化上的繁盛。

西晋末年（311年），刘曜、王弥军攻入洛阳，焚毁宫室、府署、民居，洛阳再次成为废墟。据《太平寰宇记》中的记载：“洛阳城东西七里，南北九里。内宫殿、台观、府藏、寺舍，晋魏之代，凡有一万一千二百一十九门。自永嘉之乱，刘曜入洛阳，元帝渡江，官署里闾，鞠为茂草，至后魏孝文帝幸洛阳，巡故宫，遂咏黍离之诗，群臣侍从无不感怆。”④

---

① （唐）欧阳询. 艺文类聚·卷六十三·居处部三 [M].
② （清）徐松. 河南志·晋城阙古迹 [M].
③ （明）张岱辑. 夜航船·卷八·文学部 [M].
④ （宋）乐史. 太平寰宇记·卷三·河南道三·河南府一 [M].

洛阳作为魏、西晋两代首都，自220年起，至311年被毁，存在了91年。

特别需要指出的是，曹魏洛阳城的宫城，完成了宫城“居北”的定位，宫城坐北朝南，宫门与都城中轴线大街南北相对，重要礼制建筑群、官署分别位于宫城以南的中轴线大街东西两侧，这些规划设计新气象，对其后的东晋建康、北魏洛阳、隋唐长安及洛阳，均产生了重要而深远的影响。

六、北魏洛阳

北魏太和十七年（493年），孝文帝幸洛阳，“周巡故宫基址。帝顾谓侍臣曰：‘晋德不修，早倾宗祀，荒废至此，用伤朕怀。’遂咏《黍离》之诗，为之流涕。”[①]于是就在这一年，孝文帝定下了由平城（今山西大同）迁都洛阳的计划，命穆亮、李冲、董爵负责在魏晋洛阳废墟上规划重建洛阳城。[②]

北魏对汉、魏洛阳故城进行了空前发展。北魏洛阳呈宫城、内城和外郭三重城垣相套之格局。

（一）宫城

据考古发掘，北魏宫城位于内城中北部略偏西，呈南北纵长方形，长约1398m，宽约660m，约占内城面积的十分之一（面积小于东汉、魏晋洛阳的北宫）。宫城被内城西墙阊阖门至东墙建春门之间的东西向御道横穿，分成南、北两部分。南部为朝殿区，有正殿太极殿、太极东堂、太极西堂等大型殿基，太极殿正前方则分别设置有三号宫门、二号宫门和第一道宫门阊阖门三座门址。北部为寝殿区，当时也称后宫或北宫，北魏时还称之为西游园，主要殿堂有宣光殿、嘉福殿、九龙殿、宣慈观、灵芝钓台、陵云台等，大型水池则有碧海曲池、灵芝九龙池等。宫殿建筑具体情况详见后文。

（二）内城

北魏洛阳内城依魏晋洛阳城而修复、扩建。西城墙上的雍门向北移约 500m改称西阳门，西城墙北段近金墉城处又新辟一座承明门，城门达到 13 座。杨衒之的《洛

---

① （北齐）魏收. 魏书·卷七下·帝纪第七下·高祖纪下 [M].

② 主持北魏洛阳规划重建的主要是李冲，其为河西汉族世家，熟悉传统文化和典章制度。协助李冲工作的诸人中，最重要的是蒋少游，其本为南朝士族，被俘至平城后，因熟悉宫室衣冠制度，曾受命测量西晋洛阳太庙基址以修平城新太庙；为了重建洛阳，其又受命赴南朝观察建康的都城规划及宫殿制度。参见：傅熹年主编 . 中国古代建筑史·第二卷：三国、两晋、南北朝、隋唐、五代建筑 [M]. 2 版 . 北京：中国建筑工业出版社，2009：99.

阳伽蓝记》对此有比较详细的记载。太和十七年（493年），后魏高祖迁都洛阳，诏司空公穆亮营造宫室。洛阳城门依魏晋旧名。东面有三门，自北向南分别为：建春门、东阳门、青阳门；南面有三门，自东向西分别为：开阳门、平昌门、宣阳门；西面有四门，自南向北分别为：西明门、西阳门、阊阖门、承明门；北面有二门，自西向东分别为：大夏门、广莫门。[①]其中，西面的第四门承明门，是北魏孝文帝初迁洛阳时，居住在金墉城中，因城西有一座上南寺，孝文帝经常要到寺院中去，为方便行走而专门开设的，北魏时代还曾被称为“新门”。

内城东垣上有 3 座门址，1985 年对最北面的建春门遗址进行了发掘。该城门东汉时期称为上东门，魏晋至北魏改称建春门。据考古发掘，门址南北长约 30m，东西宽 12.5m，为一门三道，门道之间为隔间墙。

北魏洛阳宫城正门阊阖门前至内城正门宣阳门的南北大街称“铜驼街”，两侧设置有官署区，根据记载街的东侧自北向南有左卫府、司徒府、国子学、宗正寺、太庙、护军府等，街的西侧则有右卫府、太尉府（西面是永宁寺）、将作曹、九级府、太社、司州等。据考古勘探，该街道遗址南北残长 1650m，宽40～42m。这条都城中轴线出宣阳门外继续向南延伸，穿出外郭，渡过洛水浮桥（称“永桥”），直抵圜丘。城内遍植树木，登高而望，则“宫阙壮丽，列树成行”。

（三）外郭

宣武帝景明二年（501年）增修外郭城，置220里坊[②]及大市、小市、四通市等商业区，使该城规模空前宏大，故此北魏洛阳城号称“东西二十里，南北十五里”，东汉和魏晋以来的洛阳城则变成了内城。经勘探和发掘，先后确定了北魏外郭城的北、西、东三面墙垣。北郭墙位于内城北垣以北850m的邙山南坡，西郭墙在内城西垣以西3500～4250 m处，东郭墙位于内城东垣东3500m。东西平均宽约9.2km，南北（南界取旧河道北岸）深约5.8 km，总面积约53.4 km^2，一举超越两汉都城，规模至为宏伟（图2–14）。

北魏洛阳城，继承了前朝都城的里坊制度，每个里坊三百步见方。由于宫殿、庙社、官署和苑囿等所占面积较大，内城中就很少设置里坊。城北靠近邙山，“地形高

---

① 参见：（北魏）杨衒之. 洛阳伽蓝记・自叙 [M].

② 文献记载北魏洛阳里坊有 220、320、323 等不同数值。因里坊边长 1 里，故整个郭城以内仅能容纳 300 坊，故 220 坊的记录相对可信。

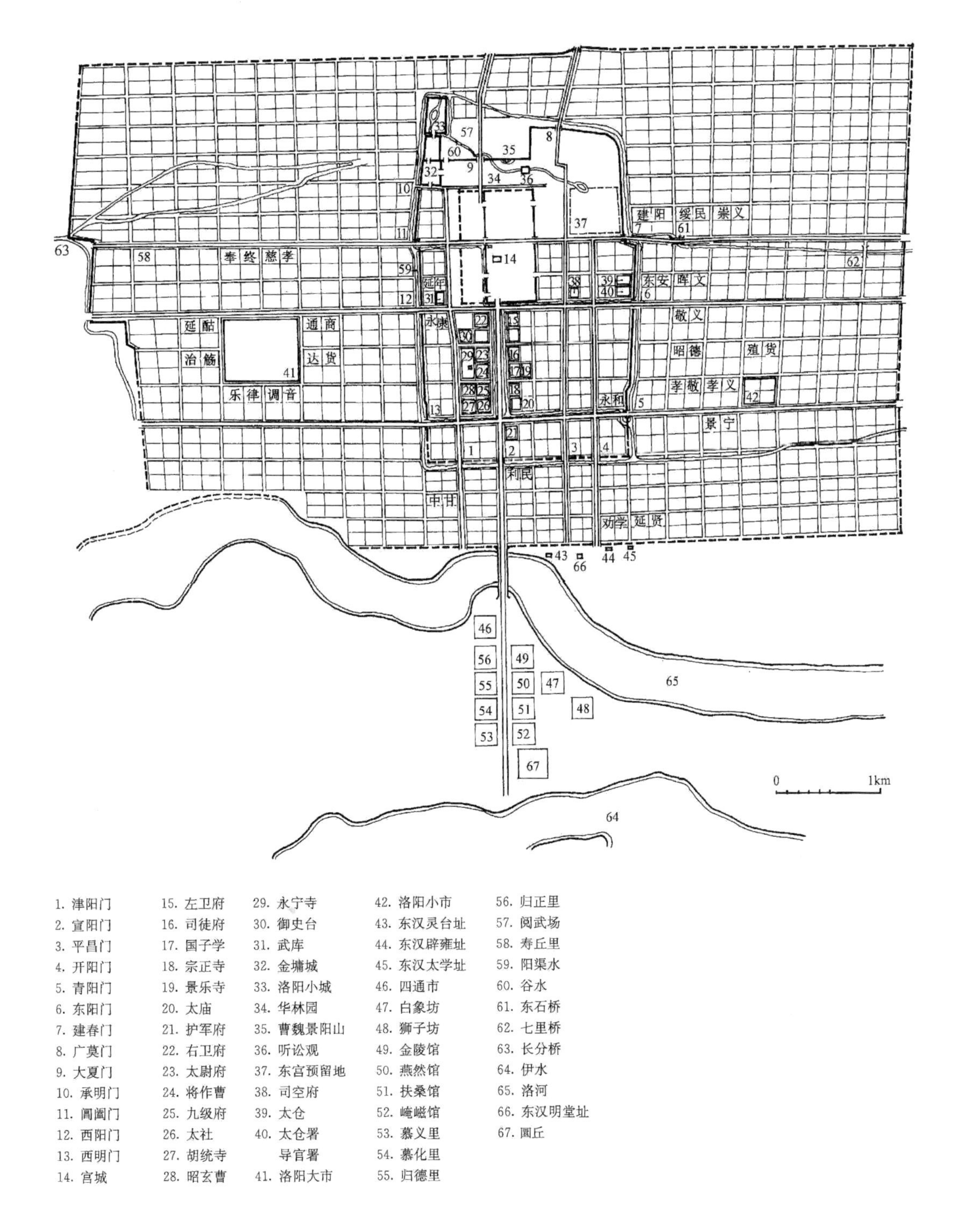

图2-14 北魏洛阳总平面复原图

来源：傅熹年主编. 中国古代建筑史・第二卷：三国、两晋、南北朝、隋唐、五代建筑[M]. 2版. 北京：中国建筑工业出版社，2009.

显，下临城阙”，故里坊主要分布在郭城的西、东、南三面。

“市”则设置于外郭，共三市。其中，东市在青阳门外，仅占一坊之地，称洛阳小市。西市在西阳门外，占四坊之地，称洛阳大市。在南郭之外洛河南岸浮桥畔设四通市，靠近四夷馆、四夷里，因而四通市是各国商人云集之所，为一国际性市场。

此外，考古学者陆续发掘了太学、辟雍、明堂、灵台等遗址。[①]

杨衒之在《洛阳伽蓝记》结束语中总括了北魏洛阳城之盛况：“京师东西二十里，南北十五里。户十万九千余。庙社宫室府曹以外，方三百步为一里。里开四门，门置里正二人，吏四人，门士八人。合有二百二十里。寺有一千三百六十七所。”

洛阳城内居住了10.9万户人家，以每户平均有5口人计，这座5世纪末至6世纪初的大都会中，居住了大约60万人口。除了城中的这些里坊外，在洛阳外郭南面还设有四夷馆、四夷里，分别留居南、北、东、西的外来客人，一时间洛阳城中“乐中国图风因而宅者，不可胜数。是以附化之民，万有余家。门巷修整，阊阖填列。青槐荫陌，绿树垂庭。天下难得之货，咸悉在焉。”[②]俨然一座国际化大都会。

然而，这座盛极一时的伟大都城，在北魏末年屡遭兵燹[③]，渐趋衰落，终至成为“城郭崩毁，宫室倾覆，寺观灰烬，庙塔丘墟，墙被蒿艾，巷罗荆棘。野兽穴于荒阶，山鸟巢于庭树。游而牧竖踯躅于九逵；农夫耕老艺黍于双阙”[④]之惨状，之后，北周宣帝虽然有过修复旧都营建洛阳宫的活动，但皆未完成。从此，该城逐渐彻底毁废。

七、隋唐洛阳

隋唐洛阳城地处现在的洛阳市城区，东距汉魏故城约9km。如果说自周至北魏近1500年间，洛阳一直是在最初的成周旧址上延续建设，那么隋代洛阳最大的变化，就是在周秦与汉魏古洛阳城之西重新建造了一座新洛阳城，即隋唐洛阳城。[⑤]

---

① 钱国祥，刘涛，郭晓涛．汉魏故都丝路起点——汉魏洛阳故城遗址的考古勘察收获 [J]. 洛阳考古，2014（2）：20–29.

② （北魏）杨衒之．洛阳伽蓝记・卷三・城南 [M].

③ 534 年，高欢迁魏都于邺城，次年，拆洛阳宫室官署，运其材瓦修邺都宫殿。538 年，高欢军火烧洛阳内外官寺民居，毁金墉城。参见：傅熹年主编．中国古代建筑史・第二卷：三国、两晋、南北朝、隋唐、五代建筑 [M]. 2 版．北京：中国建筑工业出版社，2009.

④ （北魏）杨衒之．洛阳伽蓝记・序 [M].

⑤ 隋唐时代实行两京制，隋唐洛阳城是一座等级略低于京师长安的都城，故称东都。唐武则天时期武后比较长的时间居住在洛阳，故又称神都。

隋仁寿四年（604年）十一月，隋炀帝下诏兴建东都洛阳。《太平寰宇记》载："隋帝因校猎，登北邙山，观伊阙，顾谓侍臣曰：'得非龙门耶？自古何不建都于此？'时臣苏威对曰：'以俟陛下耳。'遂定议都焉。因诏杨素营之。大业九年成，徙都之。其宫北据邙山，南值伊阙，以洛水贯都，有天汉之象。宫室台殿皆宇文恺所造，巧思营布，前代郡邑，莫之比焉。"①

大业元年（605年）三月，命宰相杨素、杨达，将作大匠宇文恺营建东都洛阳，每月役二百万人，以七十万人筑宫城。大业二年（606年）正月建成，历时仅十个月。唐武德四年（621年）王世充破东都，拆毁应天门、乾元殿，以表示反对隋炀帝之宫室侈丽，又罢东都为洛州。唐高宗显庆二年（657年）复立洛州为东都，龙朔以后（661年后）逐渐修缮洛阳宫。此后高宗、武后交替来往东西两京，并在洛阳增建宿羽、高山、上阳等宫。

唐代洛阳，从武周到玄宗开元、天宝时期，可以说达到了其历史上最为鼎盛的时期。武则天称帝后（685年后）改洛阳为"神都"，并常驻于此。自此至704年中宗即位为止，洛阳作为唐之实际首都达19年，为其极盛时期。武则天时期有一位名叫宋之问的文人曾写过一首《明河篇》，描绘了唐人眼中的洛阳城盛况："洛阳城关天中起，长河夜夜千门里。复道连甍共蔽亏，画堂琼户特相宜。"②宋之问在另外一首诗中又云："洛阳花柳此时浓，山水楼台映几重。"③据开元元年（713年）的统计，洛阳的居民有19.4746万户，总人口数为118.3092万人。这一时期的洛阳与长安两京，应该是当时世界上规模最为宏大的城市。

隋唐洛阳城之规划和布局在中国古代都城史上具有重要地位，对中国后世和东亚城市建设均产生了深远影响。

据考古发掘可知，隋唐洛阳城的总平面布局主要由郭城、宫城、皇城、东城和含嘉仓城等部分组成（图2-15）。

（一）郭城

《旧唐书》中记载的洛阳城，"南北十五里二百八十步，东西十五里七十步，周围六十九里三百二十步。都内纵横各十街，街分一百三坊，二市。每坊纵横三百步，开

① 转引自：王贵祥．古都洛阳 [M]. 北京：清华大学出版社，2012：27.
② （明）蒋一葵．尧山堂外纪·卷二十三·唐 [M].
③ 同上。

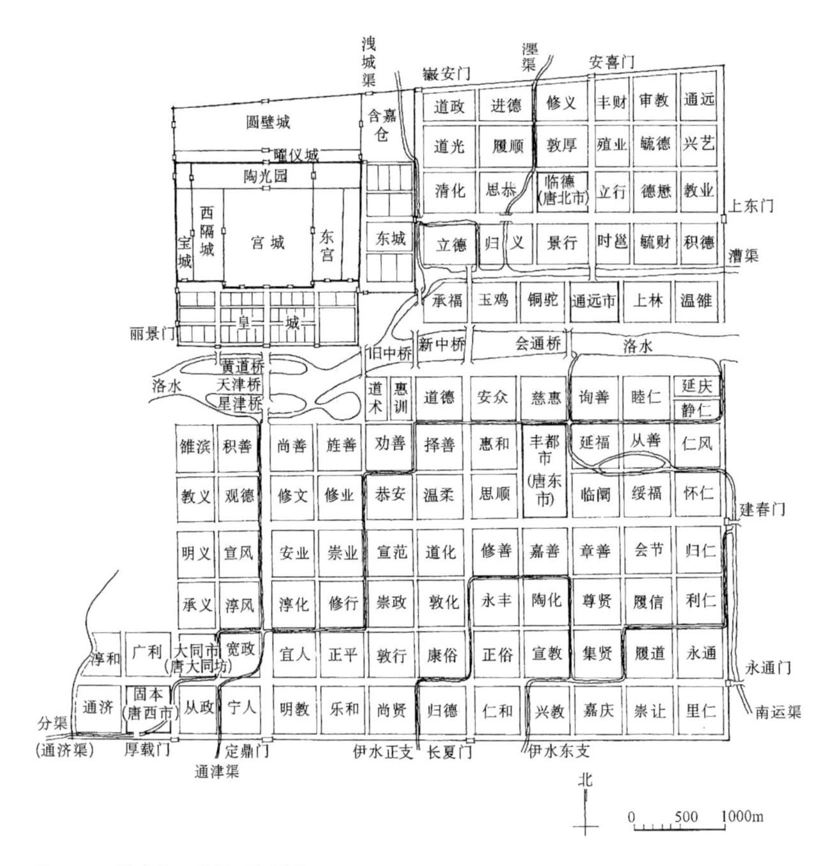

图2-15　隋唐洛阳总平面复原图

来源：傅熹年主编. 中国古代建筑史·第二卷：三国、两晋、南北朝、隋唐、五代建筑[M]. 2版. 北京：中国建筑工业出版社，2009.

东西二门。宫城在都城之西北隅。东西四里一百八十步，南北二里一十五步。宫城有隔城四重，正门曰应天，正殿曰明堂。明堂之西有武成殿，即正衙听政之所也。”①

郭城略呈方形，南宽北窄，其中南墙、东墙平直，西墙曲折且为洛河阻断，北墙略呈西南-东北走向。郭城共八座城门，分别位于东、南、北三面。南墙自西向东依次为厚载门、定鼎门、长夏门，东墙自南向北依次为永通门、建春门、上东门，北墙自东向西分别为安喜门、徽安门。其中，定鼎门内大街为洛阳城的南北轴线。据考古

① （后晋）刘昫. 旧唐书·卷三十八·志第十八·地理一·河南道[M].

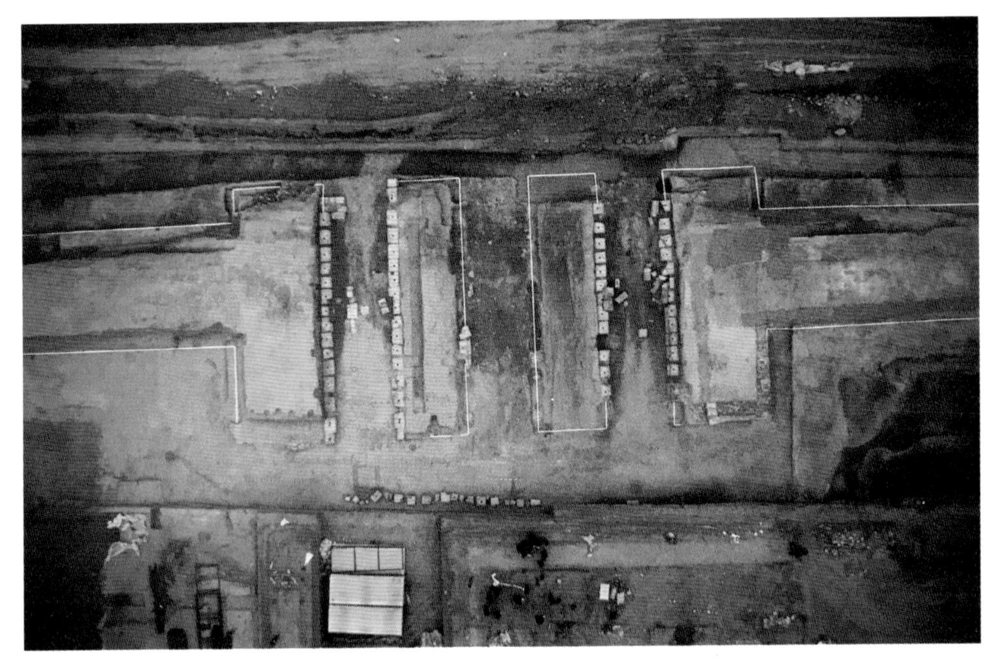

图2-16　隋唐洛阳郭城正门定鼎门遗址
来源：中国社会科学院考古研究所编著. 隋唐洛阳城（1959~2001年考古发掘报告，第四册）[M]. 北京：文物出版社，2014.

实测，洛阳郭城东墙长7312m，南墙长7290m，西墙长6776m，北墙长6138m，全部为夯土筑成。各城门皆为开有三个门道的土筑城门。其中，定鼎门中央门道宽达8m，两侧门道各7m，门道间隔墙宽3m（图2-16）；长夏门三个门道均宽7.5m；建春门三个门道均宽5m。

东都北依邙山，东有瀍水，西有涧水，南有伊水。自西南向东北穿城而过的洛水，将整个洛阳城分为洛北、洛南两部分[①]，即所谓“北据邙山，南对伊阙，洛水贯都，有河汉之象”。[②]

① 建筑史学者傅熹年指出，洛阳规划中的洛水贯都并非成功之举。首先，洛水不断泛滥，造成严重破坏。《唐会要》记载，永淳元年（682年）“洛水溢，坏天津桥，损居人千余家”；如意元年（692年）“洛水溢，损居人五千余家”；神龙元年（705年）“洛水暴涨，坏百姓庐舍二千余家，溺死八百一十五人”。洛河与漕渠间五坊一市破坏尤甚。水患成为东都最大的灾难。其次，东都被洛河分为南北两部分，洛水出入城处成为最大的缺口，枯水期无险可守。参见：傅熹年主编. 中国古代建筑史·第二卷：三国、两晋、南北朝、隋唐、五代建筑[M]. 2版. 北京：中国建筑工业出版社，2009：357.

② （后晋）刘昫. 旧唐书·卷三十八·志第十八·地理一·河南道[M].

郭内街道纵横交错若棋盘，分全城为103个里坊，以四坊之地建三市。洛阳里坊规模，据唐韦述《两京新记》载，“每坊东西南北各广三百步，开十字街，四出趋门”。而唐代杜宝《大业杂记》称坊门普遍为重楼，“饰以丹粉”。据考古勘测，洛阳里坊坊墙厚约4m，里坊规模东西长约470~520m，南北长约480~530m，坊内十字街宽14m。

洛阳城中，洛北有通远市，洛南有大同市与丰都市。三市均傍河渠修建，水运便利。

洛阳街道，据《元河南志》引唐韦述《两京新记》的记载，定鼎门街广百步，上东、建春二横街七十五步，长夏、厚载、永通、徽安、安喜门及当左（右）掖门等街各广六十二步，余小街各广三十一步。按唐代1步合1.47m计，则定鼎门街宽147m，上东、建春门二横街宽110.3m，其余通城门街道各宽91.1m，一般坊间街宽45.6m。现考古探明，城内各街道均为土筑路面，残毁严重，定鼎门街宽处有121m，永通门街宽59m，较上述记载为窄，推测是破坏所致。[①]韦述《两京新记》称“自端门至定鼎门七里一百三十七步。隋时种樱桃、石榴、榆柳，中为御道，通泉流渠”。

（二）皇城、宫城

宫城位于郭城西北隅。宫城中央为大内，东西分列东西隔城、东西夹城，北侧由南向北依次有玄武城、曜仪城和圆璧城三重隔城。宫城以南为皇城，东西宽度与宫城相等，主要是衙署区（图2-17、图2-18）。宫城以东有东城，也是衙署区。东城之北为含嘉仓城，乃是洛阳城内最大的粮仓。

皇城前临洛水，有浮桥横过洛水，南接全城主街定鼎门大街，形成全城之主轴线。皇城、宫城正南方二十余里处正对伊阙，成为宫城、皇城之壮伟对景。

755年发生安史之乱，东都遭到严重破坏。762年唐利用回纥军之助收复洛阳，回纥军大肆烧掠，“火累旬不灭”“比屋荡尽，士民皆纸衣”。《唐会要》称“东都残毁，百无一存”。代宗大历初（767—770年）张延赏逐渐修复洛阳。唐末（904年）朱温迁唐都于洛阳，发丁匠数万修治东都宫室，907年朱温代唐，建立梁政权，以汴京为都。洛阳作为隋唐东都，历时302年而止。[②]

---

① 参见：傅熹年主编. 中国古代建筑史·第二卷：三国、两晋、南北朝、隋唐、五代建筑 [M]. 2版. 北京：中国建筑工业出版社，2009：352.

② 同上：350.

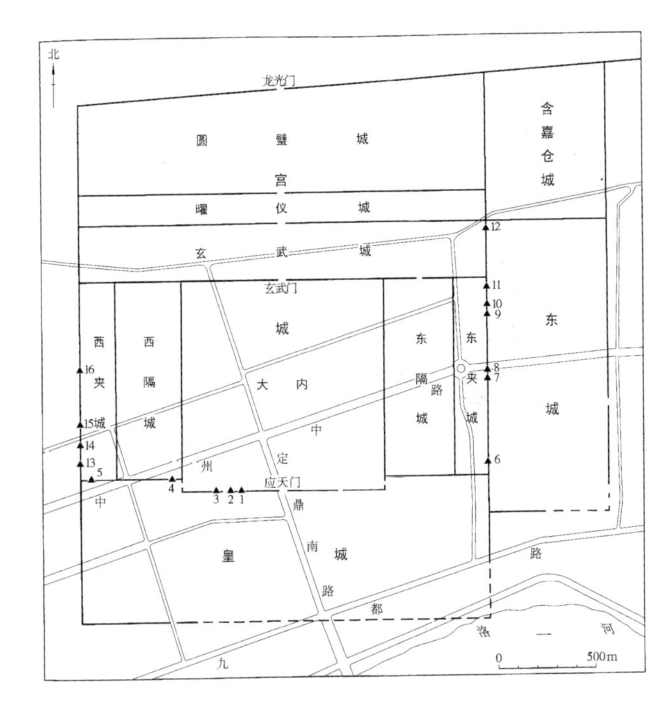

图2-18 隋唐洛阳皇城西区出土莲花纹地砖

[来源：中国社会科学院考古研究所编著.隋唐洛阳城（1959~2001年考古发掘报告，第四册）[M]. 北京：文物出版社，2014]

图2-17 隋唐洛阳大内、宫城、皇城总平面图

来源：中国社会科学院考古研究所编著. 隋唐洛阳城（1959~2001年考古发掘报告，第一册）[M]. 北京：文物出版社，2014.

八、五代洛阳

五代后梁开平元年（907年），有人提议“升汴州为开封府，建名东都。其东都改为西都，仍废京兆府为雍州佑国军节度使。”[①]也就是说，将汴州升为都城，称东都，而将唐东都洛阳城改为西都，将唐西京长安城降为节度使驻地，如此则基本上完成了中国历史上帝都东移的过程。显然，自五代至北宋，洛阳城仍然具有西都的重要地位。

五代后梁开平三年（909年），梁太祖朱晃将都城确定在洛阳，并称要“创开鸿业，初建洛阳”，御五凤楼，大赦天下，还要求“正月十四、十五、十六日夜，开坊市门，一任公私燃灯祈福”。[②]说明虽遭唐末兵燹的洛阳城，大致格局还存在，但也需要大规模营建才能满足需求。

---

① （宋）薛居正. 旧五代史・卷二・梁书・太祖纪二 [M].

② （宋）薛居正. 旧五代史・卷四・梁书・太祖纪四 [M].

继后梁而起的五代后唐时，曾一度以洛阳为京城。五代时的洛阳宫殿，虽然骨架尚存，但因久遭损毁，早已没有往日的辉煌，也没有那么多高大宏伟的建筑了。

后晋天福二年（937年），几经战乱颠覆的洛阳，已经渐趋破败，废弃洛阳，而迁都汴梁，在五代中期已经是在所难免的事情了。

五代后周世宗年间（955—959年），曾命武行德对摧毁殆尽的洛阳城重加修葺。北宋初年，仍立都于汴梁，“因周之旧为都，建隆三年（962年），广皇城东北隅，命有司画洛阳宫殿，按图修之，皇居始壮丽矣。”[①] 说明唐末历五代数十年，最为壮观的宫殿建筑似仍在洛阳。虽然，后梁、后晋与后周栖居汴梁，但宋代初年，新兴的北宋王朝，仍然要从洛阳宫殿遗址中寻找自己建造宫殿的蓝本。宋代时，仍将洛阳定为西京。宋仁宗景祐间（1034—1038年）也曾对洛阳城进行过修缮。有宋一代的洛阳，虽然已不似帝王之都般壮丽雄伟，但仍然是人文荟萃、居舍云集之地。宋代人李格非著《洛阳名园记》一书，记录了宋代时洛阳城中园林滋茂的城市景观。李格非在这本书中还有一句名言：“天下之盛衰，候于洛阳之盛衰；洛阳之盛衰，候于园圃之兴废。”由此也可以看出洛阳在中国历史与文化中的地位。

第二节　宫殿苑囿

洛阳历代皆建有宏大壮伟之宫苑建筑群，本节拟重点讨论北魏、隋、唐三朝之宫苑，其余从略。

一、北魏宫阙

北魏太和十七年（493年）孝文帝自平城迁都洛阳，开始重建宫殿，由蒋少游、王遇和董尔等负责。至景明二年（502年）正殿太极殿方告落成，历时十载。

① （元）脱脱. 宋史・卷八十五・志第三十八・地理一・京城 [M].

据考古发掘，北魏洛阳宫城南北长约1398m，东西宽约660m，占地面积约为922680m²，超过今天的北京紫禁城（约72万m²）。据文献记载，宫城南面二门，东、西各三门，北面门数不详。南面正门阊阖门，门外建有巨大的双阙，其东为司马门。东面自南而北为东掖门、云龙门、万岁门。西面自南而北为西掖门、神虎门、千秋门（图2-19～图2-21）。

宫城正门阊阖门遗址已经考古发掘：阊阖门位于宫城南墙西段，北面隔二号和三号宫门正对正殿太极殿基址，南面则直对铜驼街和内城的正门宣阳门。其殿堂式城门楼台基后居宫墙缺口北部，门前两侧巨大的夯土双阙坐落在宫墙缺口两端，形制较为独特——大门呈凹入宫墙的形式。城门楼台基东西长44.5m，南北宽24.4m（二者之比值约为9∶5，应为“九五之尊”的象征），前后各有三条慢道。台基上残存有40个柱础或础坑，组成殿堂式建筑柱网，还有三个门道、两侧两个墩台和中间两道隔间墙等遗迹。门前左右双阙对称分布，间隔41.5m，形成阙间广场，单座阙台约 29m见方，阙体平面皆为一座母阙带两座子阙的曲尺形子母阙式。阊阖门阙遗址形制独特，其发掘对于中国古代都城、宫殿门阙制度的研究有着重要的学术价值（图2-22）。

图2-19　北魏洛阳宫殿遗址俯瞰

来源：钱国祥，刘涛，郭晓涛. 汉魏故都 丝路起点——汉魏洛阳故城遗址的考古勘察收获[J]. 洛阳考古，2014（2）：20-29.

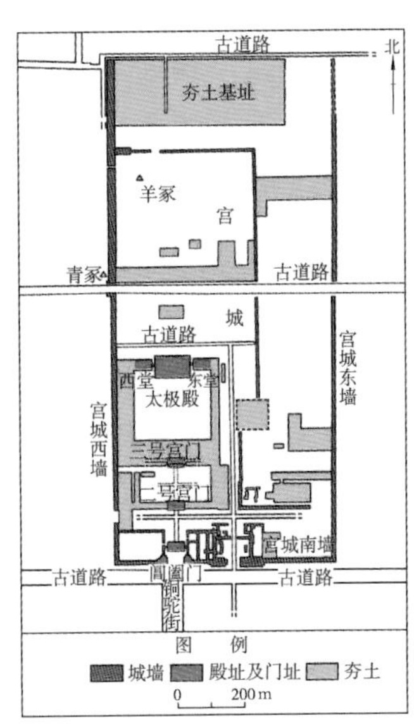

图2-20　河南洛阳市汉魏故城北魏洛阳宫城平面图

来源：中国社会科学院考古研究所洛阳汉魏故城队. 河南洛阳市汉魏故城太极殿遗址的发掘[J]. 考古，2016（7）.

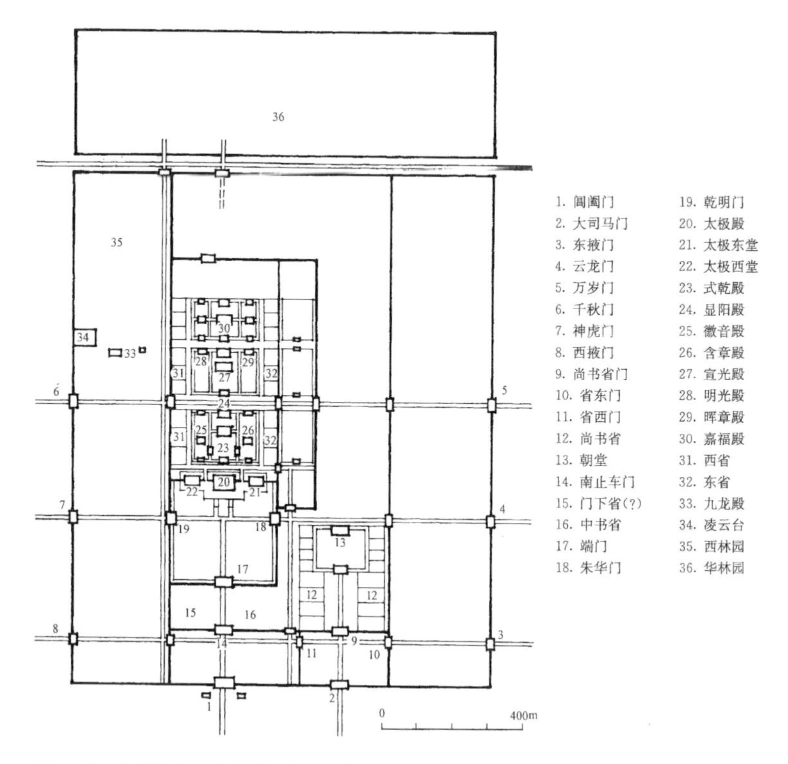

图2-21　北魏洛阳宫殿总平面复原示意图

来源：傅熹年主编. 中国古代建筑史·第二卷：三国、两晋、南北朝、隋唐、五代建筑[M]. 2版. 北京：中国建筑工业出版社，2009.

图2-22　河南洛阳汉魏故城北魏宫城阊阖门遗址

来源：钱国祥，刘瑞，郭晓涛. 河南洛阳汉魏故城北魏宫城阊阖门遗址[J]. 考古，2003（7）：20-41.

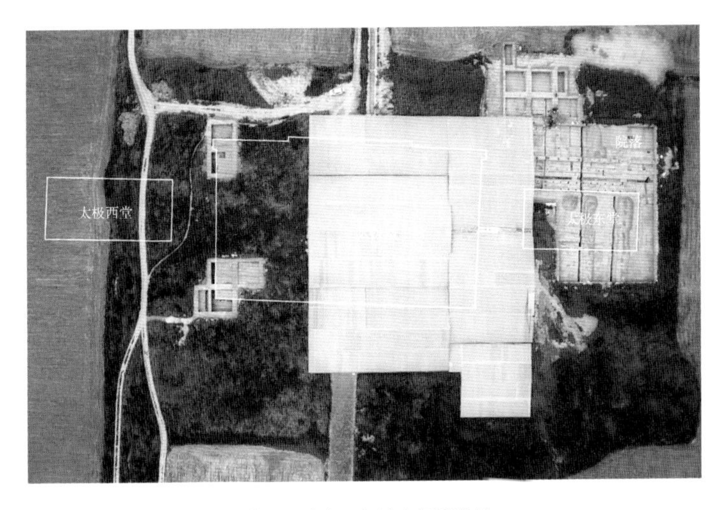

图2-23　河南洛阳市汉魏故城北魏洛阳宫城太极殿遗址

来源：中国社会科学院考古研究所洛阳汉魏故城队. 河南洛阳市汉魏故城太极殿遗址的发掘[J]. 考古，2016（7）.

图2-24　河南洛阳市汉魏故城北魏洛阳太极殿遗址出土兽面纹瓦当

来源：中国社会科学院考古研究所洛阳汉魏故城队. 河南洛阳市汉魏故城太极殿遗址的发掘[J]. 考古，2016（7）.

阊阖门北对南止车门（二号宫门遗址）、端门（三号宫门遗址）、太极殿及其后的显阳殿、宣光殿，形成宫城的南北中轴线。

宫城正殿即太极殿遗址（始建于三国曹魏时期，西晋沿用，北魏时期重修沿用，北周时期仍有改建）也经考古发掘。太极殿基址位于宫城西路轴线南区北端正中的位置，当地俗称“金銮殿”和“朝王殿”，南距阊阖门520m，是帝王举行大型朝会和处理重大事件的场所。据考察，太极殿所在宫院规模宏大，南北长约 380m，东西宽约 320m。中心殿基位于宫院北部正中，地上夯土台基东西长约100m，南北宽约60m，残高约2m，地基夯土厚约6m。据残存遗迹，在太极殿台基前、后各发现有登升殿台的慢道和踏道遗迹，殿台北壁还包砌有砖壁和涂抹白灰墙皮，砖壁外侧铺设砖砌散水。残存的石板表明，台基和踏道上原应铺砌有石板。主殿左右还有太极东堂和太极西堂及附属建筑基址（图2-23、图2-24）。

阊阖门东侧为大司马门，门内对尚书省门及朝堂，形成宫城东偏次要的南北轴线。

二、隋唐宫室

（一）隋洛阳宫

隋、唐两代皆在洛阳城中建造了大规模的宫殿建筑群。隋代在兴建洛阳城的同

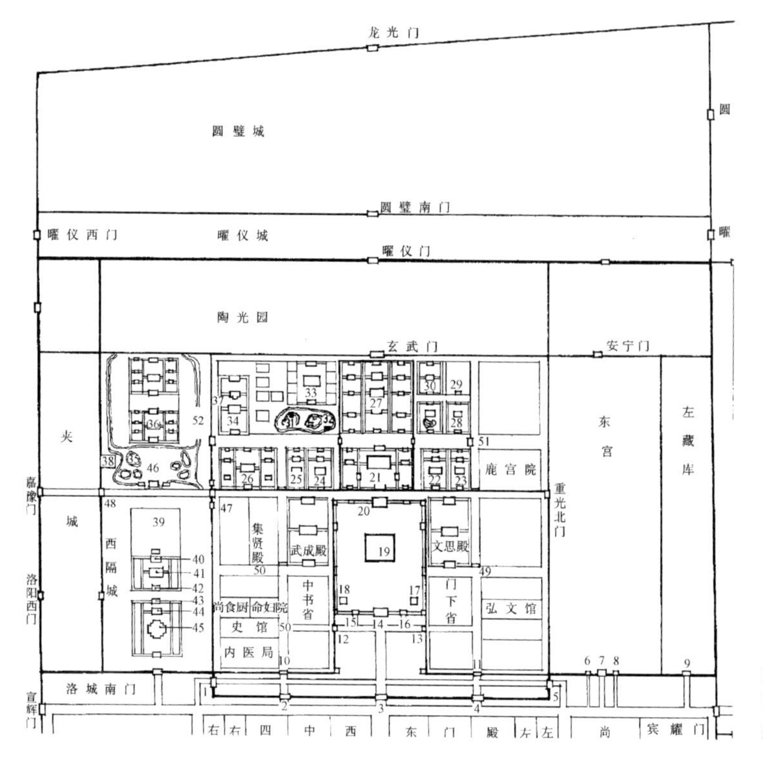

图2-25　唐洛阳宫城总平面图

来源：傅熹年绘

时，大起宫城，据记载："宫城曰紫微城（其城象紫微宫，因以名），在都城之西北隅（卫尉卿刘权、秘书丞韦万顷监筑宫城，兵夫七十万人。城周匝两重，延袤三十余里，高三十七尺，六十日成。宫内诸殿及墙院，又役十余万人。直东都土工监，当役八十余万人。其木工、瓦工、金工、石工，又十余万人）。"①

当代学者依据历史文献的记载和考古发掘实际情况，对隋唐洛阳宫室的总平面布局进行了复原推想（图2–25）。

进入宫城正门则天门（唐称应天门）之后（图2–26），在距离则天门45步的地方，布置有永泰门。永泰门往北40步（一说为140步）处布置有隋代宫殿正殿乾阳殿前的大门——乾阳门。乾阳门为重楼形式，门两侧有东西轩廊，应该是形成了一个环绕乾阳殿的大型回廊院。

进入乾阳门内120步处，就是洛阳宫殿的正殿乾阳殿。乾阳殿据说面阔十三间，

① （清）徐松. 河南志·隋城阙古迹[M].

图2-26　唐洛阳宫城正门应天门遗址
来源：中国社会科学院考古研究所编著. 隋唐洛阳城（1959~2001年考古发掘报告，第四册）[M]. 北京：文物出版社，2014.

进深二十九架，三陛轩。乾阳殿南有南轩，轩前悬挂有如帘幕一样的珠丝网络。殿前东西对称布置有钟楼与鼓楼。殿前左右各有大井一口，每口井的直径为20尺。

乾阳殿以北30步是大业门，这是洛阳宫殿中第二座殿的前门。大业门内40步处为大业殿。从乾阳门、乾阳殿，到大业门、大业殿，形成了宫城内的建筑主轴线。

（二）隋乾阳殿

隋洛阳宫正殿乾阳殿，是好大喜功的隋炀帝营建东都洛阳的个人纪念碑。唐人张玄素曾经描述了隋炀帝时营建乾阳殿之场景："臣又尝见隋室造殿，楹栋宏壮，大木非随近所有，多从豫章采来。二千人曳一柱，其下施毂，皆以生铁为之，若用木轮，便即火出。铁毂既生，行一二里即有破坏，仍数百人别赍铁毂以随之，终日不过进三二十里。略计一柱，已用数十万功。"

关于这座乾阳殿的尺度，史料上有一些记载："永泰门内四十步，有乾阳门，并重楼。乾阳门东西亦轩廊周匝。门内一百二十步，有乾阳殿。殿基高九尺，从地至鸱尾高一百七十尺。又十三间，二十九架。三陛（一作阶）轩……其柱大二十四围，绮

图2-27　隋洛阳宫乾阳殿复原效果图
来源：王贵祥. 古都洛阳[M]. 北京：清华大学出版社，2012.

井垂莲，仰之者眩曜……四面周以轩廊，坐宿卫兵。殿庭左右各有大井，井面阔二十尺。庭东南、西南各有重楼，一悬钟，一悬鼓。”

根据学者复原，隋乾阳殿东西面广345尺，约为101.43m；南北进深为176尺，约为51.744m——其面阔、进深均为今天故宫太和殿之1.5倍左右，高度约为50m，也有太和殿的1.4倍，比之唐大明宫含元殿还要宏壮。可是李世民攻克洛阳后，将其视作隋炀帝骄奢淫逸的象征，加以焚毁，代表隋代建筑最高成就的乾阳殿即毁于唐太宗之手（一说毁于王世充之手）。至高宗时又在此地重建乾元殿，面积与此前的乾阳殿相同，高度降为35m左右，与故宫太和殿相当[①]（图2-27）。

（三）武氏明堂

唐代单体建筑规模的纪录是在洛阳产生的，那就是中国古代体量最巨大的木结构建筑——武则天明堂。

明堂是中国古代帝王祭祀昊天上帝及五帝的殿堂，祭祀时还要以本朝列祖列宗配飨，以表示该王朝的皇权受命于天，是进行“天人交感”的神圣场所，与北京天坛类似。故每一王朝建立之初，均视建造明堂为国之大事。隋文帝、炀帝时都曾计划兴建明堂，宇文恺甚至还制作了百分之一的木模型，但或因儒臣之间的争议，或因战争原

① 参见：王贵祥 . 古都洛阳 [M]. 北京：清华大学出版社，2012：123-124.

因，均未能兴工。唐太宗时亦曾两次命儒臣讨论明堂制度，但依然因争议不决，未能成事。唐高宗永徽三年（652年）、乾封二年（667年）和总章二年（669年）又分别做了三版明堂设计方案（其中有阎立德参与设计），然而群臣依旧是讼议纷纷，以至“群议未决，终高宗之世，未能创立”。就这样，隋代和初唐近百年时间里，围绕何为正统的明堂制度，在各朝儒臣的争议和辩论声中，始终莫衷一是，没能讨论出任何名堂。虽然魏征曾经主张“随时立法，因事制宜，自我而作，何必师古”，名儒颜师古亦提出与此类似的“惟在陛下圣情创造，即为大唐明堂，足以传于万代”的看法，但由于中国自古关于明堂制度本就没有真正权威的说法，于是所有参与讨论的大臣们看似各自引经据典，其实无非是各持偏见而已。

武则天称帝之后，极度渴望通过祭明堂时以武氏祖先配飨来表明“以周代唐”的合法性。武氏遂不再理睬儒臣的纷议，直接与她的御用文人（即所谓的“北门学士”，这批人乃武则天亲信，可由皇宫北门直接进入同武则天议事）共同确定明堂方案，并且一改明堂须建在都城以南的古制，直接于洛阳宫中，拆毁皇宫正殿乾元殿，代之以武则天明堂。武氏明堂的工程主持人是武则天的嬖臣僧人怀义，此人曾遭当朝儒臣殴打，武则天于是让他与北门学士一样，由北门直接出入宫中。在武则天高压和杀戮的威胁之下，儒臣们噤若寒蝉，隋唐近百年来未能议定的兴建明堂一事，终于得以实施。

武氏明堂于垂拱三年（687年）春二月兴工，役数万人，四年（688年）正月落成，耗时不足一年。《唐会要·明堂制度》载：“垂拱三年，毁乾元殿，就其地创造明堂。令沙门薛怀义充使。四年正月五日毕功，凡高二百九十四尺，东西南北各广三百尺。凡有三层：下层象四时，各随方色；中层法十二辰，圆盖，盖上盘九龙捧之；上层法二十四气，亦圆盖。亭中有巨木十围，上下贯通……盖为鸑鷟，黄金饰之，势若飞翥。刻木为瓦，夹纻漆之。明堂之下，施铁渠，以为辟雍之象。号万象神宫。”

按唐代一尺等于29.4cm计算，武则天明堂占地88.2m见方，约7780m^2，几乎4倍于北京故宫太和殿；高86.4m（相当于近30层楼），为中国古代木结构建筑体量之最——我们不妨闭上眼睛想象一下，一座面积4倍于故宫太和殿、高度2.5倍于太和殿的庞然大物屹立在盛唐时洛阳的天空之下，那会是怎么样遮天蔽日的一座巨构（图2-28）！明堂建成仅七年之后，于证圣元年（695年）正月失火被焚。同年武则天下令重建，于万岁通天元年（696年）三月再次建成。在相距不足十年间，两次建造中国历史上最大规模的建筑，足见盛唐时国力之强盛。日本奈良时期是深受唐代建筑影响的

图2-28 唐洛阳宫武则天明堂复原效果图
来源：王贵祥. 古都洛阳[M]. 北京：清华大学出版社，2012.

时期，当时日本所建造的最巨大的木构建筑是奈良东大寺的大佛殿（建于747—751年），据日本建筑史家关野贞考证，大佛殿东西面阔二百九十尺，南北进深一百七十尺，高一百六十三尺，亦极为壮观，足见盛唐时代先进的建筑技艺已为日本匠师所充分继承与发扬，以至于关野贞一度认为东大寺大佛殿是当时世界上最大的木结构建筑，日本匠师做到了青出于蓝。[①]但事实上，与武则天明堂相比，东大寺大佛殿还是望尘莫及。当然，这座日本历史上最大的木结构建筑也没能保存下来，今天我们所看到的东大寺大佛殿虽然尺度惊人，但却已是比原作大大缩小后的重建作品。

武氏明堂的造型极具纪念性，一层为正方形，面阔、进深均为十三间，二层为十二边形，三层为二十四边形，上覆圆形攒尖顶，顶部施以铁质凤凰（亦称鸑鷟，696年重建后换成火焰宝珠），建筑周围环以圆形的铁渠，象征古时所谓“辟雍”，可谓庄严宏伟之至。此外，更铸九州鼎，置于明堂之下，正当中为豫州鼎，高一丈八尺（约5.3m），受一千八百石；其余八鼎各高一丈四尺（约4.1m），受一千二百石。北京天坛祈年殿正是仿古时明堂之制建造的，以中央四柱象征四时，以周围十二根立柱象征一年十二个月，其象征意义与武氏明堂如出一辙，不同之处在于其外形三层全部为圆

① 参见：（日）关野贞著. 日本建筑史精要 [M]. 路秉杰译. 上海：同济大学出版社，2012.

形，并且规模要远远小于武氏明堂（高度、直径均不及武氏明堂一半）。明堂室内的结构以中央一根巨柱为轴心，其余梁枋斗栱皆与之相连属，此亦是中国古代建造高层建筑的惯用手法，一如高达133m的北魏洛阳永宁寺塔。《旧唐书》记录了明堂兴工时浩大的场面："凡役数万人，曳一大木千人，置号头，头一嗷，千人齐和。"此前的古代典籍中从来没有过武则天明堂这样上下三层，下层方形、中层十二边形、上层二十四边形，上圆下方的独特形制，因此武氏明堂即是典型的"自我而作，何必师古"。比起隋文、隋炀二帝和唐太宗、高宗的犹豫不决，武则天的独断专横虽是暴政，但最终却成就了中国历史上最宏大的建筑物。《旧唐书》称武则天明堂初成时，曾"纵东都妇人及诸州父老入观，兼赐酒食，久之乃止"，说明这座地处洛阳皇宫中心的天下最宏伟的建筑曾一度开放参观，简直成了公共建筑，可见武则天也深以建造明堂为荣耀。

与明堂配合的附属建筑还包括其北侧规模略小于明堂的天堂，实际是一座佛堂，内立有当时全国最巨大的佛像。后来天堂焚毁后，像亦受损，遂将天堂巨像锯短，移入洛阳圣善寺报慈阁中，即便如此，报慈阁依旧堪为唐代佛寺中第一大阁。上述日本奈良东大寺大佛殿的原型应该就是像洛阳宫中天堂这一类的大佛堂。此外，武则天更集天下之铜，铸造了一棵巨大的铜柱，号称"天枢"，立于洛阳城的中央大街——定鼎门大街上。《大唐新语》载："长寿三年（694年），则征天下铜五十万余斤，铁三百三十万斤，钱二万七千贯，于定鼎门内铸八棱铜柱，高九十尺，径一丈二尺，题曰'大周万国述德天枢'，纪革命之功，贬皇家之德。天枢下置铁山，铜龙负载，狮子、麒麟围绕。上有云盖，盖上施盘龙以托火珠，珠高一丈，围三丈，金彩荧煌，光侔日月。"这根"天枢"简直就是古罗马皇帝记功柱的中国版，铜柱直径3.5m，高26.46m，顶部的装饰宝珠都将近3m高。

明堂、天堂和天枢实可谓武则天在洛阳城中竖立的三座个人纪念碑。武则天死后，政权复归李唐，儒臣们又重新出来批评武氏明堂位置和制度都不符合礼制，即所谓"有乖典制"。唐玄宗开元二十六年（738年）下令拆去明堂顶上的第三层，将明堂改回乾元殿，残高约199尺，合58.5m，依旧是唐朝最大的大殿（图2-29）。至此，这座中国历史上最大的木结构建筑在岿然屹立了42年之后，被人为拆改成一座矮了一大截的殿宇，学者依据考古发掘和文献记载复原了武氏明堂和改建后的乾元殿，让我们得以一睹盛唐第一建筑的风采。天枢同样被下令销毁熔化："开元初，诏毁天枢，发卒销烁，弥月不尽。"属于武则天的个人印记终于从洛阳都城中被彻底抹去。

不论是隋炀帝建造的乾阳殿，还是武则天建造的明堂，都遭遇了被后继者焚毁或

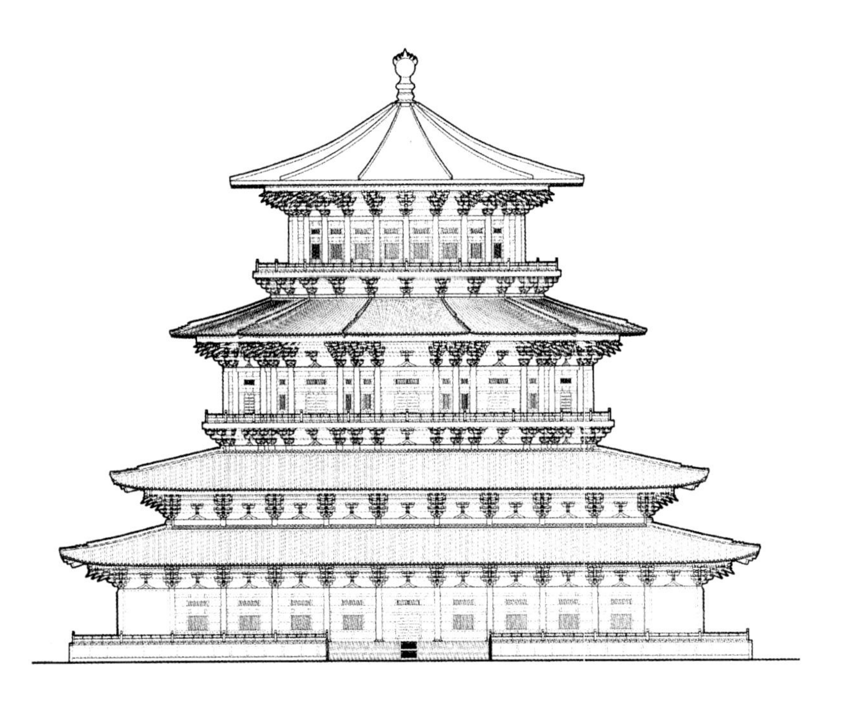

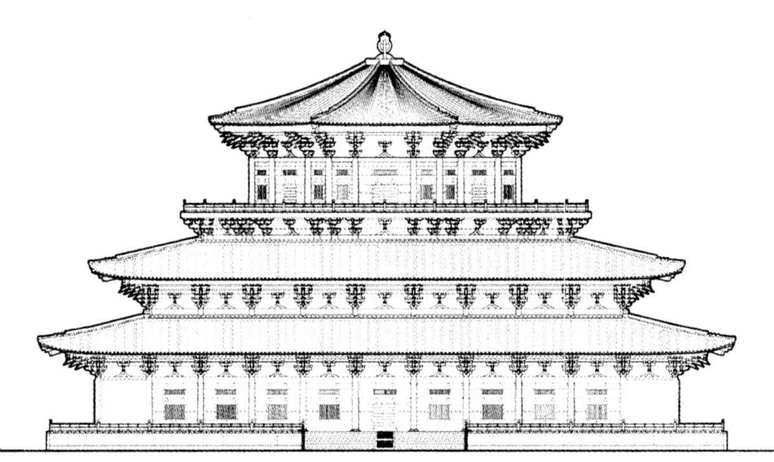

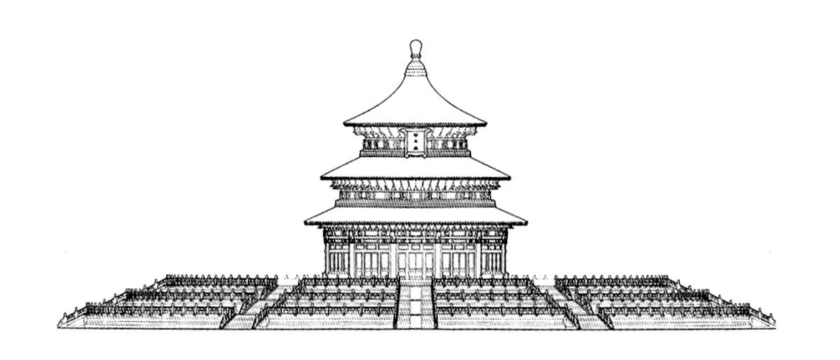

图2-29　上：武则天明堂立面复原图；中：唐玄宗拆改武则天明堂为乾元殿立面复原图；下：北京天坛祈年殿立面图——以上三图为等比例尺，从中可想见武则天明堂之巨大
来源：据王贵祥《古都洛阳》《中国古代建筑史》（刘敦桢主编）插图改绘

拆改的命运，而武氏自己也是拆毁高宗所建的乾元殿来建造明堂——最终这同一基址上先后建造的三座旷世巨构均未能“善终”。对比于西方建筑史中不断努力推进工程技术，以创造体量更大、跨度更远、高度更高的建筑工程，中国古人对于前人创造的工程奇迹竟丝毫不加爱护，以至于出现了唐太宗焚毁乾阳殿，武则天拆毁乾元殿，而唐玄宗亦主动拆改、降低武氏明堂的一连串悲剧或者荒诞剧……最终在“安史之乱”中，洛阳宫阙遭遇毁灭性大破坏，由武则天明堂改建的乾阳殿亦终于随洛阳宫室俱毁。唐代以降，中国历代宫殿建筑再也没能往更加壮大的方向发展，此中得失，实在发人深思。

第二节　寺塔石窟

洛阳乃是中国佛教最早的发源地，而且在相当一段时间中一直是中国佛教的中心。东汉洛阳建起中国第一座佛寺——白马寺。北魏时洛阳成为佛教中心，城内外寺塔林立，有佛寺1367所，而永宁寺塔则为古代第一高塔。此外，伊阙龙门石窟经历北魏、隋、唐之不断开窟兴建，终成宏大规模。

一、白马古刹

据《魏书·释老志》称，汉明帝夜梦金人，项有日光，飞行殿庭，因遣使入天竺，几年后汉使与天竺僧摄摩腾、竺法兰东还洛阳，以白马负经而至，故建白马寺。洛阳白马寺曾是天竺僧人摄摩腾翻译传入中国的第一部佛经《四十二章经》时在洛阳居住的地方，故也可以将其看作是中国佛教的起源之地，其位置在北魏洛阳内城西雍门外，即今洛阳老城以东12km处，始建于东汉永平十一年（68年）。

可惜现存白马寺除了一些雕刻、石碑之外，主要建筑物大多为清代遗物，与中国第一古刹不能相称。寺院基址规模有200余亩，依中轴线依次建有山门、天王殿、大佛殿、大雄殿、接引殿、毗卢阁等殿堂（图2-30）。大雄殿为白马寺中最大殿堂，大殿建筑为元代重建，虽然经明清两代反复修缮，仍不失其价值。

白马寺寺门外东约300m处还有佛塔一座，称齐云塔，为金大定十五年（1175年）

图2-30　洛阳白马寺
来源：杨安琪摄

图2-31　洛阳白马寺齐云塔
来源：王南摄

重建，为白马寺最古之建筑。齐云塔为方形密檐塔，高35m，共13层檐，颇存唐代密檐塔遗韵（图2-31）。

二、龙门石窟

龙门石窟位于洛阳市南郊12km处的伊河两岸，东北距汉魏洛阳故城20km。其地有香山和龙门山东、西夹峙，伊河从中穿过——自洛阳城南眺，俨然洛阳城之天然门阙，故自古便有“伊阙”之谓。[①]白居易曾云“洛都四郊，山水之胜，龙门首焉”。

石窟始凿于北魏孝文帝迁都洛阳之时，此后历东魏、西魏、北齐、北周、隋、唐、五代和北宋等朝，断断续续开凿400余年之久，其中北魏和唐代的大规模开凿约达140余年，构成龙门石窟之主体。龙门石窟现存石刻佛像十万余尊，窟龛2300多个。其中，北魏洞窟约占30%，唐代约占60%，其他朝代开凿的部分仅占10%左右。

龙门石窟开凿的第一个时期是北魏。北魏石窟大多位于西山（龙门山）东麓，共有主要洞窟23座，开凿于孝文帝太和末年至北魏覆亡期间（约493—534年），历四十

① 《水经注》卷15“伊水”称：“伊水又北入伊阙，昔大禹疏以通水。两山相对，望之若阙，伊水历其间北流，故谓之伊阙矣。”

余年，费工无数。其中经营较早的，是6座进深达10m左右的大窟，即古阳洞、莲花洞、火烧洞与宾阳三洞，其开凿均与皇室成员有关（图2-32、图2-33）。

龙门北魏洞窟均为单室窟，平面多为前方后圆形（或曰马蹄形）（图2-34）。主像设于正壁之前，并将正壁作背光处理。除了古阳洞等几座洞窟之外，大多数洞窟的窟顶都凿成天盖形式，笼罩于佛像上方，天盖中心为浮雕莲花。这种窟顶形式应是当时佛殿内使用大型天盖的反映。

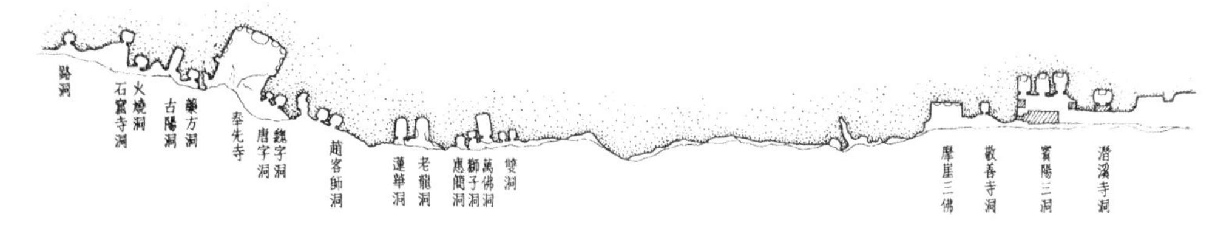

图2-32　洛阳龙门石窟西山窟群平面示意图
来源：傅熹年主编. 中国古代建筑史·第二卷：三国、两晋、南北朝、隋唐、五代建筑[M]. 2版. 北京：中国建筑工业出版社，2009.

图2-33　龙门石窟西山南部窟群全景
来源：杨安琪摄

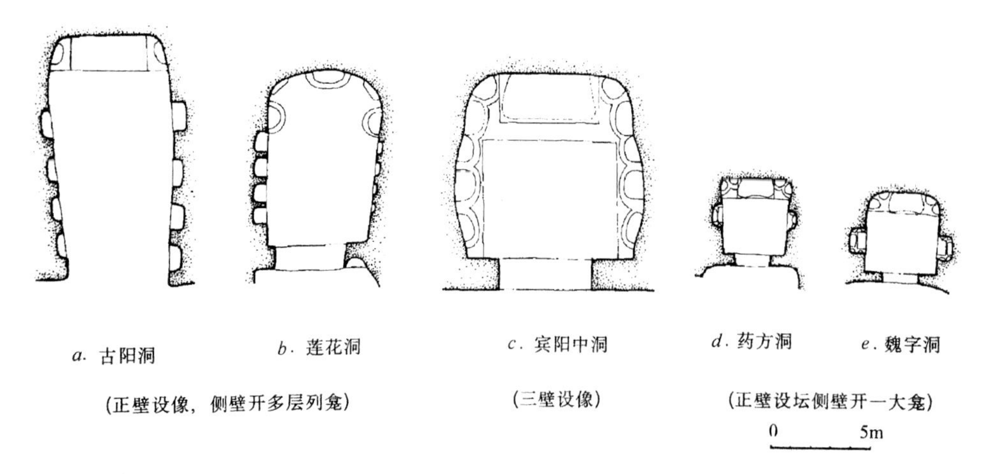

图2-34 洛阳龙门石窟北魏窟室典型平面图

来源：傅熹年主编. 中国古代建筑史·第二卷：三国、两晋、南北朝、隋唐、五代建筑[M]. 2版. 北京：中国建筑工业出版社，2009.

（一）古阳洞

古阳洞位于龙门山南段，始凿于北魏孝文帝太和十七年（493年），是龙门石窟中开创最早的皇室洞窟。洞窟由一个天然的石灰岩溶洞扩展而成，洞窟敞口，纵长方形平面，穹隆顶，面阔6.9m，进深13.5m，高11m。正壁为一佛二菩萨，主尊释迦牟尼佛通高6.12m（图2-35）。

南北两壁各分布三层大龛，其上为千佛。窟顶及周壁小龛密布，如繁星点点（图2-36）。

古阳洞还是书法艺术之宝库，著名的《龙门二十品》中，古阳洞中的遗迹就占了十九品。

（二）宾阳中洞

宾阳中洞北魏时称灵岩寺（与大同云冈石窟同名），为北魏皇室倾尽全力开凿的大型石窟。据《魏书·释老志》载，景明初，世宗“*于洛南伊阙山为高祖、文昭皇太后营石窟二所*”，即今宾阳中洞、南洞；永平中，又为世宗增开了北洞，凡为三所。完工于北魏正光四年（523年），计用工802366个，且仅完成了宾阳中洞。南洞和北洞都是初唐时才完成的。

宾阳中洞窟门上方雕尖顶火焰纹楣饰，下承以古希腊爱奥尼式柱头及束莲门柱。窟门两侧屋形龛内有高浮雕力士两尊（图2-37）。

图2-35　龙门石窟古阳洞外观
来源：王南摄

图2-36　龙门石窟古阳洞屋形龛（北魏）
来源：中国石窟雕塑全集编辑委员会. 中国美术分类全集：中国石窟雕塑全集（第四卷 龙门）[M]. 重庆：重庆出版社，2001.

图2-37　龙门石窟宾阳中洞外观
来源：王南摄

图2-38　龙门石窟宾阳中洞顶视图
来源：傅熹年主编. 中国古代建筑史·第二卷：三国、两晋、南北朝、隋唐、五代建筑[M]. 2版. 北京：中国建筑工业出版社，2009.

宾阳中洞为马蹄形平面，穹隆顶，面阔11.4m，进深9.8m，高9.3m。窟顶雕饰有华美绝伦的莲花宝盖、伎乐飞天。地面亦雕莲花，并间以龟甲纹、联珠纹、涡纹及水禽纹饰等（图2-38）。

窟内造像布局为：正壁一坐佛二弟子二菩萨，南北壁各一立佛二菩萨，系三世佛题材。正壁主尊释迦牟尼佛坐像通高8.4m，为龙门北魏“秀骨清像”式造像之典型代表（图2-39、图2-40）。侧壁胁侍菩萨极美，可惜头像被盗卖，现有一件藏于日本东京国立博物馆东洋馆（图2-41）。洞中前壁（即窟门两侧）及南、北两侧壁前部为大型浮雕，

图2-39　龙门石窟宾阳中洞内景
来源：王南摄

图2-40　龙门石窟宾阳中洞正壁立面图
来源：刘景龙. 龙门石窟[M]. 北京：文物出版社，1994.

自上而下分为四层。上层雕刻《维摩诘经·问疾品》中维摩诘与文殊菩萨对坐论辩的场面。第二层雕佛本生故事《须大拿太子本生》和《萨埵那太子舍身饲虎》。第三层雕大型供养人像《帝后礼佛图》两幅，均高2m，宽4m。第四层则为“十神王”浮雕造像。

其中，第三层的《帝后礼佛图》应是对当时宫廷佛事活动的真实反映，具有极其重要的艺术与历史价值。可悲的是，这部分精美的浮雕艺术品在20世纪30—40年代的动乱时代被盗，现陈列在美国纽约大都会博物馆和堪萨斯城的纳尔逊艺术博物馆中（图2-42）。

图2-41　龙门石窟宾阳中洞协侍菩萨头像（现藏日本东京国立博物馆东洋馆）
来源：王南摄

图2-42　龙门石窟宾阳中洞《帝后礼佛图》（现藏于美国纽约大都会博物馆）
来源：王南摄

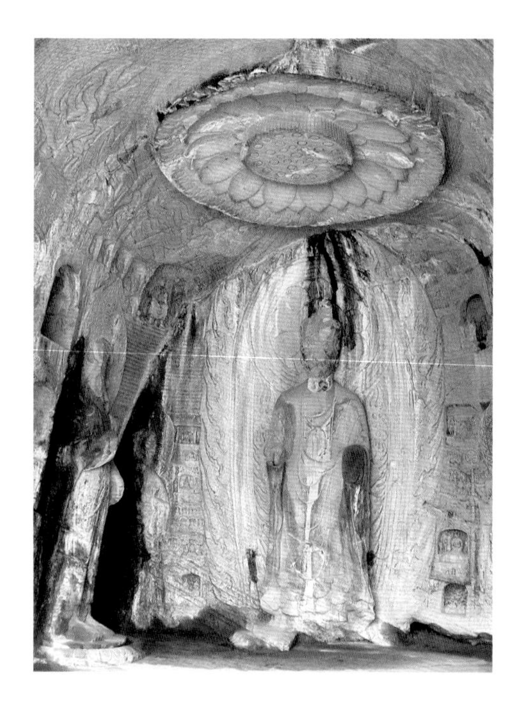

图2–43　龙门石窟莲花洞内景
来源：王南摄

（三）**莲花洞**

该洞因窟顶巨大的高浮雕莲花而得名。窟口上方雕火焰纹尖顶，窟口南侧下方存一力士。窟平面为纵长方形，穹隆顶，面阔6.2m，进深9.8m，高6.1m。窟顶中央莲花高浮雕直径达3.6m，精美绝伦。莲花周围环绕姿态优美的飞天6身。正壁造一佛二弟子二菩萨。惜五尊主像头部均被盗往国外，其中弟子迦叶头像现藏法国巴黎吉美博物馆（图2–43）。

该洞主像约完工于北魏延昌年间（512—515年），南北两壁列龛多凿于正光至北魏末。此外，东魏、北齐、唐代屡有补凿。

（四）奉先寺（大卢舍那像龛）

奉先寺，亦名“大卢舍那像龛”，为龙门石窟第一大窟，其造像更是龙门诸窟的巅峰之作。

据唐开元十年（722年）镌刻的《河洛上都龙门山之阳大卢舍那像龛记》，大像龛为唐高宗经营的重要皇家工程，完工于上元二年（675年）。该工程的主持者包括：奉敕检校僧西京实际寺善导禅师，大使司农卿韦机，副使东面监上柱国樊玄则，支料匠李君瓒、成仁威、姚师积等。皇后武则天亦于咸亨三年（673年）“助脂粉钱二万贯”。

图2-44　洛阳龙门石窟奉先寺巨像庄严无比
来源：王南摄

图2-45　龙门石窟奉先寺大像龛正壁立面图
来源：刘景龙 著.龙门石窟研究所编.奉先寺[M].北京：文物出版社，1995.

奉先寺大像龛依山凿崖，平面呈方形，南北面阔34m，东西进深38m，地面至龛顶30m余。大像龛之造像布局为正壁一佛二弟子二菩萨，两侧壁各一天王一力士。主尊为卢舍那大佛坐像，为龙门石窟第一巨像，庄严壮伟，无与伦比，通高17.14m，头高4m，仅耳高即达1.9m。主尊身后壁雕刻大型背光，由莲瓣、化佛、忍冬纹、伎乐飞天及火焰纹饰图案组成，华美异常（图2-44～图2-47）。

左右迦叶、阿难各高10.3m和10.65m；二菩萨均通高13.25m，及天王、力士各高10.5m、9.75m（图2-48、图2-49）。此外，还有供养人雕像、各类小龛以及后世补刻的众多造像。

图2-46　龙门石窟奉先寺卢舍那大佛
来源：王南摄

图2-47　龙门石窟奉先寺大像龛协侍菩萨及弟子
来源：王南摄

图2-48　龙门石窟奉先寺大像龛北壁天王及力士
来源：王南摄

图2-49　龙门石窟奉先寺大像龛北壁立面图
来源：刘景龙著．龙门石窟研究所编．奉先寺[M]．北京：文物出版社，1995.

图2-50　龙门石窟奉先寺大像龛全景遥望
来源：杨安琪摄

奉先寺石窟造像的背后原有很多小洞，当是在宋、金时代，人们为了保护造像而修建了木构窟檐式建筑，现已不存。

龙门奉先寺造像之精彩，在于其宏伟之尺度、精妙之雕凿所反映出的庄严沉静、岿然天地之间的气度，尤其巨像与伊阙山水形胜之结合使之更具气势，由河对岸遥望卢舍那大佛及两侧弟子、菩萨并金刚力士一众造像，宛如漂浮于天河之上，气势非凡，为龙门诸窟之最壮丽者，是盛唐佛教艺术之杰出代表（图2-50）。

三、永宁寺塔

据文献记载，汉魏西晋时期尚未出现三层以上之佛塔，东晋、十六国时期，开始大量出现五层佛塔，间或出现四层、六层佛塔（如荆州四层塔、长安六重寺塔等），但后世逐渐淘汰了偶数层的佛塔。南北朝时期出现了七层塔，北魏平城（大同）永宁寺塔（建于467年）及刘宋建康庄严寺塔（建于454—465年）均为七层。《魏书·释老志》描绘平城永宁寺塔“高三百余尺，基架博敞，为天下第一”。平城的永宁寺塔为北魏前期佛塔建筑的一个高峰，与约略同时期开凿的云冈石窟同为北魏前期都城的最重要佛教建筑奇观。然而这座永宁寺塔其实只能算作后来一座同名佛塔的“具体而微者”而已——北魏乃至于整个中国古代建筑史上佛塔的巅峰作品是北魏洛阳的永宁寺塔，应该也是世界历史上出现过最高的土木混合结构建筑。

北魏洛阳永宁寺塔建于孝明帝熙平元年（516年），至神龟二年（519年）“装饰功毕”。塔位于北魏洛阳城中轴线大街“铜驼街”西侧，东北距宫殿南门阊阖门约1 km，位置显要。时人杨衒之《洛阳伽蓝记》开篇即绘声绘色描写了这座北魏第一浮图之无限壮观：“永宁寺,熙平元年灵太后胡氏所立也。在宫前阊阖门南一里御道西。中有九层浮图一所，架木为之，举高九十丈。有刹复高十丈，合去地一千尺。去京师百里，已遥见之……刹上有金宝瓶，容二十五石。宝瓶下有承露金盘三十重，周匝皆垂金铎。复有铁鏁四道，引刹向浮图四角；鏁上亦有金铎，铎大小如一石瓮子。浮图有九级，角角皆悬金铎，合上下有一百二十铎。浮图有四面，面有三户六牕，户皆朱漆。扉上有五行金铃，其十二门二十四扇，合有五千四百枚。复有金环铺首。殚土木之功，穷造形之巧，佛事精妙，不可思议，绣柱金铺，骇人心目。至于高风永夜，宝铎和鸣，铿锵之声，闻及十余里。”

这段描写至为精彩，除了塔高的数字值得商榷之外，其余关于木塔周身上下的造型乃至于细节之描写都使人读后如身临其境。

关于塔高之记载，《洛阳伽蓝记》所言之一千尺虽然听来动人，但其实过于夸张，将近300m的木结构建筑几乎可以断定是不可能的。相比之下，北魏著名地理学家郦道元《水经注》的记载更加可信：“永宁寺，熙平中始创也，作九层浮图。浮图下基方一十四丈，自金露柈（盘）下至地四十九丈。取法代都七级而又高广之。虽二京之盛，五都之富，利刹灵图，未有若斯之构。”与之类似的记载是《魏书·释老志》称永宁寺塔“佛图九层，高四十余丈”。

根据永宁寺塔遗址的考古发掘，永宁寺总平面为长方形，四周有夯土围墙，南北长305m，东西宽215m，周长1040m，中心为著名的永宁寺塔基址，残高仍有8m左右（图2-51）。塔基有上下两层夯土台，底层台基东西长101m，南北长98m，高逾2.5m，是佛塔的地下基础部分；上层台基位于底层台基正中，四周包砌青石，长宽均为38.2m，高2.2m，是地面以上的基座部分。上层台基上有124个方形柱础遗迹，内有残留的木柱碳

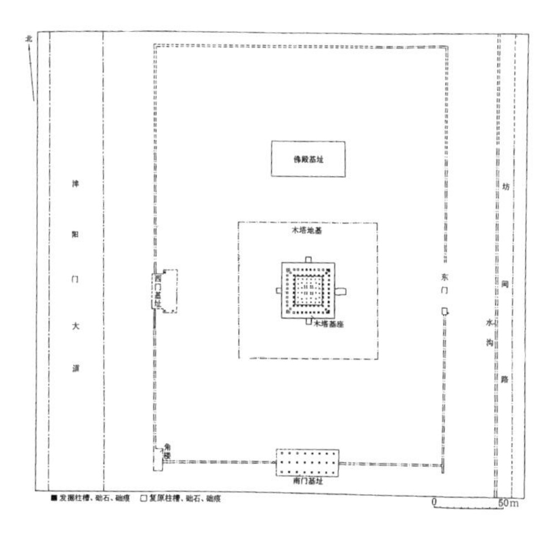

图2-51　北魏洛阳永宁寺遗址总平面图
来源：中国社会科学院考古研究所. 北魏洛阳永宁寺1979-1994年考古发掘报告[M]. 北京．中国大百科全书出版社，1996.

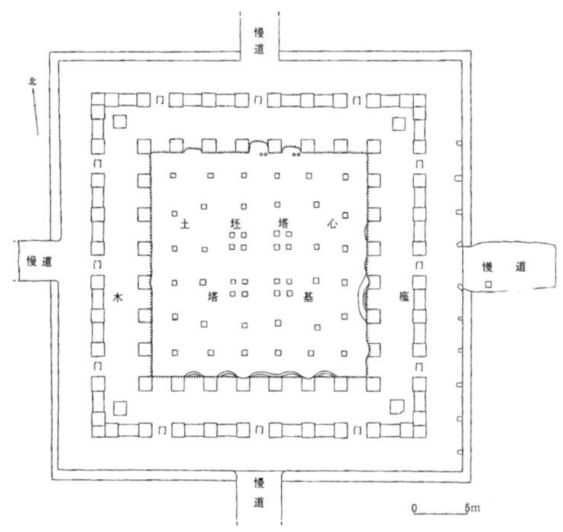

图2-52　北魏洛阳永宁寺塔平面复原图
来源：中国社会科学院考古研究所. 北魏洛阳永宁寺1979-1994年考古发掘报告[M]. 北京：中国大百科全书出版社，1996.

图2-53　北魏洛阳永宁寺塔遗址
来源：中国社会科学院考古研究所. 北魏洛阳永宁寺1979-1994年考古发掘报告[M]. 北京：中国大百科全书出版社，1996.

化痕迹（图2-52、图2-53）。郦道元称塔基方一十四丈，北魏1尺约在25.5～29.5cm之间，十四丈即35.7～41.3m之间，与考古发掘所得的38.2m颇为吻合。若按十四丈等于38.2m折算，那么郦道元记载的塔高四十九丈等于133.7m——中国现存最高的也是世界最高的木塔是山西应县木塔，高度为67.3m，永宁寺塔几乎是其两倍！应县木塔外观5层，永宁寺塔9层，高度为其两倍也合情合理。更重要的依据是同时期的云冈石窟中有不少石刻的佛塔造型，显然是石雕仿木结构佛塔，虽然其细部未必精确，但塔的整体高宽比例不至于太过失真：其中三层塔、五层塔的高度为底层宽度之3倍左右，七层塔、九层塔的高度为底层宽度之5倍左右。另外，著名的北魏曹天度造像石塔（现塔身藏于台北历史博物馆，塔刹藏于朔州崇福寺）同样为方形、9层，简直可以看作永宁寺塔的模型，其高度与底层面阔之比为4倍余（图2-54）。而根据永宁寺塔遗址发掘可知，塔之

图2-54　北魏曹天度造千佛石塔旧影
来源：史树青. 北魏曹天度造千佛石塔[J]. 文物，1980（1）：68-71.

图2-55　北魏洛阳永宁寺塔立面复原图
来源：王贵祥. 关于北魏洛阳永宁寺塔复原的再研究[A]// 贾珺主编. 建筑史（第三十二辑）. 北京：中国建筑工业出版社，2013.

底层宽度约为11.25丈，与49丈之比为1：4.35，与云冈石窟及曹天度石塔比例相符，应该是比较真实可靠的记录；尤其基方14丈，塔高49丈，二者之间还有2：7的精确数学关系，应当是中国古代匠师的常用造型手法。学者依据考古发掘、历史文献以及同时代相关实例，对这座北魏巨构进行了复原推想（图2-55、图2-56）。

欧洲最高的古建筑类型是哥特式大教堂高耸的钟塔和文艺复兴大教堂巨大的穹顶：其中欧洲第一高塔是德国乌尔姆大教堂的钟塔，高161.6m，完成于1890年；德国科隆大教堂双塔高约157m，完成于1880年；世界最高的穹顶则是梵蒂冈圣彼得大教堂的穹顶，由米开朗琪罗设计，高138m，完成于1593年；而中国建成于519年的永宁寺塔竟然使用木材与夯土结构创造了133.7m的高度，早于上述建筑一千余年乃至一千三百余年，其高度超过大量以钟塔高耸入云著称的西方哥特式大教堂，实在是一项“不可思议”的成就。北魏永宁寺塔堪称土木结构建筑中的巴别塔。

除了耸入云霄的外观，永宁寺塔的另一项创造亦对后世影响深远：此前的佛塔除

图2-56 北魏洛阳永宁寺塔复原效果图
来源：王贵祥复原

了第一层开辟室内空间可供信徒礼拜之外，上部皆不可登临；而永宁寺塔内部设有楼梯可供登高揽胜，恢复了中国古代楼阁的功能。《洛阳伽蓝记》称：“装饰毕功，明帝与太后共登浮图；视宫内如掌中，临京师若家庭……衒之尝与河南尹胡孝世共登之，下临云雨，信哉不虚。”

可惜这一中国乃至于世界古代建筑史上的奇迹仅仅存在了18年，于永熙三年（534年）毁于火灾，《洛阳伽蓝记》记载了此塔火灾时惊心动魄的场面：“永熙三年二月，浮图为火所烧，帝登凌云台望火；遣南阳王宝炬、录尚书长孙稚将羽林一千救赴火所；莫不悲惜，垂泪而去。火初从第八级中平旦大发，当时雷雨晦冥，杂下霰雪，百姓道俗，咸来观火，悲哀之声，振动京邑。时有三比丘赴火而死。火经三月不灭，有火入地寻柱，周年犹有烟气。”

对比前文对永宁寺塔高风永夜庄严意境的描写，这段弥漫悲戚之情的文字读来更加令人浩叹。据杨衒之称永宁寺塔掘基时曾得“金像三十躯”，太后胡氏认为大是吉兆，故而“营造过度”，《魏书·释老志》亦称“其诸费用，不可胜计”。北魏皇室倾尽财力物力，殚土木之功、穷造形之巧，建成这座不可思议、骇人心目的木构杰作，却不想一夜之间化为灰烬。这一年，北魏亦告灭亡，用中国人的古话来说真是“气数已尽”。

第三章 南京——六朝旧事随流水

登临送目，正故国晚秋，天气初肃。
千里澄江似练，翠峰如簇。
归帆去棹残阳里，背西风、酒旗斜矗。
彩舟云淡，星河鹭起，画图难足。
念往昔、繁华竞逐。叹门外楼头，悲恨相续。
千古凭高，对此谩嗟荣辱。
六朝旧事随流水，但寒烟衰草凝绿。
至今商女，时时犹唱，后庭遗曲。

——王安石：《桂枝香·金陵怀古》

南京，古时有金陵、秣陵、建业、建邺、建康等多种称谓，曾先后作为东吴、东晋，南朝的宋、齐、梁、陈，南唐、明、太平天国以及中华民国的首都，故而被誉为“十朝都会”（图3-1）。其中，东吴、东晋以及南朝的宋、齐、梁、陈史称“六朝”，因此南京又以“六朝古都”著称于世——正如王安石词云“六朝旧事随流水，但寒烟衰草凝绿”。

南京古城地处长江重要地段，西连荆楚，东接三吴，北临江淮，山水环绕，其形胜被诸葛亮概括为“钟山龙蟠，石城虎踞，此乃帝王之宅也”，自古即为兵家必争之地，素有“东南门户，南北咽喉”之称。

南朝诗人谢朓《入朝曲》诗曰：“江南佳丽地，金陵帝王州。逶迤带绿水，迢递起朱楼。”从此金陵即有佳丽地、帝王州之美誉，如李白即仿此作“苍苍金陵月，空悬帝王州”（《月夜金陵怀古》）。从“金陵”之得名便可见出其作为帝王州之形胜非凡，即所谓具“王气”——《金陵图

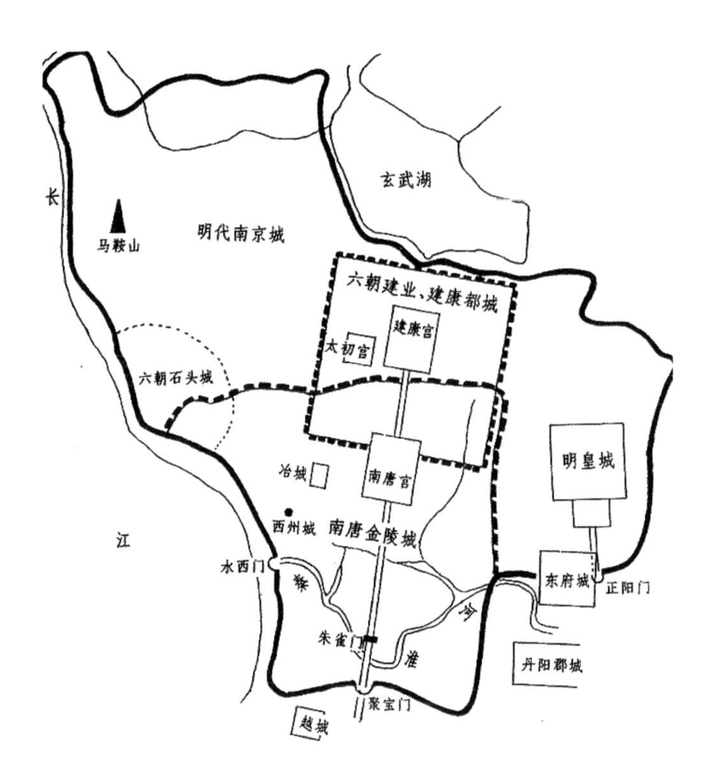

图3–1　南京历代城址变迁图

来源：高树森，邵建光. 金陵十朝帝王州[M]. 北京：中国人民大学出版社，1991.

经》称“昔楚威王见此有王气，因埋金以填之，故曰金陵”，可见早在战国，楚威王已见出此地之王气，因此通过埋下黄金以期达到“厌胜”亦即压制其王气的效果，金陵因此得名。秦始皇同样也得知金陵具王气，他的应对措施则更胜楚威王，“秦并天下，望气者言江东有天子气，乃凿地脉、断连冈，因改金陵为秣陵”，始皇帝不仅通过凿断山冈以泄金陵王气，更将金陵这个富丽的名字改作“秣陵”这一卑贱之名。

抛去神秘莫测的“王气”不论，南京之山川形胜确实在南中国堪为第一。首先来看金陵诸水：古城主要有长江和秦淮河两大重要水系。金陵挟长江之险，万里长江东流至今芜湖天门山一带，于几座山峦耸立之间陡然回转，几近北流，即李白所谓“天门中断楚江开，碧水东流至此回”；长江由天门山至狮子山一带作南北流向，故中原人称此段长江以东地区为“江东”“江左”，大江行至狮子山又复急转而东流。长江为古城外最大的一道天然防御工事，历史上曾建有“石头城”“白石垒”等军事堡垒。秦淮河古名“淮水”，为长江支流之一，曾作为抵御外敌的护城河和滋养生灵的母亲河，经历多次人工改造和水利兴修，对古都南京的军事、经济、社会、文化等诸方面均发生深刻影响。此外，古城内还有玄武湖、莫愁湖等著名湖泊。

再来看金陵诸山。金陵周遭包括内外两层山，内层冈峦拱揖，东自钟山余脉龙膊子，经富贵山、覆舟山、鸡笼山、鼓楼岗，转而向南经过小仓山、清凉山、冶山，直奔而南以收淮水；外层则“逆江而山，以收江水”，北部临江诸山如宝华山、栖霞山、乌龙山、直渎山、幕府山一路西行，至狮子山则折而南行，经马鞍山、四望山、石头山，势接二山[①]，逆江而上，南过冶城山，直抵淮水入江口，在外围呈环护之势，这支山脉跨过秦淮河之后，向南延伸至祖堂山、牛首山，牛首山以北还有著名的聚宝山（即雨花台，为历来文人墨客登临揽胜之佳处）。总体观之，金陵山川对其地呈双重环护格局，外层为大江及逆江诸山，内层则北有连冈拱卫，南有群山来朝，中间秦淮河东西蜿蜒流过，全部山川形势浩浩荡荡，诚为天然屏障，故而李太白盛赞其“地拥金陵势，城回江水流”。王安石词句“千里澄江似练，翠峰如簇”更是道出了金陵山水之壮美。

唐代李纲有言曰“天下形势，关中为上，建康次之”。元明以后的论者则往往以北京代替长安，认为天下形胜北京第一，南京次之。宋人李焘总结道：“秣陵之地，因山为垒，缘江为境，山川形胜，气象雄伟。”当然，也一直有人认为金陵形势“山形散而不聚，江流去而不留”，非帝王之都，并以历代都金陵者难于长久而作为例证，清康熙帝即在《过金陵论》中点出：“金陵虽有长江之险为天堑，而地脉单弱无所凭倚，六朝偏安弗克自振，固历数之不齐，或亦地势使然也。”

以上略论南京作为十朝都会之山川地理条件。下面分别论述古都南京的都城沿革、帝陵、佛寺浮图及园林名胜。

---

① 古城西南的三山和白鹭洲，因李白“三山半落青天外，二水中分白鹭洲”（《登金陵凤凰台》）之千古名句而闻名遐迩。

第一节　都城沿革

早在春秋战国时期，南京作为吴、越、楚三国的接壤地带，即成为兵家必争之地。公元前571年，楚国在今南京六合区设“棠邑”，被认为是南京建城之始。

公元前495年，吴王夫差在此建“冶城”。后越王勾践灭吴，在秦淮河入长江口之南岸（古长干里）筑“越城”（亦名“范蠡城”），以之作为攻打楚国的基地，一直遗留到明清时期。公元前4世纪，楚威王击败越国，在“越城”对岸的石头山建“金陵邑”，并筑城池。此后，秦代在此设秣陵县，汉代则将其作为楚、吴二王之封地。

东汉末年，吴王孙权将都城设在秣陵，将其改称建业，并在故金陵邑的基础上建设石头城，作为城外军事堡垒，南京遂首次成为一代王朝之都城。280年，西晋灭吴，改建业为建邺。西晋末年，为避晋帝司马邺之名讳，又改建邺为建康，此为建康得名之始。

317年，东晋定都建康，在沿用东吴都城的基础上，依据魏晋洛阳城的规划布局进行改建。420—589年间，南朝宋、齐、梁、陈四朝均在建康定都，并沿用东晋都城，略作增改。

隋文帝一统天下后，下令“建康城邑宫室并平荡耕垦”，六朝建康毁于一旦。唐代前期更将金陵降级，称为江宁县或上元县，后期才逐渐恢复金陵州治。

五代时期，杨吴重修金陵重镇，将其建为西都。[①]南唐更再次以金陵为都，改称“江宁府”，南京再次成为江南地区重要的政治、经济和文化中心。南唐建设的金陵古城亦被宋元时期沿用，成为明代南京城的基础。975年，北宋灭南唐。南宋时将“江宁府”改为“建康府”。1275年，元灭南宋，在南京城中设建康总管府。

1368年，明朝定都南京，时称“应天府”。当时的南京成为全国乃至全世界第一大都会，其都城规划深刻影响了此后明北京之规划建设。明迁都北京后的200余年中，南京成为留都，与北京南北相望。

清顺治二年（1645年），南京由留都降为省会城市，但仍为江南重镇。清代后期，太平天国曾于南京建都，称为天京。在太平天国战争中，除去明城墙外，南京城

---

① 杨吴东都为江都府（即今扬州），为其主要都城。

内包括明代宫城在内的绝大部分历史建筑惨遭破坏。

辛亥革命之后，1912年孙中山在南京宣誓成为中华民国临时大总统。1927年，国民政府正式定都南京，此后制定了“首度计划”，大力推动南京城的现代化进程，期间建设的大批优秀近现代建筑成为南京近代史的见证。

综观南京的都城沿革，六朝、南唐和明朝初期为其都城建设的最重要时期，以下分别述之。

一、六朝建康

（一）孙吴建业

南京真正开启“六朝古都”的历程始自三国时期。孙权于孙吴黄龙元年（229年）定都于此，称之为建业，即建基立业之谓也。孙吴都建业使得金陵成为中国在长江以南建立的第一座都城（春秋战国时代诸侯国都城不在此列）。近代学者朱偰称孙吴建业“奠六朝之基础，开江左之局面”。

早在孙权尚未称帝之前，已于建安十六年（211年）由京口（今镇江）迁往秣陵，次年先利用石头山楚金陵邑故城建小城，即后世著名的石头城（其遗迹位于南京城西的清凉山），并改秣陵名为建业，故民间有“先有石头城，后有南京城”之俗谚。石头城虽名曰石头，然而是因山得名，城其实是夯土筑成，局部用木栅，历来为重要的军事据点。《丹阳记》谓其“因山以为城，因江以为池。地形固险，尤有奇势”。刘禹锡名句“一片降幡出石头”即指石头城乃争夺建业的关键，石头城挂起白旗则意味着孙吴投降（图3-2）。

孙权的“将军府寺”则建于石头城东北的平地之上，成为后来东吴建业之雏形。221—229年间，孙权一度建都武昌，至229年重新迁回建业，并于将军府寺外加建宫城，改名太初宫。建业不设北方传统都城的夯土城墙，而是由木栅、竹篱和少量夯土墙形成的城市围护结构，这也一度是后世建康城的一大特点。然而这并不意味着建业防守薄弱，相反，东吴时期分别在城西开运渎（为运秦淮河物资入宫之通道），在城东开青溪，在城北开潮沟，潮沟更经过覆舟山与鸡笼山之间因断裂形成的天然缺口[①]而通入北湖（即后世玄武湖），同时潮沟联通了运渎与青溪，加上城南面的秦淮河，

① 即传说中秦始皇掘断连冈、泄金陵王气之所在。

图3-2 “金陵四十八景”之石城霁雪——南京城西的石头

来源：《金陵四十八景图》(清末长干里客版)

形成了建业四面由水环绕的格局，即所谓“引江潮，接青溪，抵秦淮，西通运渎，北连后湖”。这些水流成为天然城壕，有紧急情况时可以沿河内岸竖起木栅防守，所谓“夹淮立栅十余里”，称作“栅塘”。近年考古发掘中对秦淮河岸边所立木栅遗迹有所发现。

东吴建业实际上成为一座以山水作为屏障而无城墙的都会，迥异于前代都城。因为金陵特殊的地形，西北有长江天堑，南有秦淮河横亘，可以“安大船”“理水军”，而“水军立国”正是孙吴的重大战略，赤壁之战大败曹军也是依靠水军，故与此相应，孙吴建业也一别于北方都城的城墙环绕格局，改作山水为屏。南宋人周应合的《景定建康志》高度概括了孙吴建业的规划特色：“石头在其西，三山在其西南，两山可望而挹大江之水横其前；秦淮自东而来，出两山之端而注于江，此盖建邺之门户也。覆舟山之南，聚宝山之北，中为宽平宏衍之区，包藏王气，以容众大，以宅壮丽，此建邺之堂奥也。自临沂山以至三山围绕于其左，直渎山以至石头，溯江而上，屏蔽于右，此建邺之城廓也。玄武湖注其北，秦淮水绕其南，青溪萦其东，大江环其，此又建邺天然之池也。形势若此，帝王之宅宜哉。”

吴赤乌十年（247年），孙权在故将军府基础上改扩建太初宫，并且出于节省的目的，使用了武昌旧宫殿的木材。太初宫规模仅为周回三百丈（一说五百丈），占地不足5万m^2，仅相当于今天北京故宫的十五分之一，尚不及汉长安未央宫的百分之一。太初宫东北的苑城（为御花园及皇宫卫队营地）倒是广大许多，孙权常于苑中与诸将习射，苑中还设有仓城，今南京地名有“仓巷”即因直通苑仓而得名。东晋、南朝建康著名的“台城”即因袭东吴苑城旧址。吴宝鼎二年（267年），后主孙皓在太初宫东北的苑城中新建昭明宫，昭明宫在历史上以奢华著称，《江表传》称“破坏诸营，大开园囿。起土山楼观，穷极伎巧，功役之费以亿万计”。

东吴建业城周长二十里十九步（有学者推测其长五里、宽四里），苑城大门外大道称作“苑路”，直通建业城南门（俗称白门），南门外大道通向秦淮河转弯处，上架南津大桥，亦名朱雀桥，形成东吴建业的南北中轴线。《景定建康志》载：“天纪二年（278年）修百府，自宫门至朱雀桥，夹路作府舍。又开大道，使男女异行。夹道皆筑高墙，瓦覆，或作竹藩。”可见中轴线御街两侧布置大量官署，《吴都赋》亦有“列寺七里，侠栋阳路。屯营栉比，解署棋布”之句，说明建业已经初步形成后世都城中轴线御街两侧对称布置衙署的雏形。

秦淮河上朱雀桥（亦称朱雀航）为浮桥形式。宋人马野亭诗曰“六朝何处立都城？十里秦淮城外行。上设浮航如道路，外施行马似屯营”——其中所谓“行马”即指交叉木条形成的栅栏，此诗堪称建业城南秦淮河朱雀航浮桥与“栅塘”之生动写照。

建业的居住区则主要集中在南门外至秦淮河的地段，而不在城内，以后又发展到秦淮河南岸，其中以大小长干里最著名。建业之大市则位于秦淮河南岸朱雀桥西。

（二）建康繁华

西晋建兴元年（313年）因避晋愍帝司马邺之名讳，改建业为建康。东晋南渡之后，在名相王导、谢安主持的陆续营建之下，建康颇具规模。南朝宋、齐、梁、陈四朝皆沿用东晋建康且不断加以崇饰。自建武元年（317年）东晋立国起，至陈后主祯明三年（589年）隋灭陈为止，建康作为中国南半部东晋、南朝都城历时272年，向来以繁华秀丽、人文兴盛著称。

东晋名臣王导、谢安曾先后作为东晋建康规划建设之主导者。南朝建康城中央为台城宫室，北临玄武湖，向南出宫殿正门大司马门，经中轴线御街（亦称驰道）出都城南门宣阳门，可直抵秦淮河北岸的朱雀门，秦淮河两岸为建康最繁华之所在。城市

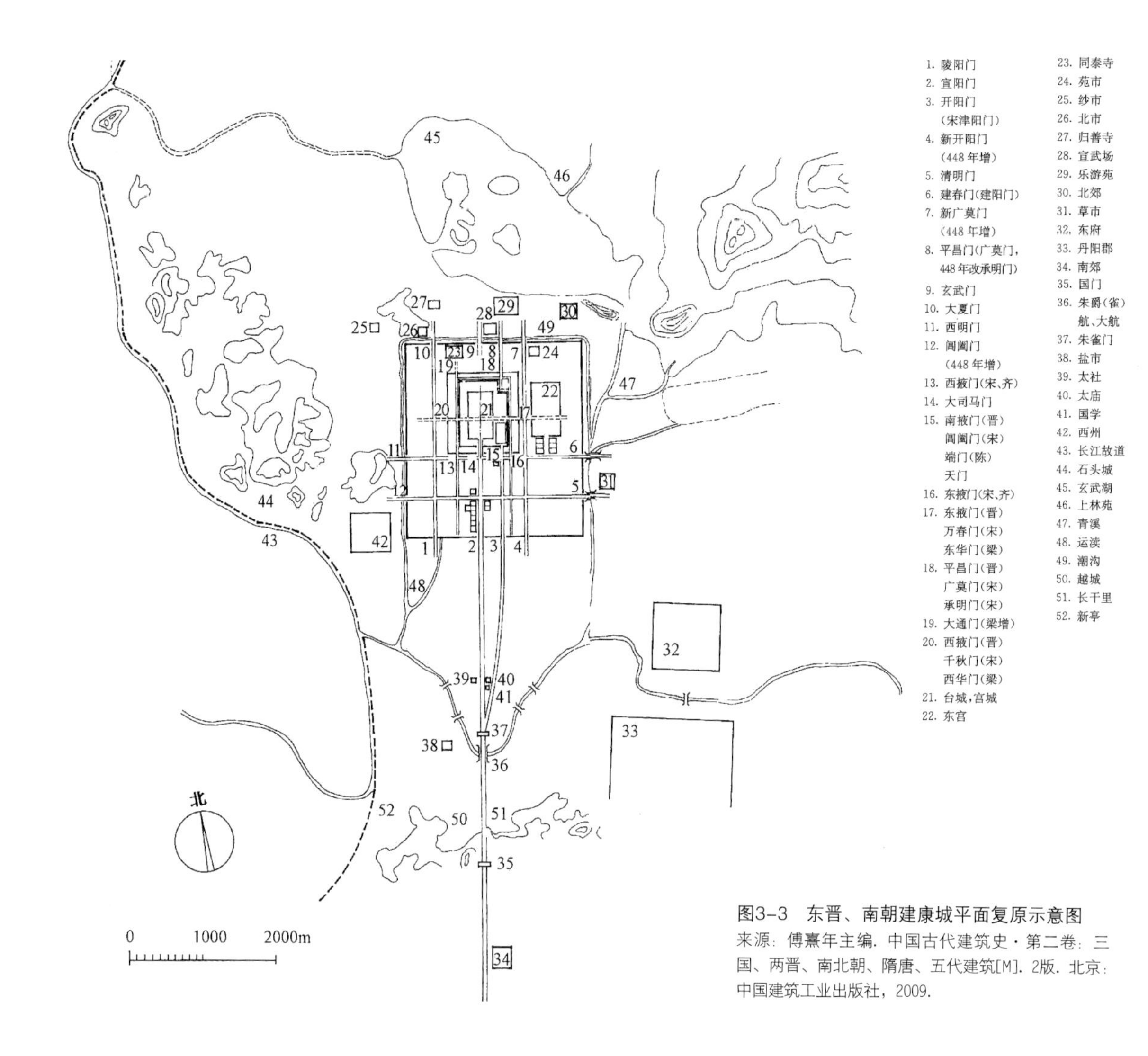

图3-3 东晋、南朝建康城平面复原示意图

来源：傅熹年主编. 中国古代建筑史·第二卷：三国、两晋、南北朝、隋唐、五代建筑[M]. 2版. 北京：中国建筑工业出版社，2009.

中轴线继续跨过秦淮河上的朱雀航浮桥，一路延伸至南郊“望国门”（梁武帝时所建，象征都城之大门），最终融于今中华门以南二十里外的牛首山“天阙”之间，无比壮伟宏阔（图3-3）。

1.台城宫阙

东晋立国之初因陋就简，设宫殿于吴太初宫旧址，正殿虽沿用魏晋洛阳宫正殿“太极殿”之名，实则仍是将军府舍正厅之规制。晋元帝一度曾欲在宫门外建双阙以符合汉魏宫殿体制，名相王导却巧妙地避免了这样的大兴土木，而是引导皇帝至建康城南门宣阳门外，遥指南面正对的牛首山双峰，称之为“天阙”（自此牛首山亦名天阙山）——这实际上也继承了秦阿房宫规划“表南山之巅以为阙”的都城规划与自然山水相结合的传统。[①]

330年，在王导主持下开始了建康宫殿、城门、御道之建设。

建康宫殿在吴太初宫东面，依吴之苑城建造，称建康宫，亦称显阳宫，后世则称之为“台城”。[②]宫城周长八里，开五门，南面二门，主门居中，名大司马门，一如汉代传统。门内正对主殿太极殿，门外正对建康南门宣阳门（由建业之白门改）——太极殿、宣阳门皆沿袭魏晋洛阳旧名。

孝武帝太元三年（378年），名相谢安主持大修宫殿。谢安曾有言曰“宫室不壮，后世谓人无能”，这与萧何营建未央宫时对刘邦说的“天子以四海为家，非令壮丽无以重威”如出一辙。谢安主持重建宫室三千五百间，尤其新建台城主殿太极殿，长二十七丈，宽十丈，高八丈；太庙正殿十六间，脊高八丈四尺，都是建康的大型建筑。同年于朱雀航浮桥北侧重修朱雀门，有三座门道，上建重楼，门上饰以双铜雀及木雕龙虎。朱雀门北对宣阳门，南临秦淮河朱雀航，为建康中轴线上又一壮丽标志。经王、谢两代名相经营，东晋建康从孙吴建业的奠基阶段走向成形，此后南朝宋、齐、梁、陈四朝基本沿袭东晋都城，并加以踵事增华。

南朝开始，台城宫室开始呈现奢侈绮丽之风。宋孝武帝刘骏大修宫室，“更造正光、玉烛、紫极诸殿，雕栾绮节，珠窗网户，……竭四海不足供其欲”。齐后期主要在后宫大肆营建，著名者有仙华、神仙、玉寿诸殿，以侈靡彰于史册。梁代是建康宫室发展的鼎盛时期，梁天监七年（508年）在宫城正门大司马门外建神龙、仁虎二阙。汉魏都城宫阙都是夯土高基上建木结构阙楼，然而南方多雨，不宜建土阙，故梁代建康宫阙建石阙两座，饰以精美雕刻，史载其“镌石为阙，穷极壮丽，奇禽异羽，莫不毕备”，双石阙建成后，扬名四海，成为建康城的标志。至宋代石阙尚存，据宋人《六朝事迹编类》载，石阙“在台城之门南，高五丈，广三丈六寸，梁武帝所造”，由此可知石阙高约15m，宽约9m——可惜今天建康石阙早已不存，然而通过下文南朝陵墓石刻遗存的高超艺术造诣，不难遥想建康宫阙的旧日辉煌。天监十年（511年）

① 这项传统在之后的隋唐洛阳规划、唐高宗与武后的乾陵、明北京的十三陵都得以继承和发挥，隋唐洛阳南北中轴线向南延伸至龙门伊阙；而唐乾陵、明十三陵皆是借助自然山体作为进入陵寝的天然双阙。

② 关于台城遗址的位置，至今仍是困扰学术界的一大难题，鸡鸣寺后现有的“台城”城墙，为明代废弃城墙，并非六朝台城之遗迹。据近年来的考古发现，南京大行宫及总统府附近有大量的道路、排水沟、河道等遗迹，被认为是台城遗址的核心地区。现南京图书馆内保护着台城中轴线砖路和拐角砖包城墙，六朝博物馆内保护着台城原址夯土城墙、包砖墙、护城壕等大量建筑遗物。参见：段智钧．古都南京 [M]. 北京：清华大学出版社，2012.

又将宫城各门楼由二层改为三层；天监十二年（513年）将正殿太极殿由十二间增为十三间，将太极殿及两侧东、西堂以带花纹的锦石铺砌。建康台城宫室在梁末侯景之乱中惨遭涂炭，陈朝虽予以重建，所谓“盛修宫室，无时止休”，但始终未能恢复南朝元气（图3-4、图3-5）。

史载台城四周沿着城壕内侧种橘树，宫墙内侧种石榴，殿庭和各省等办公机构种槐树。在宫城大司马门以南至朱雀门的御街两侧皆种垂杨与槐树。唐韦庄著名诗句“无情最是台城柳，依旧烟笼十里堤”，描绘出唐时六朝台城废址之意境。

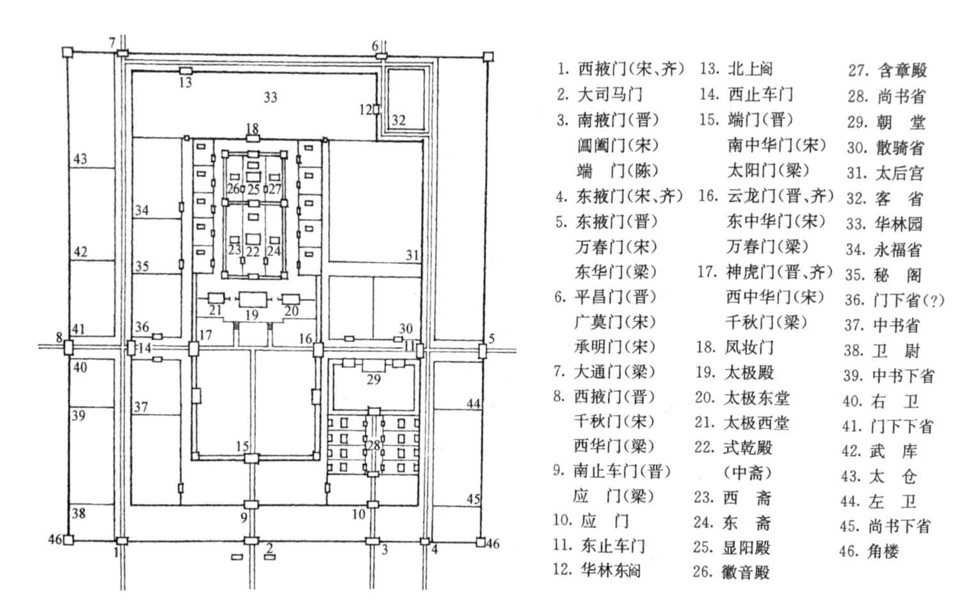

图3-4 东晋、南朝建康宫城平面复原示意图

来源：傅熹年主编. 中国古代建筑史·第二卷：三国、两晋、南北朝、隋唐、五代建筑[M]. 2版. 北京：中国建筑工业出版社，2009.

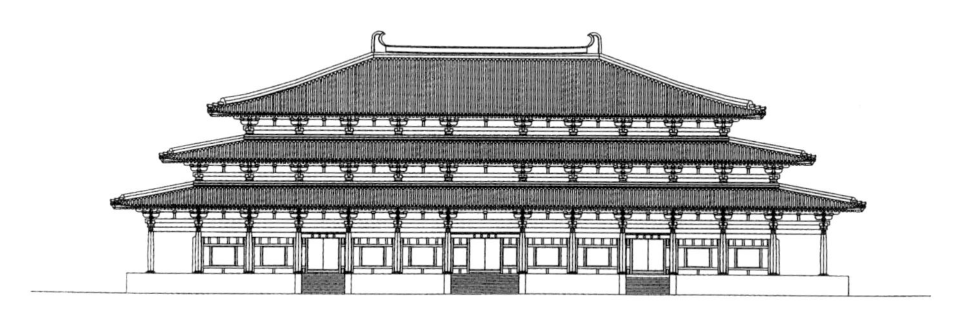

图3-5 南朝梁宫城太极殿立面推想图

来源：王贵祥. 消逝的辉煌：部分见于史料记载的中国古代建筑复原研究[M]. 北京：清华大学出版社，2017.

需要指出的是，近代许多人把玄武湖南岸一段旧城墙误作“台城”，然而其实该段城墙是朱元璋所筑明城墙的一段废墙，与目前学者们普遍认同的台城位置（即今大行宫一带）相距颇远。

2.藩篱墙门

东晋建康一如孙吴建业，没有土筑城墙，而是竹篱代墙，称作“藩篱”，城门则称“篱门”。城周长二十里十九步（有学者推测是东西四里、南北六里的长方形平面），远较两汉都城长安、洛阳为小。建康设六座城门，南面三门，东面二门，西面一门，其中东面建春门与西面西明门之间形成全城的东西主干道，横过宫城（台城）之前。

南朝齐高帝建元二年（480年）终于把建康的竹篱墙改作土筑城墙，这是南齐一代对建康城最大规模的改建。南朝时期又进一步将东晋建康六座城门增至十二座。城内干道为南北向六条，东西向三条。

建康外围还有两道防线：其中外层为竹篱一道，史载有五十六座篱门，类似外郭，但无郭墙；内层为临时性的栅栏，东临青溪，南临秦淮河，西临长江，北临玄武湖，有警时在内岸树栅守卫，称作“栅塘”。

3.中轴规划

建康都城规划的最大手笔是中轴线规划，比之西汉长安、东汉洛阳的宫殿林立但各自为政不同，建康以单一宫城作为统率全城的枢纽，以宫城的南北中轴线作为全城的南北中轴线，中轴线沿台城、御街（亦称“驰道”——李白有“绿水绝驰道”之句）向城外延伸至朱雀门，再跨过秦淮河上的朱雀航至南郊越城之东新建的“望国门”（梁武帝时期所建，象征都城之大门），最终融于今中华门以南二十里外的牛首山“天阙”之间，可谓无比壮伟宏阔。《世说新语》作者刘义庆有《登景阳楼诗》曰“象阙对驰道，飞廉瞩方塘。邸寺送晖曜，槐柳自成行。通川溢轻舻，长街盈方箱”，沿中轴线由近及远勾画出一幅南都建康壮阔的鸟瞰图卷。有趣的是这条中轴线并非正南正北方向，而是呈南偏西25°，其中原因有学者认为是与建康地理形胜有关，其方向大致与建康西侧山脚之走向相一致，同时将宫城大司马门、秦淮河朱雀航及牛首山双峰（天阙）连成一气，可谓设计结合自然之经典实例。

宫城居于中轴线之北，后接后苑、北湖（玄武湖），府库居宫城东西侧，官署于中轴线御街两侧，包括鸿胪寺、宗正寺、太仆寺、太府寺等；《图经》号称郭璞为宗庙、社稷卜定位置，位于宣阳门外左右——“晋初置宗庙，在古都城宣阳城外，郭璞卜迁之。左宗庙、右社稷”。太庙南侧后世又陆续建造太学、明堂等礼制建筑，不断加强中轴线上的庄严气氛。

建康居住区沿袭吴旧，仍在秦淮两岸，并越来越向南拓展。东晋王、谢等巨族都居于秦淮河朱雀桥畔的乌衣巷，唐代刘禹锡有“旧时王谢堂前燕，飞入寻常百姓家”的脍炙人口的名句。城东的青溪以东及城北的潮沟东北自晋初以来逐渐成为王侯显贵的居住区，这些宅第临水而筑，充满诗情画意，亦是北方都城所难得一见的景象。

秦淮河为建康命脉。由西南长江上游所来贡赋财货由石头城南的秦淮河口入河，江北财赋由京口（镇江）经破岗埭从东南入秦淮河，而东南方三吴财赋亦于破岗埭集中，经方山入秦淮。于是秦淮两岸码头、货栈、市肆林立，船舶穿梭，史载“贡史商旅，方舟万计”。大市、小市密布秦淮沿岸，《隋书·食货志》称“淮水北有大市百余，小市十余”。河上有浮桥二十四座，其中丹杨航、竹格航、朱雀航、骠骑航并称“四航”，平时兼通行人与船舶，遇警时断航并沿两岸树栅防卫——故此秦淮河既是建康的经济动脉、防守城壕，又是最繁华兴盛的居住与商业中心区，乃是六朝人文风采诞生与流布之渊源。

可惜隋灭陈后，隋文帝杨坚下令“建康城邑宫室并平荡耕垦”，至此这座自东吴开始，历经三百余年赓续经营、踵事增华的六朝名都遂遭彻底毁灭。刘禹锡有《台城》诗咏昔日宫阙繁华：“台城六代竞豪华，结绮临春事最奢。万户千门成野草，只缘一曲后庭花。”明人顾起元《客座赘语》中感慨道：“自吴至梁、陈，宫阙、都邑相因不改。隋文平陈，诏建康城池，并平荡耕垦，而六朝都邑、宫室之迹尽矣！”

从孙吴黄龙元年（229年）至南朝陈后主祯明三年（589年）陈为隋所灭，前后361年，除去西晋之外，六朝都于金陵共计321年。

二、南唐金陵

唐末五代时期，杨吴和南唐再次选择南京作为都城。南唐时期，依托江南丰饶的物产资源和优越的自然条件，南京古城再次获得发展契机，逐渐恢复往日繁华，迎来城市史上的又一次高潮。

与六朝建康相比，南唐国都在选址上南移，都城城墙周回二十五里四十四步，城墙高二丈五尺，城门八座；宫城大致呈方形，周回四里左右，开东、南、西三门，共有建筑2400间，内有昇元殿、雍和殿、昭德殿、百尺楼等殿阁。明人顾起元《客座赘语》卷一中“南唐都城”条描述如下：“南唐都城，南止于长干桥，北止于北门桥。盖其形局，前倚雨花台，后枕鸡笼山，东望钟山，而西带冶城、石头。四顾山峦，无不攒簇，中间最为方幅。而内桥以南大衢直达镇淮桥与南门，诸司庶府，拱夹左右，垣局翼然。当时建国规摹，其经画亦不苟矣。”

根据相关考古研究，南唐都城的范围东在大中桥、复成桥沿线，西至水西门、汉西门区域，南至中华门，北至珠江路和广州路一带。[①]南唐国都的城市格局一直沿用到宋元时期，奠定了南京后期城市建设的基础（图3-6）。

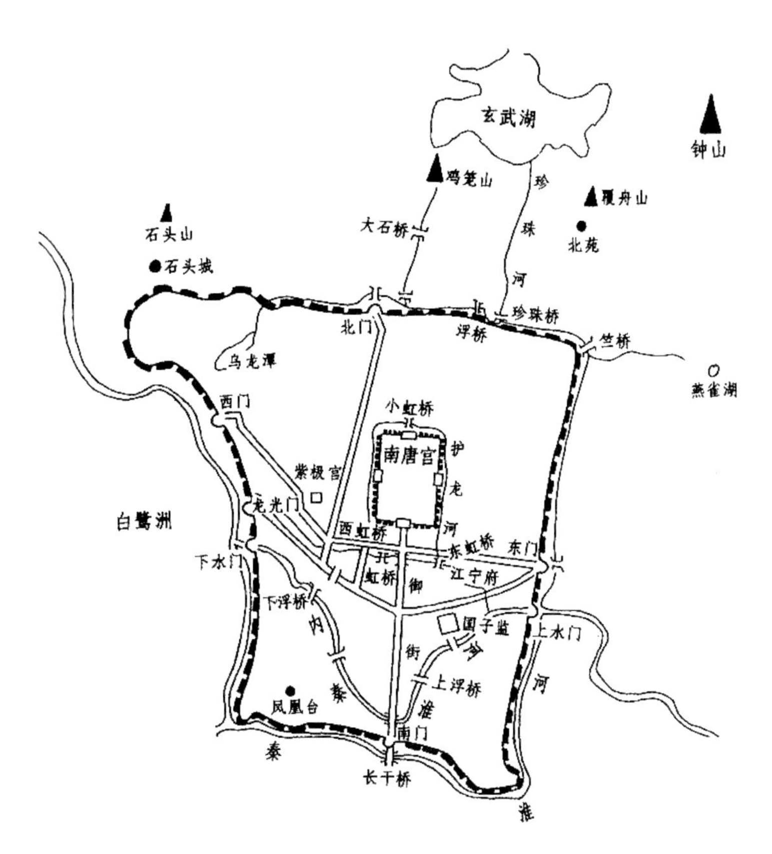

图3-6　南唐江宁府城图

来源：高树森，邵建光. 金陵十朝帝王州[M]. 北京：中国人民大学出版社，1991.

① 参见：段智钧. 古都南京 [M]. 北京：清华大学出版社，2012.

三、明都南京

从明太祖洪武元年（1368年）至成祖永乐十九年（1421年），南京均作为明朝都城，共计53年，这是南京历史上第一次作为大一统中国之首都。洪武八年（1375年）朱元璋放弃了在临濠（今安徽凤阳）建设明中都[①]的工程，定南京为京师，开始了大规模营建，历二十余载，修筑城墙、疏浚河道、新建皇宫，营造寺观、庙宇、营房、民舍、街衢等。至朱元璋去世前，南京大局已成，人口达一百多万。[②]

明南京一共有四重城墙，由内而外分别是宫城、皇城、京城和外郭（图3–7）。

（一）京城与外郭

京城又称内郭城，系在南唐都城的基础之上东扩至钟山西南麓，同时向西北方向延伸，将玄武湖、内秦淮河等重要水系纳入城内，大大扩展了都城规模，《明太祖实录》记载为59里，实测城墙周长33.68km。此外，明南京的建设充分吸取南唐教训，将石头山、狮子山等制高点纳入城中，从而获得有利的军事条件。

京城墙共设十三座城门，分别是正阳门（今光华门）、通济门、聚宝门（今中华门）、三山门（今水西门）、石城门（汉西门）、清凉门、定淮门、仪凤门（兴中门）、钟阜门（小东门）、金川门、神策门（和平门）、太平门、朝阳门（今中山门），各门均有城楼，重要的城门设瓮城一至三道。现仅存聚宝门、石城门、神策门、清凉门和重修的朝阳门。

南京明城墙始建于元至正二十六年（1366年），竣工于明洪武十九年（1386年），前后耗时约20载。城墙基础由石灰岩和花岗岩条石砌筑，墙体由黄土、砾石等填充，大城砖或条石两面贴砌（从朝阳门到太平门西一线则全用城砖砌筑），高度在14～21m之间，个别因山增筑的部分可高达60m。城基宽度在14～25m之间（图3–8、图3–9）。十三道城门中，正阳门为京城正门，内外均有瓮城，是中国城墙建筑史上的独创之举；通济门是占地规模最大的城门，内有三座瓮城，呈现鱼腹形结构，内部结构复杂（图3–10）。

---

① 明太祖朱元璋曾于洪武元年（1368 年）八月下诏“以金陵为南京，大梁为北京，朕以春秋往来巡守”，此为南京得名之始。朱元璋甚至于洪武二年（1369 年）九月“诏以临濠为中都……命有司建置城池、宫阙如京师之制”（《明太祖实录》），后来于洪武八年（1375 年）四月诏罢中都役，此后才下定决心建设南京为都城。参见：潘谷西主编．中国古代建筑史・第四卷：元、明建筑 [M]. 2 版．北京：中国建筑工业出版社，2009：27.

② 参见：潘谷西主编．中国古代建筑史・第四卷：元、明建筑 [M]. 2 版．北京：中国建筑工业出版社，2009：27.

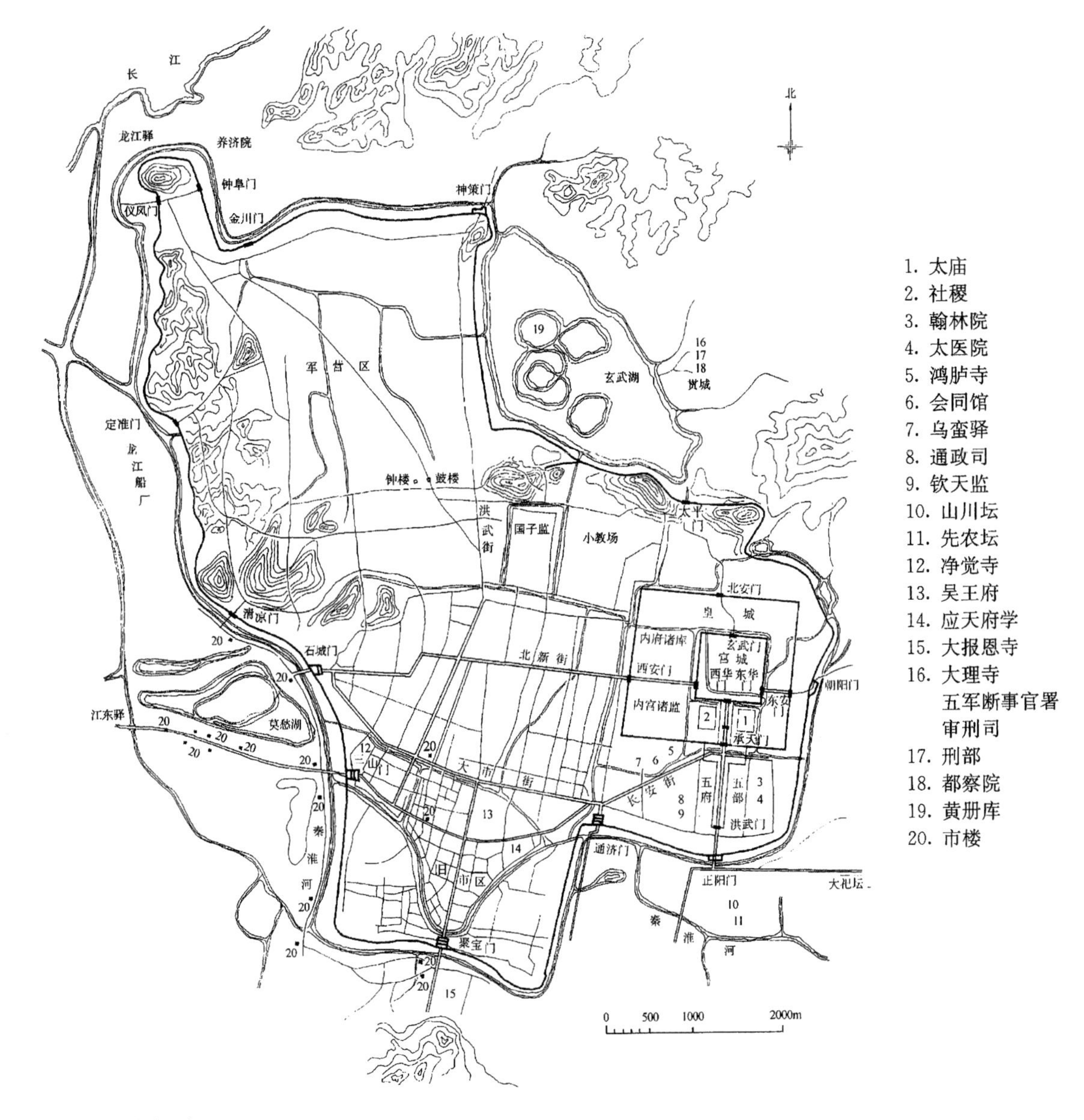

图3-7　明南京城复原图

来源：潘谷西主编. 中国古代建筑史·第四卷：元、明建筑[M]. 2版. 北京：中国建筑工业出版社，2009.

图3-8　明南京神策门瓮城城墙
来源：王南摄

图3-9　明南京神策门城墙城砖（上面带有不同年代题记）
来源：王南摄

图3-10　明南京通济门及瓮城旧影
来源：南京市明城垣史博物馆编．城垣沧桑：南京城墙历史图录[M]．北京：文物出版社，2003．

聚宝门（今中华门）是京城的正南门，保留至今，规模仅次于通济门，也是现存保护最完好、结构最复杂的城门。聚宝门多重瓮城、登城马道、屯兵洞等显示了其完备的城防功能（图3-11～图3-16）。城北的神策门及曲尺形平面瓮城也保存较完好，现存城楼改建于清光绪十八年（1892年），其防御性能优良，在清代也曾极大地发挥着捍卫南京城的作用（图3-17、图3-18）。至于城墙遗存，则成为难得的“发思古之幽情”的去处，意境最佳者为鸡鸣寺、北极阁附近一段城墙——漫步这段城墙之上，北望玄武湖长堤，尤其在江南烟雨朦胧之时节，确乎有“依旧烟笼十里堤”之感（图3-19～图3-21）。

图3-11　南京聚宝门（中华门）及瓮城俯瞰
来源：王南摄

图3-12　南京聚宝门（中华门）
来源：王南摄

图3-13　南京聚宝门（中华门）重重拱门
来源：王南摄

图3-14　南京聚宝门（中华门）千斤闸门洞遗存
来源：王南摄

图3-15　南京聚宝门（中华门）藏兵洞内景
来源：王南摄

图3-16　南京聚宝门（中华门）瓮城藏兵洞外观
来源：王南摄

图3-17　明南京神策门及瓮城
来源：王南摄

图3-18　明南京神策门城楼及马道
来源：王南摄

图3-19　由南京明城墙望鸡鸣寺
来源：王南摄

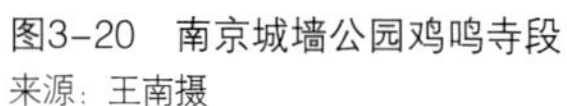

图3-20　南京城墙公园鸡鸣寺段
来源：王南摄

图3-21　由南京明城墙望玄武湖
来源：王南摄

外郭为防御外敌而修建，为土筑，全长约50余公里，高度在8～10m左右，利用南京自然山形水系，呈现不规则式布局，平面大致呈菱形，将南京东面的紫金山，西面长江口的狮子山，北面的幕府山、玄武湖，南面的聚宝山等均纳入其中，大大增强了南京的军事防御能力，同时弥补了皇城和宫城地理位置偏东的缺陷（皇城、宫城大致位于外郭中心）。外郭共开设十八门，可惜无一处的城门保留下来，仅城门之名称作为地名得到延续。

值得一提的是，明南京都城和外郭形状依据南京的自然地势和水系，呈现不规则式布局，充分体现出《管子》一书中提出的“城郭不必中规矩”的因地制宜的规划思想。

（二）皇城

明南京皇城位于都城东部，环绕宫城而建。据《明太祖实录》，于洪武六年（1373年）六月诏留守卫指挥司修筑，周长2571.9丈，今天实测遗址周长7.4km。

皇城四面各设一门，包括南面正门承天门（地位相当于北京天安门）、东安门、西安门及北安门。以正阳门（京城正门）、洪武门、承天门（皇城正门）、午门（宫城正门）形成南北中轴线。中央官署（五府五部等）分列洪武门与承天门之间的“T”

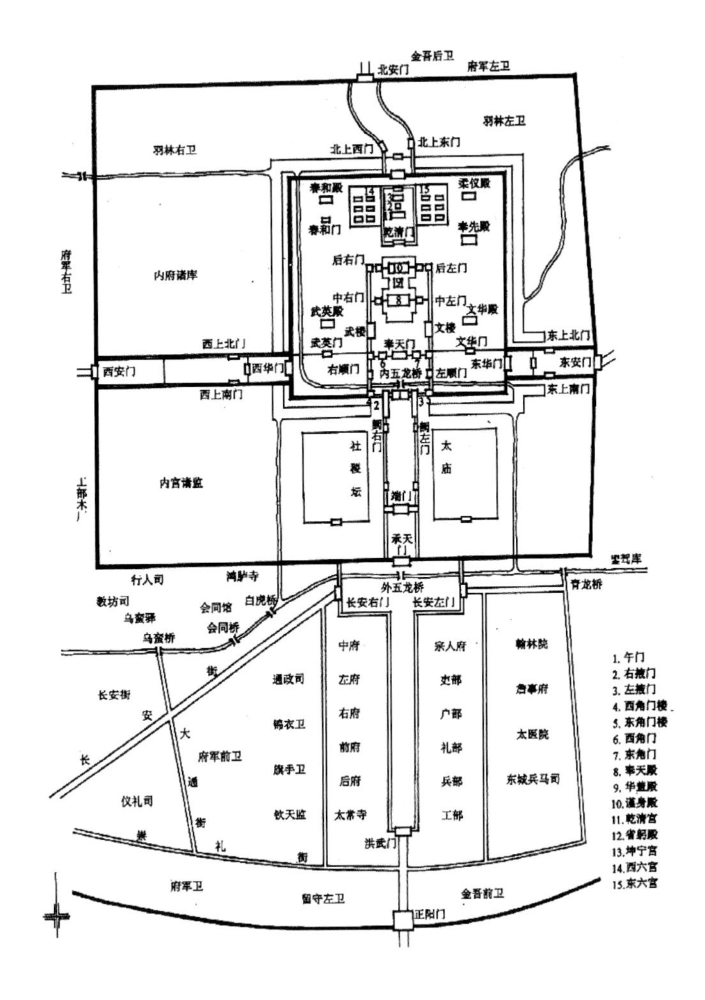

图3-22　明南京皇城平面复原示意图

来源：潘谷西主编. 中国古代建筑史·第四卷：元、明建筑[M]. 2版. 北京：中国建筑工业出版社，2009.

字形千步廊广场东、西两侧。依“左祖右社”格局布置太庙、社稷坛。此外，布署为宫内服务的内宫诸监、内府诸库和御林军（图3-22）。

（三）宫城（紫禁城）

宫城称紫禁城，于钟山之阳择新址而建（今中山门内御道街一带），背山（以钟山的“龙头”富贵山作为镇山）面水（秦淮河），规模数倍于六朝宫室，也成为后来北京紫禁城规划建设之蓝本。

宫城的选址，据《明太祖实录》，是元至正二十六年（1366年）朱元璋“命刘基等卜地，定作新宫于钟山之阳”。而之所以在六朝、南唐古城的东面另辟新宫，据《明会要》记载，跟朱元璋忌讳“六朝国祚不永”有关。

宫城现存东、北、西三面护城河，南面护城河仅余东西两侧一段。[①]现存护城河外沿外包含的范围，东西宽850m，南北深807m，据此可推测宫城东西宽790m，南北深750m，规模小于北京紫禁城。[②]

共设六门，南面三门，分别是宫城正门午门及左、右掖门；东、西、北各开一门，即东华门、西华门和玄武门。建筑群布局沿用了传统的“前朝后寝”规制，沿中轴线依次建午门、内五龙桥、奉天门、前朝三大殿（奉天殿、华盖殿、谨身殿）、乾清门、后两宫（乾清宫、坤宁宫，建文年间于两宫之间修建省躬殿）以及玄武门。中轴线东路建有文华殿、文楼、东六宫等建筑，西路建设有武英殿、武楼、春和殿、西六宫等建筑。

明成祖朱棣迁都北京后，南京宫室仍存旧制但“任其颓敝”，逐渐有所损坏。清初南京被攻占后，南京明故宫被改建为八旗驻防城（即满城），遭到一定破坏，至清康熙帝南巡时所见的明故宫愈发颓败，遂作诗咏之曰“宫墙断缺迷青琐，野水湾环剩玉河”。[③]

太平天国建都天京时，明故宫又被拆毁很多，几乎变成了一片废墟。1928年以后，在明故宫空旷的遗址之上又修建了机场，还开辟了一些城市主干道，残存的遗迹已经很少了。现明南京故宫遗址仅存有午门城台、内外五龙桥、东西华门城台以及一些殿宇的台基、柱础等遗物（图3-23）。

图3-23　南京明故宫午门遗址
来源：王南摄

① 明南京紫禁城巧妙利用原东渠作为皇城的西城隍，将午门以北的内五龙桥、承天门以南的外五龙桥和宫城护城河与南京水系相互连通。

② 参见：潘谷西主编．中国古代建筑史·第四卷：元、明建筑 [M]．2 版．北京：中国建筑工业出版社，2009：113.

③ （清）圣祖仁皇帝御制文集·卷四十·金陵旧紫禁城怀古 [M].

第二节　帝王陵寝

一、六朝遗石

南京与东北郊栖霞山之间的大道旁，散布着不少南朝陵冢。此外镇江附近的丹阳、南京东南面又各有南朝帝陵、王墓多处，总体包括南朝帝陵、王墓不下三十余处，为六朝建康最重要之建筑遗存。①

南朝各代历时俱短，其中宋六十年，齐二十四年，梁五十六年，陈三十三年。尽管如此，各代陵墓却均有留存，且颇有规律可循：其中宋、陈帝陵居于建康周围，呈散点状分布，除了西面因紧邻大江无法建陵之外，北、东、南三面皆有分布。齐、梁帝陵则齐聚于丹阳。此外，梁代诸王墓留存不少，大都集中于建康周边，尤其是南京与栖霞山之间的大道旁，呈小规模聚集之态，为仅次于丹阳帝王陵区的第二大集群（图3–24）。

南朝陵墓形制大同小异，选址大都是位于风水极佳的山麓，南京当地人称作“冲”，如狮子冲、石马冲之类，即山前的缓坡。陵墓往往背靠大山，左右又有小山环拱，建封土于山前缓坡之上，前为开阔平地。陵墓封土规模不大，据记载均在两丈左右，有的仅一丈余，现存齐和帝萧宝融陵、齐东昏侯萧宝卷陵及陈宣帝陈顼陵的封土，高仅8～10m的规模，远不及汉代帝王封土。封土之下为地下墓室，不再是秦和西汉古朴的土圹木椁墓，而是砖砌的墓室，但规模亦仅有几十平方米，不算宏敞，其多为一室一甬道，亦不如汉代陵墓前后室、东西耳室带回廊等空间丰富。陵墓多为坐北朝南或坐西朝东，但有时根据地形偏转一定角度，不拘泥于正方位，偶也有因地制宜而呈坐南朝北者，总之更注重整体山水环境而不拘泥于朝向。封土前均有长长的神道，长度约400～1000m，宽度约二三十米，神道以一对相对而立的石兽作为起点。据文献记载，封土之前还有享殿、陵门、门阙等建筑，可惜此类建筑均已无存。

南朝陵墓虽然封土及墓室规模皆远不及两汉，但却着力于神道石刻及墓室壁画之精雕细琢。南朝诸陵地面上最主要的功夫都花费在神道之上。南朝四朝之中以梁代陵墓神道形制最为完善，大都设有石兽、石柱、石碑，其余各朝则仅有石兽（史载刘宋陵墓前有阙表之类，但未发现实物遗存）（图3–25）。《读礼通考》称：“秦汉以来，

---

① 关于六朝帝陵之详细讨论，可参见拙作：王南．六朝遗石 [M]. 北京：新星出版社，2018.

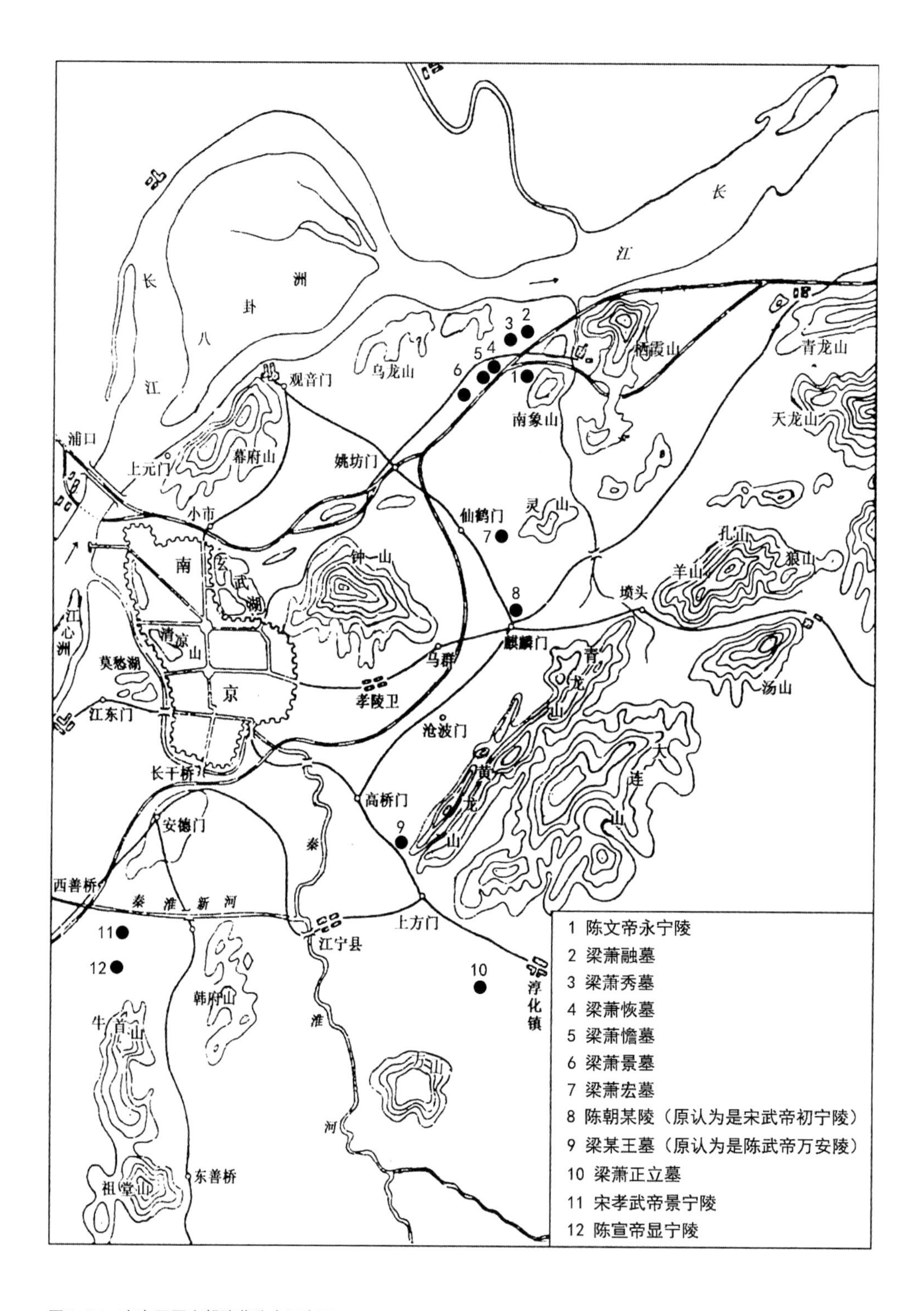

图3-24　南京周围南朝陵墓分布示意图

来源：据《六朝帝陵》插图改绘

图3-25　梁南康简王萧绩墓神道全景，可见辟邪一对、石柱一对
来源：（美）巫鸿著. 中国古代艺术与建筑中的“纪念碑性”[M]. 李清泉，郑岩等译. 上海：上海人民出版社，2008.

帝王陵前有石麒麟、石辟邪、石马之属，人臣墓前有石羊、石虎、石人、石柱之属，皆所以表饰故垄，如生前之仪卫耳。”

（一）石兽

南朝陵墓神道仪仗队的第一对成员是石兽一对。总体看来南朝陵墓石兽可分作两大类：第一类专列于帝王陵前，成对出现，其中一只双角，一只独角；第二类则列于诸王墓前，头上无角，造型酷似狮子。目前学界较多采用近代学者朱偰的命名法：将王墓前状若狮子者定为“辟邪”，将帝王陵前单角者定为“麒麟”，双角者定为“天禄”，本书也继续采用该说。

下面先来看帝陵前的天禄与麒麟，南京栖霞山西南狮子冲的陈文帝永宁陵前双石兽为其典型代表（图3-26、图3-27）。南朝天禄与麒麟体量巨大，身长可达3m余（陈文帝永宁陵天禄身长3.11m，高3m；麒麟身长3.19m，高3.13m），造型亦十分遒劲有力：昂首、引颈、挺胸，作朝天怒吼之状，四腿中两条向前迈出，颇有闲庭信步之雄姿，后尾极长，以至于在地上呈一圈圈盘曲之优美造型。石兽生有双翼，其双翼前部为鳞，后部为羽，兽脊有通贯首尾的连珠状雕饰，身上亦颇多优美的曲线形纹饰，卷曲如钩云纹，用双钩“压地隐起”（即浅浮雕）的阳线表现，既可看作是对神兽鬃毛的写意，亦可完全当作雕饰欣赏，使得巨大生猛的石兽，细看时又显得华贵俊逸。

再看辟邪，虽然形制较天禄、麒麟为低，仅能用于王墓之前，然而其体形健硕似乎犹在天禄、麒麟之上，姿态与前二者相似，亦是昂首阔步、引颈大吼，但不若前二者灵动轻盈，而是厚重雄大，仿佛更具力量。辟邪同样带有双翼，身上亦布满各式卷曲的雕饰，但不及天禄、麒麟华丽。辟邪与天禄、麒麟最大的区别，一是头上无角，

图3-26　南京狮子冲陈文帝永宁陵双石兽，正面者为单角麒麟，背面者为双角天禄
来源：王南摄

图3-27　陈文帝永宁陵天禄
来源：王南摄

脑后长而密的鬃毛被简化为一整块形如巨瓢的造型，头部仿佛安在瓢中；二是舌头极长，从张大的巨口中伸出，一直垂到下颚以下直达脖颈，虽是这般吐舌的造型，却丝毫不给人滑稽可笑之感，反而是不怒自威，屏气凝神观之，几乎可以听见气贯云霄的“狮子吼”，可谓中国古代石雕神兽中最雄强有力者。南京梁萧景墓辟邪（梁普通四年，523年）为其中典型代表。梁代辟邪本就孔武有力，萧景墓石兽孤立于广袤阡陌之间，尤显“独孤求败”式的气概，南京市徽之辟邪即以此兽为原型，故堪称古都南京之象征，代表了六朝盛期的艺术气象，当真是睥睨四方，气吞万里如虎（图3-28）!

（二）石柱

南朝陵墓神道的第二对仪仗为石柱一对，亦称墓表。神道石柱仅见于萧梁陵墓中。南京的梁萧景墓石柱为最完整且最富于艺术造诣的佳作（图3-29、图3-30）。

图3-28 梁吴平忠侯萧景墓右辟邪
来源：王南摄

图3-29 梁萧景墓石柱
来源：王南摄

图3-30 梁萧景墓石柱平、立面图
来源：建筑科学研究院建筑史编委会组织编写．刘敦桢主编．中国古代建筑史[M]．2版．北京：中国建筑工业出版社，1984．

石柱从下到上分作数段，内容极为丰富。最下为方形基座，四面均有雕刻纹饰，惜已漶漫不可辨。其上雕类似覆盆状的柱础，外形雕作双螭盘绕的造型。柱础中央为一圆形平台，圆心处雕卯口以承柱身。再上为柱身主体，其断面为方形抹圆角，下粗上细。柱身又可细分作上、中、下三段，其中下段最具特色，柱身雕成若干垂直的凹槽，两凹槽交界处形成一线直棱，故有学者称之为瓜棱柱，造型酷似古希腊柱式（如多立克柱式）之柱身。中段雕水平方向的数圈线脚，包括一圈缠龙纹及一圈绳辫纹，再上为三个金刚力士、半人半兽模样的雕像，充满异域风情，用力托着一块突出于立柱之外的长方形石板，板面刻有文字，并且是采取镜像式的"反书"样式（图3-31）。上段则雕作向外突出的若干垂直圆棱，与柱身下段的凹槽适成对比，顶部以一圈缠龙纹饰作为结束。从背后看，长方形石板仅仅是嵌在柱身之前部，柱身后半部则又刻有一圈绳辫纹，似乎要表现出石板是被系在石柱之上的。柱身之上为顶盖，顶盖雕作一个带有覆莲纹样的圆盘，一如后世的覆莲柱础，有学者依据汉武帝建章宫"仙人承露盘"的名称称之为承露盘；盘上雕一小石辟邪，正是萧景墓石辟邪的"具体而微者"。

南朝陵墓石柱恐怕是中国古代所有的石柱中造型与纹饰最复杂的一种。它的复杂不仅在于造型的变化多端，装饰的花样繁杂，更在于所包含的文化内涵简直多到难于疏理，一如南朝石兽，南朝石柱亦是多种文化杂糅的产物。

（三）石碑

与石兽和石柱相比，南朝诸陵石碑留存得最少，尤其碑身犹存者仅四座，其中萧秀墓最多，有两座，但字迹大都漶漫不清；萧儋墓存一座，文字大部分皆在，向为金石家所珍视；萧宏墓存一座，仍有大量雕饰，亦弥足珍贵。其余尚存不少龟座，散布各神道前（图3-32）。

（四）墓室

南朝宋、齐、陈三朝帝陵皆有墓室经过发掘，且其中颇多相似之处。按时间顺序依次有宋孝武帝刘骏景宁陵（464年，即南京西善桥宫山墓）、齐景帝萧道生修安陵（494年，即丹阳仙塘湾墓）、齐废帝东昏侯萧宝卷陵（501年，即丹阳金家村墓）、齐和帝萧宝融恭安陵（502年，即丹阳吴家村墓）和陈宣帝陈顼显宁陵（582年，即南京西善桥油坊村墓）等（图3-33）。其中，宋孝武帝景宁陵所存的《竹林七贤与荣启期》壁画质量最佳，齐景帝修安陵墓室保存较好，东昏侯萧宝卷陵壁画保存最多。

以1965年发掘的齐景帝修安陵为例，来看南朝帝陵地下墓室之形制：墓室居于山冈中部，其前为山间平地，在墓前510m处相对设二石兽。先挖一个长15m、宽6.2m

图3-31　梁萧景墓石柱“反书”题刻及下部袄教三神像
来源：王南摄

图3-32　梁萧秀墓石碑（位于南京甘家巷小学内）
来源：王南摄

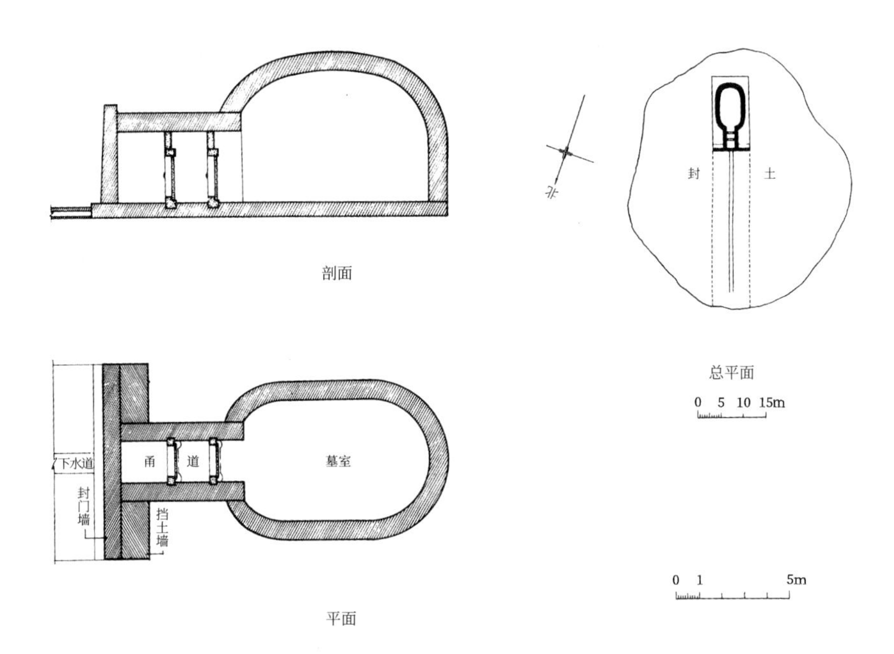

图3-33　陈宣帝陈顼的显宁陵（582年，即南京西善桥油坊村墓）总平面、平面、剖面图
来源：建筑科学研究院建筑史编委会组织编写. 刘敦桢主编. 中国古代建筑史[M]. 2版. 北京：中国建筑工业出版社，1984.

的石凿墓穴，再于穴内用砖砌筑墓室及甬道。墓室平面为纵长矩形，四壁呈外突弧线，故近于椭圆形，长9.4m，宽4.9m，顶部原为穹隆顶，高4.35m，已坍塌。甬道长近2.9m，宽1.72m，高2.92m，上部为筒拱顶。甬道中设石门两道，门上部为半圆形门额，额上浮雕平梁、叉手，为南朝木结构建筑构件十分罕见的形象资料（图3-34）。地面用九层地砖铺砌，席纹花样，室内地下四周设有排水沟，之所以铺砌多层地砖是为了在其中暗藏排水孔道：在甬道中轴线的地板砖下面，垒砌了一道长达190m的排水沟，从墓室中一直延伸到墓前较为低洼的一个水塘中，用于墓室排水，这在多雨的南方地区是十分重要的工程。在墓室、甬道与石凿墓穴间的空隙处砌横墙或曰扶壁，撑在砖墙与石穴之间，用以支撑来自穹隆顶和墓室上部封土的横向推力。

壁画保存最佳者为东昏侯萧宝卷陵，1968年发掘，地宫包括墓室和甬道，其中墓室长8.2m，宽5.19m，四周抹角呈八角形，墓室外有砖砌扶壁十五道；甬道长5.3m，宽1.73m，墓门两道均以玄武岩雕凿而成，门扇雕有精美的铺首衔环，门闩从外部闩上，甬道外有封门墙三道。壁画尚存十幅：包括甬道入口一对《狮子》图（图3-35）；两道石门之间两壁绘一对《武士》图；墓室左右两壁前方绘《羽人戏龙》图和《羽人戏虎》图；两壁后方对称绘《竹林七贤与荣启期》图，每面四人。此外，墓室左右两壁下方还绘有一对《出行》图。

此类壁画之全称可谓“木模砖印镶嵌壁画”，简称砖印壁画。南朝陵墓墓室中这些珍贵的砖印壁画（如著名的《竹林七贤与荣启期》），应为南朝宫廷画师所为，再经由能工巧匠制作木模，翻印、烧制成砖，一一编号，最终排列于墓室的墙上，形成精美之拼合壁画，是六朝最顶尖绘画的砖印摹本（图3-36～图3-40）。

图3-34　南朝陵墓石门上方雕刻的叉手等木构形象（藏于南京六朝博物馆）
来源：王南摄

图3-35　齐废帝东昏侯萧宝卷陵（丹阳金家村墓）甬道东壁狮子图（南京博物院藏）
来源：王南摄

图3-36　南京西善桥宫山墓出土《竹林七贤与荣启期》之一（藏于南京博物院）
来源：王南摄

图3-37　南京西善桥宫山墓出土《竹林七贤与荣启期》之二（藏于南京博物院）
来源：王南摄

图3-38　南京西善桥宫山墓出土《竹林七贤与荣启期》之嵇康图
来源：王南摄

图3-39　南京西善桥宫山墓出土《竹林七贤与荣启期》之阮籍图
来源：王南摄

图3-40　南京西善桥宫山墓出土《竹林七贤与荣启期》之阮咸图
来源：王南摄

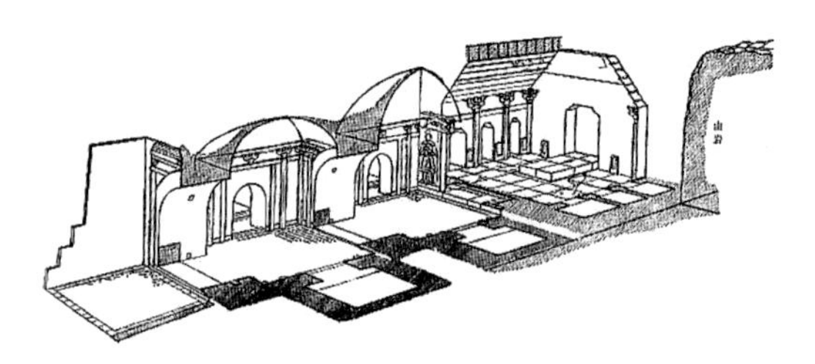

图3-41　南唐钦陵透视图
来源：南京博物院编著. 南唐二陵发掘报告[M]. 北京：文物出版社，1957.

图3-42　南唐钦陵墓室内景
来源：南京博物院编著. 南唐二陵发掘报告[M]. 北京：文物出版社，1957.

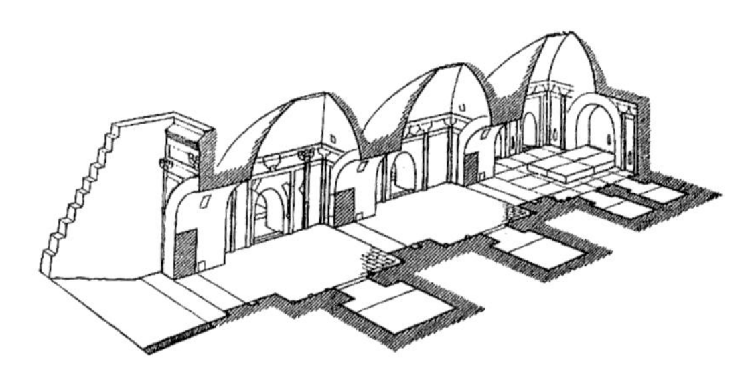

图3-43　南唐顺陵透视图
来源：南京博物院编著. 南唐二陵发掘报告[M]. 北京：文物出版社，1957.

二、南唐二陵

南唐二陵，位于南京南郊江宁县东山乡境祖堂山西南“太子墩”，是五代十国时期规模最大的帝王陵寝。二陵分别为钦陵和顺陵，均因山而建，坐北朝南，墓室形制属于砖结构多室墓。历史上，南唐二陵曾多次遭到盗墓者的挖掘。20世纪50年代初，南京的考古部门曾对南唐二陵进行过一次抢救性挖掘，出土文物600余件，包括侍从俑、舞俑、动物俑、玉哀册等文物。

东侧的钦陵为南唐先主烈祖李晟和皇后宋氏的合葬墓，建造于南唐强盛时期，规模较大，墓周约170m，分为前、中、后三室。前、中室附东西耳房2间；后室附东西耳房6间，为陵墓主体，8根石柱支撑墓室整体结构，室中置棺座，四周雕刻青龙云纹，室顶绘有旭日、明月及星斗图，以砖石叠涩砌筑穹顶，地面则仿照长江、黄河、山岳等图案绘制了一统天下的“地理图”[①]（图3-41、图3-42）。

西侧的顺陵是南唐中主元宗李璟和皇后钟氏的合葬墓，建造于南唐国力衰微时期，形制与钦陵相似，规模相对较小，后室耳房比钦陵少两间，装饰简单（图3-43）。

---

① 彭年德 . 南唐二陵 [J]. 江苏地方志 ,1994(4):69.

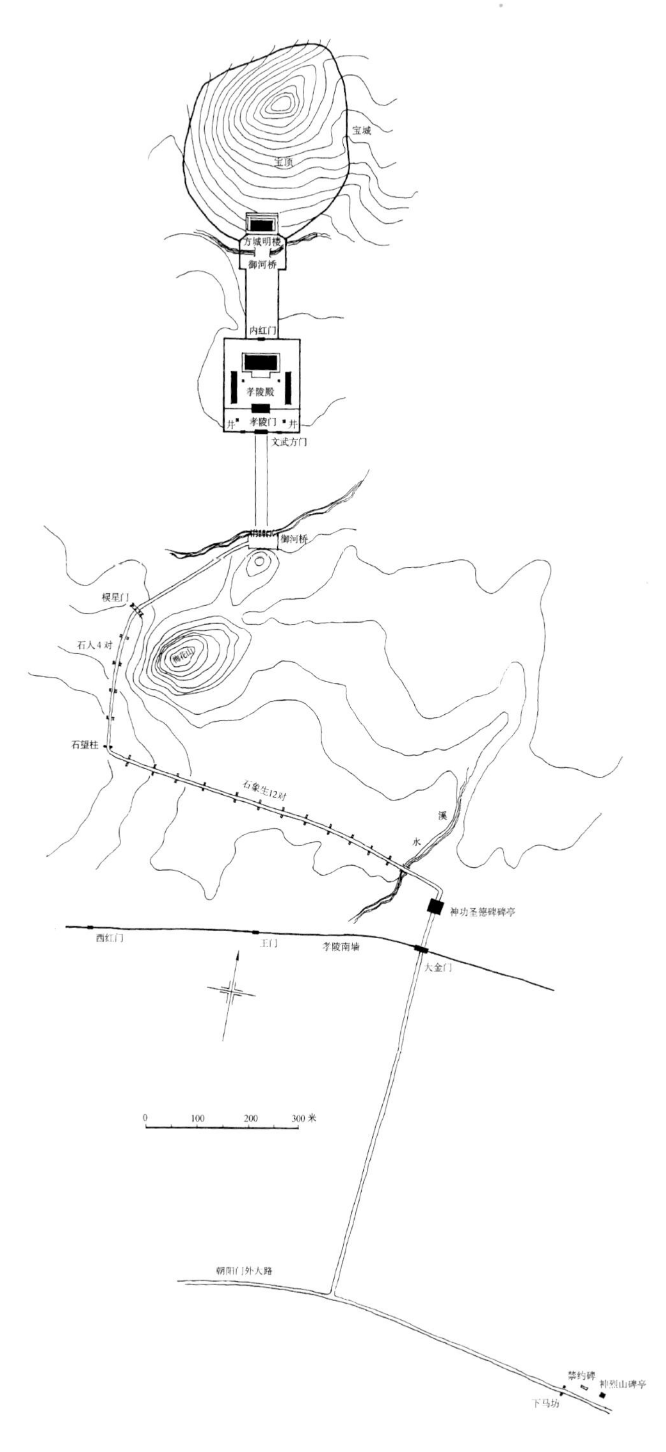

图3-44 明孝陵总平面图

来源：潘谷西主编. 中国古代建筑史・第四卷：元、明建筑[M]. 2版. 北京：中国建筑工业出版社，2009.

从建筑结构来看，两座陵墓均由砖石砌筑，柱、枋、斗栱等仿照木结构样式，雕刻细腻。从彩画装饰来看，墓室彩画色彩绚丽，图案精美，总体属于五彩遍装，是目前已发现的年代较早的建筑彩画实例。

三、孝陵墓园

明孝陵为明太祖朱元璋及其皇后马氏合葬墓园，位于南京紫金山南麓，始建于明洪武十四年（1381年），竣工于明永乐十一年（1413年）。陵园主体占地面积近170万m^2，规模宏大，其创立的规制为明、清帝王陵寝之重要蓝本。

明孝陵背枕钟山，气势磅礴，空间布局呈"北斗七星"之意象。建筑群坐北朝南，由神道和陵宫两部分组成。神道以下马坊作为开端，之后包括禁约碑、大金门（为外围墙大门）、神功圣德碑及碑亭、御桥、石像生（12对）、石望柱、石人（4对）、棂星门。陵宫建筑包括金水桥、文武方门、孝陵门、孝陵殿、内红门、方城明楼、宝顶等（图3-44）。

下马坊位于神道端头，是一座双柱单间冲天式石牌坊，横坊上刻"诸司官员下马"六个大字。下马坊后并列立两块石碑，分别为神烈山碑和禁

图3-45　南京明孝陵神道碑及四方城（碑亭）
来源：王南摄

约碑，以保护陵寝之龙脉风水。下马坊西北约800m处为大金门，为陵园正门，为砖拱三座门式造型。

大金门正北70m处，为神功圣德碑及碑亭。碑亭因平面呈正方形，亦称“四方城”，如今碑亭顶部已坍塌无存。亭内立明成祖朱棣为其父朱元璋所立“大明孝陵神功圣德碑”，为南京现存最巨大的石碑（图3-45）。

从碑亭西行，即可进入神道。神道亦称石像路，全长约600m，因山就势而呈蜿蜒曲折之布局，沿途设立12对石兽雕像，均呈现跪姿和立姿两种状态，分别为狮子、獬豸、骆驼、象、麒麟、马六种（图3-46、图3-47）。神道在石兽尽头折向正北，夹道立两根石望柱，之后为石人序列，沿途立文臣武将各两对，共8尊石像（又称翁仲）。神道尽头为三间棂星门一座。

过棂星门，沿东北方向300余米，即达御河金水桥，石桥原为五孔，现仅存三孔，均为明代遗物。御河桥北为文武方门，标志着陵宫建筑的序幕。门内为碑殿，面阔三间，单檐歇山顶，正中石碑刻清康熙帝手书“治隆唐宋”四字。碑殿两侧原来东为具服殿，西为宰牲殿，现已毁。碑殿后原为明孝陵享殿（又名孝陵殿），后毁于战火，

图3-46　南京明孝陵神道之一
来源：王南摄

图3-47　南京明孝陵神道之二
来源：王南摄

图3-48　南京明孝陵享殿台基栏杆遗存
来源：王南摄

图3-49　南京明孝陵方城明楼
来源：王南摄

仅存三层汉白玉须弥座台基（图3-48）。现存享殿为清同治十二年（1873年）重建，面阔仅三间，规模卑小。

过享殿，沿着中轴线甬道继续北行，甬道尽头为御河石桥，桥北为陵寝的又一主体建筑——方城明楼。城台由巨型条石砌筑，开拱形门洞；上为重檐庑殿顶城楼，气势恢宏。今城台为原构，城楼为重建（图3-49）。

方城明楼以北为圆形坟丘，称为宝顶，其下有地宫（亦称玄宫），未进行考古发掘。

明孝陵一改秦汉以来方上（即覆斗形封土）围以方形墙垣或因山为陵之传统形制，大胆开创了“前朝后寝”“前方后圆”的帝王陵寝全新格局，成为后来明清陵寝

图3-50　南京明孝陵陪葬墓之中山王徐达墓神道
来源：王南摄

建筑群的摹本。整座陵墓与钟山的自然环境水乳交融，也成为明清陵寝建筑群一直追求的意境。

钟山一带还有许多明代著名勋臣墓，如徐达墓、常遇春墓等（图3-50）。

第三节　古刹浮图

“南朝四百八十寺，多少楼台烟雨中。”

南京为中国江南地区最早的佛教文化中心。南朝梁时期，佛教更被列为“国教”，仅都城建康就有七百多座寺庙，著名者如建初寺、长干寺、阿育王寺、白马寺、庄严寺、林竹寺、天王寺、栖霞寺、同泰寺等。隋唐时期，佛教依旧兴盛，伽蓝古刹不断涌现，栖霞寺更与山东临清灵岩寺、湖北荆州玉泉寺、浙江天台国清寺并称为天下“四大丛林”。

明朝时期，南京再次成为中国佛教文化的中心，寺院云集，据《金陵梵刹志》记载，南京有大刹3所，次大刹5所，再加上32所中刹，120所小刹，总计160所。

以下略述栖霞寺、灵谷寺及大报恩寺琉璃塔等代表性建筑。

一、栖霞石塔

六朝建康的著名梵刹伽蓝中，至今仍保存有六朝痕迹可寻的，首推栖霞寺。寺中存有与寺创建几乎同时的栖霞山千佛岩石窟，为南京最古老的佛教建筑遗存，弥足珍贵（图3-51、图3-52）。

栖霞寺位于南京城外东北，在长江南岸的摄山之间，风景秀美。寺始建于南齐永明七年（489年），由在此隐居的处士明僧绍舍宅为寺而建，初名“栖霞精舍”。

此外，隋文帝曾得佛舍利，分给国内83个州各建舍利塔收藏，蒋州（南京当时称谓）得其一，建塔就在栖霞寺，初为木塔，今存之栖霞寺舍利塔为南唐时期（937—975年）重建，系石仿木结构，为江南地区现存最古的石塔之一。栖霞寺舍利塔是已知密檐石塔中体量最大的一座，塔高18m，5层，八角形平面。下为须弥座基台，上置仰莲座承托塔身。底层各面比例狭长，雕出转角倚柱、阑额、地栿等木构件形象。其上四层塔身低矮。各层塔檐皆作斜坡瓦顶形象，雕出瓦垄、瓦顶、角脊并脊兽，檐下雕檐椽、飞椽（图3-53～图3-56）。

图3-51　南京栖霞山千佛岩石窟
来源：王南摄

图3-52 南京栖霞山千佛岩无量殿胁侍菩萨造像（齐永明二年，484年），虽全身被民国僧人以水泥修补遭受严重破坏，但依稀可见衣纹之风采
来源：王南摄

图3-53 南京栖霞寺舍利塔
来源：王南摄

图3-54 南京栖霞寺舍利塔立面图
来源：建筑科学研究院建筑史编委会组织编写. 刘敦桢主编. 中国古代建筑史[M]. 2版. 北京：中国建筑工业出版社，1984.

图3-55 南京栖霞寺舍利塔塔身雕刻
来源：王南摄

图3-56 南京栖霞寺舍利塔檐下伎乐天雕刻
来源：王南摄

二、灵谷砖殿

灵谷寺位于钟山东南麓，今中山陵以东。其前身可追溯至梁武帝天监十三年（514年）所建开善寺，至今已逾1500年。明初时名为蒋山寺，洪武九年（1376年）被朱元璋由原址钟山中峰南麓独龙阜迁至现灵谷寺址新建，规模宏大，占地达500亩。清代屡有重修，康熙、乾隆二帝南巡均曾亲临灵谷寺。明代葛寅亮《金陵梵刹志》卷三“钟山灵谷寺”载：“葱郁深秀，中宏外拱，胜甲天邑。山门敕书‘第一禅林寺’。左为梅花坞，春来香雪万株，倍增幽胜。入寺，万松杳霭。可五里许，有放生池，植荷其内。历金刚、天王二殿，为无量殿，纯甃空构，不施寸木。次为五方殿，已圮，今拟重建。又次为大法堂及律堂，而宝公塔岿然在焉。左为法台基。台前有街，俗名琵琶，履之哄然响应，抚掌若弹丝。台后引八功德水，迂萦九曲。右为方丈，扁以‘青林堂’，榜宸章其上。又右为禅堂。右之前，为左、右方丈及公塾、库司。今无量殿、围墙、禅、律二堂、方丈、公塾皆涣新严葺，不失壮观。”

文中所谓“无量殿”为灵谷寺现存最重要明代原构，为明代砖拱结构无梁殿之典型代表。灵谷寺无梁殿建于明洪武至嘉靖年间，重檐歇山顶，正面三门二窗，背面三门，两山墙各开三窗。内部结构为券洞式，正面广五间，每间一券；侧面进深三间，各为一列半圆形筒拱（图3-57、图3-58）。

图3-57　南京灵谷寺无梁殿
来源：王南摄

图3-58　南京灵谷寺无梁殿内景
来源：王南摄

三、琉璃浮图

南京历史上最负盛名的佛教建筑当属明代的大报恩寺塔。

报恩寺原址为外秦淮河南岸的古长干里核心区域（今中华门外雨花路东），这里曾有始建于孙吴的长干寺，宋代名天禧寺，元末毁于兵燹。永乐十年（1412年），明成祖朱棣为纪念父母明太祖和马皇后（一说为纪念其生母碽妃），命工部在天禧寺的原址上新建大报恩寺，征集天下夫役工匠建造，寺塔的修造过程中，还曾由三宝太监郑和等人担任监工官。报恩寺在明代统次大寺2所（鸡鸣寺、静海寺），中寺12所，小寺34所。大报恩寺与灵谷寺、天界寺并称为金陵三大寺。

报恩寺主要建筑以正佛殿（俗称碽妃殿）和大报恩寺塔（九级八面五色琉璃宝塔）最为壮丽，“琳宫梻比，名胜所萃，而规模宏壮，罕与此俪。至浮屠之胜，高百余丈，直插霄汉，五色琉璃，合成顶冠，以黄金宝珠，照耀云日。”①

大报恩寺琉璃塔，更是享誉中外。塔建于明永乐十年（1412年）至宣德六年（1431年）之间。塔通高三十二丈四尺九寸四分（据清嘉庆七年“江南报恩寺琉璃宝

① （明）葛寅亮．金陵梵刹志·卷三十一·聚宝山报恩寺。

塔全图”），约合102m（超过现存最高砖塔定县开元寺料敌塔，高84m）。塔身八面九级，外壁以白瓷胎五色琉璃砖合甃而成，表面塑有佛像或动物图形，制作十分精细。塔顶冠以风磨铜宝顶，九级相轮之下为镀厚金铁质承盘铁索缀五颗巨大宝珠。全塔悬风铃152个，设置大型油灯140盏。

据“江南报恩寺琉璃宝塔全图”载，当时系“敕工部侍郎黄立泰，依大内图式，造九级五色琉璃宝塔一座”；另据《金陵大报恩寺塔志》称，造塔时“具三塔材，成其一，埋其二，编号识之，塔损一砖，以字号报工部，发一砖补之，如生成焉”。[①]

明末王世贞游记称“其雄丽冠于浮屠，金轮耸出云表，与日竞丽”“塔四周镌四天王金刚护法神，中镌如来佛，俱用白石，精细巧致若鬼工”。后来此塔更被17世纪进入中国的西方传教士誉为“东方最伟大的建筑”，甚至赞叹它可以与古罗马所有最伟大的建筑媲美（图3-59 ~ 图3-61）。

1856年，太平军焚毁了大报恩寺建筑和琉璃塔。近年来，大报恩寺遗址处发掘了很多举世瞩目的瑰宝。2008年，大报恩寺长干寺地宫出土了世界范围内最大规格的鎏金七宝阿育王塔，世界唯一一枚“佛顶真骨”舍利等近两万件珍贵文物，具有极高的考古科研价值。琉璃塔尚存少量琉璃构件，从中可略窥这座旷世杰作昔日的风采（图3-62、图3-63）。

第四节　山水园亭

园林是古都南京重要的组成部分。从六朝的自然山水园到明清的私家园林，南京的山水园囿亦是江南园林的一个典型代表。

今天南京保存下来的皇家园林以玄武湖为代表（图3-64）。私家园林则以瞻园、愚园、煦园为其中翘楚。瞻园是南京保存较为完好的王府私家园林，被誉为“金陵第一园”，以假山叠石见长。煦园建筑精巧，水景生动，现仍存部分遗迹于总督府中。愚园是晚清金陵最著名的私家花园，被誉为“金陵狮子园”，以水石取胜。

---

① 潘谷西主编．中国古代建筑史・第四卷：元、明建筑 [M]. 2 版．北京：中国建筑工业出版社，2009：325.

图3-59　清嘉庆年间的报恩寺琉璃塔
来源：罗哲文，杨永生主编. 失去的建筑（增订版）[M]. 北京：中国建筑工业出版社，2002.

图3-60　清代西方人笔下的报恩寺塔
来源：The Illustrated Handbook of Architecture[M]. London: John Murray.

图3-61　南京大报恩寺琉璃塔塔刹承露盘旧影
来源：John Thomson摄

图3-63　南京大报恩寺琉璃塔拱门金翅鸟王及龙女（藏于南京博物院）
来源：王南摄

图3-62　南京大报恩寺琉璃塔拱门遗存（藏于南京博物院）
来源：王南摄

图3-64　南京玄武湖
来源：王南摄

图3-65　南京瞻园一隅
来源：王南摄

下面以瞻园作为代表，一窥南京古典园林之意韵。

瞻园

瞻园坐落于南京秦淮区夫子庙边，由欧阳修诗句“瞻望玉堂，如在天上”得名，原为明代开国功臣中山王徐达之王府园林。瞻园建于明嘉靖年间，与无锡寄畅园、苏州留园与拙政园并称为江南四大名园（图3-65）。

瞻园全园总面积约为25100m^2，分为东、西两个部分：东部为居住建筑部分，坐北朝南，五进五开间；西部为园林部分，是全园的精华所在，以奇石和假山见长，园林面积约15500m^2，主要由静妙堂、一览阁以及南假山、北假山、西假山、群玉峰等构成（图3-66）。

静妙堂为瞻园主体建筑，坐北朝南，面阔三间，硬山顶，将西瞻园划分为南小北大的两个部分。堂南侧临水，以南假山为对景，北侧设紫藤廊架，遥望北侧假山。一览阁位于北部水池之东，为全园最高的建筑，登阁可尽览园景。清代诗人袁枚登阁诗曰：“绝妙瞻园景，平章颇费心。一楼春雨足，三寸落花深。”

瞻园以山石取胜。园内共有南、北、西三座假山，与周围的水景、花木等相互映衬。

南假山位于静妙堂南部水池，由著名建筑史学者刘敦桢主持整修，由绝壁、主峰、洞龛、山谷、山洞、瀑布等组合而成，意境不俗（图3-67）。

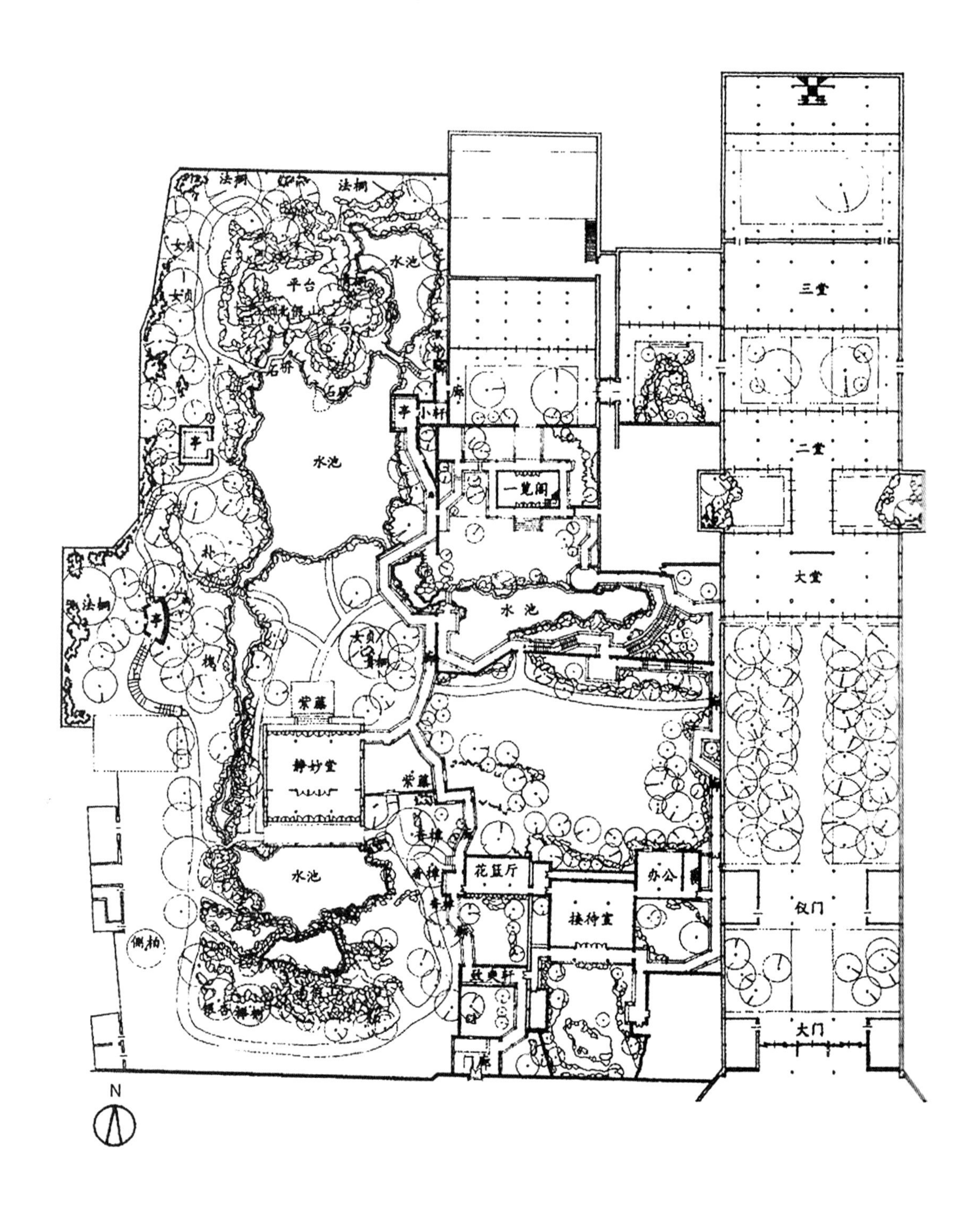

图3-66　南京瞻园平面图

来源：潘谷西主编. 中国古代建筑史·第四卷：元、明建筑[M]. 2 版. 北京：中国建筑工业出版社，2009.

图3-67 南京瞻园静妙堂前假山（南假山）
来源：王南摄

图3-68 南京瞻园北假山
来源：王南摄

北假山由太湖石堆砌而成，或成幽谷，或辟石径，或藏石洞，空间层次丰富，基本保留了明朝形制，成为全园水景中心（图3-68）。北假山体量虽大，但却穿凿了很多中空的山谷，因而显得体量适宜，虚实结合，谷上架旱桥，谷下设平桥，可供游人深入假山之中登临。北假山南为大片湖面，与静妙堂相互映衬，东侧由游廊连接，形成开阔的山水景观。假山下设石矶，矶上有孔，中聚水滴，宛如“水镜”，被称“石矶戏水”，是我国江南古典园林中所存石矶之上品。

西假山由土堆砌而成，曲折蜿蜒，有深谷、有石径，是全园制高点，岁寒亭、扇亭隐匿其间，是禅修饮茶之佳所。假山之外，太湖石也是瞻园的精华所在，如静妙堂前的群玉峰、瞻园东门处的雪浪石、海棠院中的仙人峰等。

第四章　开封——空馀汴水东流海

我浮黄河去京阙，挂席欲进波连山。
天长水阔厌远涉，访古始及平台间。
平台为客忧思多，对酒遂作梁园歌。
却忆蓬池阮公咏，因吟渌水扬洪波。
洪波浩荡迷旧国，路远西归安可得！
人生达命岂暇愁，且饮美酒登高楼。
平头奴子摇大扇，五月不热疑清秋。
玉盘杨梅为君设，吴盐如花皎白雪。
持盐把酒但饮之，莫学夷齐事高洁。
昔人豪贵信陵君，今人耕种信陵坟。
荒城虚照碧山月，古木尽入苍梧云。
梁王宫阙今安在？枚马先归不相待。
舞影歌声散绿池，空馀汴水东流海。
沉吟此事泪满衣，黄金买醉未能归。
连呼五白行六博，分曹赌酒酣驰晖。
歌且谣，意方远。
东山高卧时起来，欲济苍生未应晚。

——李白：《梁园吟》

开封，古称老丘、大梁、陈留、汴州、东京、汴京、汴梁等，地处黄河中游冲积平原西部边缘地带，为华北平原与黄河平原的交界地带，

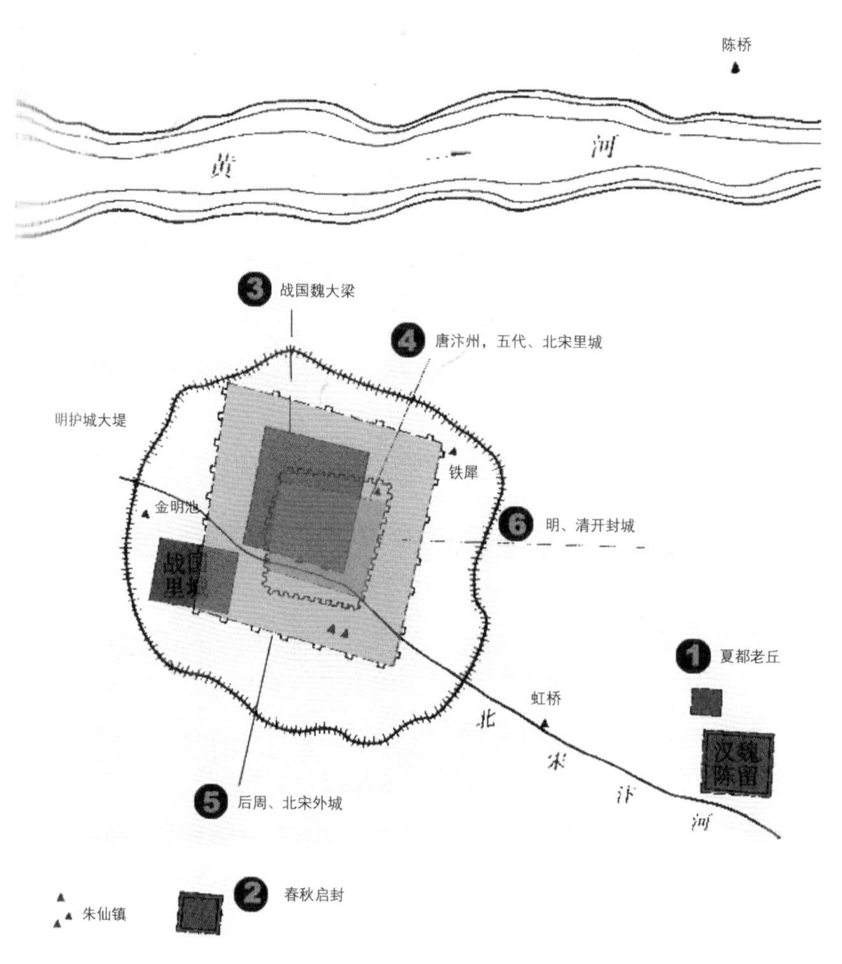

图4-1 开封历代城址变迁示意图

来源：李路珂. 古都开封与杭州[M]. 清华大学出版社，2012.

位置居中、地势坦荡、河流四达，具有得天独厚的地理条件。

开封具有悠久的建城史和建都史，先后有“战国七雄”之一的魏国，五代的后梁、后晋、后汉、后周，北宋、金（后期）等朝定都于斯，故而被誉为“七朝古都”，有着“琪树明霞五凤楼，夷门自古帝王州”（李汾《汴梁杂诗四首》其二）、“汴京富丽天下无”等诸多美誉（图4-1）。

相传夏朝曾一度在开封东部一带建都，称“老丘”。[①]

公元前8世纪，周王室衰落，列国争霸，各诸侯国大量增建新城。由

① 此外，相传大禹在开封附近开凿水渠，沟通淮河和泗水。参见《水经注》卷五“河水”。

于古时开封一带地处平原、土地肥沃，郑庄公在今开封城南朱仙镇附近修筑储粮仓城，取“启拓封疆”之意，定名启封。清《开封府志序》有“开封取开拓封疆之意故名”之说法。1984年，考古人员曾在启封故城所在地获得一方北魏墓志砖，其铭文两次出现“開封”字样（图4–2）。

公元前365年，战国七雄之一的魏国迁都大梁（故城位于今开封旧城略偏西北），此为开封第一次作为诸侯国都城。秦始皇二十二年（公元前225年）秦攻魏，决鸿沟水灌大梁，城毁国亡。

秦代实行郡县制。大梁作为败亡国的国都被降为浚仪县。“浚仪”作为开封的名称，一直沿用了八百年左右。

汉高祖时，开封之地被封为梁国，汉文帝之子刘武曾封梁孝王，以浚仪为都，后因浚仪地势低洼潮湿，将都城迁到了浚仪以东约三百里的睢阳（今河南商丘，又称宋州）。梁孝王在政治上不得志，遂寄情山水园林，曾修建绮丽华美的曜华宫及梁园（又称兔园），“宫观相连，延亘数

图4–2　刻有“開封”二字的北魏墓志砖

来源：丘刚主编. 开封考古发现与研究[M]. 郑州：中州古籍出版社，1998.

十里”，堪称园林史上的奇观。尽管后来有更多的证据认为“梁园”实际上位于现在的商丘，但历经千年，人们仍把“梁园”作为开封之别称，清《祥符县志》更是把“梁园雪霁”列为“汴京八景”之一，将梁园与开封历史紧密联系在一起。

三国时期，浚仪属魏国，曹操之子曹植曾封浚仪王，今开封通许县城东12km处的长智乡后七步村有曹植的衣冠冢，“七步村”即因曹植脍炙人口的《七步诗》得名。

魏晋南北朝时期，浚仪先属北魏，北魏分裂后又先后归于东魏和北齐。东魏时，在浚仪设梁州。北齐文宣帝天保六年（555年）和天保十年（559年）分别在此建立著名的建国寺（大相国寺）和独居寺（今铁塔一带）。公元576年，北周灭北齐占领梁州，因城临汴水，为黄河与淮河间的水运要地，又改称汴州，这是开封称作汴州之始。

隋炀帝时期开凿了长达两千多公里的京杭大运河。大运河的中段、联通黄河与淮河的一段称通济渠或汴渠，就是利用古代的汴水改造而来。汴渠两岸筑堤植柳，后来“隋堤烟柳”成为“汴城八景”之一。白居易在《隋堤柳》诗中写道：“西至黄河东至淮，绿影一千三百里。大业末年春暮月，柳色如烟絮如雪。”隋炀帝穷奢极欲，耗尽民力而亡国，但大运河在客观上却为汴州的发展创造了极为有利的条件，使得当时的汴州成为沟通江淮的门户，以及南北物资与人才的汇聚之地。

唐代的开封为水陆便捷的一大都会。唐高祖武德四年（621年）设汴州总管，唐玄宗天宝元年（742年），汴州一度改为陈留郡。唐德宗建中二年（781年），李唐的宗亲李勉到汴州任节度使，他增筑周围达22里的汴州城。后来李希烈叛乱时，靠汴州城阻叛军数月。永平节度使李勉扩建汴州城，规模宏大，坚固宽广，是今日开封城的雏形。

五代中除了后唐以外，后梁、后晋、后汉、后周皆以汴京为都。之后北宋汴梁达于极盛，为古都开封城市史的顶峰。金代后期亦曾一度以汴京为都。五代至金为开封都城史的关键时期，详见本章第一节“都城沿革”。

元灭金后，设南京路于开封，后改称汴梁路。此后，随着全国政治、经济中心的转移，以及黄河改道、逼近开封，水患常常殃及城池，开封日渐衰落。

明洪武元年（1368年），朱元璋改汴梁路为北京开封府，作为金陵（今南京）之陪都。洪武十一年（1378年），朱元璋罢“北京”称号，封其第五子朱橚为周王，建藩于开封府。次年，朱橚在宋金故宫的基础上建周王府，称紫禁城，其规模和华丽程度远在其他王府之上，故有“天下藩封数汴州”之说。

明代开封的布局形制，比一般的藩城要高，共有土城、砖城、周王府萧墙及紫禁城四重城垣。土城即北宋外城遗迹，明代以此抵御洪水，不再修葺。砖城为朱元璋定开封为北京时，在金汴京内城的基础上修建的，整体用城砖包砌而成。至明末，该砖城已“高五丈，敌楼五座，俱有箭炮眼”“周围四千七百零二丈，垛口七千三百二十二”。[①]

萧墙为朱橚宫城的外围墙，在金汴京皇城的基础上改造而成，周回九里十三步。紫禁城即周王府，为宋金故宫基址改造而来，周回五里（图4–3）。

近年来的文物勘探资料已证实，现存的开封城墙即是在明代砖城的基础上发展而来，明代的城墙遗址叠压在金汴京城的“子城”之上，清开封城之下，距今地表5～6m深处。

图4–3　开封明代周王府殿基鸟瞰
来源：李路珂.古都开封与杭州[M].清华大学出版社，2012.

① 祥符县志・建置志・城池条 [M].

明末李自成起义，三次攻打开封。官军为解开封之围，不惜决黄河大堤，“以水代军”，开封城顿时“举目汪洋”，待得洪水退后，“黄沙白草，一望丘墟”。

清顺治二年（1645年），以开封为河南省会及府治、县治所在地。康熙元年至乾隆二十九年（1662—1764年），历任河南巡抚对在明末特大水患中被毁的开封城墙城楼陆续进行了复建，之后各门营建一如旧制，基本恢复了明代的城池和主要街道格局。

清代开封城市中心由宋金时期的宫城及明代的王府变为八旗驻扎的满城（筑于康熙五十八年，1719年），周长约6里。水患之后，城内湖泊显著增多，形成了今日开封诸湖的雏形。道光年间，对开封城墙进行了修葺，重修后的城墙周长约28里，高3丈4尺（比原来增高1丈），底宽2丈，内外一色青砖砌筑，城门比原来升高1丈。清代城墙即今日所存之开封城墙（图4-4）。经过近、现代历史变迁，清代重建的五座城门以及大多数瓮城、城垛已尽数被拆除，仅余大南门瓮城以及一些城墙残段（图4-5）。20世纪末，开封市政府修复了开封城墙，并重建了开封西门城楼（即大梁门）。

下面略述开封七朝建都之概略，之后详论北宋汴梁之都城、宫室、御苑及重要佛寺浮图。

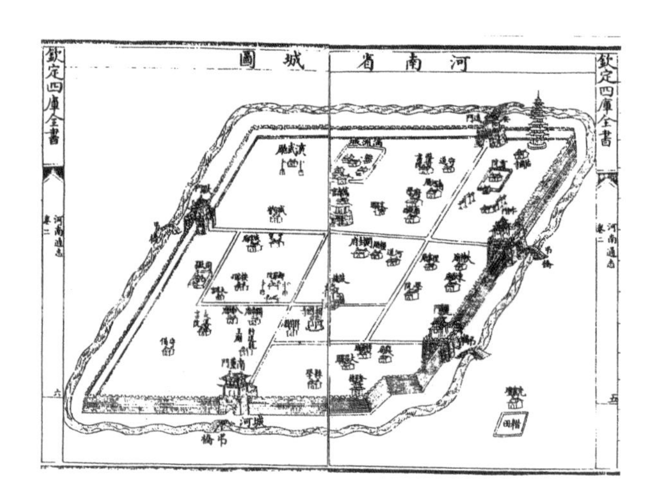

图4-4　清乾隆年间开封城格局示意图
来源：《河南通志》卷二“河南省城图”

图4-5　开封清代古城墙
来源：王南摄

第一节 都城沿革

一、魏都大梁

战国时期，魏惠王六年（公元前364年），魏惠王将魏国国都由安邑（今山西夏县）迁至仪邑（今开封），名曰大梁，自此魏国亦称梁国，魏惠王也因此称梁惠王，此为开封有明确历史记载的第一次建都（诸侯国都城）。

魏惠王经营大梁，主要包括城池之修筑与兴修水利。

《史记》（卷七十二）载大梁城“以三十万之众，守梁七仞之城，汤、武复生，不易攻也”，七仞之城约13m高。大梁城遗址至今尚未准确探明。根据2001年后考古工作者利用航空遥感考古新技术对大梁遗址进行的勘测分析，推测其位于今开封老城区的略偏西北一带，面积稍大于老城区。①

大梁最重要之水利工程为“鸿沟”的开凿。

《史记》（卷二十九“河渠书”）载，魏惠王从“荥阳下引河东南为鸿沟，以通宋、郑、陈、蔡、曹、卫，与济、汝、淮、泗会于楚，西方则通渠汉水云梦之野，东方则通鸿沟江淮之间”。至汉代，鸿沟更名汴渠（或蒗荡渠），后来又改为汴河。

鸿沟西自荥阳以下引黄河水为源，向东流经中牟、开封，折而南下，入颍河通淮河，把黄河与淮河之间的济、濮、汴、睢、颍、涡、汝、泗、菏等主要河道连接起来。鸿沟有圃田泽调节，水量充沛，与其相连的河道，水位相对稳定，对发展航运很有利。它向南通淮河、邗沟与长江贯通；向东通济水、泗水，沿济水而下，可通淄济运河；向北通黄河，溯黄河西向，与洛河、渭水相连。鸿沟的开凿，为后来南北大运河的开凿创造了条件。

水利既兴，农业、商业得到极大发展，大梁日趋繁荣。魏惠王还修长城、联诸侯，国力日盛，乃得称霸于诸国，大梁城亦与秦咸阳、楚郢都等一同成为战国名都大邑。

鸿沟为大梁带来了盛极一时的繁荣，最后却也为大梁带来灭顶之灾。秦始皇二十二年（公元前225年），王贲攻魏，决鸿沟，水灌大梁，城破魏亡。

---

① 刘春迎．大梁城遥感考古试验研究 [M]// 考古开封．开封：河南大学出版社，2006.

魏国在大梁建都共历六世136年，其间发生“孟子游梁”“窃符救赵”等诸多著名历史事件，并有信陵君、孙膑、庞涓、张仪、朱亥等诸多名人活动于此。百余年后，司马迁曾访古“大梁之墟”。唐天宝三年（744年）李白、杜甫与高适亦曾共赴汴州，登吹台怀古，诗以咏志。李白写下著名的《梁园吟》，有“舞影歌声散绿池，空余汴水东流海”之浩叹，高适《古大梁行》中亦有“魏王宫观尽禾黍，信陵宾客随灰尘”“全盛须臾哪可论，高台曲池无复存”等感慨名都不再的佳句。

二、五代东都

五代时期，除了后唐之外，后梁、后晋、后汉、后周先后定都于开封，称之为“东都”或“东京”。此时期的开封正式取代唐代长安、洛阳，成为政治、经济、文化及军事中心。

公元907年，朱温废唐哀帝，建立后梁。因朱温曾任宣武军节度使，治所位于汴州，故而升汴州为开封府，名东都。后梁定都开封共历17年。

后梁之所以定都开封，除了因为这里曾是朱温的势力中心之外，更主要的还是出于经济上的原因。首先，五代初年的长安、洛阳等地，经唐末战乱已荒废衰败，不复具备作为国都的条件；其次，唐代全国经济中心南移，长安、洛阳等地的粮食供给，需要通过江南漕运，几经中转才能到达，而定都汴州则漕运便利，可以保证物资的供给。

可以说后梁定都开封，使得中国的政治中心南移，在中国都城史上具有重要的里程碑意义。

此后，后唐一度定都于洛阳。后晋、后汉继续都于汴。后梁、后晋与后汉的都城基本都沿用唐汴州，皇宫也沿用唐宣武军节度使的衙署，只是每次政权更替后，都把城中重要的殿宇和门楼换个名字而已。

三、后周扩城

后周太祖郭威称帝之后，仍只是改了一些殿宇和门楼的名称，并对城墙进行了局部的修整。直至后周世宗柴荣即位，方才开始了对东都汴京重要的扩建。

后周世宗于显德二年（955年）颁诏在原来的城墙四周兴建罗城，原唐汴州城被称作内城或旧城。此诏书是我国古代由帝王颁发的关于城市规划建设的重要文献，它涉及城市扩建的原因和措施：“惟王建国，实曰京师，度地居民，固有前则，东京华夷辐辏，水陆会通，时向隆平，日增繁盛。而都城因旧，制度未恢，诸卫军营，或多窄狭，百司公署，无处兴修。加以坊市之中，邸店有限，工商外至，络绎无穷，僦赁之资，增添不定，贫乏之户，供办实难，而又屋宇交连，街衢湫隘，入夏有暑湿之苦，冬居常多烟火之忧。将便公私，须广都邑。宜令所司于京城四面，别筑罗城。先立标识，候将来冬末春初，农务闲时，即量差近甸人夫，渐次修筑。春作才动，便令放散，或土功未毕，即迤逦次年修筑，所异宽容办集。今后凡有营葬及兴置窑灶并草市，并须去标识七里外。其标识内，候官中擘画，定军营、街巷、仓场、诸司公廨院务了，即任百姓营造。”①

诏书指出东京城因受旧城的局限，用地狭窄，建筑密度过高，存在严重的通风问题和火灾隐患，因此决定“于京城四面别筑罗城”，还提出了“先立标识”“渐次修筑”“候官中擘画”“即任百姓营造”的实施步骤和管理措施。

次年六月，又诏“开广都邑，展列街坊”“其京城内街道阔五十步者，许两边人户各于五步内取便种树掘井，修盖凉棚”②。

后周世宗的城市扩建举措，对后来北宋东京的城市格局具有决定性的影响。首先是扩大了城市用地，在旧城之外加筑罗城，新城“周回四十八里二百三十三步”，扩建部分相当于原来城市用地的4倍，为北宋东京的城市规模奠定了基础。③

其次是优化了城市功能和基础设施。展宽道路，改善交通条件；制定了许多防火、改善公共卫生的具体设施；沿街划定植树地带，增加了城市绿地。

最后，也是最重要的一点，是形成了皇城居中，外城、内城、皇城三重城垣层层相套的规划格局，这一点亦为汴梁及此后金中都、元大都、明北京等都城所沿袭。

四、北宋汴梁

公元960年，赵匡胤在开封城北40里的陈桥驿（现属新乡市封丘县）发动“陈桥

① 五代会要·卷二十六·城郭[M].

② 五代会要·卷二十六·街巷[M].

③ 北宋时期曾对东京外城进行过10余次不同程度的增修，其中规模最大的一次是在1075—1078年，整修后的规模为“城周五十里百六十步，高四丈，广五丈九尺”（见：续资治通鉴长编·卷293[M]. 元丰元年十月丁未），只比后周世宗所筑之城增加了2里。

图4-6　北宋张择端《清明上河图》(城门以内部分)，呈现出北宋东京之街市繁华
来源：北京故宫博物院藏

兵变”，建立北宋，定都东京开封府（亦称汴梁、汴京）[1]，共历九帝167年，为开封历史上最为辉煌的时期。北宋汴梁经济繁荣，富甲天下，人口过百万，不单是全国政治、经济、文化中心，更是当时全世界首屈一指的大都会，史书以“八荒争凑，万国咸通”来描述汴梁繁盛。

由于是在旧城基础上改建而成，因此北宋东京的规划布局不及隋大兴–唐长安那样严整均齐，其总体布局、轴线关系、宫城和礼制建筑的规模、气势远不能与隋大兴–唐长安相比。然而，由于北宋东京废除了传统都城的封闭“里坊制”，从而形成了中国第一座以开放的街巷制布置居住区、商业区的繁华都城——北宋画家张择端闻名天下的《清明上河图》正是北宋汴梁城及汴河两岸繁华街市的生动写照，而这样的画卷在北宋汴梁之前的中国古代都城中是从未出现过的（图4–6）。

除了商品经济的高度繁荣，北宋的科技也达到一个高峰。李约瑟在《中国科学技术史》中写道：“在技术上，宋代把唐代所设想的许多东西都变为现实……每当人们

① 此外，北宋还以洛阳为西京，大名府（今河北大名）为北京，应天府（今河南商丘）为南京。

在中国的文献中考查任何一种具体的科技史料时，往往会发现它的主要焦点就在宋代。不管在应用科学方面或在纯粹科学方面都是如此。”[①]

关于北宋汴梁之都城规划、宫苑盛景、街市繁华与重要代表性建筑，详见后文。

五、金元汴京

靖康元年（1126年），金兵攻破东京，都城沦陷，宋徽宗、宋钦宗二帝则沦为金人的阶下囚，最后客死他乡，史称“靖康之耻”。金人将汴梁城无数金银、珍宝、典章图籍、法物礼器甚至宫人、工匠一同掳至北国，甚至将汴梁宫殿中镂刻精巧的门窗也运往燕京（今北京），供营造金中都宫室之用。宋末元初人周密的《癸辛杂识·别集》中有一条耐人寻味的记载：“汴梁宋时宫殿，凡楼观栋宇窗户，往往题‘燕用’二字，意必当时人匠姓名耳。及金海陵修燕都，择汴宫窗户刻镂工巧以往，始知兴废皆定数，此即先兆也。”

① （英）李约瑟．中国科学技术史·第1卷·总论[M]．香港：中华书局，1975:284-287.

靖康之变后，金兵于次年北撤。1130年汴梁再次落入金人的统治之下。金人先设大齐政权，并于1132年以开封为大齐都城。1137年废大齐，在开封设行台尚书省，称汴京，至1150年之前，汴京一直作为金人在南方的统治中心。金人立国期间，都城曾几易其地，分别定都上京（今黑龙江阿城区）、中都（亦称燕京，今北京），其中金海陵王完颜亮和金宣宗完颜珣还曾短时期定都汴京。

贞元元年（1153年），海陵王完颜亮迁都到中都（今北京），改汴京为“南京开封府”，成为金国陪都。完颜亮一度于贞元三年（1155年）遣人描画记录北宋汴梁宫殿形制，筹划修葺汴京宫室，孰料汴京北宋宫室大火，毁坏殆尽。此后六年中，完颜亮派人重修并扩建汴京宫室，穷极奢华。据《三朝北盟会编》卷二百四十二记载：“己卯春三月，遣左相张浩，右参政嗣晖，起天下军民夫匠，民夫限五丁役三，工匠限三丁役两，统计二百万，运天下林木花石营都于汴，将旧营宫室台榭，虽尺柱之不存，片瓦之不存，更而新之。至于丹楹刻桷，雕墙峻宇，壁泥以金，柱石以玉，华丽之极，不可胜计。”

新建的汴京宫城正殿大庆殿面阔十一间，超过此前北宋大庆殿的九间。正隆六年（1161年）年初，完颜亮正式迁都汴京，但仅数月后便死于金廷内乱。

与宫室壮丽形成鲜明对比的是，汴京城市依旧凋敝不堪。1170年，南宋使臣范成大出使金国，途经汴京，在其《揽辔录》中记录了当时城市的衰败景象：“炀王亮徙居燕山，始以为南都。独崇饰宫阙，比旧加壮丽，民间荒残自若。新城内大抵皆墟。至有犁为田处。旧城内，市肆皆苟完而已。四望时见楼阁峥嵘，皆旧宫观寺宇，无不颓毁。”

贞祐二年（1214年），金宣宗为避蒙古威胁，再次迁都汴京，自此直至1232年汴京为蒙元所破，汴京又作为都城近20年。值得一提的是，金宣宗迁都汴京后，将内城向南、北墙略扩出，于是形成了明清开封城城墙的范围。

元军攻破汴京之后，都城又成丘墟，“止存熙春一杰阁，高百余尺，巍然插空，非人间所有”[①]。1233年5月，诗人元好问亦成元军阶下囚，他目睹京城惨状，写下《癸巳五月三日北渡三首》，其中一首道：“随营木佛贱于柴，大乐编钟满市排。掳掠几何君莫问，大船浑载汴京来。”

① （元）白珽. 湛渊静语·卷二[M].

第二节　东京梦华

一、城墙城门

北宋东京在后周汴京基础上发展而成，呈外城、内城与宫城（考古发掘者称之为皇城）三重城垣环环相套形制。①以下来看考古发掘与文献记载中的各重城墙。

（一）外城

经考古勘探发掘，北宋东京外城的形制、轮廓、范围及主要城门的位置等已基本确定。据文献记载，北宋时期外城（亦称罗城、新城）共有城门14座、水门7座，共计21门。目前考古勘探已探出10处。

东京外城的平面呈东西略短、南北略长的平行四边形②，东墙长7660m，西墙长7590m，南墙长6990m，北墙长6940m③（图4-7～图4-9）。外城在后周初筑时“周回四十八里二百三十三步”，北宋神宗熙宁八年（1075年）扩建至“周回五十里一百六十五步”。实测外城周长29120m，约合北宋52里，与文献记载大致相仿。

外城西墙南段遗迹底宽34.2m，顶部残宽4m，残高8.7m，用红褐色土夯筑，底部为红色的细黏土。墙体由三重夯土筑成，第一重厚19m，第二重厚8m，第三重厚6m，说明墙被不断增筑加厚。据《宋会要辑稿·方域》《东京梦华录》，外城墙“横厚之基五丈九尺，高度之四丈，而埤堄七尺，坚若埏埴，直若引绳”“每百步设马面战棚，密置女头，旦暮修整，望之耸然”。

城外有城壕，称“护龙河”，《宋会要辑稿》称其“阔五十步，下收四十步，深一丈五尺”（图4-10）。

（二）内城

内城（亦称旧城、阙城）略呈东西稍长、南北略短的正方形，四墙总长约

---

① 1990年代起，有学者依据考古发掘与文献记载，提出北宋东京在比较公认的“周回五里”的宫城（考古发掘者称之为“皇城”）之外，应该还有一道皇城环绕，皇城位于内城与宫城之间，有学者认为其“周回九里三十步”。也有学者指出所谓“周回九里三十步”的皇城应为金代加建，后来金代皇城又发展成明代周王府紫禁城外的“萧墙”。目前关于北宋东京究竟有无此皇城，尚无定论。参见：刘春迎. 北宋东京城研究 [M]. 北京：科学出版社，2004：216-226.

② 北宋汴梁外城、内城均大致呈平行四边形，外城尤甚，这样的形状是否具有风水方面的特殊考虑，或者出于其他原因，尚待研究。

③ 开封宋城考古队 . 北宋东京外城的初步勘探与试掘 [J]. 文物，1992（12）.

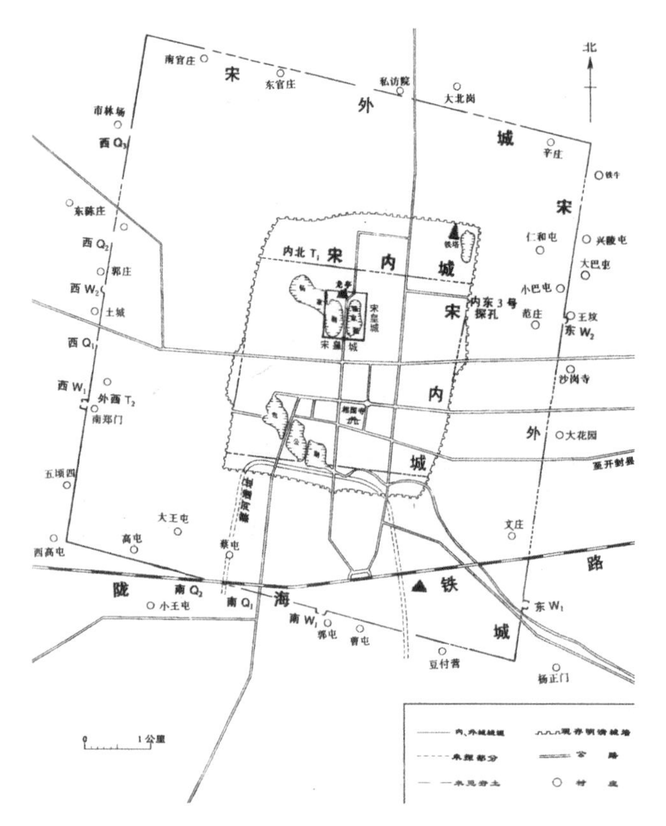

图4-7　北宋东京外城平面实测图
来源：开封宋城考古队.北宋东京外城的初步勘探与试掘[J].文物，1992（12）.

图4-9　北宋东京外城考古发掘现场
来源：周宝珠. 宋代东京研究[M]. 郑州：河南大学出版社，1992.

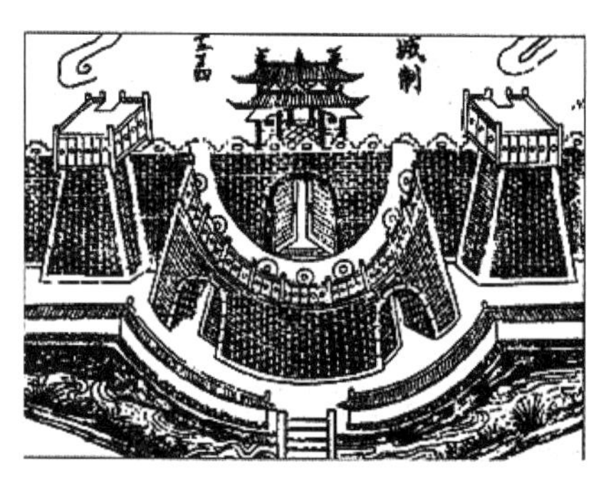

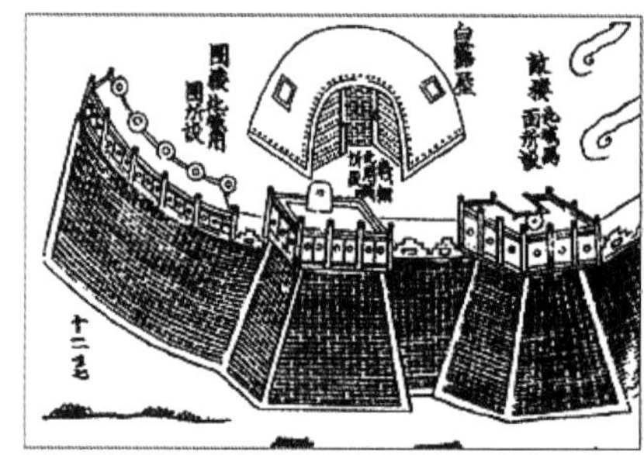

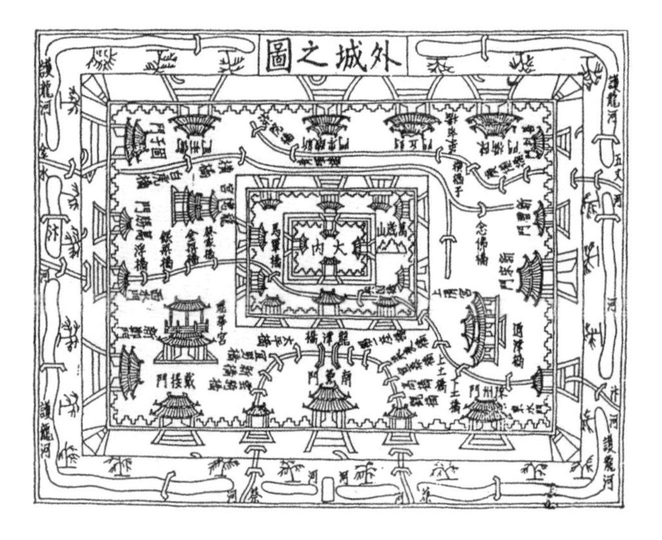

图4-8 《事林广记》中的北宋东京“外城之图”
来源：元刻《事林广记》图版

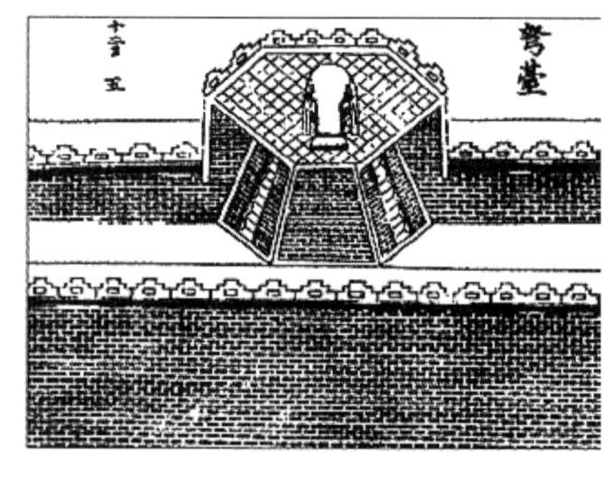

图4-10 《武经总要前集》中的东京外城城墙图，从上至下为：瓮城、马面敌楼、弩台
来源：《武经总要前集》

图4-11　北宋东京内城北墙遗址，墙上可见密集的夯窝
来源：秦文生编. 启封中原文明——20世纪河南考古大发现[M]. 郑州：河南人民出版社，2002.

图4-12　位于开封潘、杨湖底的建筑遗址发掘现场：在明代周王府的基址之下即为北宋东京及金汴京的宫城遗址
来源：丘刚主编. 开封考古发现与研究[M]. 郑州：中州古籍出版社，1998.

11550m，约合北宋20.63里（北宋1里约合559.872m），与《宋会要辑稿·方域》《宋史·地理志》中记载的“周回二十里一百五十五步”大致吻合。

内城南墙位于今大南门北300m左右，北墙位于龙亭大殿北500m左右，东西墙与现存明清开封城东西墙重叠。文献记载内城有城门10座，南墙3座，东、西墙各2座，北墙3座。另外，还有2座角门（水门）。目前，考古勘测只有朱雀门遗址和汴河西角门子遗址的位置大致测定，其余各门址尚未找寻到。内城外设有城壕。据考古探测，城墙遗迹顶部距地表4.45 ~ 7.32m，城墙底部距地表11.4m（图4-11）。

（三）宫城（大内）

宫城（大内）遗址呈东西短、南北长的长方形，东西宽约570m，南北深约690m，周长约2521m，与《宋史·地理志》《宋会要辑稿·方域》或者《东京梦华录》中记载的“周回五里”大致吻合。城墙厚8 ~ 12m，青砖砌筑，深度在地表以下5 ~ 10m左右，压在明代周王府紫禁城城垣遗迹下面，宫城范围与周王府紫禁城大致相同①（图4-12）。

在宫城南、北、东墙上发现了三处门址。南墙正中门址位于今龙亭公园大门前一对石狮子处。据《如梦录·周藩纪》记载，这对石狮是“宋之镇门石狮也”。在距地表3.5 ~ 4m处发现一处东西70m、南北30m的门址；在距地表6.5m处又发现一处门址。

① 开封市文物工作队. 河南开封明周王府遗址的初步勘探与试掘 [J]. 文物，2005（9）：46-58.

图4-13 《清明上河图》中的汴桥一带景致
来源：故宫博物院藏

推测上层门址为明周王府紫禁城正南门——端礼门遗址，而下层应为一宋代门址。北墙门址与南墙门址正对，缺口宽30m，应为明周王府紫禁城北墙的承智门，下边8m处压的则为北宋宫城北门拱宸门遗址。①

二、四水贯都

北宋汴梁城之水道交通十分便捷，穿过东京城的河流有蔡河（亦称惠民河）、汴河、五丈河与金水河，所谓“四水贯都”。

四条河流中，最著名的当属汴河。汴河东西横贯东京城，“首承大河，漕引江湖，利尽南海，半天下之财赋，并山泽之百货，悉由此路而进”“故于诸水，莫此为

① 参见：秦大树．宋元明考古[M]. 北京：文物出版社，2004：22-23.

重”。经考古探明，外城汴河西水门至古州桥之间约4000m的地段，河底深12 ~ 14m，河床宽20余米。

蔡河横贯京城南部，是仅次于汴河的第二大河。经考古探明，蔡河遗址河底距地表深约11.5m，河床宽近20m，考古还基本上界定了蔡河上著名的龙津桥的位置。

架在四条河道上的桥梁达32座。[①]汴河之上有虹桥、相国寺桥、州桥等，蔡河之上有龙津桥、新桥等，金水河之上有白虎桥、横桥等，位于五丈河之上的有小横桥、广备桥等。四河之上的众多桥梁均处于京城内的交通要道之上。其中，“御街”与汴河相交的州桥一带，为全城中心。从州桥向南到朱雀门外的龙津桥一带，是全城著名的商业区，闻名遐迩的“州桥夜市”就位于该处。汴河东水门外的虹桥一带，堪称当时东京城的东大门户——《清明上河图》即以虹桥的繁华景象作为全画构图中心（图4–13）。

① 据《东京梦华录》载，蔡河有 11 座桥，汴河有 13 座桥，金水河有 3 座桥，五丈河有 5 座桥。

虹桥是中国古代木制叠梁拱桥的杰出代表。此外，在御街南端跨汴河的州桥和朱雀门外跨蔡河的龙津桥，都是巨大、壮丽的桥梁。

在北宋东京城诸多的桥梁中，经考古调查勘探能界定出具体位置的大致有州桥、龙津桥、相国寺桥以及金明池中的仙桥等，而经过正式发掘的目前则仅有州桥。

三、街市繁华

北宋东京城在城市史上的一大创举是由此前历代都城封闭的“里坊制”转变为开放的“街巷制”。随之带来整个东京城空前繁华的商业气息，都城不再仅仅是军事、政治堡垒，还是市民社会生活的舞台。

中晚唐时期，在扬州等商业繁荣的城市已在城内沿运河故道建了大量仓库和商店，并有夜市，出现了突破封闭坊市和宵禁限制的端倪。经过两个多世纪的演变，约在11世纪中叶，汴梁发展成为居住巷道可直通大街，大街两侧可设商店的开放式格局，称为“街巷制”或“坊巷制”，区别于此前的“里坊制”。这样的格局对城市居民生活、商业、交通都有极大的便利，大大促进了城市的繁荣，使得东京城最终成为“人口逾百万，富丽天下无”的国际大都市。

东京城的主要街道是从城中心通向各个城门的四条大街。一条从宫城正门宣德门经内城正门朱雀门，并向南延伸至外城正门南薰门的主干道，其北段称“御街”（《东京梦华录》称御街宽200步，约合300m），是全城的南北主轴线。宫城以南、汴河州桥以北有两条东西向干道：一条西起新郑门、东至新宋门，又称汴河大街；一条西起万胜门、东至新曹门，又称牛行街。第四条是宫城东侧的南北向干道，北至新封丘门，称马行街（图4-14）。据考古勘测，御街与今中山路重合，也是明代的城中心大街。州桥以东的临汴大街与今自由路一致。宋代的马道街今仍保留其名。

宫城正南的御街两旁有御廊，曾经允许商人交易。据《东京梦华录》记载：“御街，自宣德楼一直南去，约阔二百余步，两边乃御廊。旧许市人买卖于其间，自政和间，官司禁止。各安立黑漆杈子，路心又安朱漆杈子两行。中心御道不得人马行往，行人皆在廊下朱杈子之外。杈子里有砖石甃砌御沟水两道。宣和间，尽植莲荷，近岸植桃李梨杏，杂花相间，春夏之间，望之如绣。”

由上可知，北宋东京的御街其实是宽阔的宫廷前广场，两侧建长廊，这一规划手法后为金中都、元大都以及明北京所继承，称“千步廊”。

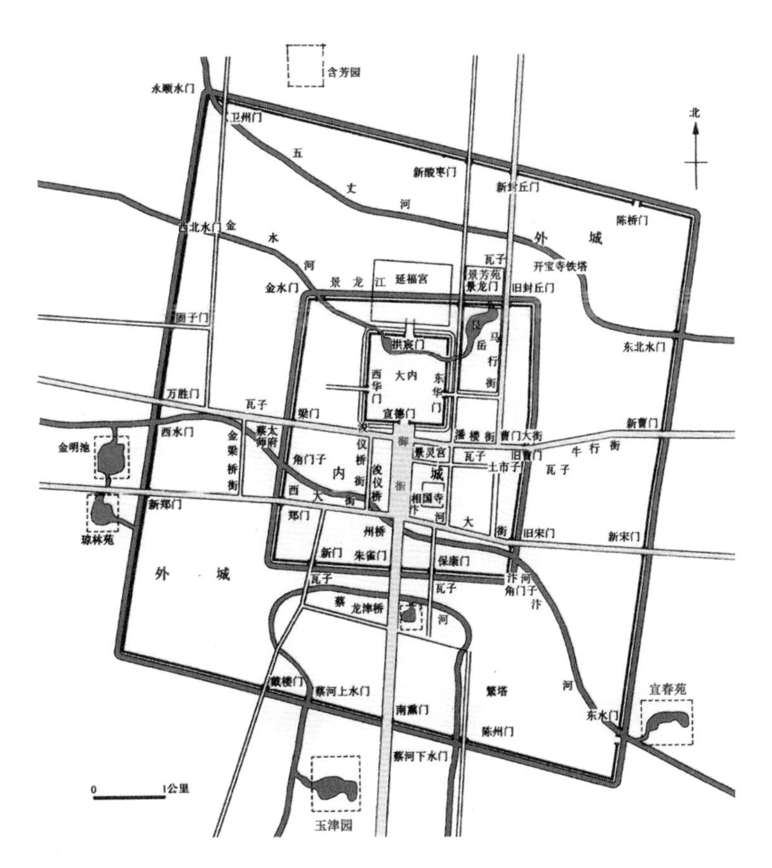

图4-14　北宋东京城市结构示意图

来源：李路珂．古都开封与杭州[M]．清华大学出版社，2012.

宫城以南州桥地段及宫城附近地段商肆云集，形成内城的中心商业区。御街两旁，州桥以北为住宅，州桥以南为店铺。据《东京梦华录》，每天一大清早，这一路段的御街上，趁着早市卖饮食与汤药的小贩，“吟叫百端”。正月十五元宵节，都人集于御街，“两廊下奇术异能，歌舞百戏，鳞鳞相切，乐声嘈杂十余里”。而城东的马行街则是街道住宅与商店混杂。

东京城既有集中成片的“市”，又有商业街市。例如，作为“瓦市”的大相国寺，“中庭、两庑可容万人，凡商旅交易，皆萃其中，四方趋京师以货物求售、转售他物者，必由于此”[①]。在一些街区还存在夜市，酒楼、餐馆通宵营业，《东京梦华录》称

① （宋）王栐．燕翼诒谋录·卷二[M].

马行街“夜市直至三更尽，才五更又复开张”。东京许多著名酒楼相互毗邻，“三层相高，五楼相向，各有飞桥栏槛，明暗相通”“街市酒店，彩楼相对，绣旆相招，掩翳天日”。此外，东京还出现了大型综合娱乐场所——“瓦子”，其中包括各种杂技、游艺表演的勾栏、茶楼、酒馆，一个“瓦子”可有“大小勾栏五十余座”“最大可容数千人”。

据史料记载，北宋东京城中的主要商业街集中在汴河两岸和宫城东侧，包括宣德门前的潘楼街两侧和北通旧封丘门的马行街，商业、金融、饮食、娱乐场所密布其间，有商铺近万家、客店2万余间。

《清明上河图》中生动地反映了东京商业街的繁荣面貌，各行各业店铺为画中重要的舞台背景（图4-15）。与之珠联璧合的是《东京梦华录》开篇一段文字，为后人勾勒出北宋东京之繁华胜景：“太平日久，人物繁阜。垂髫之童，但习鼓舞。斑白之老，不识干戈。时节相次，各有观赏：灯宵月夕，雪际花时，乞巧登高，教池游苑。

图4-15 《清明上河图》中的豪华酒楼

来源：故宫博物院藏

举目则青楼画阁，秀户珠帘。雕车竞驻于天街，宝马争驰于御路。金翠耀目，罗琦飘香。新声巧笑于柳陌花衢，按管调弦于茶坊酒肆。八荒争凑，万国咸通。集四海之珍奇，皆归市易。会寰区之异味，悉在庖厨。花光满路，何限春游。箫鼓喧空，几家夜宴。伎巧则惊人耳目，侈奢则长人精神。”

四、宣德瑞鹤

北宋东京的宫城（大内）由唐汴州宣武军节度使衙署发展而来，五代时期定都于此时，曾直接利用衙署作为皇宫，北宋时期加以扩建改造，形成宫城。之后北宋宫城先后被改建为金代宫室、明周王府紫禁城，此后由于黄河水患，开封城内洼地逐渐变为湖泊，历朝的宫城遗迹全部沉入潘、杨湖底，唯余“开封城摞城，龙亭宫摞宫，潘杨湖底深藏几座宫”的传说。

据《宋会要辑稿》“方域”记载：“国朝建隆三年诏广城，命有司画洛阳宫殿，按图以修之。”可知东京宫殿的扩建主要以唐洛阳宫室为摹本。北宋宫城与唐洛阳宫类似，由一条东西横街划分宫城为外朝、内廷两部分。其中，外朝分为并列的五区，中区为主殿，左右各两区，前半为官署，后半为殿宇。

大庆殿建筑群为“大朝”，即冬至、元旦等举行大朝会之所，位于宫城南北中轴线上。文德殿建筑群为“日朝”，为皇帝每月初一、十五接见群臣之所，位于中轴线西侧。大庆、文德北面的内廷中，建有紫宸、垂拱二殿，紫宸殿是北宋前期的日朝、北宋后期的常朝，而垂拱殿是常朝，即皇帝日常办公之所。在文德殿与垂拱殿之间有柱廊相连，体现了北宋后期日朝与常朝的紧密联系。

大庆殿为东京宫殿外朝的主体建筑，作“工”字殿形式，与大庆门及左、右日精门形成院落。大庆殿面阔九间，左右有东、西挟殿各五间，殿后有后阁，阁后有斋需殿，再后为大庆殿北门，又称端拱门。

外朝以北，垂拱殿之后为内廷，是皇帝和后妃们的居住区，有福宁、坤宁等殿，皇室藏书的龙图、天章、宝文等阁。宫殿北部为后苑。后又在东南部建明堂。

北宋东京宫城建筑布局紧凑，建筑造型丰富多变，主殿多采用“工”字殿做法，侧殿设有阁门，主殿和殿门之间设有隔门（图4–16、图4–17）。

目前，关于北宋东京宫城的形象资料较少，仅有宫城正门宣德门与后苑中的太清楼留有珍贵的图像资料。

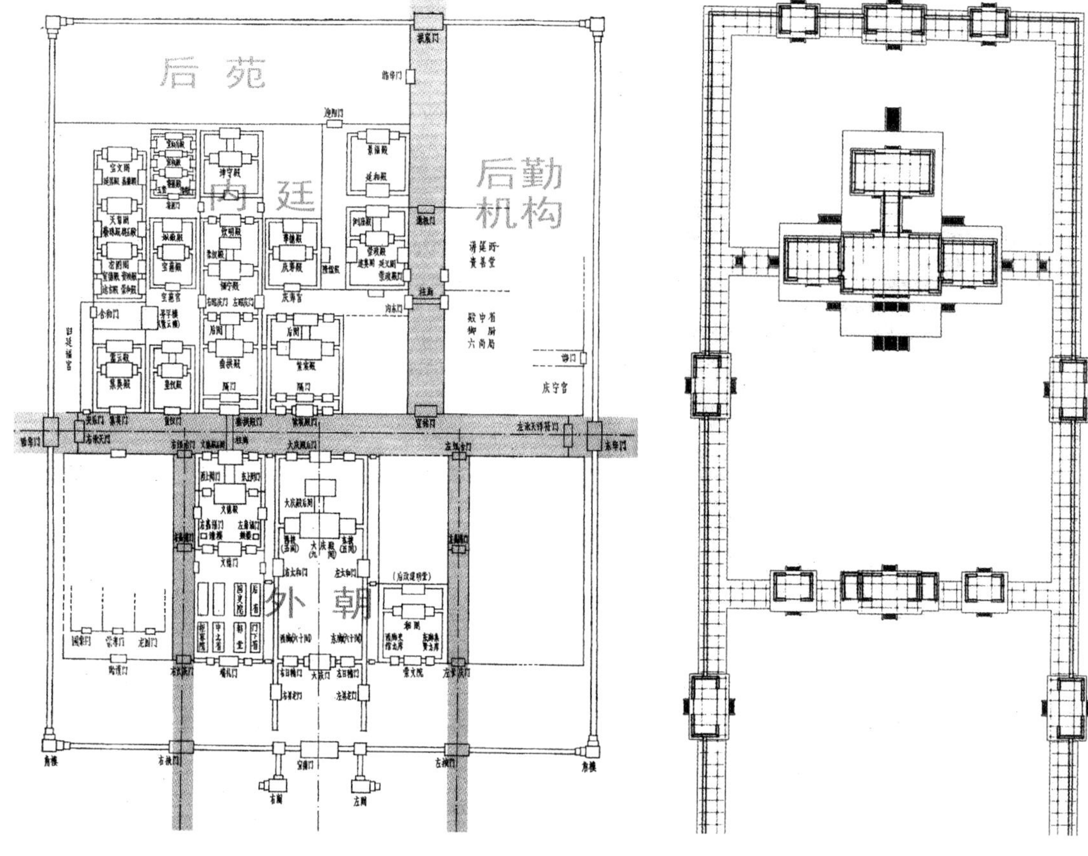

图4-16　北宋东京宫城平面示意图

来源：傅熹年. 山西繁峙岩山寺南殿金代壁画中所绘建筑的初步分析[A]// 建筑历史研究（第1辑）. 北京：中国建筑工业出版社，1982.

图4-17　北宋东京宫城大庆殿平面示意图

来源：郭黛姮主编. 中国古代建筑史・第三卷：宋、辽、金、西夏建筑[M]. 2版. 北京：中国建筑工业出版社，2009.

宣德门，又称宣德楼。据《东京梦华录》记载：“大内正门宣德楼，列五门，门皆金钉朱漆，壁皆砖石间甃。镌镂龙凤飞云之状，莫非雕甍画栋。峻桷层榱，覆以琉璃瓦，曲尺朵楼，朱栏彩槛。下列两阙亭相对。”宋徽宗的杰作《瑞鹤图》正是描绘了群鹤盘旋于宣德门城楼屋顶上空的壮美奇景，画中尤其对宣德门屋顶细节进行了细致入微的刻画。根据《瑞鹤图》以及辽宁博物馆所藏北宋铁钟上的门楼图案，可大致判断宣德门由主城门、两朵楼及两阙组成，平面呈“凹”字形，城台开五门，上部为带平坐的七开间庑殿顶建筑，门楼两侧有斜廊通往两侧朵楼，朵楼又向前伸出廊庑，直抵前部阙楼。宣德门采用绿琉璃瓦，朱漆金钉大门，门间墙壁雕镂龙凤飞云等图案（图4-18～图4-20）。

太清楼位于北宋皇宫崇政殿西北，迎阳门内后苑中。太清楼为藏书处所，“贮四库书，经、史、子、集、天文、图画”。据宋画《太清楼观书图》描绘，太清楼为面阔七间、重檐四滴水歇山顶的2层楼阁，绿色柱子，红色栏杆，四周环绕石砌水渠（图4-21）。

图4-18 [北宋]赵佶《瑞鹤图》中可见东京宫城正门宣德门形象
来源：辽宁省博物馆藏

图4-19 北宋铁钟上的宫城门楼形象（辽宁省博物馆藏）
来源：郭黛姮主编. 中国古代建筑史·第三卷：宋、辽、金、西夏建筑[M]. 2版. 北京：中国建筑工业出版社，2009.

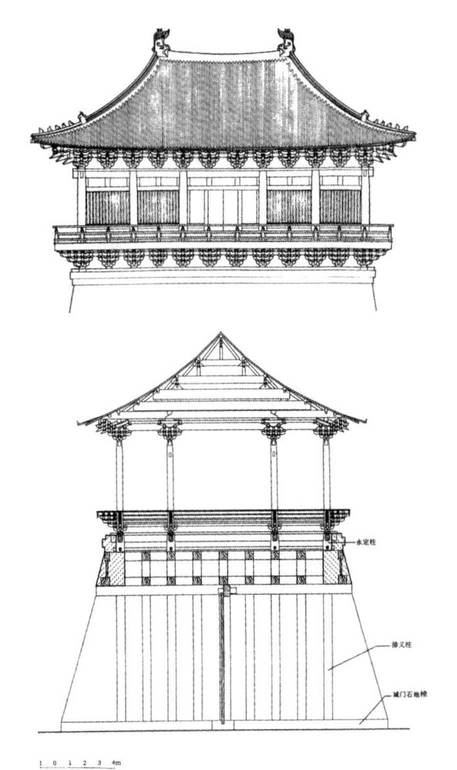

图4-21 宋画《太清楼观书图》中的宫城御苑太清楼形象
来源：台北故宫博物院藏

图4-20 北宋东京宣德门中央城楼立、剖面复原示意图
来源：郭黛姮主编. 中国古代建筑史·第三卷：宋、辽、金、西夏建筑[M]. 2版. 北京：中国建筑工业出版社，2009.

第三节　皇家御苑

东京城内的众多园林，以北宋后期修筑的宫城后苑、延福宫、艮岳为精粹。城外则以北宋初年修筑的玉津、金明、宜春、瑞圣四园为最。以下略述北宋皇家苑囿中最具代表性的金明池与艮岳。

一、金池夜雨

金明池又名西池、教池，为北宋东京四大皇家园林之一，是水上游戏、演兵的场所。后世“汴京八景”之一即有“金池夜雨”。[①]

金明池和琼林苑位于城东新郑门（又称顺天门）外干道两侧。金明池始凿于五代后周显德四年（957年），原为教习水军之所。对金明池进行大规模的开挖与营建始于北宋太平兴国元年（976年）。据宋人王应麟《玉海》卷一百四十七记载：“太平兴国元年，诏以卒三万五千凿池，以引金水河注之。有水心五殿，南有飞梁，引数百步，属琼林苑。每岁三月初，命神卫虎翼水军教舟楫，习水嬉。西有教场亭殿，亦或幸阅炮石壮弩。”

太平兴国七年（982年），宋太宗幸其池，阅习水战。政和年间,宋徽宗于池内建殿宇，北宋初期的水军操演变成了皇帝亲临观看的龙舟竞赛和争标表演，称“水嬉”，金明池遂成皇帝春游和观看“水嬉”之所。

金明池周长九里三十步，池形方整，四周有围墙，设门多座，西北角为入水口，池北后门外，即汴河西水门。正南门为棂星门，南与琼林苑的宝津楼相对，门内彩楼对峙。在其门内自南岸至池中心，有一巨型拱桥——仙桥，长数百步，桥面宽阔。桥有三拱，“朱漆栏盾，下排雁柱”，中央隆起，如飞虹状，称为“骆驼虹”。桥尽处，建有一组殿堂，称为五殿，是皇帝游乐期间的起居处。北岸遥对五殿，建有一“奥屋”，又名龙奥，是停放大龙舟处。仙桥以北近东岸处，有面北的临水殿，是赐宴群臣之所（图4–22）。

金明池每年三月初一至四月初八开放，允许百姓进入游览。梅尧臣《金明池游》

① 明代《明成化河南总志》中的“汴京八景”为艮岳行云、夷山夕照、金梁晓月、资圣熏风、百岗冬雪、大河春浪、吹台秋雨、开宝晨钟。明人李濂编写之“汴京八景”则为繁台春晓、铁塔行云、金池过雨、州桥明月、大河涛声、汴水秋风、隋堤烟柳、相国霜钟。清乾隆年间撰修《祥符县志》时，把明代八景中的“大河涛声”删去，增添了“梁园雪霁”，把“金池过雨”改为“金池夜雨”，把“汴水秋风”改为“汴水秋声”，把“繁台春晓”改为“繁台春色”。

中有“三月天池上，都人袨服多”“行袂相朋接，游肩与贱摩”的描写。若逢水嬉之日，东京居民更是倾城前往，观者众多，甚至有踩踏死人的情况。①

孟元老在《东京梦华录》中专用一卷对池的位置、大小、建筑布局及游池活动等方方面面进行了详尽描述。宋画《金明池夺标图》则描绘了当时金明池赛船夺标的生动画面，正可与《东京梦华录》相互印证（图4-23）。北宋诗人梅尧臣、王安石和司马光等均有咏金明池的诗篇传世，如司马光《会饮金明池书事》即有“日华骀荡金明春，波光净绿生鱼鳞。烟深草青游人少，道路苦无车马尘”之句；梅尧臣《过金明池》诗则曰：“送别西亭车马尘，天池回傍欲迷津。画船龙尾何时发，丹杏梢头漏泄春。”

靖康年间，随着东京被金人攻陷，池内建筑亦被破坏殆尽。20世纪80年代和90年代，开封文物工作队多次对金明池进行了调查和勘探，得知金明池东岸约位于东京外城西墙之西近300m处，池东西长约1240m，南北宽约1020m，周长4000余米，池深3～4m。池西北角有宽约11m的河道向北延伸，可能是引汴河水注池的遗迹。池中心一带有约400m²的砖瓦堆积，可能是水心殿的遗迹。池南岸有临水殿遗址，殿基长约20m，宽15m。②

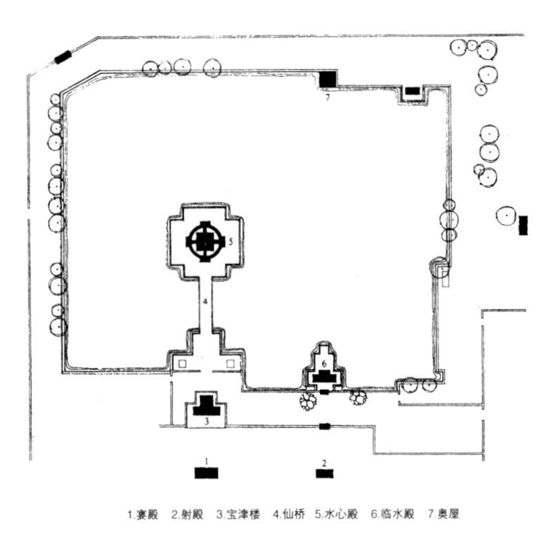

图4-22　北宋东京金明池平面示意图
来源：周维权. 中国古典园林史[M]. 2版. 北京：清华大学出版社，1999.

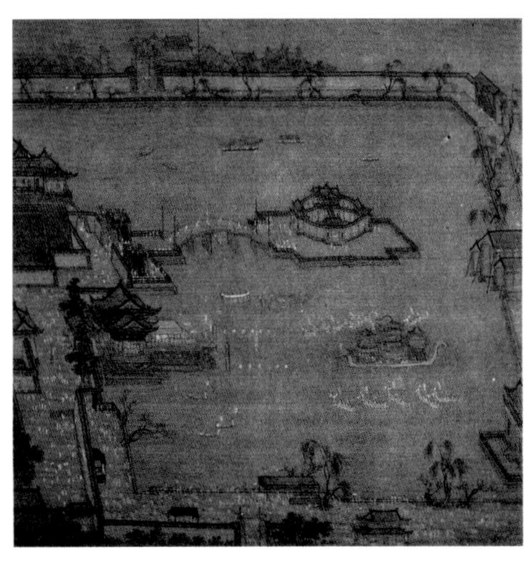

图4-23　北宋《金明池争标图》
来源：天津博物馆藏

① 宋会要辑稿·刑法二·禁约：“仁宗天圣三年三月二十二日诏：金明池教习船，有司列水嬉。士民观者甚多，有蹴踏而死者，令本地分巡防人员止约，令勿奔凑。”

② 刘春迎. 考古开封 [M]. 郑州：河南大学出版社，2006：182-183.

二、艮岳行云

艮岳是北宋皇家修造的最后一座大型山水园林，也是北宋皇家园林的集大成者。

宋徽宗笃信道教，曾于政和五年（1115年）在宫城东北建大型道观“上清宝箓宫”，两年后又听信道士之言，谓在京城内筑山则皇帝多子嗣，在上清宝箓宫的东面模拟杭州凤凰山之形筑“万岁山”。因其在宫城的东北面，按八卦方位为“艮位”，因此名“艮岳”。“艮岳”筑好后，又凿池引水、建造亭阁楼观、栽植奇花异树，至徽宗宣和四年（1122年）才完成，又称“华阳宫”。

艮岳之营建由宋徽宗亲自参领，宦官梁师成主持修造，建造之前经过周详的规划，然后照图施工。徽宗为精于书画的大艺术家，梁师成“思精志巧，多才可属”，二人合作经营的艮岳，将各地的山水风景加以缩移摹写，以适当的建筑点缀成景，是一座叠山、理水、花木、建筑完美结合的具有浓郁诗情画意而较少皇家气派的人工山水园，代表了宋代皇家园林的风格特征和宫廷造园艺术的最高水平。[①]

当此园落成之后，宋徽宗曾作《御制艮岳记》，后又命大臣李质、曹组等人作了大量诗赋，依据这些文献可以推知艮岳之大体格局（图4-24）。

艮岳山体从北、东、南三面绵延包围水体，大体形成“左山右水”的格局。

园区北面为主山，称“万岁山”，主峰高90步，约合150m，先筑土岗，后叠石而成。次峰万松岭在主峰之西，有山涧灌龙峡相隔，两峰并峙，列嶂如屏。万岁山东南方为芙蓉城，横亘二里，仿佛主山的余脉。水体南面为稍低的次山“寿山”，又名南山。四座山宾主分明，远近呼应，有余脉延展，形成一个完整的山系，山中景物石径、磴道、栈阁、洞穴层出不穷。

园区西南部为池沼，池水经回溪分流，一条流入山涧，然后注入大方沼、雁池；另一条绕过万松岭注入凤池。全园水系融汇了河湖溪涧的丰富形态，又与山系配合形成山环水抱之势。

全园建筑40余处，造型各异，华丽的轩、馆、楼、台和简朴的茅舍村屋兼而有之。艮岳西部还有两处模仿乡野景色的园中园，名药寮和西庄。山水之间点缀名木花果，形成许多以观赏植物为主的景点，如梅岭、杏岫、丁嶂、椒崖、龙柏坡、斑竹麓等，林间放养珍禽异兽。

---

① 周维权．中国古典园林史 [M]. 北京：清华大学出版社，2008：204-209.

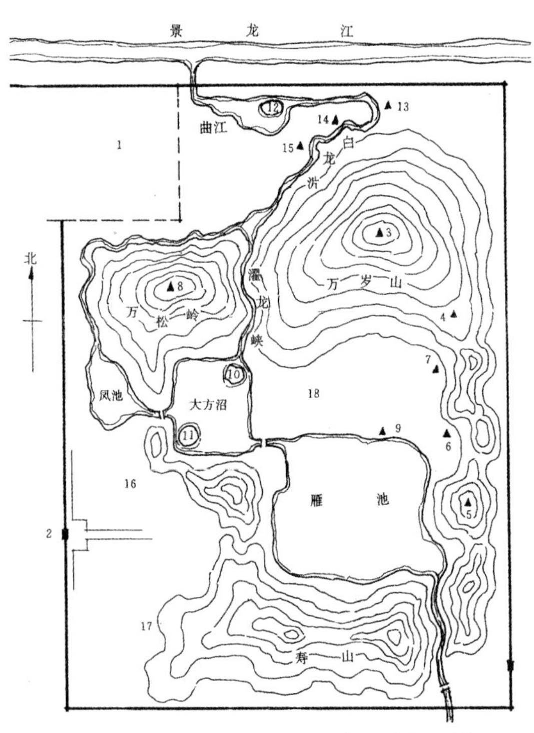

图4-24 北宋艮岳平面示意图

来源：周维权. 中国古典园林史[M]. 2版. 北京：清华大学出版社，1999.

如今艮岳景物已无从得见，只能从宋代山水画和庭院画中略窥其意趣。

可惜艮岳刚建成四年，东京城即为金兵攻陷。当年城中大雪盈尺，园中的建筑花木经官府允许，被百姓拆来当柴烧，艮岳很快便夷为秃岗。金代末年，金元战争中，园中山石被取来当炮弹，土山也被用来修筑北面城垣，景龙江则改为城壕，这座旷世奇园便从此消失无踪了。[①]

宋徽宗为营建艮岳，大兴“花石纲”，搜罗奇石花木，虽然最终营构了汴梁华美的园林，却也由于殚费民力而加速了北宋的覆亡。元人郝经有诗叹曰：“万岁山来穷九州，汴堤犹有万人愁。中原自古多亡国，亡宋谁知是石头？”

① 李路珂. 古都开封与杭州 [M]. 北京：清华大学出版社，2012：99.

第四节　佛寺浮图

据《宋会要·道释》记载，真宗天禧五年（1021年），全国有僧尼、道士女冠40余万人，而东京有僧尼22941人，道士、女冠595人，约占全国总数的二十分之一。神宗时，僧尼、道士有所减少，约25万多人。当时全国有寺院、道观4万多所，而东京一地即达913所。

在东京城的众多寺院中，以相国寺、开宝寺、天清寺、太平兴国寺最为著名，号称东京四大寺院。其中，开宝寺铁塔和天清寺繁塔保存至今——北宋东京无尽繁华，如今开封所存北宋建筑遗构，唯铁塔、繁塔二浮图而已，令人叹惋。此外，东京第一名刹大相国寺虽历经重修，尽失原貌，但寺院至今犹存。以上三处古迹分别对应“汴京八景”之“相国霜钟”“铁塔行云”与“繁台春晓”（亦称“繁台春色”）（图4–25）。

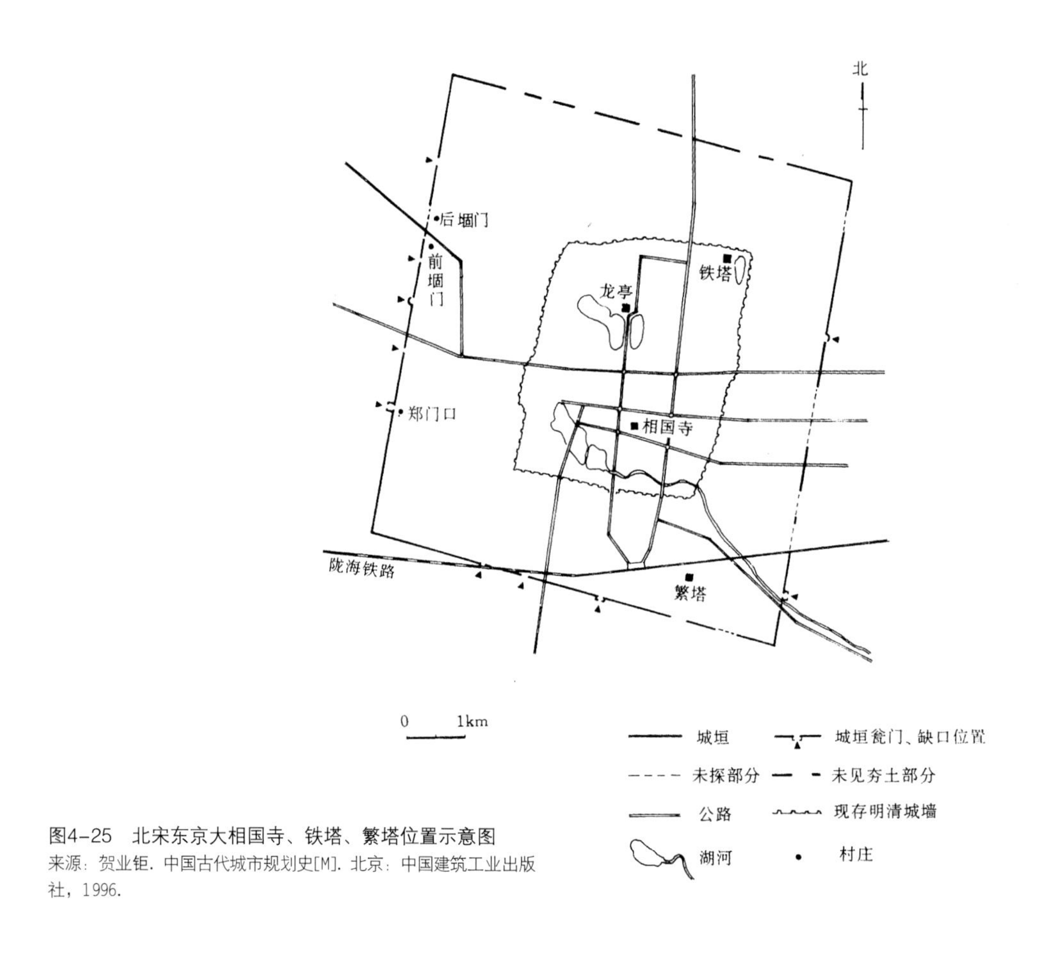

图4–25　北宋东京大相国寺、铁塔、繁塔位置示意图
来源：贺业钜．中国古代城市规划史[M]．北京：中国建筑工业出版社，1996.

一、相国霜钟

大相国寺，北宋时为京城四大寺院之首，号称“皇家寺”。位于东京内城南部、汴河北岸，在历史上一直是繁华显赫之区。相传为战国时信陵君故宅，北齐天保六年（555年）创立“建国寺”，后毁。唐初为歙州司马郑景住宅，701年又建寺，711年建成，次年唐睿宗赐名“相国寺”，敕建“三门”、御赐题额。北宋时期又多次扩建，至1086年，已发展至中院三进、别院八区的规模，为京城最大的寺院和全国佛教活动中心，占地540亩，僧众数千人，辖六十四禅、律院。

此外，北宋时期的大相国寺庭院宽阔，又位于城中最繁华的地带，亦被东京的商业气氛所浸染，成为一处城市商贸娱乐中心，称“瓦市”，类似于后世之庙会。《东京梦华录》记有“相国寺每月五次开放，万姓交易”之盛况。

宋人宋白的《修相国寺碑记》，记载了北宋初年扩建相国寺的浩大工程：“正殿翼舒长廊，左钟曰楼，右经曰藏，后拔层阁，北通便门。广庭之内，花木罗生，中庑之外，僧居鳞次……其形势之雄，制度之广；剞劂之妙，丹青之英；星繁高手，云萃名工；外国之稀奇，八方之异巧……极思而成之也。”[①]

北宋盛期的大相国寺，沿南北中轴线依次建大三门[②]、第二三门、主殿弥勒殿（两翼有钟楼及经藏）、主阁资圣阁（两翼有渡殿，阁前庭院东西文殊、普贤二阁对峙，登资圣阁则“见京内如掌，广大不可思议”），第二三门与资圣阁建筑群周围有廊庑环绕，而大三门、第二三门之间更设东、西塔院，壮伟殊甚（图4–26）。寺中大殿和高阁历经宋金战火仍存。南宋末年，有使臣途经开封，仍见“佛殿一区，高广异常，朱碧间错，吴蜀精蓝所未有。后一阁参云，凡三级，榜曰资善之阁，上有铜罗汉五百尊”[③]。殿后的资圣阁建于唐玄宗天宝四年（745年），原名排云阁，在宋代也被称为寺中一绝，为一座五檐滴水的3层楼阁，十分雄丽。

大相国寺中心主体建筑呈现高阁林立之格局，这不仅可以在敦煌莫高窟的唐代、五代巨幅经变中见到（图4–27），还能在现存规模最大的北宋建筑群正定隆兴寺后部见到：在隆兴寺鼎盛时期，其后部主阁大悲阁面阔7间，进深5间，前面另有雨搭一

① （宋）宋白．修相国寺碑记[M]//（清）新修祥符县志·卷十三·寺观．

② 三门与山门同意。所谓三门是象征“三解脱”，即“空门”“无相”“无作”，但并非一定建三座门。如大相国寺大三门，实际上是一座4层楼阁，上有五百罗汉，极其雄壮。

③ （元）白珽．湛渊静语·卷二·使燕日录[M].

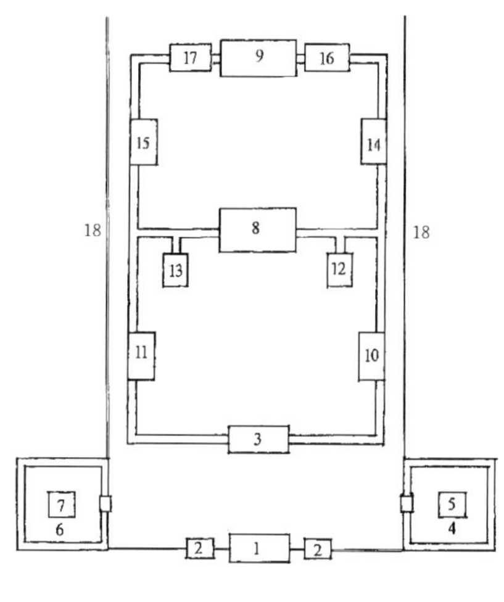

图4-26 北宋东京大相国寺平面复原示意图
来源：郭黛姮主编. 中国古代建筑史·第三卷：宋、辽、金、西夏建筑[M]. 2版. 北京：中国建筑工业出版社，2009.

图4-27 莫高窟第146窟五代《药师经变》中高阁环列之壮伟格局
来源：萧默. 敦煌建筑研究[M]. 北京：机械工业出版社，2003.

间，3层五檐，金碧翚飞。据学者复原，阁高达40m左右，犹在颐和园佛香阁之上。左右的御书楼、集庆阁与大悲阁以飞廊相连，加上南面的慈氏阁与转轮藏殿，构成五阁环列之宏伟格局。如今，大悲阁与两侧御书楼、集庆阁为当代重建，但摩尼殿、慈氏阁与转轮藏殿皆为北宋原构，至为珍贵。只可惜今日大相国寺早非宋代雄姿，仅余明清遗构，与隆兴寺相较已望尘莫及。

值得一提的是，北宋时大相国寺的大三门，应是一座结构精妙的楼阁式大门。当时著名都料匠喻浩对大门结构进行了仔细学习研究。据宋人笔记载："东都相国寺楼门，唐人所造，国初木工喻浩曰：他皆可能，惟不解卷檐尔。每至其下，仰而观焉，立极则坐，坐极则卧，求其理而不得。门内两井亭，近代木工亦不解也。寺有十绝，此为二耳。"①

① 陈师道．后山谈 [M].

图4-28　开封大相国寺八角琉璃殿
来源：王南摄

金元之后，相国寺屡遭兵毁水患，已无早期遗迹，今相国寺为清代重修的结果，仍是开封城中最大的寺院之一。今大相国寺位于开封市自由路西段，主要建筑有天王殿、大雄宝殿、八角琉璃殿、藏经楼等。其中，八角琉璃殿于中央高高耸起，四周游廊环绕，殿内置木雕密宗四面千手千眼观世音像，颇为精美（图4-28）。

二、铁塔行云

（一）祐国寺铁塔

祐国寺铁塔为今日开封所存最完整而重要之北宋建筑遗存。塔建于北宋皇祐元年（1049年），其时寺名开宝寺，故塔称开宝寺塔，亦名上方寺塔。因塔之外表全以褐色琉璃砖镶嵌，远看近铁色，故俗称"铁塔"，是现存最早的琉璃砖塔（图4-29）。

铁塔为仿木楼阁式砖塔，八角13层。《汴京遗迹志》中称塔高360尺，但实测高度为54.66m，不到200尺。塔体形纤细高耸，又居于北宋东京城东北部的夷山之上，更显高耸入云。铁塔基座因黄河泛滥埋于地下。塔为实心砖砌体，仅首层和顶层设塔心室，中间各层仅有楼梯空间，可供登临远眺。明朝人李梦阳有"日临旷地冰先落，云破中天塔自孤""铁塔峙城隅，川平愈觉孤"之句咏其茕茕孑立之态。

塔外壁采用28种仿木结构的模制琉璃砖砌成。转角处用琉璃砖砌成圆柱，柱子上下分为数段。其四面塔门或佛龛作圭角形，门顶用叠涩方法收作尖顶。叠涩砖的叠涩面呈半圆弧形。佛龛中的佛像用整块琉璃烧制，技艺高超。塔表面琉璃砖的花饰非常丰富，有佛像、菩萨、飞天、麒麟、龙、伎乐、宝相花等50余种，尤其一些胡人、胡僧形象别具一格（图4-30～图4-34）。

各层出檐均用琉璃砖瓦，檐下施以琉璃斗栱。底层东、西、南、北各辟一门，唯北门设梯道可绕塔心柱盘旋至顶，其余各三门内为八边形小室。二层以上每层四面辟窗，但仅有一面为真窗可资眺望。

此塔琉璃建筑构件标准化、定型化堪称一绝。其外立面所砌筑的仿木构门窗、柱子、斗栱、额枋、塔檐、平坐等，均由28种标准构件拼砌而成，在塔身逐层收分、尺寸逐层递减的情况下，其难度可想而知。

图4-30　开封祐国寺铁塔通体琉璃砖
来源：王南摄

图4-29　开封祐国寺铁塔
来源：王南摄

图4-31　开封祐国寺铁塔底层琉璃砖雕饰
来源：王南摄

图4-32　开封祐国寺铁塔琉璃佛像
来源：王南摄

图4-33　开封祐国寺铁塔琉璃砖飞天雕饰
来源：王南摄

图4-34　开封祐国寺铁塔琉璃砖乐伎雕饰
来源：王南摄

千百年来，铁塔历经多次水患、地震、暴风、炮击等破坏，仍巍然屹立，充分体现了北宋匠师的高超技艺。

（二）**喻浩与开宝寺木塔**

值得一提的是，开封铁塔的前身是北宋开宝寺木塔，为北宋著名木匠喻浩所建。

开宝寺又称上方寺、光教寺、铁塔寺，始建于北齐，名独居寺。729年，唐玄宗封泰山返回时经过此地，改为封禅寺。宋太祖开宝三年（970年）改为开宝寺，作为皇家寺院。太平兴国五年（981年），寺内建木塔，平面为八边形，11层（或13层），高360尺，为当时东京城内佛塔之最。欧阳修曾撰文记载喻浩修造开宝寺塔之奇闻："开宝寺塔，在京师诸塔中最高，而制度甚精，都料匠喻浩所造也。塔初成，望之不正而势倾西北。人怪而问之，浩曰：'京师地平无山，而多西北风，吹之不百年，当正也。'其用心之精，盖如此！国朝以来木工，一人而已。至今木工皆以预都料为法，有《木经》三卷行于世。”[1]

可惜的是，大匠喻皓信誓旦旦扬言大风吹之几十年后当自行调正的汴梁开宝寺木塔，却在建成60年后毁于雷火。

三、繁台春晓

天清寺在今开封城外东南约1.5km处，北宋东京外城陈州门里，始建于后周显德二年（955年），原在清远坊，显德六年（959年）徙于此。北宋开宝七年（974年）重修天清寺，在寺内兴建了一座砖塔，竣工于淳化元年（990年）以后，名为兴慈塔，也称天清寺塔，因其坐落在被称为繁台的高台上，故俗称繁塔。

根据塔内石刻记载，繁塔始建时有9层，高240尺（约合75m，高过祐国寺铁塔），宋人有“天半拍栏杆，惊倒天下人”[2]之句，极言繁塔之高。元末天清寺毁于兵火，9层繁塔因遭雷击，部分损毁。明清时期天清寺址屡建佛寺，又屡次毁于洪水，至清朝末年，繁台因黄河泥沙淤积而成为平地。清初重修时，在繁塔上部修成一个平台，又在平台上修建了一个七级实心小塔，一直延存至今（图4–35）。

现存的繁塔，为3层大塔上面摞小塔的奇特造型。繁塔下部3层为六角形楼阁式，最低一层每面宽13.10m，从下向上，各层逐级收缩，到第三层呈平顶，平顶上的七级小塔高约6.5m，约为下部一层的高度，下部3层大塔的高度约25m，从下面大塔底部到小塔的顶尖，总高为31.67m。

繁塔的内外壁镶嵌一尺见方的佛像砖，砖上雕凹圆形佛龛，龛内佛像姿态、衣着、表情各异，生动逼真，共7000余尊（图4–36、图4–37）。塔基南北均有拱券门，皆能出入，但互不相通。从南门入，为六角形塔心室，有木梯可达三层，由外壁磴道盘旋而上，可登大塔平台。

此外，塔内各层镶嵌碑刻200余方，其中以宋代书法家赵仁安所写的“三经”最为著名。“三经”分别存于塔内上下两层，南门内第一层东西两壁镶嵌刻经6方，东壁为《金刚般若波罗蜜多心经》，西壁为《十善业道经要略》，第二层南洞内东西两壁上镶嵌着《大方广回觉多罗了义经》。

---

① （宋）欧阳修. 归田录・卷上 [M].

② （宋）陈与义. 简斋集 [M].

图4-37　开封繁塔菩萨造像砖
来源：王南摄

图4-35　开封繁塔
来源：王南摄

图4-36　开封繁塔造像砖
来源：王南摄

第五章　杭州——西湖歌舞几时休

山外青山楼外楼，
西湖歌舞几时休？
暖风熏得游人醉，
直把杭州作汴州。
——林升：《题临安邸》

杭州位于钱塘江畔，以风景秀丽、文化灿烂著称，世人有“上有天堂，下有苏杭”之谓。

相传大禹大会诸侯于会稽山（今浙江绍兴），曾在杭州一带舍舟登陆（一说造浮桥以渡），故此地得名“禹杭”，后讹传为“余杭”。春秋战国时期，杭州仍是海潮涨没之地，人烟稀少，在东南地方政权争霸中曾先后被并入吴、越、楚国之版图。

史载秦王政二十五年（公元前222年），杭州始设县治，称“钱唐”，属会稽郡。钱唐之名第一次见于史籍是《史记・秦始皇本纪》中记载秦始皇“过丹阳，至钱唐，临浙江，水波恶，乃西二百里，从狭中渡”。汉承秦制，仍设钱唐。当时已有“明圣湖”，亦称“武林水”，为钱塘江入海的湾口处由泥沙淤积而形成的泻湖，可能是西湖之前身。

隋开皇九年（589年），钱塘郡改称杭州，《隋书・地理志》有“平陈置杭州”的记载，此为杭州得名之始。开皇十一年（591年），隋臣杨素于凤凰山麓建州城，“周回三十六里九十步，有城门十二”（《元丰九域志》），此为第一次有文字记载的杭州城之营建。同时，城西的湖泊则因“其地负会城之西，故通称西湖”。[1] 随着隋炀帝修建京杭大运河，杭州

① 梁诗正等辑. 西湖志纂・卷二・西湖水利 [M].

遂成为水上交通枢纽。

唐贞观时，杭州已为“东南名郡”。杭州刺史李泌开凿六井，引西湖水入城，解决居民用水问题，大诗人白居易任刺史时更修建湖堤（即著名的白沙堤或白公堤）[①]蓄水以灌溉。白居易脍炙人口的《钱塘湖春行》一诗中描绘了湖堤景致：“孤山寺北贾亭西，水面初平云脚低。几处早莺争暖树，谁家新燕啄春泥。乱花渐欲迷人眼，浅草才能没马蹄。最爱湖东行不足，绿杨荫里白沙堤。”

至唐中叶，西湖已成为一大名胜，杭州也成为一座兼具山水之美与水陆之便的都会。

五代至南宋时期是杭州发展的繁荣期，吴越国、南宋先后建都于此。吴越国（907—978年）建都杭州的七十余年间，对杭州进行了大规模营建。吴越王钱镠“广杭州城，大修台馆，由是钱塘富庶，盛于东南”。[②]

978年，钱镠之孙钱弘俶“纳土归宋”，杭州遂未经兵火，成为两浙路治所。北宋时期，杭州城持续繁荣，成为江南地区丝织业、酿酒业的中心，并开放为外贸港口。至北宋末年，杭州人口已达20余万户，超过江宁（今南京）、平江（今苏州），成为江南人口最多的州郡。欧阳修《有美堂记》曰：“若乃四方之聚，百货之所交，物盛人众，为一都会，而又能兼有山水之美，以资富贵之娱乐者，惟金陵、钱塘……独钱塘自五代始时，知尊中国，效臣顺及其亡也。顿首请命，不烦干戈，今其民幸富完安乐。又其俗习工巧，邑屋华丽，盖十余万家。环以湖山，左右映带，而闽商海贾，风帆浪舶，出入于江涛浩渺、烟云香霭之间，可谓盛矣。”

北宋为金所灭，宋室南渡。南宋建炎三年（1129年）以杭州为“行在所”，称临安府。绍兴七年（1137年），宋金媾和，以秦岭、淮河为界对峙，南宋偏安一隅之大局形成。杭州自此一度成为南部中国的政治、经济和文化中心。至1267年南宋灭亡，杭州作为行都临安共计138年。

---

① 当时的湖堤将湖一分为二，堤之西为上湖（即今之西湖），堤之东为下湖（今已成为市区）。湖堤现已不存，但后世为纪念白居易，把从断桥至西泠印社的“白沙堤”改名“白公堤”。

② 资治通鉴・卷二百六十七・后梁记二 [M].

元朝的杭州虽不及此前繁盛，依然令马可·波罗觉得是“世界上最美丽华贵的城市”。可惜元末古城遭受多次火灾，经济发展和城市建设均遭到极大摧残。

至明清时期，古都杭州又开始复苏，明、清时期杭州一直作为浙江省省城。西湖美景更是名扬天下，曾吸引康熙、乾隆二帝多次造访，流连忘返。

以下略述杭州作为都城即吴越国都和南宋临安之概略，再分别讨论西湖景胜及杭州名寺古塔之最具代表性者（图5–1）。

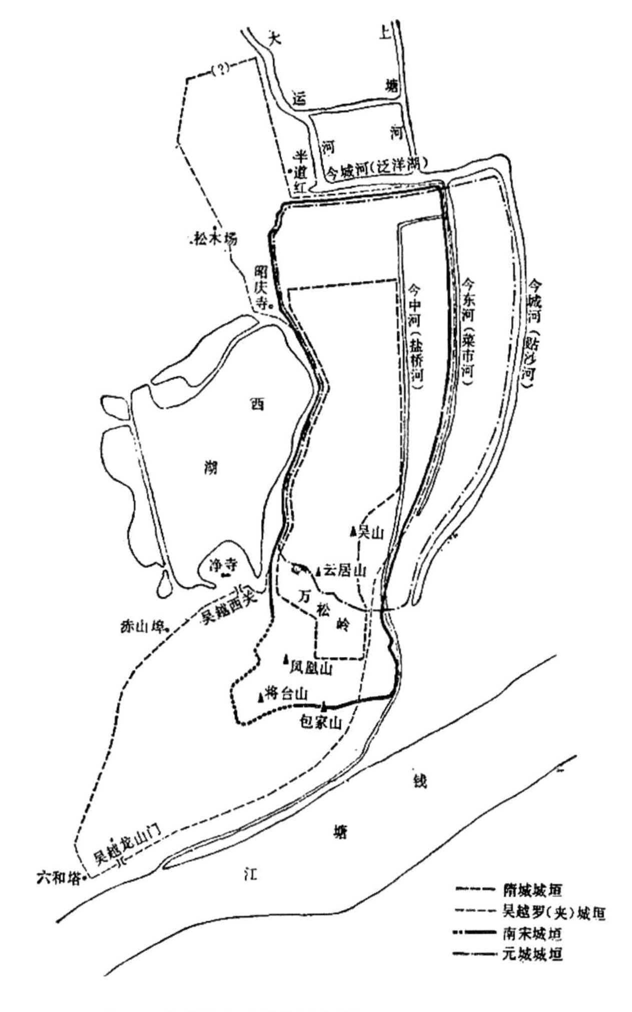

图5–1　杭州历代城址变迁沿革示意图

来源：郭黛姮主编. 中国古代建筑史·第三卷：宋、辽、金、西夏建筑[M]. 2版. 北京：中国建筑工业出版社，2009.

第一节　都城沿革

一、吴越国治

吴越国（907—978年）为五代十国时期的十国之一，由钱镠于后梁开平元年（907年）所立，建都杭州，此为杭州建都之始。吴越历三代五王，立国七十二年。吴越国对杭州的建设，主要包括子城、罗城的营建，建镇海军使院并最终改为钱王宫，以及兴修水利。

（一）子城、罗城

钱镠首次扩建杭州城是在唐昭宗大顺元年（890年），“筑新夹城，环包氏山，洎秦望山而回。凡五十余里，皆穿林架险而版筑焉”[①]，新筑之夹城包围了隋唐杭州旧城的西南部。[②]当时吴越国的“国治”为今杭州凤凰山下所筑的“子城”。[③]

第二次扩建是在唐昭宗景福二年（893年），“王率十三都兵，洎役徒二十余万众，新筑罗城，自秦望山，由夹城东亘江干，洎钱塘湖霍山、范浦，凡七十里。”[④]这次扩建规模浩大，将原来隋唐旧城东门和北门都包括在内，即所谓“罗城”。

经以上子城、罗城之扩建，形成了杭州城富有特色的“腰鼓城”形态。其中，子城位于杭州城南隅，向南为钱塘江，西北面为西湖，钱氏曾建阅兵亭（称碧波亭），为大阅舳舻之处。

（二）钱王宫

唐昭宗乾宁三年（896年），钱镠被任命为两军节度使，于光化三年（900年）在杭州建镇海军使院，即节度使治所。据文献记载，新建镇海军使院“斥去旧址，广以新观。廊开闬宏，拔起阶级，俾幢节之气色，貔武之出入，得以周旋焉。庚申岁，始辟大厅之西南隅，以为宾从晏息之所。左界飞楼，右劘严城，地耸势峻，面约背敞，肥楹巨栋，间架相称，雕焕之下，朱紫苒苒，非若越之今而润之旧也”[⑤]，规模超过

---

① （宋）钱俨．吴越备史・卷一・武肃王 [M].

② 周峰．吴越首府杭州 [M]. 杭州：浙江人民出版社，1997.

③ 杨渭生．吴越国时期的杭城建设 [J]. 杭州通讯（下半月），2009（8）：50-51.

④ （宋）钱俨．吴越备史・卷一・武肃王 [M].

⑤ （唐）罗隐．罗昭谏集・卷五・镇海军使院记 [M].

越州与润州的节度使院，其基本格局为前正衙、后使宅，正衙后设厅兼作宴席之用。天复七年（907年）建八会亭、蓬莱阁等。钱镠起居之所称“握发殿”。此后四王大约以“天宠堂”（亦名“大庆堂”）为正衙[①]。

吴越王时期，钱镠完成了罗城、子城的双重城垣形制的营建，并新建镇海军使院，后来成为钱王宫，于是最终形成了由罗城、子城、钱王宫构成的吴越国治的空间格局（图5-2）。

（三）捍海塘

钱塘江潮对杭州城历来威胁较大，为解决水患，钱镠于后梁开平四年（910年）修筑捍海石塘，采用“造竹器，积巨石，植以大木”[②]的方法，这是我国古代修筑海塘的创举。

自唐代后期开始，西湖面积逐渐缩小。因此吴越国设置“撩湖兵士”千人，“以芟草浚泉”，专门疏浚西湖。又引湖水为涌金池，以入运河。[③]

捍海石塘的修建和西湖的治理，均为杭州城的进一步发展创造了条件。

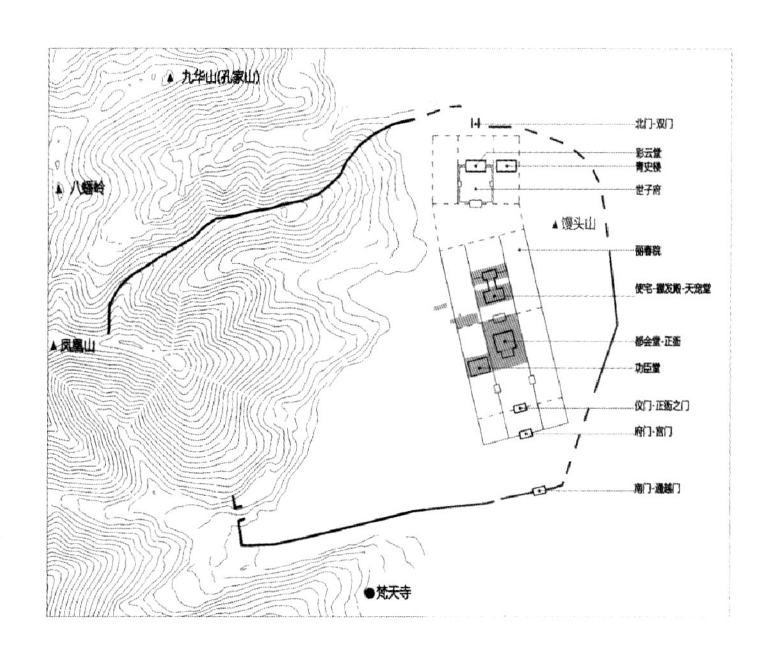

图5-2　镇海军使院和钱王宫布局推测示意图

来源：袁琳. 从吴越国治到北宋州治的布局变迁及制度初探[J]. 中国建筑史论汇刊，2012（6）.

① 参见：李路珂 . 古都开封与杭州 [M]. 北京：清华大学出版社，2012：130-131.

② 宋史・卷九十七・河渠七 [M].

③ （明）田汝成 . 西湖游览志・卷一・西湖总叙 [M].

二、南宋临安

南宋建炎三年（1129年）以杭州为行都，称“行在所”、临安。建都之初，因陋就简，以州治为行宫。1142—1162年间，开始大力营建宫室、坛庙、府库、官署、御苑等，“凡定都二十年而郊庙、宫、省始备焉”。[①]

（一）**都城**

临安城由于地形所限及历史发展，形成东西狭、南北长的“腰鼓城”形状。由于是在旧城基础上改建，并且只是行都性质，故更多是采取因地制宜的规划设计。宫殿独占都城南部的凤凰山，市坊街巷居北，形成“南宫北市”的格局，皇城也因此以北门为正门，俗谓之“倒骑龙”，此为临安都城布局之最大特色。由于宫城在南，因此重要坛庙、官署等均设在北部，以御街贯穿其间。御街从皇城北门和宁门起，至都城北部的景灵宫止，全长13500尺（约合4500m），用35300块石板铺砌[②]，成为全城的南北主轴线。

城内遍布商业、手工业网点，还有若干行业街市及综合娱乐场所“瓦子”（其内包括茶楼、酒店以及杂技表演场）。贯穿全城的御街成为城中最繁华的区域——“自和宁门杈子外至观桥下，无一家不买卖者。”[③]御街南段为衙署区，南段东侧为官府商业区，中段为综合商业区。

居住区位于城市中部，延续了北宋汴梁开放的“街巷制”布局。城内分为九厢、八十四坊（临安的“坊”仅为地名标识，而非北宋以前封闭之里坊），街巷内设有学校和商业网点，贵族府邸与商业街市毗邻。官营手工业及仓库区位于城北部。以国子监、太学、武学组成的文化区位于邻近西湖西北角的钱塘门内。

城内由道路和水系交织组成水陆双重交通网。道路以御街为主干道，另有四条与之大致平行的南北向道路。东西干道共四条，均贯通东西城门。河道四条，即茅山河、盐桥河（大河）、市河（小河）及清湖河（西河）。共有117座大小桥梁（图5-3）。

---

① 建炎以来朝野杂记·甲集卷二 [M].

② 咸淳临安志·卷二十一·御街 [M].

③ （宋）吴自牧 . 梦粱录·团行·卷十三 [M].

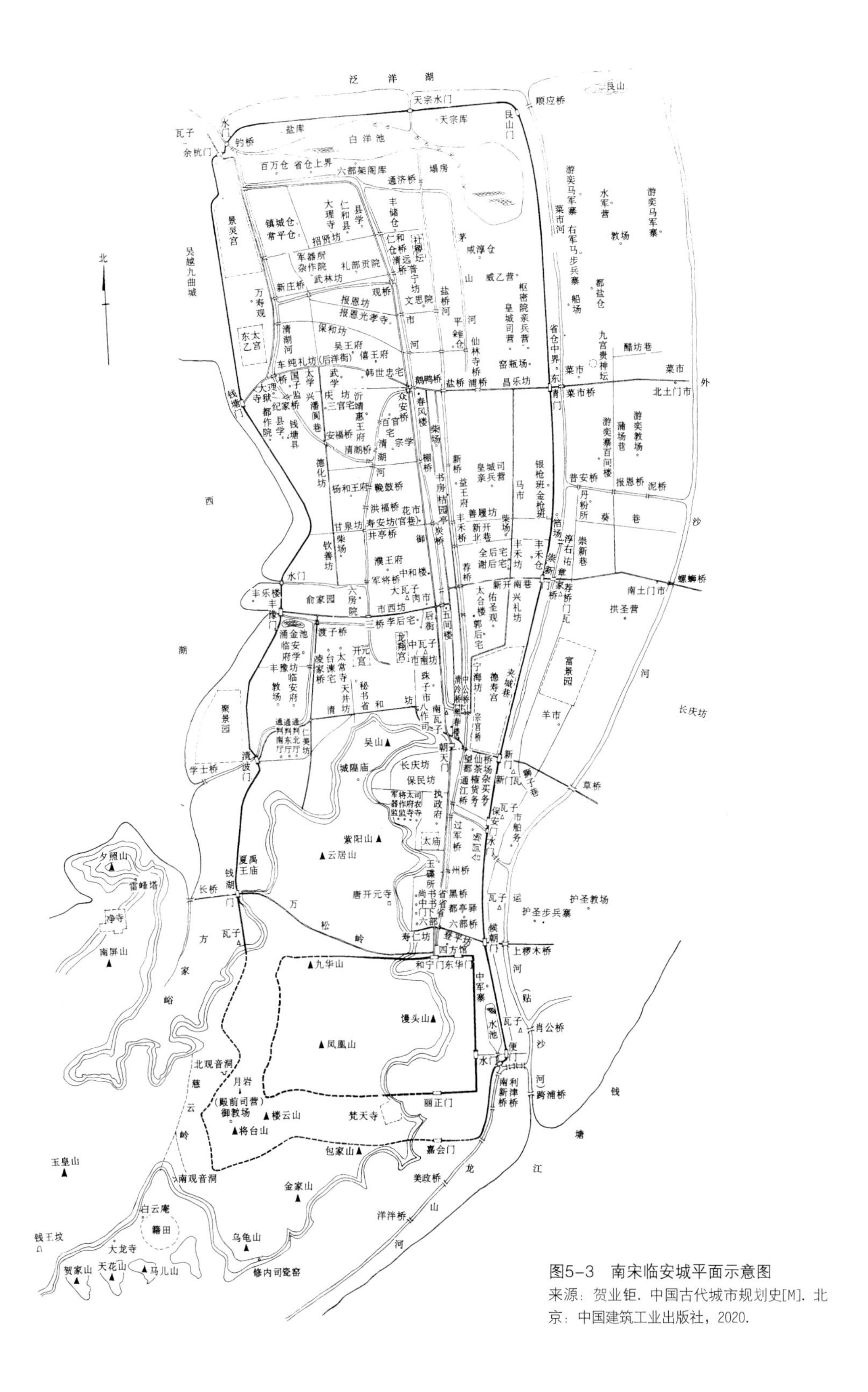

图5-3　南宋临安城平面示意图

来源：贺业钜．中国古代城市规划史[M]．北京：中国建筑工业出版社，2020.

（二）**皇城**

临安大内宫殿位于杭州西南的凤凰山东麓，为绍兴二年（1132年）由北宋杭州州治的基础上扩建而成。而北宋时期的“子城”则改称皇城（图5–4）。

皇城周回九里，“一时制画规模，悉与东京相埒”[①]。据《武林旧事》中记载，内有门19座，大殿26座，堂32座，阁15座，楼7座，斋4座，台6处，观、轩各1座，园6处，亭90座，桥4座，御舟3艘，庵2座，坡2处，泉1眼，教场2处。

皇城正门称丽正门。宋代陈随应在《南渡行宫记》中，对临安皇城有如下记载：“大内正门曰丽正，其门有三，皆金钉朱户，画栋雕甍，覆以铜瓦，镌镂龙凤飞骧之状，巍峨壮丽，光耀溢目，左右列阙，待百官侍班班阁子。左阙门东为登闻检院，右阙门西南为登闻鼓院。”丽正门虽然壮丽，但背离市中心，交通不便，故唯有举行大朝会或接见金国使臣时才由此门进宫。

皇城北门为和宁门，为都城御街的南端起点，由于面对官署和都城中心，实际上是皇城的主门。另外还有东门东华门和西门府后门。

皇城内为大内，亦称宫城。宫城南、北门分别与皇城南、北门相对。宫城以外、皇城以内有东宫、宫廷服务机构与仓库等。

（三）**大内**

宫城外朝的主要殿宇有文德殿（亦名大庆殿）和垂拱殿两组，均建于宋高宗绍兴十二年（1142年），位于宫城南部；次要的宫殿、寝殿及妃子宫女居住之所分布在北部，大体为“前朝后寝”格局。

文德殿即正衙，集“大朝”“日朝”于一身，甚至集多种功能于一体，发挥不同作用时有不同称呼，可以灵活选择六种殿额：朝贺时称“大庆”，上寿时称“紫宸”，作为明堂郊祀时称“端诚”，策士唱名曰“集英”，宴对、奉使曰“崇德”，武军授官曰“讲武”。之所以集如此多的功能于一殿，实在是由于行宫规模促狭而采取的权宜之计。

垂拱殿是日常听政的“常朝”，即内廷的主殿，据《梦粱录》中记载垂拱殿在文德殿以西。二殿规制大体相同，尺度仅相当于较大的衙署厅堂。“垂拱殿”五间十二架，修六丈，广八丈四尺，檐屋三间，朵殿四。两廊各二十间，殿门三间，内龙墀折槛，殿后拥舍七间为延和殿（图5–5、图5–6）。

---

① 张奕光．序[M]//南宋杂事诗．杭州：浙江古籍出版社，1978.

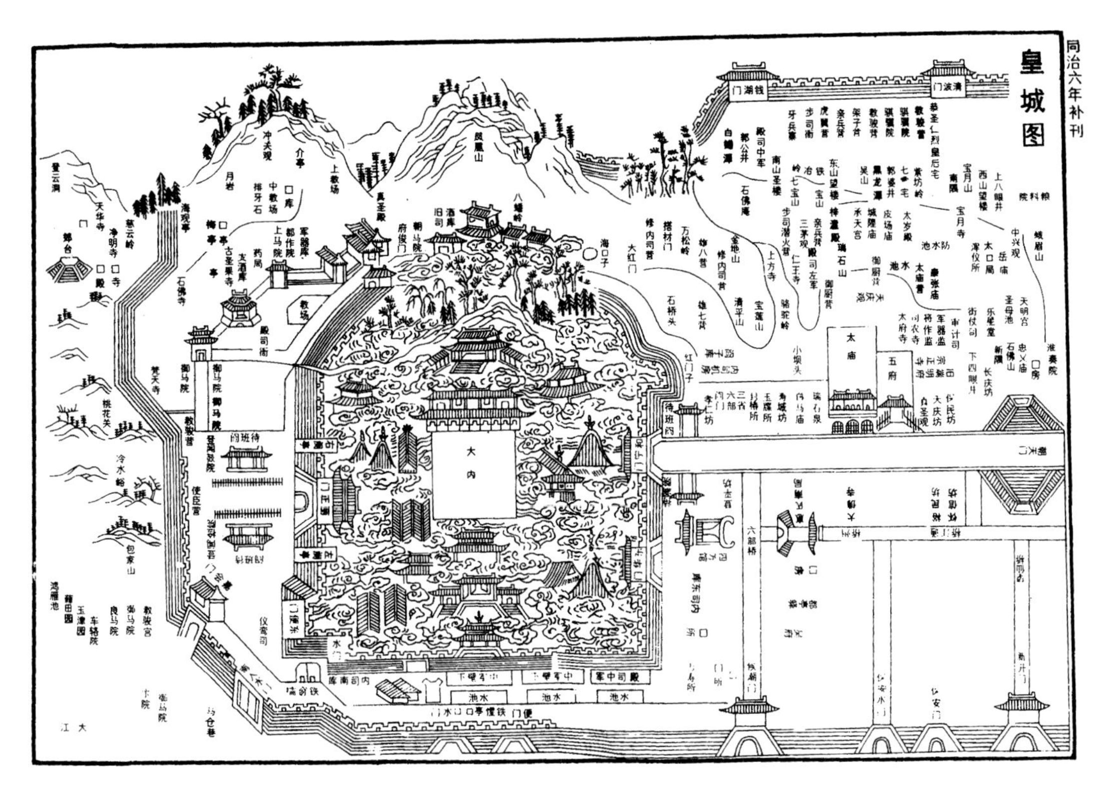

图5-4 《咸淳临安志》所载《皇城图》
来源:《咸淳临安志.宋元方志丛刊(四)》

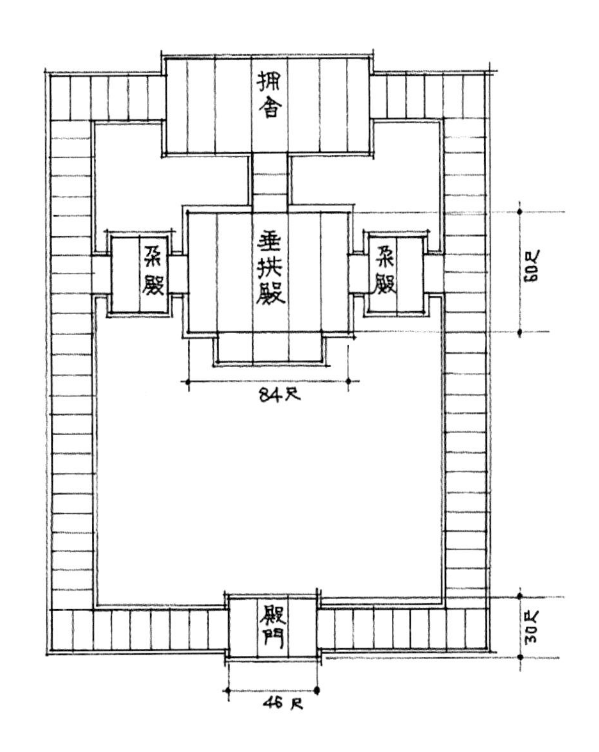

图5-5 南宋临安宫城垂拱殿平面示意图
来源: 傅熹年. 中国科学技术史·建筑卷[M]. 北京: 科学出版社, 2008.

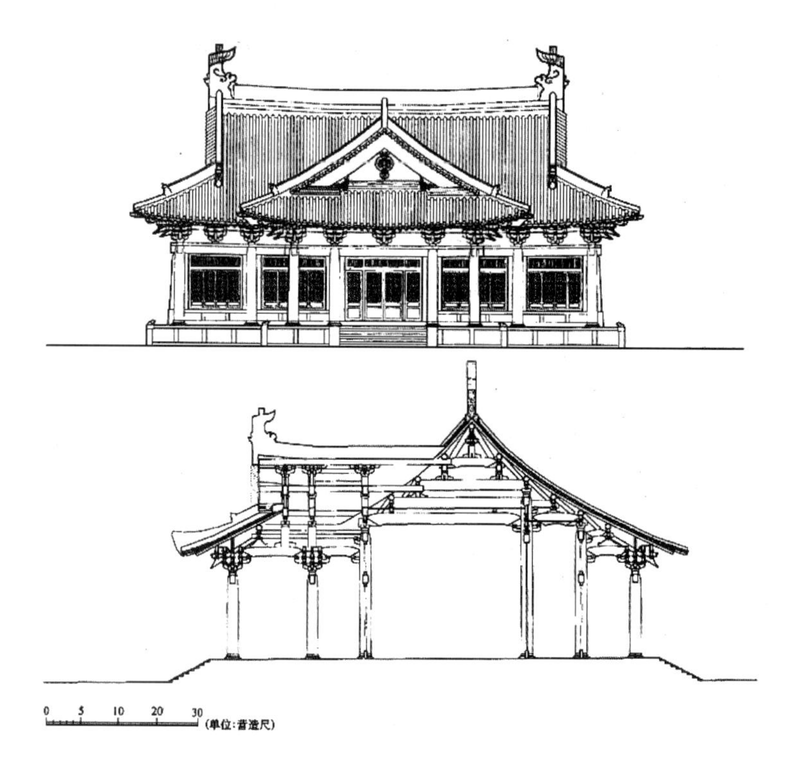

图5-6　南宋临安宫城垂拱殿立面、剖面复原想象图

来源：郭黛姮主编. 中国古代建筑史・第三卷：宋、辽、金、西夏建筑[M]. 2版. 北京：中国建筑工业出版社，2009.

内廷偏于宫城东北部，殿宇众多，包括：皇帝寝殿有福宁殿、勤政殿；皇帝进膳有嘉明殿；皇帝起居有复古殿、损斋；皇帝的射殿，并可与群臣议事的选德殿，以及收藏历朝皇帝手迹的天章阁等。寝殿有“木围”，即在阶下依古制围以木栅栏，作为象征性的防护措施。天章阁位于东侧，也是以一阁兼代汴京时六阁的功能。在北宫门内又建有祥曦殿（又称后殿，南宋后期名崇政），是宫城北部的主要殿宇，皇帝举行讲学在此。

内廷西北部是后苑，有人工湖，称“小西湖”，以亭榭花树著名于史册，并殿宇翠寒堂、观堂与凌虚楼、庆瑞殿及若干亭榭。

元灭南宋后，拆毁行宫建筑，引水灌之，又在殿址上建数座佛寺佛塔，以示镇压。至今南宋临安宫室以及元代寺塔均荡然无存。

由于南宋宫室无存，因此南宋宫廷绘画成为了解其宫室建筑形制、结构和风格的重要图像资料。如《汉宫图》《华灯侍宴图》《焚香祝圣图》《汉宫乞巧图》《水殿招凉图》《月夜看潮图》等都是以南宋宫殿建筑为对象创作的，表现出南宋宫廷建筑的小

图5-7　南宋赵伯驹《汉宫图》
来源：台北故宫博物院藏

图5-8　南宋李嵩《水殿招凉图》
来源：台北故宫博物院藏

图5-9　南宋李嵩《夜月看潮图》
来源：台北故宫博物院藏

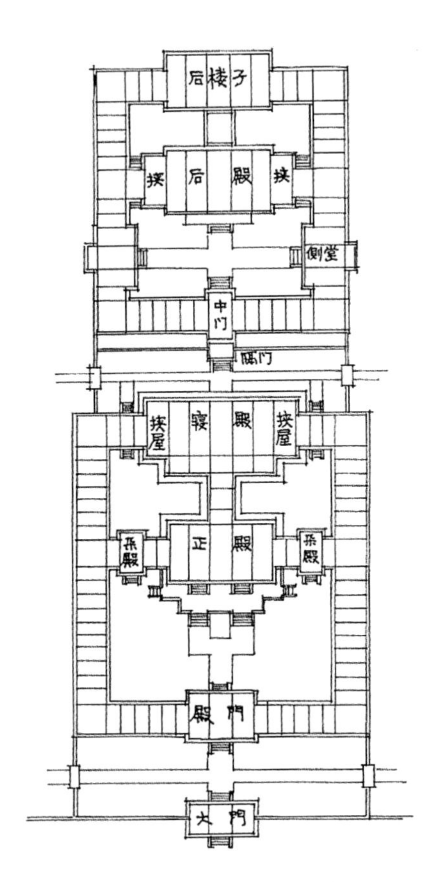

图5-10　南宋临安慈福宫（德寿宫）主体部分平面示意图
来源：傅熹年. 中国科学技术史·建筑卷[M]. 北京：科学出版社，2008.

巧精致。建筑室外常依山设露台，屋顶常作重檐歇山十字脊，建筑在体量、造型与空间位置上皆因地制宜、错落有致（图5-7 ~ 图5-9）。

（四）北内（德寿宫）

宋高宗时，在皇城之北御路中段的东侧建德寿宫，以园林精美著称，与南部的大内宫殿并称“南北内”。宋高宗在皇城北部修建德寿宫，作为其养老之所，淳熙十五年（1188年）改建为慈福宫，供太后居住。

“北内”德寿宫（慈福宫）竣工的文件尚存于周必大《思陵录》中，其布局规模有详细记载。宫殿主体部分由前后两组院落组成，中间以一条横街相隔，两院均以回廊环绕，主要建筑为“工”字殿，位于中轴线上。前院的主体建筑有大门、殿门、正殿和寝殿，后院有中门、后殿和后楼子。殿门和正殿规格最高，用朱柱，屋顶用筒瓦装鸱吻，檐下有斗栱，殿前两阶之间有龙墀。其他建筑的规格低一些，屋顶用板瓦，不用鸱吻，柱用黑色或绿色（图5-10）。

第二节　西湖胜景

杭州城的产生与发展，与其湖山胜景密不可分。其中，尤以西湖和吴山、凤凰山构成重要山水骨架，以大涌潮闻名的钱塘江穿城而过，从而形成山水相依、湖城双璧的“人间天堂”画卷（图5-11）。

一、湖城双璧

西湖大致形成于汉代，在之后的历史进程中，西湖一直与杭州城共同演变与发展。

隋唐时期，西湖天然的美景已经激发了当时许多诗人的诗兴，留下了大量脍炙人口的千古佳句，为西湖风景区积累了最初的知名度。白居易的《余杭形胜》是最早赞美杭州的诗篇之一，诗曰：“余杭形胜四方无，州傍青山县枕湖。绕郭荷花三十里，拂城松树一千株。”

五代吴越国时期，由于吴越国王大力推崇佛教，西湖景区内的建设多与佛教息息相关，皇家在西湖周边兴建了大量著名的佛寺、浮图，其中很大一部分遗址一直保留至今。西湖风景区最为著名的三座古塔——亭亭如少女的保俶塔、垂垂如老翁的雷峰塔以及威武如将军的六和塔，都始建于吴越国时期。而杭州第一名刹灵隐寺，也是在吴越国时期初具规模，并一直发展至今的，其大雄宝殿前两座吴越国时期的石塔更是弥足珍贵，为杭州作为吴越国都的重要历史见证。

北宋初，由于废除了吴越国时的“撩湖兵”制度，西湖逐渐淤积、干涸。苏东坡奏请朝廷，大规模清淤，并筑起沟通南北的长堤，遍植桃柳，此即著名的“苏堤”。经苏东坡的整治，西湖重现容光，苏东坡咏之曰：“水光潋滟晴方好，山色空蒙雨亦奇。欲把西湖比西子，淡妆浓抹总相宜。”

南宋时期，杭州作为偏安一隅的都城，其城市的职能发生了巨大的变化，从长江流域重要的交通枢纽和商业城市，逐渐演变成为全国的政治、经济和文化中心。这一时期的西湖的风景园林营建更上一层楼，环湖沿线开始被皇室、贵族、文人、商贾占据，大兴宅院、园林、酒楼等。一时之间，亭台楼阁林立，瓦子等多种娱乐场所也在湖山各处开业，正所谓“山外青山楼外楼，西湖歌舞几时休”。

明清时期，西湖作为著名的风景旅游区，成为文人墨客心中的天堂。清代康乾二

图5-11　南宋李嵩《西湖图卷》
来源：上海博物院藏

图5-12　三面湖山一面城——由雷峰塔北望，可见西湖北、西面群山及东面城市
来源：曾佳莉摄

帝多次南巡赴杭，不仅促进了西湖的园林建设，丰富了景区的内容，留下了大量珍贵的遗迹，同时也进一步扩大了西湖在全国的影响。

“三面云山一面城”，高度概括了西湖的总体意境。西湖西、南、北三侧被群山包围，形成“乱峰围绕水平铺”的意蕴；东侧临城，城墙蜿蜒（湖滨一带的城墙直至民国时期才被拆除），与湖山形成虚实交替的对比（图5-12、图5-13）。占地 5.6km^2 的西湖，水面纵深不超过 3km，周围群山高度均不超过 400m，泛舟湖上或漫步湖滨时，视野开阔舒缓（图5-14、图5-15）。湖上蜿蜒的苏、白二堤，和海拔 35m的孤山，将湖水划分为 5 个大小各异的水面，即南湖、西里湖、岳湖、北里湖和面积最大的外西湖。外西湖上又分布着小瀛洲、湖心亭、阮公墩三座小岛，这一山、两堤、三岛极大地丰富了水面的空间形态（图5-16）。

清代著名皇家园林清漪园（即颐和园之前身）和圆明园的规划营建，都对杭州西湖有所模仿——乾隆帝的《万寿山即事》称“背山面水池，明湖仿浙西。琳琅三竺宇，

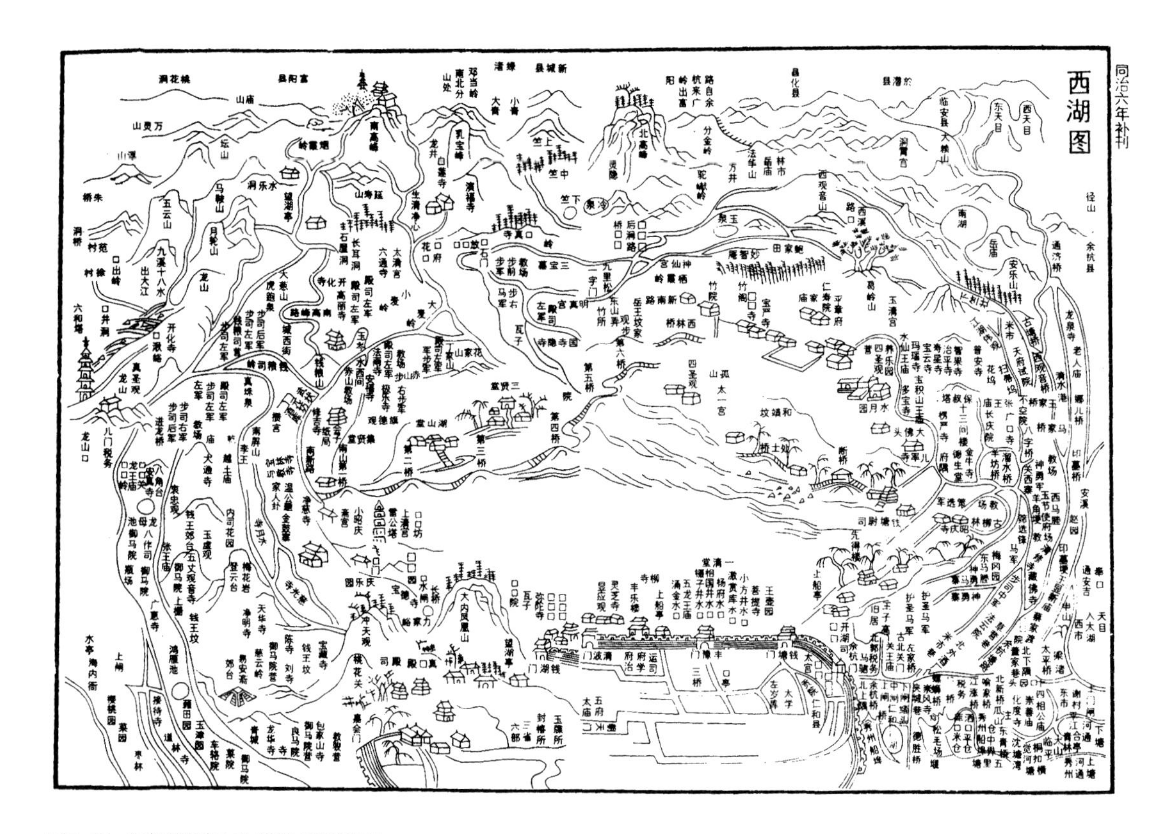

图5-13 《咸淳临安志》所载《西湖图》
来源：（南宋）潜说友. 咸淳临安志[M].

图5-14 由西湖北岸南眺新雷峰塔
来源：王南摄

图5-15　西湖湖心“三潭印月”小石塔
来源：王南摄

图5-16　由西泠印社俯瞰西湖，左上方为新雷峰塔
来源：王南摄

图5-17　由颐和园万寿山佛香阁俯瞰昆明湖
来源：王南摄

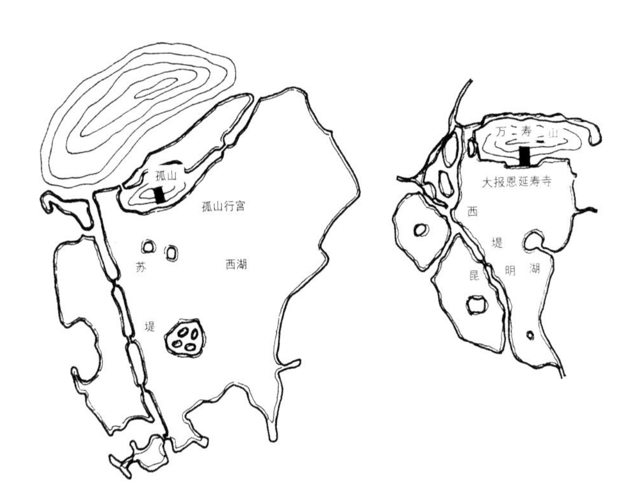

图5-18　北京清漪园（颐和园）与杭州西湖山水构图之比较
来源：周维权. 中国古典园林史[M]. 2版. 北京：清华大学出版社，1999.

花柳六桥堤”，可作为清漪园万寿山昆明湖模仿杭州西湖的明证。颐和园对西湖的借鉴主要体现在山、水、湖堤、建筑群构图关系之经营（图5-17、图5-18）；而圆明园对西湖之写仿主要表现为对特定景点的移植，如平湖秋月、曲院风荷等（图5-19）。

图5-19 《圆明园四十景图咏》之“平湖秋月”
来源：《圆明园四十景图咏》

二、十景如画

“西湖十景”即苏堤春晓、曲院风荷、平湖秋月、断桥残雪、花港观鱼、柳浪闻莺、三潭印月、双峰插云、雷峰夕照、南屏晚钟。十景形成于南宋，并不断演变，直至今日（图5-20、图5-21）。

苏堤春晓

苏堤自北宋始建至今，一直保持了沿堤两侧相间种植桃树和垂柳的景观特色。苏堤是跨湖连通西湖南北两岸的唯一通道，贯穿整个西湖水域。因此，苏堤上是观赏全湖景观的最佳地带。春季拂晓是欣赏“苏堤春晓”的最佳时间，此时薄雾蒙蒙，垂柳初绿、桃花盛开，尽显西湖旖旎的柔美气质。南宋王洧诗云：“孤山落月趁疏钟，画舫参差柳岸风。莺梦初醒人未起，金鸦飞上五云东。”

曲院风荷

位于西湖北岸的苏堤北端西侧，以夏日观荷为主题。曲院，原为南宋时设在洪春桥的酿造官酒的作坊，取金沙涧之水以酿官酒。因该处多荷花，每当夏日荷花盛开、清风徐来，荷香与酒香四处飘溢，有“暖风熏得游人醉”之意境。王洧诗云：“避暑人归自冷泉，埠头云锦晚凉天。爱渠香阵随人远，行过高桥方买船。”

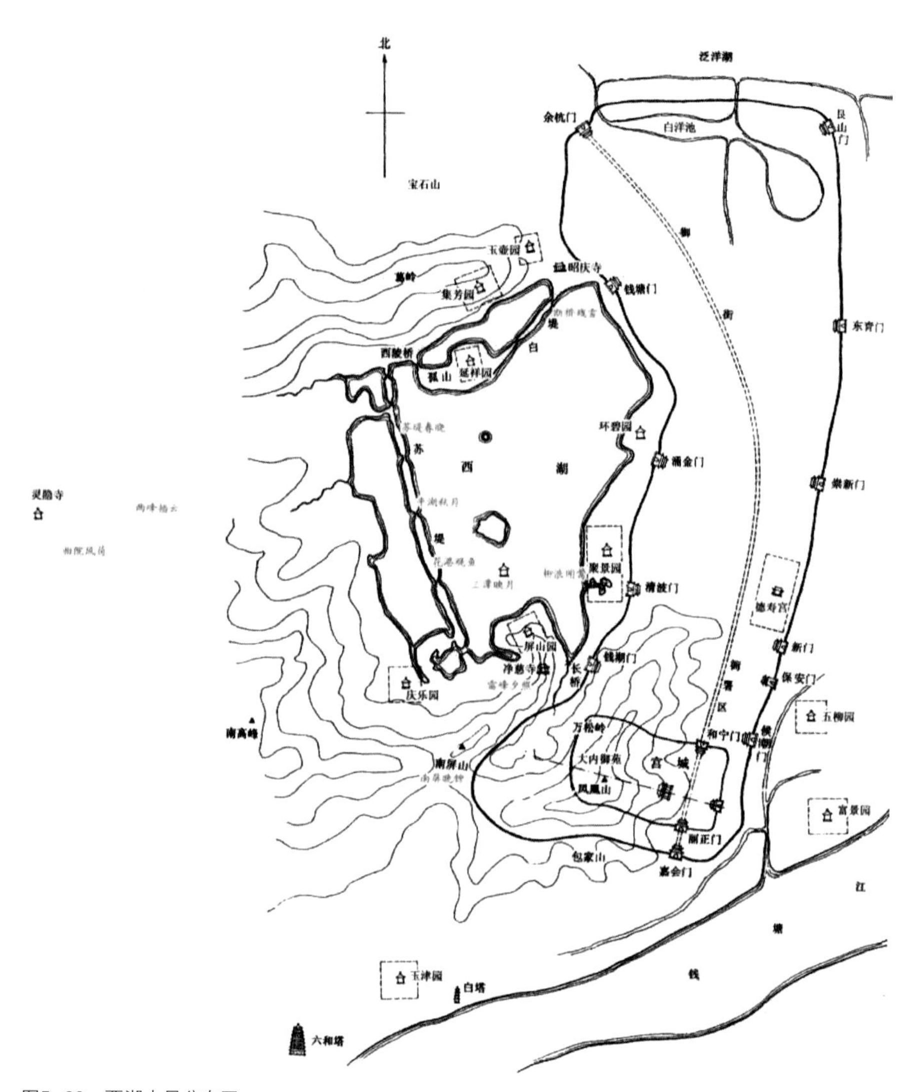

图5-20　西湖十景分布图

来源：李路珂. 古都开封与杭州[M]. 北京：清华大学出版社，2012.

平湖秋月

位于孤山东南角的滨湖地带、白堤西端南侧，是自湖北岸临湖观赏西湖水域全景的最佳地点之一。以秋天夜晚皓月当空之际观赏湖光月色为主题。“平湖秋月”景观完整保留了清代皇家钦定西湖十景时“一院一楼一碑一亭”的院落布局。王洧诗云：“万顷寒光一夕铺，冰轮行处片云无。鹫峰遥度西风冷，桂子纷纷点玉壶。”

图5-21　齐民《西湖十景图》

来源：West Lake Cultural Landscape of Hangzhou（西湖申遗文本）. http: //whc.unesco.org/en/list/1334/documents/

断桥残雪

位于西湖北部白堤东端的断桥一带，尤以冬天观赏西湖雪景为胜。当西湖雪后初晴时，日出映照，断桥向阳的半边桥面上积雪融化，露出褐色的桥面一痕，仿佛长长的白链到此中断了，呈“雪残桥断”之景。王洧诗云：“望湖亭外半青山，跨水修梁影亦寒。待伴痕边分草绿，鹤惊碎玉啄阑干。”

花港观鱼

在苏堤映波桥西北197m处，介于小南湖与西里湖间，以赏花、观鱼为景观主题。春日里，落英缤纷，呈现出“花著鱼身鱼嘬花”之景。“花港观鱼”位于南宋官员卢允升的别墅内，因所在位置水域名花港，别墅内凿池养鱼，故名“花港观鱼”。该处现存御碑、御碑亭、鱼池及假山等遗址。王洧诗云：“断汲惟余旧姓传，倚阑投饵说当年。沙鸥曾见园兴废，近日游人又玉泉。”

柳浪闻莺

在西湖东岸钱王祠门前水池北侧约50m的濒湖一带，以观赏滨湖的柳林景观为主题。“柳浪闻莺”所处的位置原为南宋时的御花园——“聚景园”，因园中多柳树，风摆成浪、莺啼婉转，故得名。如今，“柳浪闻莺”依然保留了传统的柳林特色。王洧诗云：“如簧巧啭最高枝，苑柳青归万缕丝。玉辇不来春又老，声声诉与落花知。”

三潭印月

在西湖外湖西南部的小瀛洲岛及岛南局部水域，是杭州西湖最具标志性的景观。该景以水中三塔、小瀛洲岛为核心，以月夜里在岛上观赏月、塔、湖的相互映照、引发禅境思考和感悟为主题。小瀛洲岛在明万历间浚湖堆土而成，呈“湖中有岛，岛中有湖”的“田”字形格局，是江南水上园林的经典。全岛以亭台楼阁配以传统花木，与岛内外水光云天相映，象征了中国古代神话中的蓬莱仙岛。王洧诗云：“塔边分占宿湖船，宝鉴开奁水接天。横笛叫云何处起，波心惊觉老龙眠。”

双峰插云

由西湖西部群山中的南、北两座高峰，以及西湖西北角洪春桥畔的观景点构成，以观赏西湖周边群山云雾缭绕的景观为主题。西湖南北高峰在唐宋时各有塔一座，在春、秋晴朗之日远望两峰，可见遥相对峙的双塔巍然耸立，气势非凡。王洧诗云：“浮图对立晓崔嵬，积翠浮空霁霭迷。试响凤凰山上望，南高天近北烟低。”

雷峰夕照

位于西湖南岸的夕照山一带，以黄昏时的雷峰古塔剪影为特色。雷峰塔，始建于吴越国时期，1924年塔毁后以遗址形式保存，曾与保俶塔形成西湖南北两岸的对景，佐证了佛教文化的兴盛对西湖景观的影响。雷峰塔还因《白蛇传》而成为爱情坚贞的象征，赋予了西湖景观丰富的文化内涵。2002年，为使遗址不再被风雨剥蚀，按原塔形式建造了覆罩于遗址之上的保护性塔，兼顾恢复了古塔本身及与保俶塔的对景景观。王洧诗云："塔影初收日色昏，隔墙人语近甘园。南山游遍分归路，半入钱塘半暗门。"

南屏晚钟

位于西湖南岸的南屏山一带，以南屏山麓净慈寺钟声响彻湖上的优美意境为特点。南屏山麓自五代以来就为佛教圣地。始建于公元954年的净慈寺成为与灵隐寺并峙于西湖南北的两大佛教道场之一。每当佛寺晚钟敲响，钟声振荡频率传到山上的岩石、洞穴，随之形成悠扬共振齐鸣的钟声。王洧诗云："涑水崖碑半绿苔，春游谁向此山来？晚烟深处蒲牢响，僧自城中应供回。"

第三节　名寺古塔

《咸淳临安志》卷七十五"寺观"载："今浮屠老氏之宫遍天下，而以钱唐为尤众。"杭州佛教始于两晋，盛于吴越，五代时吴越国有"东南佛国"之称。至南宋时期，杭州湖山之间梵宫佛刹林立，钟磬梵呗，彼此相闻。南宋著名的"五山十刹"[①]中，杭州占三山（即临安径山寺、灵隐寺、净慈寺）和一刹（即临安永祚寺），在全国首屈一指。南宋临安佛教文化甚至对日本、朝鲜产生深远影响。[②]

杭州西湖周边现存的古刹、佛塔、石窟大多有千年历史，以下略述其中代表。

① "五山十刹"为南宋朝廷敕定的天下诸寺之首。所谓"五山"，并非五座名山，而是禅宗五大寺，即临安径山寺、灵隐寺、净慈寺及明州（今宁波）天童寺、阿育王寺，诚如《净慈寺志》所云："五山实十刹诸方之领袖""为诸刹之纲领"。所谓"十刹"，则是禅宗十座次大寺，包括临安永祚寺、湖州护圣万寿寺、建康（今南京）太平兴国寺、苏州报恩光孝寺、明州资圣寺、温州龙翔寺、福州崇圣寺（即雪峰寺）、婺州（今金华）宝林寺、苏州云岩寺、台州国清教忠寺。

② 日本禅寺之发展分别以镰仓（今神奈川县镰仓市）和京都为中心构成前后两大时期，而不论镰仓或京都，皆仿照南宋建立起各自的"五山十刹"。创立于镰仓时期的镰仓"五山"分别为建长寺、圆觉寺、寿福寺、净智寺、净妙寺；而室町时期的京都"五山"则是天龙寺、相国寺、建仁寺、东福寺、万寿寺。

一、灵隐寺

灵隐寺始建于东晋咸和元年（326年），又名云林禅寺，为杭州最古老的名刹。根据《天竺山志》记载，东晋咸和元年印度高僧慧理到此，见山上怪石林立，景色奇异，叹道："此乃天竺国灵鹫山之小岭，不知何时飞来？佛在世时，多为仙灵所隐。"于是在山对面修建灵隐寺。灵隐寺于五代吴越国盛极一时，至今存有吴越国时期石塔一对。

古寺屡毁屡建，清初与清末曾作全面重修。康熙五年（1666年），灵隐寺住持具德主持的修建工程竣工，当时灵隐寺的规模为七殿、十二堂、四阁和三楼。目前，灵隐寺主要由天王殿、大雄宝殿、药师殿、直指堂（法堂）、华严殿构成中轴线主体建筑群，两侧辅以五百罗汉堂、济公殿、联灯阁、华严阁、大悲楼、方丈楼等，共占地一百三十亩，殿宇颇恢宏（图5-22）。

（一）灵隐寺双石塔

双石塔位于灵隐寺大雄宝殿月台前两侧，相距42m。据吴任臣《十国春秋》记载，双塔建于北宋建隆元年（960年），此时杭州仍为吴越国统治时期。

双石塔的建筑形制相同，规模相差无几。平面皆作八角形，现存残高近11m，为石制仿木结构楼阁式塔。塔的最下面是基石，各侧面雕饰山峰，平面刻水波纹，其上为简朴的须弥座。须弥座之上，共立9层塔身，每层均由平坐、塔身、斗栱、腰檐组成。平坐边缘安勾栏，已佚，但遗存的卯口表明原来勾栏之位置。塔身各转角均施圆形倚柱，柱头以阑额联系。塔身的四个正面即东、南、西、北面分别用柱划分成三开间。当心间为门，其上部是直棂窗形，左、右两次间各雕饰一尊菩萨立像。其余四面皆为浮雕的佛、菩萨像等（图5-23～图5-26）。

图5-22　杭州灵隐寺大雄宝殿
来源：王南摄

图5-24　杭州灵隐寺双石塔立面图
来源：杭州市园林文物局灵隐管理处（杭州花圃）编著. 唐宇力主编. 灵隐寺两石塔两经幢现状调查与测绘报告[M]. 北京：文物出版社，2015.

图5-23　杭州灵隐寺大雄宝殿前石塔之一
来源：王南摄

图5-25　杭州灵隐寺大雄宝殿前石塔塔身细部之一
来源：王南摄

图5-26　杭州灵隐寺大雄宝殿前石塔塔身细部之二
来源：王南摄

灵隐寺双石塔的形制与下文要讨论的闸口白塔几乎完全相同。

（二）飞来峰石窟造像

飞来峰与灵隐寺之间隔着冷泉溪，临溪一侧的岩壁上，留存着五代至元代数百年中陆续雕凿的石窟造像，共计345尊，是浙江规模最大的造像群，为江南地区罕见的石窟艺术瑰宝。

五代时期的造像至今尚存十余尊。青林洞入口西侧有后周广顺元年（951年）雕造的弥陀、观音、势至等像，为飞来峰有题记的造像中年代最早的一龛。

宋代造像现存232尊，数量最多且类型丰富。青林洞南口崖壁的"卢舍那佛会"浮雕细腻纯熟，为宋代造像中最精致的作品。靠近冷泉溪的一龛南宋弥勒造像，喜笑颜开，袒腹踞坐，是飞来峰造像中最大的一尊，也是中国现存最早的大肚弥勒造像（图5-27）。

元代造像现存67龛116尊，为中国现存最大的元代摩崖造像群。其中，题记清晰可辨的造像有19尊。元代造像多分布在冷泉溪南岸与青林、玉乳等各洞周围的悬崖峭壁。特别其中还有一批典型的梵式造像（图5-28、图5-29）。

图5-27　杭州灵隐寺飞来峰造像之一
来源：王南摄

图5-28　杭州灵隐寺飞来峰造像之二
来源：王南摄

图5-29　杭州灵隐寺飞来峰梵式造像
来源：王南摄

二、净慈寺

净慈寺位于杭州南屏山北麓、慧日峰下，为后周显德元年（954年）吴越国钱弘俶为高僧永明禅师所建，原名永明禅院。北宋初，宋太祖赐额“寿宁院”，北宋时期寺前有大池，寺内有大佛殿、楼阁、罗汉院、九重石塔等。南宋时改称净慈寺，并造五百罗汉殿（亦称田字殿），为“行都道场之冠”，南宋中期失火重建，有罗汉堂、华严阁、千佛阁、慧日阁、宗镜堂等建筑。南宋时期寺僧千余人，“大抵规模与灵隐相若，故二寺为南北二山之最”。可知南宋为其鼎盛时期，人文荟萃，与灵隐寺齐名。

寺之地势南高北低，寺门向北。元、明、清各代，寺院屡毁屡建，现存山门、大殿、观音阁为晚清遗构，早期遗物仅存北宋时期所凿的万公池与宋理宗绍定四年（1231年）所凿之双井。其余建筑如钟楼、后殿、运木古井和济公殿等皆为20世纪80年代重建（图5-30）。

净慈寺山门右侧有一座“南屏晚钟”碑亭。净慈寺钟声在历史上久负盛名，唐代诗人张岱云：“夜气滃南屏，轻风薄如纸。钟声出上方，夜渡空江水。”

图5-30 杭州净慈寺大雄宝殿
来源：刘楚婷摄

三、闸口白塔

闸口白塔位于杭州市上城区白塔岭上，南距钱塘江约150m，塔旁附属寺院早已不存。在吴越国后期，白塔由于地处水陆交通要冲，旁边有白塔寺，往来之人络绎不绝，成为钱塘江上船只的航标。

白塔是五代时期建筑与雕刻艺术相结合之典范。范仲淹曾作《白塔驻轩亭》诗："登临江上寺，迁客特依依。远水欲无际，孤舟曾未归。乱峰藏好处，幽鹭得闲飞。多少天真趣，遥心结翠微。"

白塔为仿木结构楼阁式石塔，平面八边形，9层，高约14.4m（图5-31、图5-32）。该塔基台部分的磐石，雕刻有山峰、海浪的纹饰，象征"九山八海"。须弥座的束腰处及二层四隅刻有佛经。塔主体9层，每层由塔身、塔檐和平坐三部分组成，出檐深远，起翘舒缓。塔身上浮雕有佛、菩萨和经变故事（图5-33）。

图5-31　杭州闸口白塔
来源：王南摄

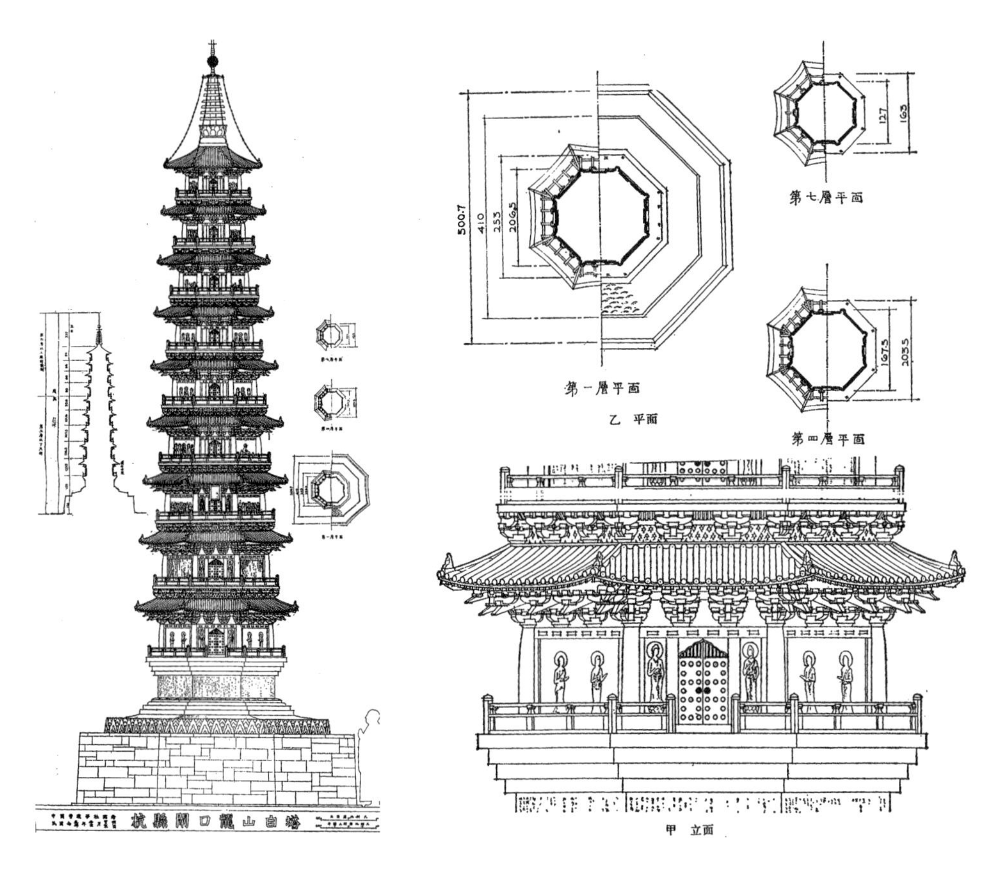

图5-32 闸口白塔立面（左），第一层立面及平面仰视，第四、七层平面（右）
来源：梁思成. 梁思成全集（第三卷）[M]. 北京：中国建筑工业出版社，2001.

图5-33 杭州闸口白塔细部
来源：王南摄

四、雷峰塔

雷峰塔位于西湖南岸夕照山，由吴越国王钱弘俶于北宋太平兴国二年（977年）建造，塔院名“雷峰显严院”。据钱俶塔记，原计划建成“千尺十三层”，后因“事力未充，姑从七级”。[①]南宋时期重修，可能因为风水家的说法（一说因雷火所焚），减为五级。明嘉靖年间（1522—1566年），入侵东南沿海的倭寇围困杭州城，纵火焚烧雷峰塔。雷峰塔原为砖砌塔身、木制屋檐和平座的楼阁式塔，灾后仅剩砖砌塔身，通体赤红，夕照下更显魁伟苍凉。明末杭州名士曾将其与湖对岸的保俶塔一起加以评说，有言曰“湖上两浮屠，雷峰如老衲，宝石如美人”[②]，生动道出雷峰、保俶二塔之情态（图5-34）。

据钱俶塔记，雷峰塔下原藏吴越宫中的佛螺髻发，民间却“俗称塔镇青鱼白蛇”[③]，盛传此塔是法海和尚为镇白蛇娘娘所造，于是雷峰塔成为“西湖十景”中为人津津乐道的名胜，康熙、乾隆二帝也多次前来游览、品题。

1924年9月25日，年久失修的雷峰塔终于轰然坍塌，引起全社会的关注和议论，鲁迅的《论雷峰塔的倒掉》一文更是家喻户晓。

图5-34　雷峰塔旧影
来源：李路珂. 古都开封与杭州[M]. 清华大学出版社，2012.

① 咸淳临安志・卷八十二・寺观 [M].
② 保俶塔所在之山名宝石。
③ （明）吴之鲸. 武林梵志・卷三 [M].

图5-35　从西堤遥望新雷峰塔
来源：王南摄

图5-36　新雷峰塔内保存的旧雷峰塔遗址
来源：王南摄

据考古发掘，塔中藏有北宋开宝八年（975年）吴越国王钱弘俶施印的《一切如来心秘密全身舍利宝箧印陀罗尼经》经卷，塔基地宫藏有铁舍利函（内有金涂塔一座）、释迦牟尼鎏金铜佛像、铜镜、铜钱及玉人、玉钱等重要文物。21世纪初，浙江省和杭州市人民政府决定投资重建雷峰塔，最后采用清华大学建筑学院郭黛姮教授的设计方案，按南宋楼阁式五重塔的形象进行外部造型的复原，但采用现代钢结构技术实现塔基挑空，因此兼顾了"雷峰夕照"风景的再现和塔基遗址原状保护与展示的双重目的（图5-35、图5-36）。

五、保俶塔

保俶塔亦名保叔塔，位于西湖北侧葛岭之北的宝石山上，始建于北宋开宝元年（968年），塔院名崇寿院，因是僧永保建，故名保叔塔。元、明时期，塔屡毁屡建。明万历七年（1579年）重修，明人高濂有"保叔（俶）塔，游人罕登其巅，能穷七级，四望神爽"之句，可见当时塔应为7层楼阁式，可登临远眺。后塔檐毁去，仅余砖身，一如雷峰塔。现存的保俶塔是1933年重修的结果，高45.3m，底层边长3.26m，整体比例纤秀之极，故明人对其有"美人"之谓（图5-37）。塔刹铁构件原为明代旧物，1996年朽坏更换。

图5-37　西湖断桥及保俶塔
来源：王南摄

六、六和塔

六和塔位于杭州城南闸口江边山坡上，山称龙山月轮峰，塔院称开化寺。开化寺址原为梁开平间（907—910年，即吴越王天宝间）吴越王所建之大钱寺。北宋开宝三年（970年），吴越王于斯建六和塔，内藏舍利，以镇江潮，主其事者，智觉禅师。据称当时“塔高九级，五十余丈，撑空突兀，跨陆俯川”“海船夜泊者，以塔灯为指南”。宣和年间毁于兵火。南宋绍兴二十三年（1153年）至隆兴元年（1163年）重建，共七级。明、清时期屡毁屡修，现存的六和塔为清光绪二十六年（1900年）重修的结果。[①]

六和塔高约60m，然而梁思成先生却谓六和塔现状外观“肥矮”，这是由于六和塔北宋的砖造塔身与清代重修的木构外檐并不相符——北宋塔身只有7层，清代塔檐却改为13层，以7层的塔高却呈现13层塔之外观，故难免体形矮胖。因此，外檐木廊每隔一层封闭一层，形成“七明六暗”的格局。砖砌塔身平面作八角形，内有踏道可登临，每层中心有小室，内供佛像，小室四周有廊，为踏道所在。廊之八面皆有拱门可达外圈木檐部分。小室与廊之内，用砖砌成仿木构柱、额、斗栱等。砖砌塔身外侧，各明层尚有八角形倚柱，其形制古雅雄伟，为宋代样式，应为南宋绍兴年间重建

① 参见：梁思成．杭州六和塔复原状计划 [J]. 中国营造学社汇刊，1935，5（3）．

图5-38　杭州六和塔
来源：王南摄

图5-40　梁思成所做六和塔复原设计图
来源：梁思成. 杭州六和塔复原状计划[J]. 中国营造学社汇刊，1935，5（3）.

图5-39　杭州六和塔内部宋代砖塔心内景
来源：刘楚婷摄

的七级塔身（图5-38、图5-39）。由此，梁思成先生慨叹“国人所习见的六和塔竟是个里外不符的虚伪品，尤其委曲（屈）冤枉的是内部雄伟的形制，为光绪年间无智识的重修所蒙蔽”“六和塔的现状，实在是名塔莫大的委曲（屈）”。[①]梁思成曾于1934年应浙江省建设厅厅长曾养甫之约，做重修六和塔之原状设计，惜并未实现（图5-40）。

① 梁思成. 杭州六和塔复原状计划 [J]. 中国营造学社汇刊，1935，5（3）.

第六章 北京——前不见古人，后不见来者

前不见古人，
后不见来者，
念天地之悠悠，
独怆然而涕下！
——陈子昂：《登幽州台歌》

唐代大诗人陈子昂的《登幽州台歌》是历代描写北京城（唐时称幽州）最负盛名的诗篇——而唐幽州不过是北京城悠长的“城市史诗”中的一页而已。

北京城从公元前1046年建城（当时称蓟城）至今已逾三千年，其间经历了古蓟城、唐幽州、辽南京、金中都、元大都、明清北京、民国北平直至中华人民共和国首都北京等许多重要历史阶段（图6–1）。

西周初年，周王朝在今北京地区先后分封了两个诸侯国——蓟与燕。

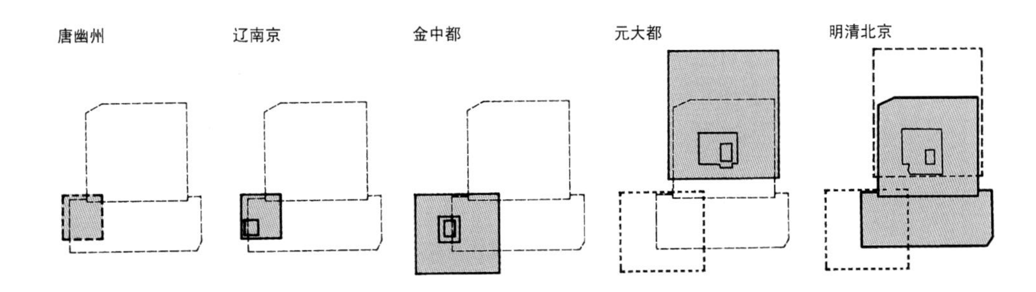

图6–1 北京城址变迁示意图
来源：据《重建中国——城市规划三十年（1949–1979）》插图改绘

蓟在北，燕在南——迄今为止我们所知道的北京地区城市发展的历史由此开始。其中蓟国的都城“蓟”，是北京地区最早出现的城市，其建立时间为周武王十一年（即公元前1046年）。燕国的分封略晚于蓟国（武王时封蓟，成王时封燕，前后相去不到10年），它的范围主要在永定河以南的拒马河流域，燕国的都城“燕”是北京地区第二座最早出现的城市，其遗址在今北京西南房山琉璃河。由于燕国势力强于蓟国，很快灭掉蓟国，并放弃了原来的都城，将自己的国都改设在“蓟”。因此，古老的“蓟城”可称作“北京城的前身”，其位置大致位于今西城区广安门一带[①]（图6–2）。

战国时期，蓟城成为“战国七雄”之一的燕国的“上都”，司马迁称之为“勃、碣之间一都会”。此后历经秦、汉、魏、晋、十六国以至北朝，蓟城城址并无太大变化。汉武帝之子刘旦被封为燕王，在蓟城大兴土木，建有万载宫和明光殿。十六国时期鲜卑族慕容儁甚至曾在蓟城建都。[②]北魏郦道元《水经注》称蓟城西北隅有土山曰“蓟丘”，蓟城便由蓟丘而得名。唐代诗人陈子昂还有《蓟丘览古》一诗曰：“北登蓟丘望，求古轩辕台。应龙已不见，牧马生黄埃。尚想广成子，遗迹白云隈。”

可惜隋唐以前古代蓟城漫长的城市史没有留下任何地上建筑遗迹可供后世瞻仰。如今京郊出土的几处重要汉墓成为汉代蓟城的重要遗存（图6–3）。

隋代涿郡和唐代幽州都以蓟城为治所，因此蓟城在隋唐之际又先后称为涿郡、幽州。唐幽州是北方的军事重镇，祖咏的《望蓟门》一诗生动描绘了幽州作为边关重镇的景象：“燕台一去客心惊，笳鼓喧喧汉将营。万里寒光生积雪，三边曙色动危旌。沙场烽火侵胡月，海畔云山拥蓟城。少小虽非投笔吏，论功还欲请长缨。”

幽州城有内外两重城垣，即大城和子城。根据考古资料及文献记载，

---

① 战国之前的蓟城，至今考古工作未能证实，但战国至魏晋时的蓟城，结合文献及考古发现，大致在以广安门为中心，东至菜市口，南至白纸坊，西至白云观以西，北至头发胡同以南的范围。这一区域内曾发现有战国时期的陶片及战国至西汉时的陶井 300 余座。参见：梅宁华，孔繁峙主编. 中国文物地图集・北京分册（下册）[M]. 北京：科学出版社，2008：55.

② 从东晋到五代的 500 余年间，蓟城曾先后三次成为短暂割据政权的都城，包括十六国时期鲜卑族慕容儁建立的前燕、唐代安禄山建立的大燕和五代刘守光建立的中燕（刘燕），可谓“三燕建都”。参见：阎崇年 . 中国古都北京 [M]. 北京：中国民主法制出版社，2008：31–40.

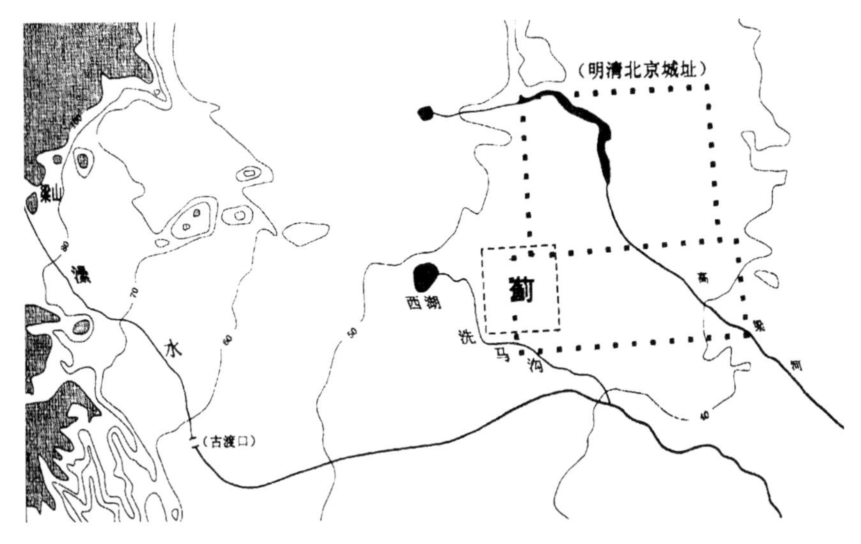

图6-2 《水经注》所述蓟城位置示意图

来源：邓辉，侯仁之. 北京城的起源与变迁[M]. 北京：中国书店，2001.

图6-3　丰台大葆台汉墓发掘现场：近处为二号墓，远处为一号墓

来源：北京市文物研究所. 北京考古四十年[M]. 北京：北京燕山出版社，1990.

大致可以推断幽州城大城东起今法源寺以东烂缦胡同偏西一线，西至今会城门稍东一线，南起今陶然亭迤西白纸坊东、西街一线，北至今宣武门头发胡同一线向西延伸至白云观以北。子城位于大城西南隅。“安史之乱”时，史思明曾将子城改为皇城，城内建有紫微殿、听政楼等殿阁。

幽州城有众多寺庙——其中“悯忠寺”（今宣南巨刹法源寺之前身）是幽州城最重要的佛寺。唐贞观十八年（644年）冬，唐太宗有意亲征高丽，次年四月，于幽州南郊誓师。然由于高丽顽强抵抗，被迫退兵。十一月，太宗兵退幽州，为安抚军心，决定在城内东南隅建寺，以悼念阵亡将士，于武则天万岁通天元年（696年）建成。寺中建有高大壮伟的观音阁一座，俗语称“悯忠高阁，去天一握”，为唐代幽州城中最重要的标志。此外，今房山白带山（亦称石经山）一带寺庙以雕凿石经为特色，至今还留有著名的云居寺（被誉为“北京的敦煌”），寺中有隋唐时期开凿的“雷音洞”等藏经洞和唐代佛塔数座，为古都北京最古老的地上建筑遗存（图6-4、图6-5）。

936年，后晋的石敬瑭割让“幽云十六州”给契丹以求取得契丹支持建立后唐政权，从此幽州地区纳入契丹人的版图。辽会同元年（938年），幽州升为辽五京之一的“南京”，辽开泰元年（1012年）改称“燕京”，是为“燕京”得名之始。由辽南京直至金中都，北京地区逐渐发展成为中国的重要政治中心，为元、明、清直至今日北京持续作为国家的首都（仅少数时间为南京所取代）奠定了基础。

辽南京基本沿用唐幽州旧城，包括大城和子城，子城内还建有宫城（图6-6）。大城方二十余里，设八门。以东西、南北两条大街为骨干，

图6-4　北京房山石经山藏经洞全景
来源：王南摄

图6-5　北京房山云居寺唐开元十五年小石塔
来源：王南摄

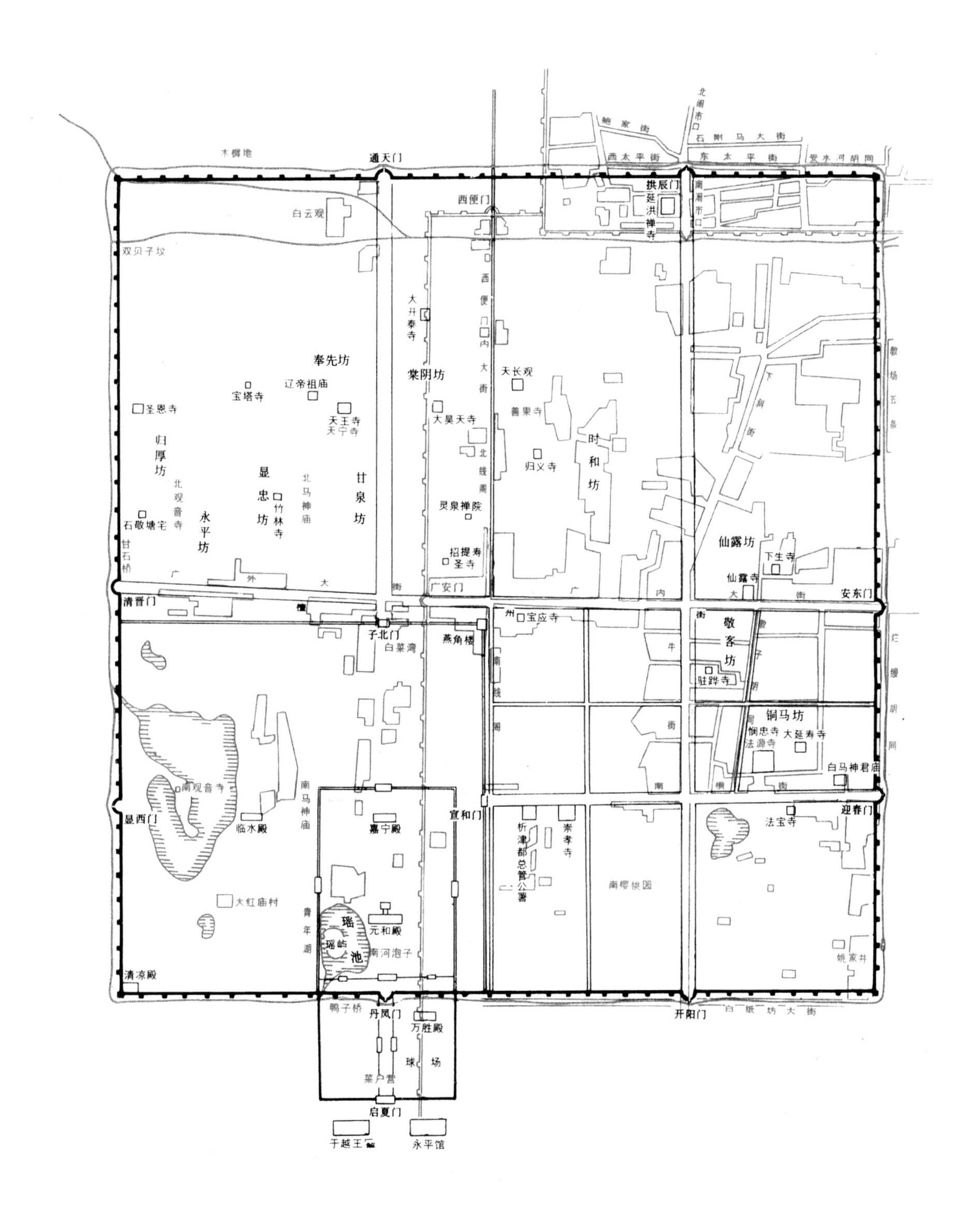

图6-6　辽南京城复原平面图（图中红线为民国时期北京城地图，黑线为辽时地图）
来源：于杰，于光度. 金中都[M]. 北京：北京出版社，1989.

其中南北大街即今北京牛街至南樱桃园一线，东西大街即今之广安门内大街、广安门外大街一线。子城依旧位于大城西南部，约占大城的四分之一，内有宫殿区和园林区。子城西南角与东北角均建有高大楼宇，西南角的“凉殿”可能是仿照辽上京的“西楼”之制，反映了契丹人“太阳崇拜”的传统；东北隅建有燕角楼，其位置几乎正当辽南京的城市中心，是城中最重要的地标之一。子城中部偏东建有宫城，规划了一道南北中轴线自南门丹凤门到宫城北门并继而延伸至子城北门，最后沿南北向大街直抵大城北墙通天门，形成辽南京城的主轴线。

辽南京的佛寺比之唐幽州更加繁盛。《顺天府志》谓辽南京“都城之内，招提兰若，如棋布星列，无虑数百”；《契丹国志》载辽南京“僧居佛寺，冠于北方”；《辽史·地理志》则称辽南京“坊市廨舍寺观，盖不胜书”；依据《析津志辑佚》统计，辽南京城内能确指其名的寺庙就有25所。今天北京城区内唯一的辽南京建筑遗存即天宁寺塔，该塔为北京中心城区最古老的建筑（图6–7、图6–8）。此外，房山云居寺的北塔、万佛塔花塔等也是十分难得的辽代佛塔。

自金代在北京建都（即金中都）之后，除了少数时间之外，北京一直为全中国首都，直至今日。

以下略述北京都城沿革以及宫殿、坛庙、皇家苑囿和陵寝等代表性建筑。需要指出的是，北京作为中国历代都城中保存状况最佳者，其各类古建筑遗存为数众多、蔚为大观，远较此前各章讨论的各大古都为多，然而限于篇幅，本章仅讨论与北京作为都城关系最密切的皇家建筑类型，至于民居、寺观、佛塔、王府、衙署、会馆等诸多建筑类型，唯有从略。①

① 关于北京类型丰富的古建筑遗存，可详见拙著：王南. 北京古建筑（上、下册）[M]. 北京：中国建筑工业出版社，2016.

图6-7 北京天宁寺塔南面全景
来源：赵大海摄

图6-8 北京天宁寺塔立面图
来源：王南、张晓、李峰、翟鑫蒙、王军、孙广懿测量；李旻华、周翘楚、王冉、高祺、王南绘图

第一节　都城沿革

一、金中都

金贞元元年（1153年）海陵王完颜亮从会宁迁都至辽南京，改燕京为中都。金中都既是在古蓟城旧址上发展起来的最后一座大城，又是向全国政治中心（元大都、明清北京）过渡的关键，在北京城市发展史上起到承上启下的作用。

金中都的规划建设一方面是对辽南京的改、扩建，更重要的是对北宋都城汴梁的模仿。完颜亮指派丞相张浩等人负责辽南京的改建工程，宫阙制度完全模仿汴梁——“遣画工写汴京宫室制度，阔狭修短，曲尽其数”。此外，孙承泽《春明梦余录》称“金朝北京营制宫殿，其屏扆窗牖皆破汴都辇致于此”。从以上两方面可以看出金中都与北宋汴梁的“血缘关系”：金中都不仅在规划设计上摹写汴梁之制，甚至其所用建筑材料也有不少是从汴梁拆卸而来的。据称宋徽宗在汴梁所经营的御苑“艮岳”有大量太湖石也被金人劫至中都布置园囿，今北海白塔山上许多太湖石即为“艮岳”之遗物。

（一）总体格局

金中都呈宫城、皇城、大城三重城垣相套的格局（图6–9）。辽南京的皇城原在大城西南隅，金中都欲仿北宋汴梁皇城居中之制，同时也为扩大都城规模，故将辽南京旧城向西、南大大展拓，东面也略加外扩——经过此番扩建，金中都的皇城便基本居于大城中央（略偏西）。宫城位于皇城中央偏东，宫城的南北中轴线成为全城的主轴线：这条中轴线自宫城经皇城南门“宣阳门”直抵大城南门“丰宜门”；向北则出皇城北门“拱宸门”直达大城北门“通玄门”。该中轴线位于明清北京城外城西墙一线（即今广安门滨河路一线）。金中都的所有城市功能，基本上都是据此轴线布署的，这是对于从北魏洛阳直至北宋汴梁以来的“择中立宫”的中国都城传统结构的继承。

（二）大城

金中都大城周长37里余（实测为18.69km），近似正方形，设城门十三座：东、南、西各三门，北四门，接近《周礼·考工记》中王城“旁三门”的制度。大城东墙约在今四通路以北到麻线胡同、大沟沿一线；南墙在今凤凰嘴、万泉寺、三官庙、四通路一线；西墙在由凤凰嘴至木楼村的延长线上；北墙仍位于白云观偏北（图6–10）。

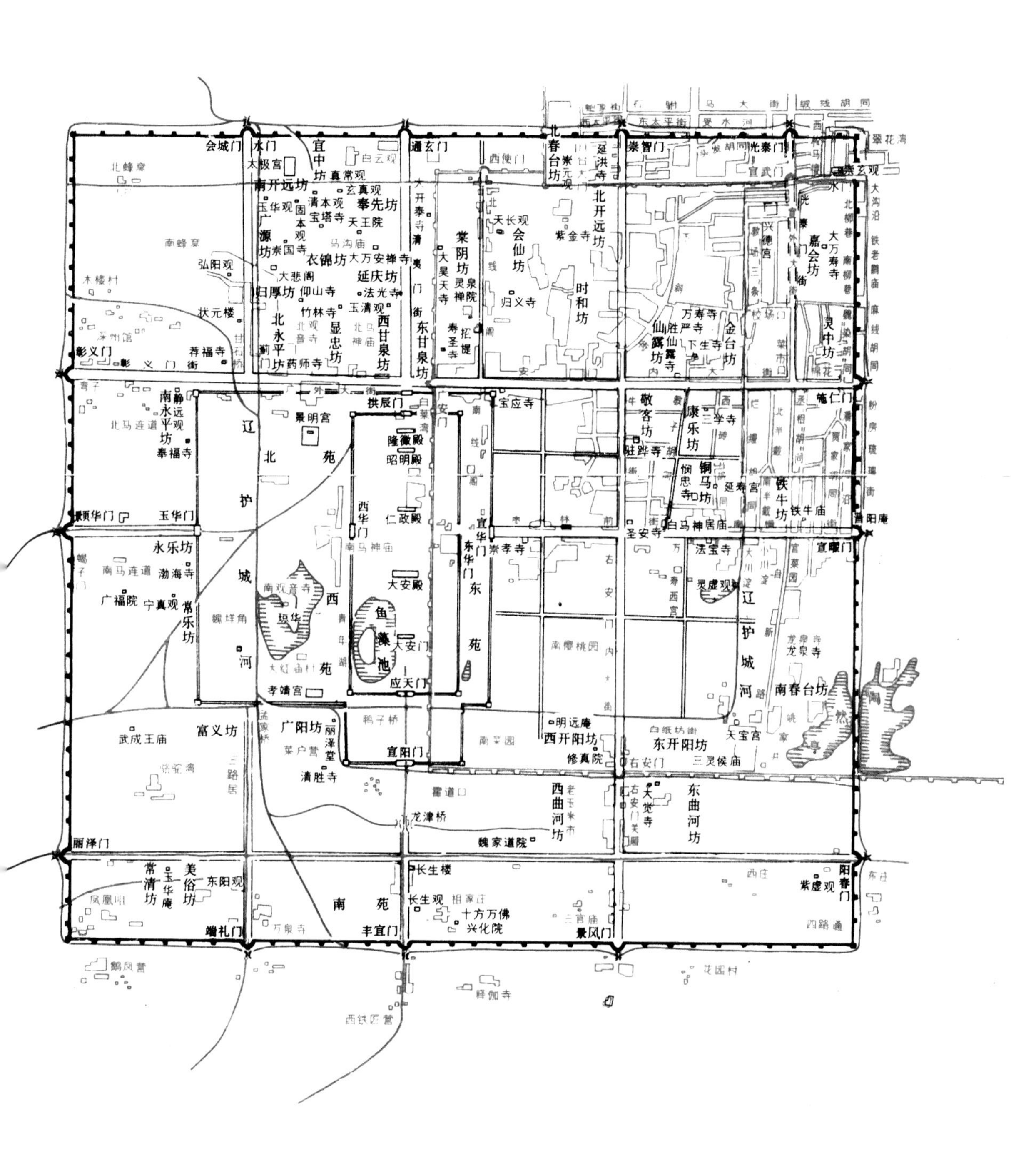

图6-9 金中都平面图（图中红线为民国时期地图，黑线为金代地图）

来源：于杰，于光度. 金中都[M]. 北京：北京出版社，1989.

图6-10　金中都水关遗址
来源：胡介中摄

图6-11　北京卢沟桥
来源：王南摄

（三）皇城

南部为宫廷前区：皇城南门“宣阳门”前有“龙津桥”（类似天安门前之金水桥），桥栏“皆以燕石构成，其色正白而镌镂精巧，如图画然”。宣阳门内“御道”两旁，从宣阳门直至宫城正门应天门之间，为东西并列之“千步廊”，各200余间，屋脊饰以青琉璃瓦。“千步廊”中间围合成一个“T”字形的宫廷广场，两侧各有偏门，东通毬场、太庙，西连尚书省、六部。这样的布局使得宫城前面的宫廷广场法度严谨、气势宏大，纵深感大大加强，烘托出宫城的庄严气氛——元大都、明北京都继承了这种宫廷前区的规划模式。

（四）宫城、苑囿

宫城规模宏大，周回九里三十步（面积与明清北京紫禁城相近），整座宫城中“殿计九重，凡三十六所，楼阁倍之”，布署有条不紊，秩序井然，气魄宏大，结构华美，成为元、明、清宫殿规划设计的范本。

金代不但扩建了规模宏大的都城，并且在都城内外建造了大量皇家苑囿，蔚为大观。其中，宫城中有鱼藻池，皇城中有西苑（同乐园）、东苑、南苑、北苑，东北郊有大宁宫（后来成为元大都的中心），西郊有钓鱼台，而西山一带更有著名的“八大水院”——分别为旸台山大觉寺，称清水院；妙高峰法云寺，称香水院；车儿营西北的黄普寺，称圣水院；金山金仙庵，称金水院；香山寺双井，称潭水院；玉泉山芙蓉殿，称泉水院；石景山双泉寺，称双水院；门头沟仰山栖隐寺，称灵水院——此八处行宫兼寺院皆有佳泉，融山水林园与佛寺殿宇于一体。

如今金中都的遗存仅有少许城墙遗迹，此外西四砖塔胡同留有金元间佛塔万松老人塔一座。城郊的金代建筑遗存最负盛名者有卢沟桥、银山塔林、房山金陵等（图6-11）。

二、元大都

今天我们所谓的古都北京，主要指明清北京城（即今天北京二环路以内的部分），它最早奠基于元代的大都，在明代完成基本格局的规划建设，又在清代得以踵事增华，走向古都建设的巅峰。

元至元四年（1267年）正月，位于金中都东北面的新都破土动工。至元九年（1272年）二月，忽必烈正式将新都命名为“大都”（突厥语为“汗八里”，即大汗之城），这便是元大都——从此北京成为全中国的政治中心。元大都是中国两千余年封建社会中最后一座按既定的规划平地创建的都城，从规划之完整性和规模之宏大而言，在当时世界上是最突出的。

元大都是以琼华岛（即今天北海白塔山）为中心发展起来的。北京城由古蓟城直至金中都一直依托“莲花池”（其遗址位于今北京西客站南）水系，自元大都起转而以“高梁河”水系作为城市水源。元至元二十九至三十年（1292—1293年），著名水利专家郭守敬导引西北郊白浮泉、玉泉山等水源，经高梁河入都城，并向东汇入通惠河，直抵京杭大运河以通漕运——通惠河的开凿成功，在北京城市史上是一件大事：一方面新都城有了新的充沛水源，漕运大大繁荣了都城的经济，也带来了元大都的市井繁华气象；另一方面围绕新的水系营建了大量苑囿，塑造了元大都优美的山水园林格局。

元大都从至元四年（1267年）开始营建，至元三十一年（1294年）基本完成，历时二十余载之久。其规划设计一方面沿袭了金中都的经验，另一方面又对《周礼·考工记》进行了模拟；当然，更重要的是设计者刘秉忠通过对元大都新城址地形条件的利用，巧妙地融合了太液池（今之北海、中海）、积水潭（亦称海子，即今之什刹海）水系，在规划设计上作了一番“大文章”，从而令元大都呈现出继往开来的非凡气魄（图6–12）。

（一）总体格局

据考古勘测，元大都城郭南北长约7600m，东西宽约6700m，总面积约50.9km^2，规模与北宋汴梁相若。元大都采取外城、皇城、宫城三重城垣相套的形制，皇城位于中央偏南，并以宫城的中轴线作为全城规划的主轴线。中轴线走向与今天穿过北京紫禁城的南北中轴线一致，由大城南门丽正门开始，经千步廊、皇城南门灵星门、周桥、宫城、御苑、皇城北门厚载红门、海子桥、最终抵达城中心。全城的街坊、坛

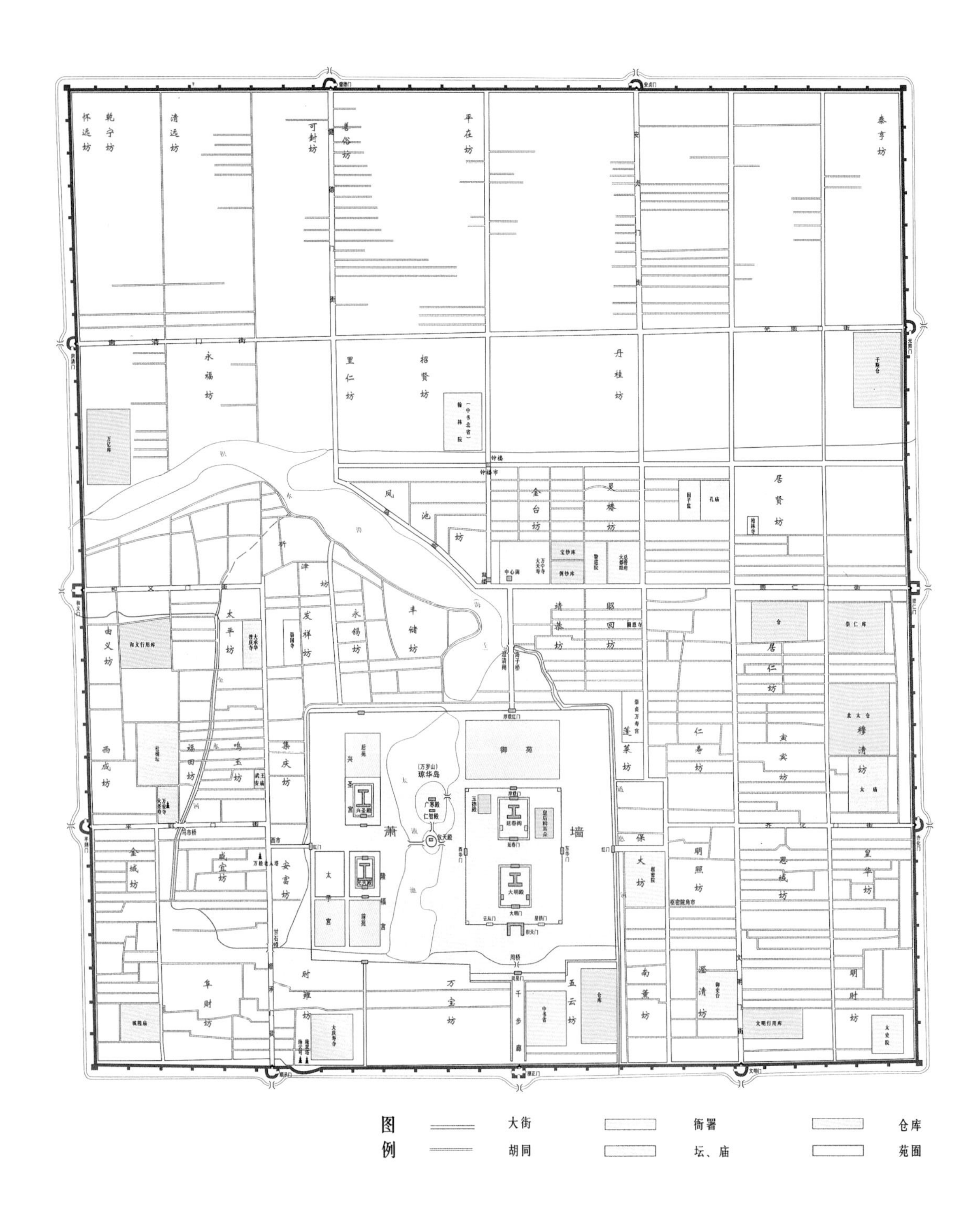

图6-12　元大都平面图

来源：北京市测绘设计研究院编著. 北京旧城胡同现状与历史变迁调查研究[M]. 2005.

庙、官署、仓房、寺观、府邸、民居、店铺等，沿中轴线东西均衡分布。[①]

元大都规划的一大特点是刻意比附《周礼·考工记》中“匠人营国”的描述，依据营国制度“前朝后市”“左祖右社”之制来进行布局：城市的主要市场位于漕运终点积水潭东岸的“斜街市”，而皇宫则位于太液池、琼华岛东侧，这样既形成了“前朝后市”的格局，又是因地制宜的规划设计，使得城市总体格局与水系完美结合，实现人工与自然的交融。此外，按“左祖右社”之制，于大都城齐化门（今朝阳门）内建太庙，平则门（今阜成门位置）内建社稷坛。

（二）城墙城门

元大都城墙东、南、西三面均为三门，北面二门。时人云“幢幢十一门，车马如云烟”，每日都有大量车马和行人从城门出入。元大都城门、城墙之壮丽给意大利人马可·波罗以深刻印象，他写道：“此城之广袤，说如下方：周围有二十四哩，其形正方，由是每方各有六哩。环以土墙，墙根厚十步，然愈高愈削，墙头仅厚三步，遍筑女墙，女墙色白，墙高十步。全城有十二门（笔者注——此处马可波罗记忆有误），各门之上有一大宫，颇壮丽。四面各有三门五宫，盖每角亦各有一宫，壮丽相等。宫中有殿广大，其中贮藏守城者之兵杖。街道甚直，以此端可见彼端，盖其布置，使此门可由街道远望彼门也。”

1969年拆除明北京城墙的西直门箭楼时，意外地发现了“包裹”于其中的元大都和义门箭楼（元至正十八年即公元1358年建）的下半部分，可惜时值“十年浩劫”，这座珍贵的元代箭楼也连同西直门一起被拆除。

明初在元大都北城墙以南五里建新城墙，于是元大都的北墙和东、西墙的北段均遭废弃，孰料正是这段废弃的土城得以留存至今，历时七百余年。明、清时期，元代土城遗迹上树木繁茂，景致不俗，竟而被定为燕京八景之一——“蓟门烟树”，乾隆

① 关于元大都中轴线与明清北京中轴线重合的结论，由 1972 年中国科学院考古研究所、北京市文物管理处元大都考古队发表的《元大都的勘查和发掘》报告证实。该报告指出：“元大都全城的中轴线，南起丽正门，穿过皇城的灵星门，宫城的崇天门、厚载门，经万宁桥（又称海子桥，即今地安门），直达大天寿万宁寺的中心阁（今鼓楼北），这也就是明清北京城的中轴线。经过钻探，在景山以北发现的一段南北向的道路遗迹，宽达 28m，即是大都中轴线上的大道的一部分。”不过该报告所指出的中轴线北对大天寿万宁寺中心阁，并未提供考古证据，而且与很多古代文献（如元代的《析津志》）的记载不符。1985 年，学者王灿炽发表《元大都钟鼓楼考》一文，通过翔实的文献考证，提出元大都鼓楼（名曰齐政楼）旧址即今鼓楼所在地，钟楼旧址即今钟楼所在地。结合已有考古报告、历史文献和既往学者研究，本书倾向于认为元大都中轴线与明清北京中轴线重合，且元大都鼓楼、钟楼即位于今鼓楼、钟楼址。当然，这还有待更加深入的考古工作加以确证。参见：中国科学院考古研究所，北京市文物管理处元大都考古队．元大都的勘查和发掘 [J]. 考古，1972（1）：19-28；王灿炽．元大都钟鼓楼考 [J]. 故宫博物院院刊，1985（12）：23-29.

图6-13　元大都和义门发掘照片
来源：梅宁华，孔繁峙主编．中国文物地图集·北京分册（上、下册）[M]．北京：科学出版社，2008.

帝更为其书写碑文。然而正如前文所言，古蓟城位于今西城区广安门一带，元大都北土城与蓟城相隔遥远，不可能是“蓟门”——当是明清以后人们误将元代土城笼统当作古蓟城遗址所致，可谓一个“美丽的错误”。如今这段土城已被辟为“元大都城垣遗址公园”，可谓是见证了北京城七百余年的沧桑变幻（图6-13）。

（三）皇城

位于都城南部，周围约20里。皇城城墙称作“萧墙”，亦称“红门阑马墙”，墙外遍植参天大树，更增皇城的优美——元代诗人有“阑马墙临海子边，红葵高柳碧参天”“人间天上无多路，只隔红门别是春”等诗句描绘皇城佳景。皇城南门灵星门与大都南门丽正门之间是宫廷广场，两侧是长达700步的“千步廊”，大型官署位于“千步廊”外侧。皇城之内，以太液池为中心，以万岁山（即琼华岛）为制高点，环列三大建筑群即宫城（亦称大内）、隆福宫（原为太子东宫，后改作太后宫）和兴圣宫（为太后、嫔妃居所）。

（四）宫城

平面呈长方形，据陶宗仪《南村辍耕录》载，东西480步，南北615步。宫城正门崇天门（亦称午门），左右两观，平面呈“凹”字形，门上建有面阔十一间的城楼，左右各有趓楼（亦称朵楼、垛楼等），与城楼以斜廊相连，形式与北宋汴梁宣德门、金中都应天门相似。宫城内主要建筑分成南、北两部分：南面以大明殿为主体，北面以延春阁为主体。大明殿后有柱廊直通寝殿，大殿、柱廊、寝殿共同构成“工”字形布局，为宋代以来皇宫正殿的典型布局模式。北部宫殿以延春阁为主体，为后廷，平面布置、建筑形制与前朝基本一致（图6-14）。

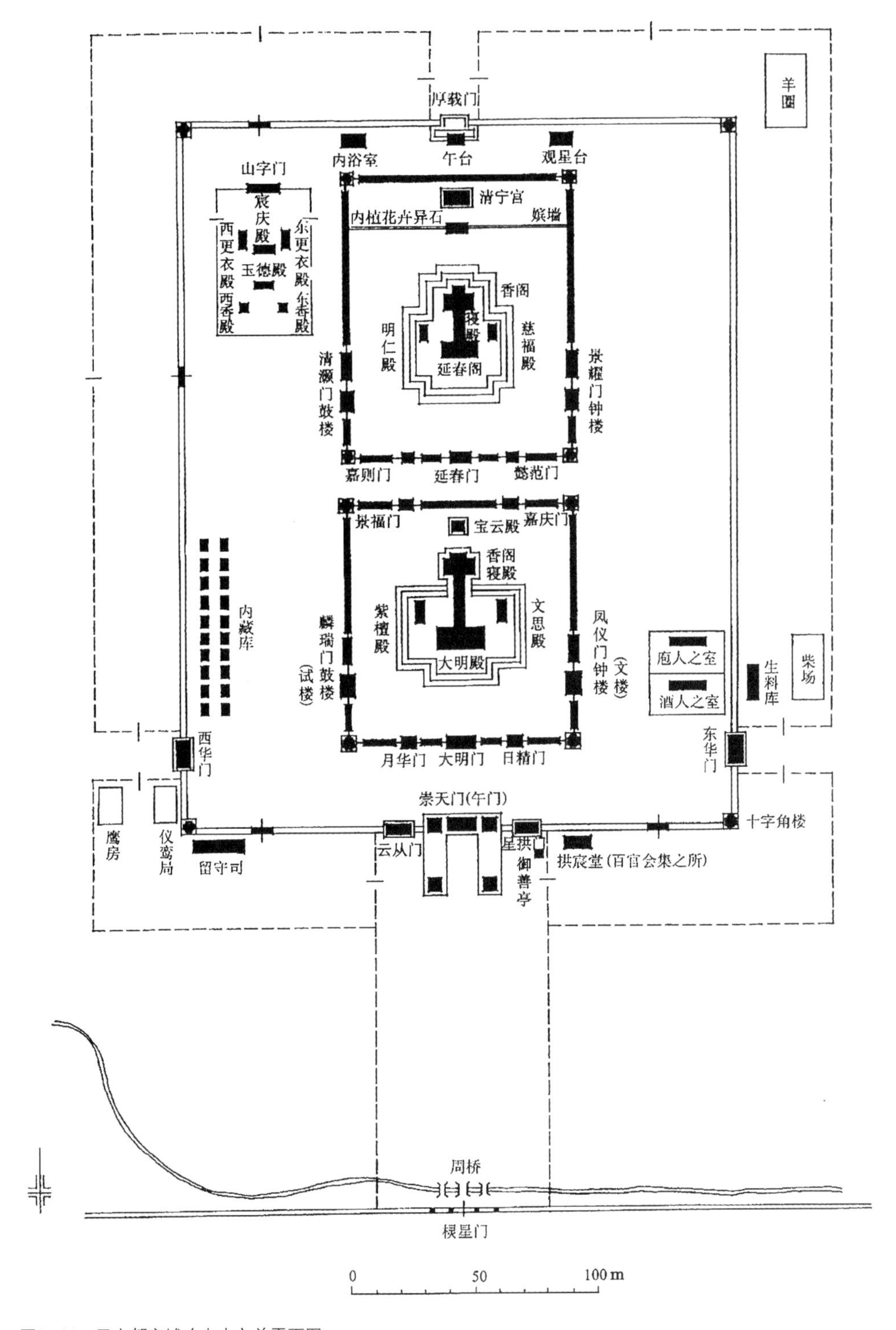

图6-14　元大都宫城（大内）总平面图

来源：潘谷西主编. 中国古代建筑史·第四卷：元、明建筑[M]. 2版. 北京：中国建筑工业出版社，2009.

图6-15　万宁桥镇水兽
来源：王南摄

图6-16　妙应寺白塔
来源：王南摄

今天北京城区的元大都建筑遗存包括万宁桥（图6-15）、妙应寺（即白塔寺）白塔（图6-16），此外还有城郊的居庸关云台等。

三、明北京

明洪武元年（1368年），大将徐达率明军攻占元大都，将元大都改名为“北平”，并对其进行了大规模改建：首先，放弃了元大都的北部城区，并在北墙以南约五里处另筑新墙，新的北城墙仍然只设二门，东为安定门，西为德胜门。其次，出于风水方面“削王气”的考虑，明代将元代大内宫殿拆毁——于是元大都的皇宫与元代以前历代皇宫遭遇了同样的命运。明成祖朱棣即位后，决定迁都北平，改北平为北京。明永乐四年（1406年）开始建宫殿、修城垣，至永乐十八年（1420年）基本竣工，前后达15年。

（一）总体格局

明永乐时期的北京城将元大都南城墙拆除，在其南面近二里处建新南墙——因而这时期的北京城（即后来的“内城”）的城墙实际是将元大都北墙弃用、南墙拆除，东、西墙则部分加以利用，整个北京城比元大都规模略小、位置偏南一些（图6-17）。明正

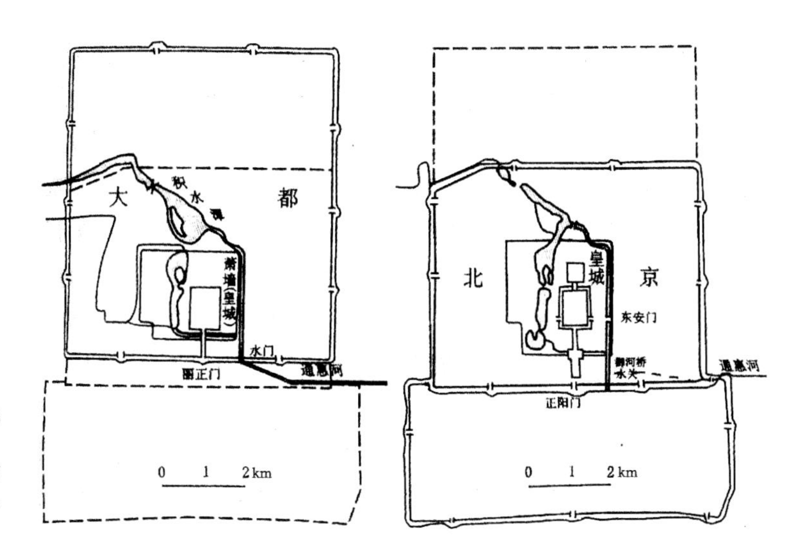

图6-17　明北京与元大都位置变迁示意图

来源：侯仁之主编. 北京城市历史地理[M]. 北京：北京燕山出版社，2000.

统元年（1436年）开始修建北京城九门城楼，正统四年（1439年）完工，其中南墙设三门，其余诸墙各设二门。南墙三门为正阳门（俗称前门）、崇文门、宣武门，北墙二门为上述安定、德胜二门，东、西墙城门皆位于元大都城门处，崇仁门改建为东直门，齐化门改建为朝阳门，和义门改建为西直门，平则门改建为阜成门——这九门的名称一直保留至今。明北京的皇城、宫城比元大都更接近于城市中央，而全城的几何中心则位于万岁山（即今天的景山）主峰。

明嘉靖年间，由于蒙古骑兵多次南下，甚至迫近北京城郊进行劫掠，大大威胁到北京城以及天坛等重要坛庙的安全。同时，北京城的人口大量增加，城外居民日益稠密。因此，明世宗采纳了大臣们的建议，加筑外城。明嘉靖四十三年（1564年）修筑了包围南郊的外城南墙，原计划环绕北京内城四面一律加筑外垣，后因财力不济，只得将东、西墙修至内城南墙附近即转抱内城东、西角楼。最终外城城墙总长二十八里，共设七门，南面三门，正中为永定门，东为左安门，西为右安门；东、西两面各一门，东曰广渠门，西曰广宁门（清代改称广安门）；东北和西北隅各一门，分别为东便门、西便门（门皆北向）。

嘉靖时期修建的外城与永乐时期的内城共同形成了明北京独特的“凸”字形格局（图6-18、图6-19）。

图6-18　明北京平面图

来源：北京市测绘设计研究院编著. 北京旧城胡同现状与历史变迁调查研究[M]. 2005.

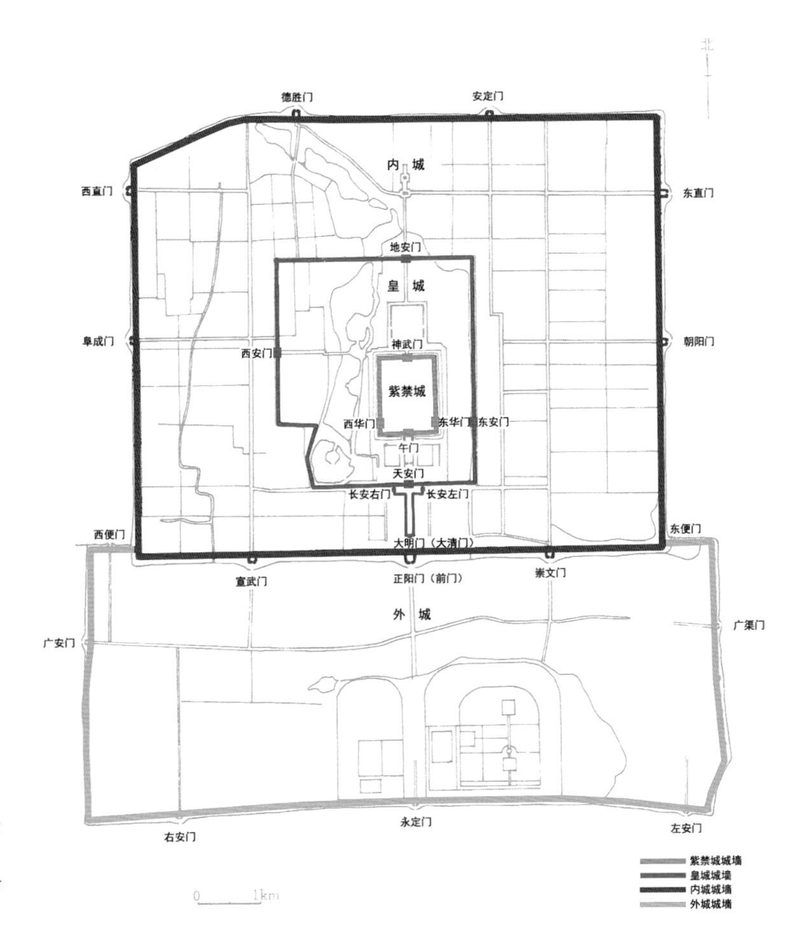

图6-19　北京城墙与城门示意图
来源：据《中国古代城市规划史》插图改绘

（二）**城墙城门**

据瑞典美术史家喜仁龙的《北京的城墙和城门》一书记载，明北京内城城墙总体来说是高10～12m、厚10～20m左右的敦实墙体，呈现出雄浑的体量感（图6-20）。外城城墙则比内城低矮一些，高度在6～7m左右，厚度达十一二米（图6-21）。城墙采取夯土墙外表包甃城砖，城砖层层叠砌，随着墙面收分状如梯级。城墙外壁每隔一定距离，附筑一座与城墙同样厚的方形墩台（亦称马面），从而增强防御能力——数目众多的墩台构成极其鲜明的"韵律感"。城墙顶部以大砖海墁，内侧边缘筑女墙，外侧边缘筑垛口（古人称作"雉堞"）。

整个明北京城墙最引人瞩目的部分还是其"内九外七"的城门与城楼。内城

图6-20　1920年代阜成门附近城墙

来源：Sirén, Osvald. The walls and gates of Peking researches and impressions[M]. London: John Lane, 1924.

图6-21　1920年代外城西南角城墙与角楼

来源：Sirén, Osvald. The walls and gates of Peking researches and impressions[M]. London: John Lane, 1924.

九门，基本形制都一样，由城楼、箭楼与瓮城组成，仅尺寸与细部略有差异（图6-22）。城楼建于由城墙加厚、加高形成的城台之上，城台中央是砖砌的券门一道——城门洞。城楼为巨大的三檐二层木结构楼阁（首层单檐、二层重檐歇山顶，亦称“三滴水”），高20m左右，加上下面10余米的城台，通高30余米，十分雄伟壮观。色彩主要是朱红色调：墙面涂以朱红色的抹灰，门窗和立柱皆漆为红色，梁枋、斗栱施蓝绿为主调的彩画，平坐滴珠板有时施以金色装饰，屋顶则采用灰瓦顶及绿色琉璃瓦剪边——今天的正阳门城楼是北京城楼中规模最为宏大并硕果仅存的一座。

与城楼华丽的外形相比，箭楼则朴素得多，二者形成鲜明对照。箭楼为单层重檐歇山顶建筑，内部为木结构，外包厚厚的砖墙。朝向城楼的方向出歇山顶抱厦一座，因而平面呈“凸”字形。正对城外及两侧的墙面开设排列齐整的箭窗——整个箭楼外观厚重坚固，十分简洁有力。

图6-22 《康熙南巡图》中的正阳门及箭楼
来源：故宫博物院编. 清代宫廷绘画[M]. 北京：文物出版社，2001.

外城的城门比内城规模小得多，其平面布局和样式与内城相同，不过在结构和装饰细部上大为简化。城楼一般高5m左右，加上6m左右的城墙，通高十一二米，与外城一二层高的商铺、会馆、民居尺度融洽，构成和谐的整体。此外，内、外城四角均设有角楼。北京内外城所有城楼、箭楼和角楼加起来共有40座之多，而今天仅剩下4座（包括正阳门城楼和箭楼、德胜门箭楼、东南角楼）（图6-23～图6-25）。

明北京城墙之外还设有护城河。护城河宽窄深浅不一，宽可至50m，窄处仅3～5m。在和平时期，从审美的眼光来看：城墙、城楼与护城河共同组成一幅优美的画面（图6-26）——我们来看喜仁龙笔下的北京城墙景色：

“纵观北京城内规模巨大的建筑，无一比得上内城城墙那样雄伟壮观。初看起来，它们也许不像宫殿、寺庙和店铺牌楼那样赏心悦目，当你渐渐熟悉这座大城市以后，就会觉得这些城墙是最动人心魄的古迹——幅员广阔，沉稳雄劲，有一种高屋建瓴、睥睨四邻的气派……双重城楼昂然耸立于绵延的垛墙之上，其中较大的城楼像一座筑于高大城台上的殿阁。城堡般的巨大角楼，成为全部城墙建筑系列巍峨壮观的终点……

城根下也有这样的地段：其间延亘着杨柳蔽岸的城壕或运河，或者在城壕与城墙之间栽着椿树和槐树。这些地方最宜在春季游览：那时，淡绿色柳枝交织起来的透明帷幕，摇曳在水明如镜的河面上；或在稍晚的时令，一簇簇槐树花压弯了树枝，阵阵清香弥漫空中。如果善于选择地点，环绕这些古墙周围可以发现非常出色的绘画题材。”

图6-23　正阳门城楼与箭楼
来源：王南摄

图6-24　德胜门箭楼
来源：王南摄

图6-25　内城东南角楼外侧
来源：王南摄

图6-26　1920年代西直门全景
来源：Sirén, Osvald. The walls and gates of Peking researches and impressions[M]. London: John Lane, 1924.

（三）皇城

明清北京城的皇城占地约6.8km²，约为北京城面积的十分之一。东西宽约2500m，南北长约2800m，周长约11km。皇城之内明代为皇家禁地，民不得入；清代除紫禁城、西苑、景山以及一些重要坛庙、庙宇、衙署和仓厂之外，余皆成为民宅。清康熙时期内廷绘制的《皇城宫殿衙署图》细致入微地刻画了清北京皇城的布局（图6–27）。①

皇城城墙高约6m，为红墙黄琉璃瓦顶，与北京内、外城可以上兵马的厚实城墙不同，皇城墙更类似建筑群的围墙（图6–28）。

皇城的红墙与玉河（亦称御河、御沟）共同构成明北京城如诗如画的风景，成为许多诗人吟咏的对象。

明、清两代的文献对于皇城大门的定义略有不同：明代皇城包含天安门前的“T”字形宫廷广场，整个皇城共设6门，分别为大明门（清代改称大清门）、长安左门、长安右门、东安门、西安门、北安门（清代改称地安门）；清代皇城则不含天安门前广场，皇城设4门，为天安门、东安门、西安门、地安门。②而据《明史》（卷六八）记载，“皇城内宫城外，凡十有二门：曰东上门、东上北门、东上南门、东中门、西上门、西上北门、西上南门、西中门、北上门、北上东门、北上西门、北中门”。

天安门是北京皇城正门，始建于明永乐十五年（1417年），原名“承天门”，取“承天启运”“受命于天”之意。明天顺元年（1457年）被焚，明成化元年（1465年）重建。清朝定鼎之初仍沿明旧称，顺治八年（1651年）重建后改称“天安门”。明清两代，凡国家有大庆典（如皇帝登基、册立皇后等）均在天安门举行“颁诏”仪式：在城台上正中设立“宣诏台”，用木雕的金凤衔诏书以滑车系下（明代是用龙头竿以彩绳系下），由礼部官员托着“朵云”盘承受，放入“龙亭”内抬至礼部，用黄纸誊写，分送各地，称“金凤颁诏”。

---

① 《皇城宫殿衙署图》为彩绘绢本，墨线勾画，施以淡彩，高2.38m，宽1.79m，为清代北京城市地图中的宏幅巨制，为迄今所见第一幅具备实地测量基础、内容丰富翔实、绘制精细、笔墨精湛、艺术性与写实性高度结合的北京城市地图，极有可能是在皇帝或内廷的直接主持与监督下，在若干宫廷画师的参与配合下完成的。

② 以上对皇城各门的记载可分别见于明万历《大明会典》和清乾隆时期的《国朝宫史》。此外，清嘉庆《大清会典》又将以上二者加以综合，将天安门、东安门、西安门、地安门、大清门、长安左门和长安右门共7门全部列为皇城城门。参见：傅公钺编著．北京老城门[M]．北京：北京美术摄影出版社，2001：18．皇城除上述主要7门外，还有几座次要门楼，如东安里门，位于东安门内望恩桥，为三间方洞三座门式；长安左、右门外又有两座门楼，分别称作东三座门、西三座门，均为三间方洞三座门式，此二门为乾隆十九年（1754年）建，1913年拆除，许多文献将东、西三座门与长安左、右门相混淆，其实长安左、右门为宫廷前区的主要大门，为五间三券门式，形制和地位均高于东、西三座门。

天安门为皇城四门中形制最高者，下有城台，上有城楼。城台底面东西宽118.91m，南北深40.25m，占地约4800m^2，两侧与皇城南墙相连。城台设五道券门，中央为御路门，御路门两侧为王公门，最外侧为品级门。御路门宽5.25m，东王公门宽4.45m，西王公门宽4.43m，东品级门宽3.77m，西品级门宽3.83m，举行大型礼仪活动时，帝王、王公及官员分别对应不同的券门进出。城台北侧两端有马道可以登台。城台立面分为三段，下为1.59m高的石须弥座，中段为红墙，顶部为1.14m高的灰色女墙，上覆黄琉璃瓦的墙帽。城台墙面有明显收分，台顶距地面12.3m①（图6–29）。

天安门城楼面阔9间，进深5间，重檐歇山黄琉璃瓦顶。城楼高22.08m，约为城台高度的两倍——城楼与城台共同形成一纵一横的平衡构图，总体壮丽和谐。

天安门南侧有外金水河蜿蜒而过，与故宫内太和门前的内金水河遥相呼应。河上跨五座汉白玉石桥，分别与城台上五座券门相对，为御路桥、王公桥和品级桥。在太庙（今劳动人民文化宫）和社稷坛（今中山公园）南门前还各有石桥一座，为乾隆年间建成的公生桥。此外，天安门内外还立有华表四座，其中门内的一对坐南朝北称"望君出"，门外的一对坐北朝南称"望君归"。②除华表之外，金水桥内、外还各有石狮一对。华表、石狮、金水桥共同形成天安门城楼前庄严肃穆的前奏。

除天安门外，皇城其余三门——东安、西安、地安三门形制完全相同，都是面阔七间、单檐黄琉璃瓦歇山顶的单层门殿，中央三开间辟作大门，边上各留两间值房，远不及天安门宏伟高大。

明清两代，天安门前是"T"字形的宫廷广场，古人称"御街"，占地11hm^2，即今天著名的天安门广场的前身。宫廷广场以红墙（与皇城墙一样）围拢，东西向横街两端分别为长安左门、长安右门，其外即东西长安街；南北向是中轴线上纵深悠长的千步廊御街（两侧的千步廊外分布着各部官署），御街南端是大明门，大明门以南巍峨耸立的城楼即正阳门城楼。宫廷广场与皇城联成一体，是皇城、紫禁城的前奏。千步廊为大明门两侧东西两排共144间联檐通脊的朝房，在长安街处分别向东西方向延伸，在千步廊中兵部和吏部选拔官吏，礼部审阅会试试卷，刑部举行"秋审"和"朝审"。明代在千步廊两侧的宫墙之外，集中布置了大量重要衙署，东侧有宗人府、吏部、户

---

① 以上尺寸引自：北京市建筑设计研究院《建筑创作》杂志社主编．北京中轴线建筑实测图典 [M]. 北京：机械工业出版社，2005. 另外，1999 年出版的《天安门》中的相关数据则为：城台东西 120m，南北 40m，御路门宽 5.48m，王公门宽 4.58m，品级门宽 3.54m，参见：路秉杰著．天安门 [M]. 上海：同济大学出版社，1999：88.

② 1950 年拓宽长安街时天安门外侧华表整体向北迁移 6m。

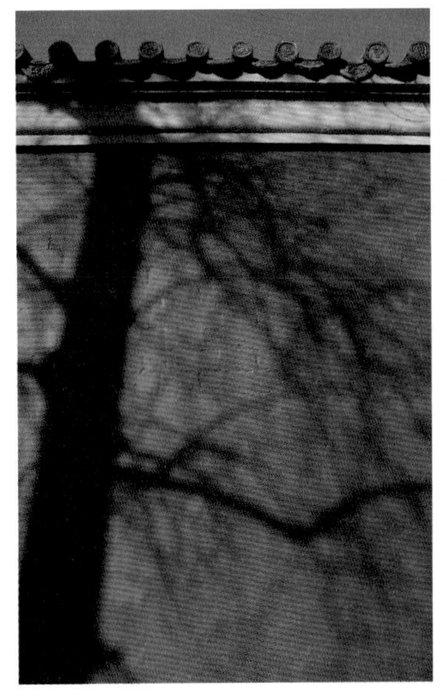

图6-28　皇城城墙
来源：王南摄

图6-27　康熙时期北京皇城图
来源：清华大学建筑学院中国营造学社纪念馆

图6-29　天安门现状
来源：王南摄

部、礼部、兵部、工部以及鸿胪寺、钦天监等，西侧为五军都督府和太常寺、锦衣卫等——这样就将中央机关与皇城联成一体，以烘托“皇权至上”的规划设计理念。

20世纪50年代陆续拆除了东安、西安和地安三门以及位于长安街两侧的长安左门、长安右门和东、西三座门——于是今天皇城城门仅余天安门可供人们瞻仰。①

（四）中轴线

著名建筑学家梁思成在《北京——都市计划的无比杰作》（1951年）一文中曾热烈赞颂了北京城的中轴线：“一根长达八公里，全世界最长，也最伟大的南北中轴线穿过了全城。北京独有的壮美秩序就由这条中轴的建立而产生。”

明北京中轴线南起外城正门永定门，北至钟鼓楼，直线距离近8km。由南至北大致可分作五段（每段约1500～1600m），各段具有迥然不同的空间特色。第一段由永定门至天桥，由漫长的御街与两侧坛庙（天坛与先农坛）高大的坛墙构成较为肃穆的郊坛区。第二段由天桥至正阳门，这是整条轴线上最热闹的部分，即前门大街商业区，巍峨壮丽的五牌楼与正阳门作为该段的一个小高潮，并揭开进入内城的序幕。第三段由正阳门至午门，为宫廷前区，除了正阳门与大明门之间的“棋盘街”有繁华市集之外，进入大明门后，通过重重门阙直抵午门，为一派庄严肃杀的气氛。第四段是整个轴线的高潮——宫廷区，由午门至万岁山（景山），轴线上集中北京城的核心建筑群，包括紫禁城三大殿、后三宫、御花园与万岁山，可谓中轴线的精华所在。最后一段是中轴线的尾声，由万岁山北门出皇城北门地安门直至钟楼，由地安门内大街两侧红墙（俗称内皇城）、地安门外大街商铺、民居组成，其西侧为富于园林气息的什刹海，最终以屹立于低矮民居建筑群中的钟鼓楼作结。明北京中轴线由上述五个段落构成序幕、开端、发展、高潮和尾声，正如一阕宏丽的交响乐或一幕跌宕起伏的戏剧，实在是中国乃至世界城市史上不可多得的杰作。绘于清代的《康熙南巡图》（第十二卷）清晰地展现了北京中轴线的壮美意象（图6–30、图6–31）。

明北京的规划设计总结了元大都都城规划的丰富经验，同时还可以追溯到北魏洛阳、隋唐长安、北宋汴梁、金中都等历代都城的规划传统，可谓是中国古代都城规划之集大成者。

---

① 1918—1926年，皇城东、西、北三面城墙被陆续拆除，墙址形成街道，称皇城根，后改称黄城根；1913—1915年拆除天街千步廊及天街南墙，1958年拆除天街东、西墙。至20世纪末明清皇城仅剩下天安门及皇城南墙。2001年在东皇城墙旧址上的居民被全部搬迁，建成东皇城根遗址公园，复建了一小段皇城墙，并发掘出一部分东安门遗址加以保护展示。参见：陈平，王世仁主编．东华图志：北京东城史迹录（上册）[M]. 天津：天津古籍出版社，2005：12.

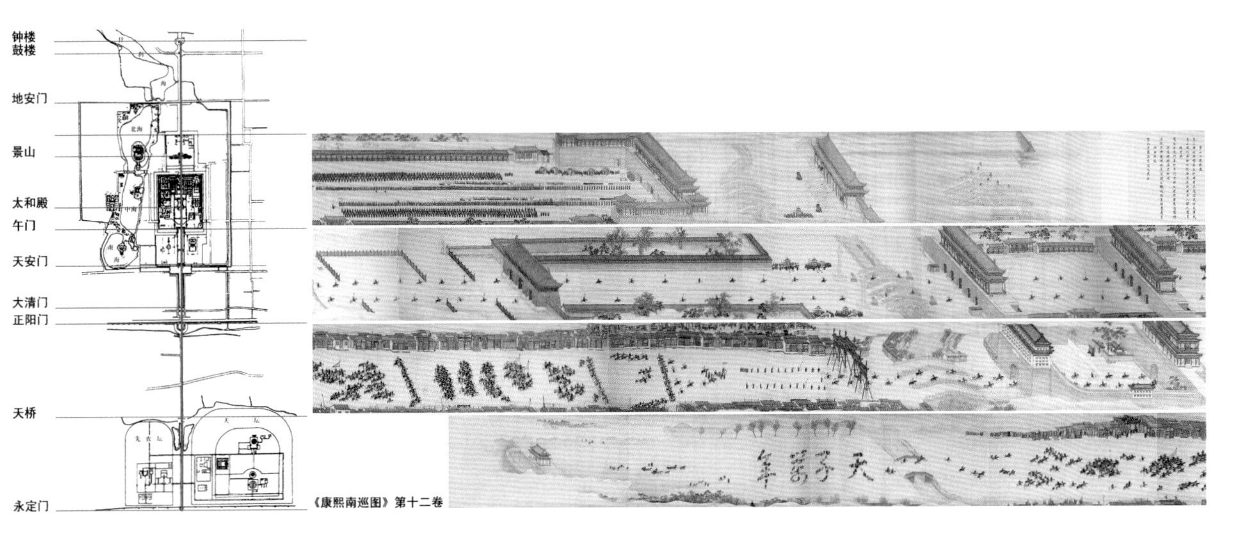

图6-30 《康熙南巡图》展现的北京中轴线空间序列示意图
来源：据《清代宫廷绘画》图改绘

四、清北京

清朝定都北京后，几乎完全沿用明北京城旧制，在旧有基础上修缮、重建——今天古都北京的传统建筑群大都为清代修建，明代原物已为数不多。绘于清代乾隆年间的《京城全图》及《京师生春诗意图》是我们一览清北京全貌的绝佳图像资料，弥足珍贵（图6-32、图6-33）。

清代对于北京城市建设的最大贡献在于大规模的皇家园林营建——尤其是康、雍、乾时期投入巨大精力经营的西北郊“三山五园”，堪称北京乃至中国造园史上的巅峰。自康熙中叶以后，逐渐兴起这一皇家园林的建设高潮，这个高潮奠基于康熙，完成于乾隆，乾嘉年间达到全盛的局面。其中，康熙、乾隆二帝具有极其相似的园林喜好，一方面二人均醉心于汉族文化，尤其醉心于江南园林之美；另一方面，出于自身游牧文化的习俗，又不愿被城市尤其是紫禁城生活所束缚，向往名山大川并始终保持着骑射传统——这样双重文化的背景最终致使他们把目光投向最具山水形胜的北京西北郊（乃至承德），在真山真水的浩瀚尺度中来实现自己的“园林梦”。正如乾隆在《避暑山庄后序》中所总结的：“若夫崇山峻岭，水态林姿；鹤鹿之游，鸢鱼之乐；加之岩斋溪阁，芳草古木，物有天然之趣，人忘尘市之怀。较之汉唐离宫别苑，有过之无不及也。”[①]

① 转引自：周维权．中国古典园林史[M]. 2版．北京：清华大学出版社，1999：336.

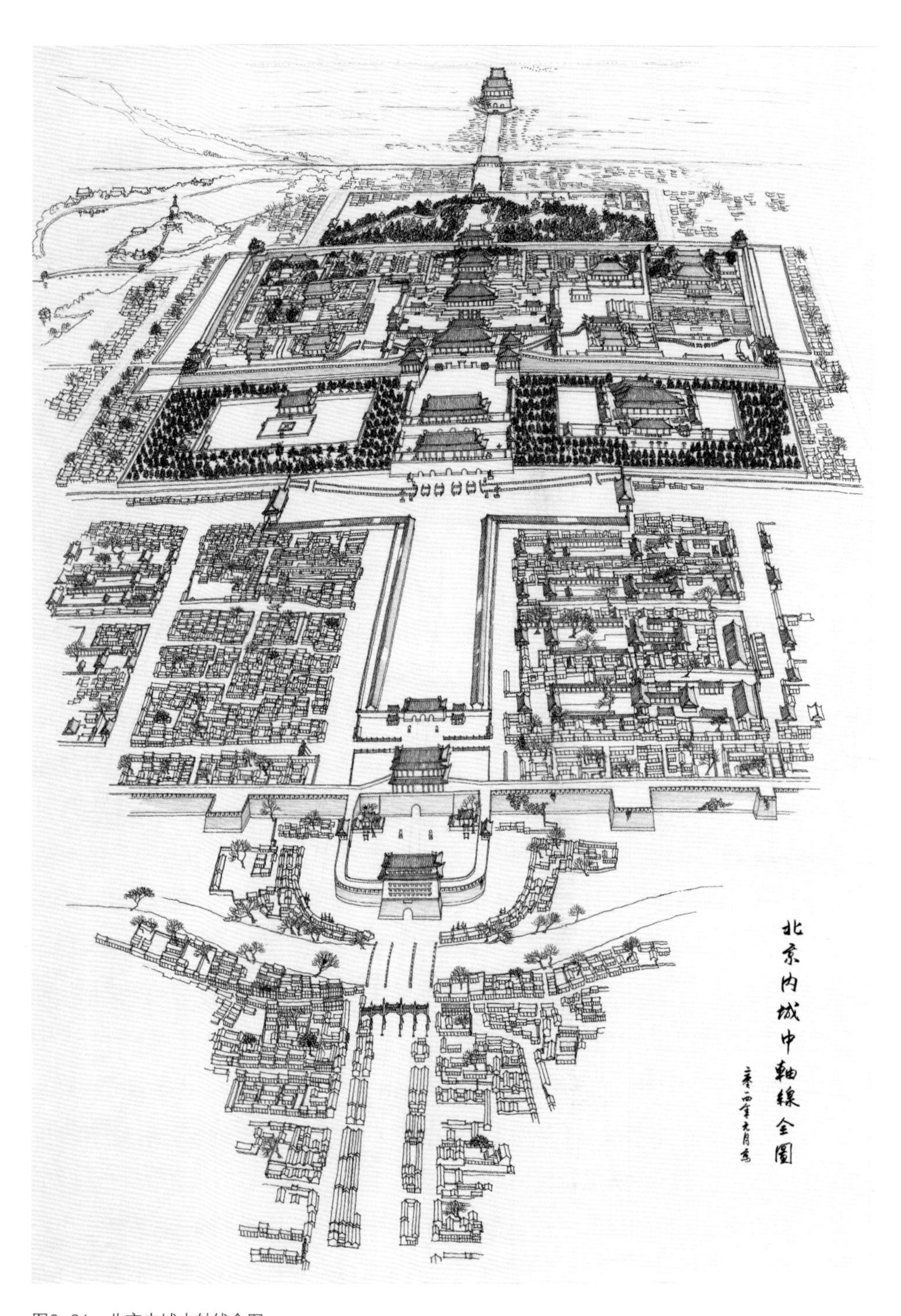

图6-31　北京内城中轴线全图
来源：王南绘

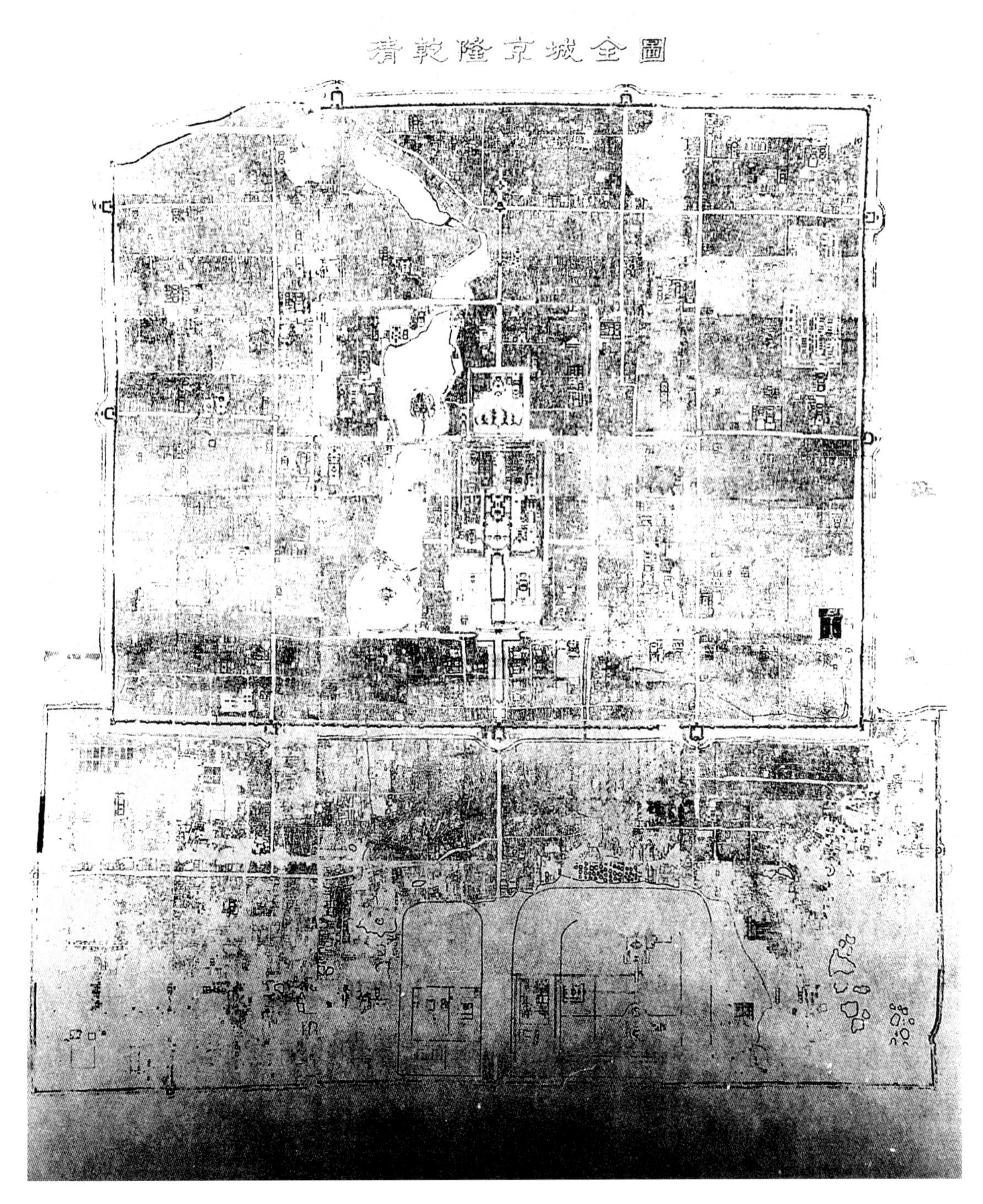

图6-32　乾隆《京城全图》

来源：谭其骧主编. 中国历史地图集（清代卷）[M]. 地图出版社，1908.

图6-33 《京师生春诗意图》——由这幅清乾隆时期的绘画中我们可以看到北京古代建筑、城市与山水自然的整体和谐

来源：故宫博物院编. 清代宫廷绘画[M]. 北京：文物出版社，2001.

这段话可看作康、乾二帝园林美学的总结，这与明清私家园林“虽由人作、宛自天开”“一拳代山、一勺代水”的缩微山水意境大异其趣。而所谓“较之汉唐离宫别苑，有过之无不及也”也非乾隆一厢情愿的夸耀之辞，因为清代尤其是乾隆朝皇家园林营建的成就的确是前无古人的——其中尤以“三山五园”最为经典：“三山五园”即畅春园、圆明园、香山静宜园、玉泉山静明园以及万寿山清漪园（即颐和园之前身），其总体规划布局一气呵成的气魄堪与北京城相媲美，使得清北京城市形态出现了一座横亘东西的“园林之城”与一座纵贯南北的“凸”字形帝都并峙的局面——几乎可称作一种“双城”模式（图6–34）。从城市规划设计的角度来看，“三山五园”是一个有机的整体，并且与清北京城形成了一个有机的整体（图6–35）。

尽管清末、民国时期北京城出现了大量西洋式建筑乃至全盘西化的街区（如东交民巷使馆区），然而截至1949年以前，明清北京城的绝大部分还是得以较为完整地保留下来。这座世界闻名的古都曾经受到许多中外著名学者的礼赞：美国规划师埃德蒙·N.培根（Edmund N. Bacon）认为“北京可能是人类在地球上最伟大的单一作品”[①]；中国建筑学家梁思成把北京称作“都市计划的无比杰作”，并认为“北京建筑的整个体系是全世界保存得最完好，而且继续有传统的活力的、最特殊、最珍贵的艺术杰作”[②]（图6–36）。

中华人民共和国成立以来，由于在古城中建设现代化的首都，因此旧城保护与现代化建设成为纠缠了五十余年的矛盾。随着现代化建设的发展，古都北京（二环路以内）的传统街区现在已不足旧城总面积的三分之一，许多极具价值的古建筑也相继被拆除。2004年北京城市总体规划正式提出对北京旧城进行“整体保护”，希望借此能够对古都北京进行更好的保护。

尽管北京现存的古建筑已远不及清末民国时期的数量与规模，然而在中国历史文化名城中依然首屈一指；此外，古都北京更以拥有7处世界文化遗产（故宫、天坛、颐和园、十三陵、周口店、长城与京杭大运河北京段）而在世界城市中名列第一。让我们借用雨果歌颂巴黎圣母院的话来赞颂古都北京和她经历各种灾祸而留存至今的古代建筑群：北京这些古代建筑的一砖一瓦，都是北京城市史乃至中国文化史的重要象征——“不仅载入了我国的历史，而且载入了科学史和艺术史”！

---

① （美）埃德蒙·N. 培根著 . 城市设计 [M]. 黄富厢，朱琪译 . 修订版 . 北京：中国建筑工业出版社，2003.

② 梁思成 . 北京——都市计划的无比杰作 [M]// 梁思成 . 梁思成全集（第五卷）. 北京：中国建筑工业出版社，2001.

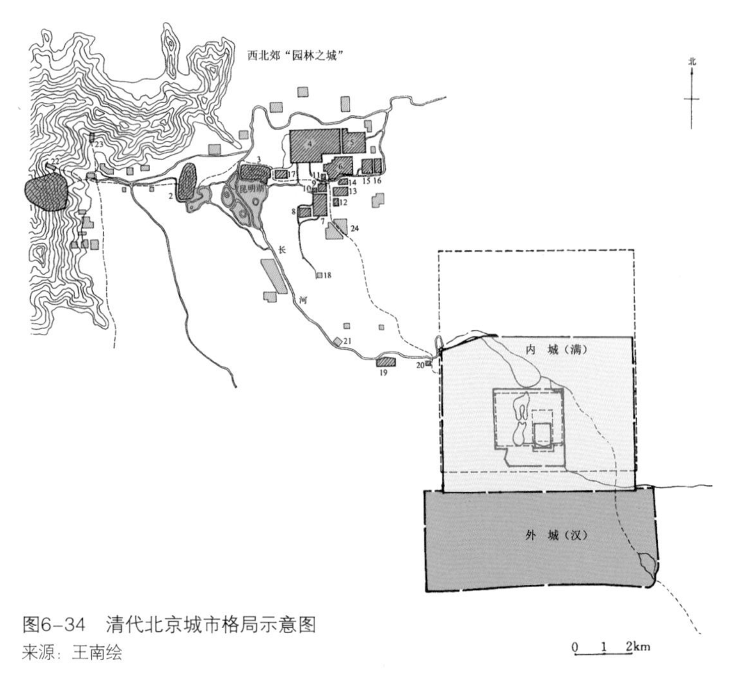

图6-34　清代北京城市格局示意图
来源：王南绘

图6-35　由北京景山万春亭远眺西山两幅
来源：赫达·莫里逊（Hedda Morrison）摄

图6-36　古都北京的“整体和谐”——民国时期的北京雪后鸟瞰（在北京饭店旧楼拍摄）
来源：胡丕运主编. 旧京史照[M]. 北京：北京出版社，1995.

第二节　宫殿坛庙

北京作为帝都，其最重要的建筑类型首推宫殿与坛庙，它们构成皇权的象征，也是都城规划设计最核心的内容。

一、紫禁城

故宫为明、清两代皇宫，称紫禁城（因古代以紫微星垣象征帝王居所，宫殿历来属禁地，故名“紫禁城”）（图6–37）。明永乐十五年（1417年）始建，永乐十八年建成（1420年），明、清两代陆续有过多次重建、改建及扩建。

由2003年紫禁城总平面测绘图（1∶500，CAD文件）可知，紫禁城南墙754.96m，东墙964.59m，北墙753.06m，西墙964.78m，周长3437.39m，占地面积约72hm^2，总建筑面积约17万m^2。建筑群四周环以城墙，城墙外侧还有宽52m的护城河，俗称“筒子河”。建筑群由一道贯穿南北的中轴线为骨干，沿中轴线依照中国古代宫殿“前朝后寝”的模式进行规划布局：“前朝”即“外朝”，为皇帝举行礼仪活动和颁布政令之所；“后寝”即“内廷”，为皇帝及其家属的居住之所（图6–38）。

图6–37　雪后紫禁城俯瞰
来源：王南摄

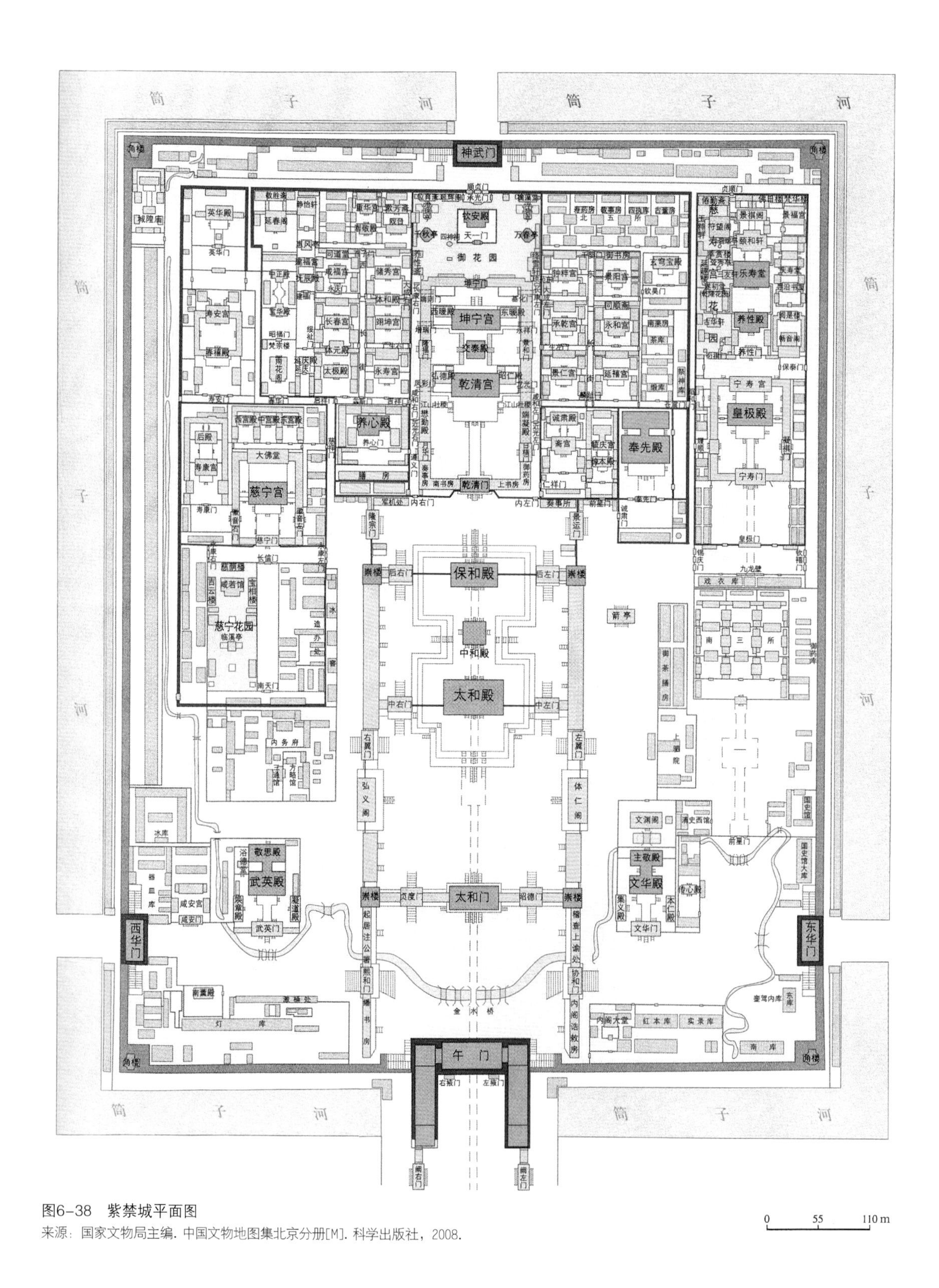

图6-38 紫禁城平面图

来源：国家文物局主编. 中国文物地图集北京分册[M]. 科学出版社，2008.

0 55 110 m

“外朝”主要包括中轴线上的“三大殿”（即太和殿、中和殿与保和殿）和左辅右弼的文华、武英二殿及其附属建筑，此外还有少量府库。外朝占据了紫禁城的大半面积，建筑群规模宏大，布局疏朗，是最能体现皇权威严和紫禁城建筑艺术的部分。

“内廷”布局紧凑，庭院众多，富于生活气息。其布置大致可分为中轴线上的“后三宫”（即乾清宫、交泰殿与坤宁宫，为帝后寝宫）、御花园以及对称分布于中轴线两侧的“东西六宫”（妃嫔宫室）、“乾东西五所”（皇子宫室），此外还包括清雍正朝以后的帝后寝宫“养心殿”“外东路”（乾隆改建的太上皇宫殿宁寿宫）、“外西路”（太后、太妃宫殿）等。据记载，紫禁城内廷在规划设计时，是以乾清宫和坤宁宫象征“天地”，以乾清宫左右的日精、月华二门象征“日月”，以东、西六宫象征“十二辰”，以乾东、西五所象征“众星”，以“仰法天象”来表示帝王的统治是“上应大命”。

以下略述紫禁城外朝、内廷之主要建筑。

（一）午门

午门为紫禁城正门，极其雄伟壮观。墩台呈“凹”字形，台高12m，台下正中三道券门。文武百官从左门出入，皇室王公从右门出入，中央券门只有皇帝祭祀、大婚或亲征等重大仪式时才开启。墩台的两翼还各有掖门一座，因而午门的门洞被称作“明三暗五”。正中的门楼面阔九间（长60m余），进深五间（长25m），象征“九五之尊”，为最高等级；重檐庑殿顶（也是屋顶的最高形制），自地面至正脊鸱吻高达37.95m，是整个紫禁城最高的建筑。城台两侧，各设廊庑十三间，在门楼两翼向南排开，俗称“雁翅楼”。在雁翅楼的两端，各设有一座重檐攒尖顶的阙亭。整个城台上的建筑，三面环抱、五峰突出、高低错落、气势宏大，俗称“五凤楼”（图6-39）。

图6-39 紫禁城午门城阙全景
来源：王南摄

图6-40　紫禁城角楼暮色
来源：王南摄

（二）**角楼**

紫禁城四角各矗立一座角楼，造型轻巧玲珑，极富装饰意味：角楼中央是三开间的方形亭楼，四面各出抱厦一座，整个平面呈“十”字形；立面造型刻意模仿宋画中的黄鹤楼、滕王阁等楼阙，结构精巧，从最顶部的十字脊镀金宝顶以下，共三檐、七十二脊，上下重叠，纵横交错，堪称鬼斧神工、美轮美奂。角楼之优美轮廓配上长长的灰色宫墙以及护城河畔绿柳青青，可谓是老北京的经典一景（图6-40、图6-41）。

（三）**太和门**

太和门为紫禁城三大殿的序幕。进入午门即是宽阔的太和门广场，面积达26000m^2。内金水河从广场中部蜿蜒流过，五座汉白玉石桥跨河而建，为午门与太和

图6-41 紫禁城角楼立面图

来源：故宫博物院，中国文化遗产研究院编．单霁翔，刘曙光主编．北京城中轴线实测图集[M]．北京：故宫出版社，2017.

图6-42 太和门广场全景
来源：王南摄

门之间壮丽的广场增添了几分柔媚[①]（图6-42）。

太和门面阔九间，进深四间，重檐歇山顶（图6-43）。门前左右立威武铜狮一对。明代皇帝有时在这里受理臣奏，下诏颁令，称为“御门听政”。[②]

太和门左右并列昭德、贞度两个侧门；东西庑有协和、熙和二门，可通文华、武英二殿。东西两庑，东为稽察上谕处及内阁诰敕房，西为繙书房及起居注公署。

（四）三大殿

三大殿即太和殿、中和殿、保和殿，三殿共同坐落在“干”字形布局的汉白玉台基之上（从皇位坐北朝南看则为“土”字形，代表五行中的“土”，象征中央最尊贵的方位），台基总面积25000m^2，高8.13m，分成三层，俗称“三台”。每层皆作须弥座形式，周以汉白玉栏杆。每根望柱头上都雕有精美的云龙和云凤纹饰。每根望柱下的地栿外侧伸出一枚称作“螭首”的兽头吐水口，每到雨天，三台上数以千计的螭首即呈现“千龙喷水”的壮丽奇景（图6-44、图6-45）。

① 内金水河“由神武门西地沟引护城河水流入，沿西一带经武英殿前，至太和门前，复流经文渊阁前，至三座门从銮驾库巽方出紫禁城”。参见：（清）于敏忠等编纂．日下旧闻考[M]．北京：北京古籍出版社，1983：147.

② “御门听政”是指帝王亲到门前，与文武官员一起处理政事，表示勤于政务。明朝御门听政是在太和门，清朝改在乾清门，举行时间都在黎明前。参见：万依，王树卿，陆燕贞主编．清代宫廷生活[M]．北京：生活·读书·新知三联书店，2006：50.

图6-43　紫禁城太和门立面图

来源：故宫博物院，中国文化遗产研究院编. 单霁翔，刘曙光主编. 北京城中轴线实测图集[M]. 北京：故宫出版社，2017.

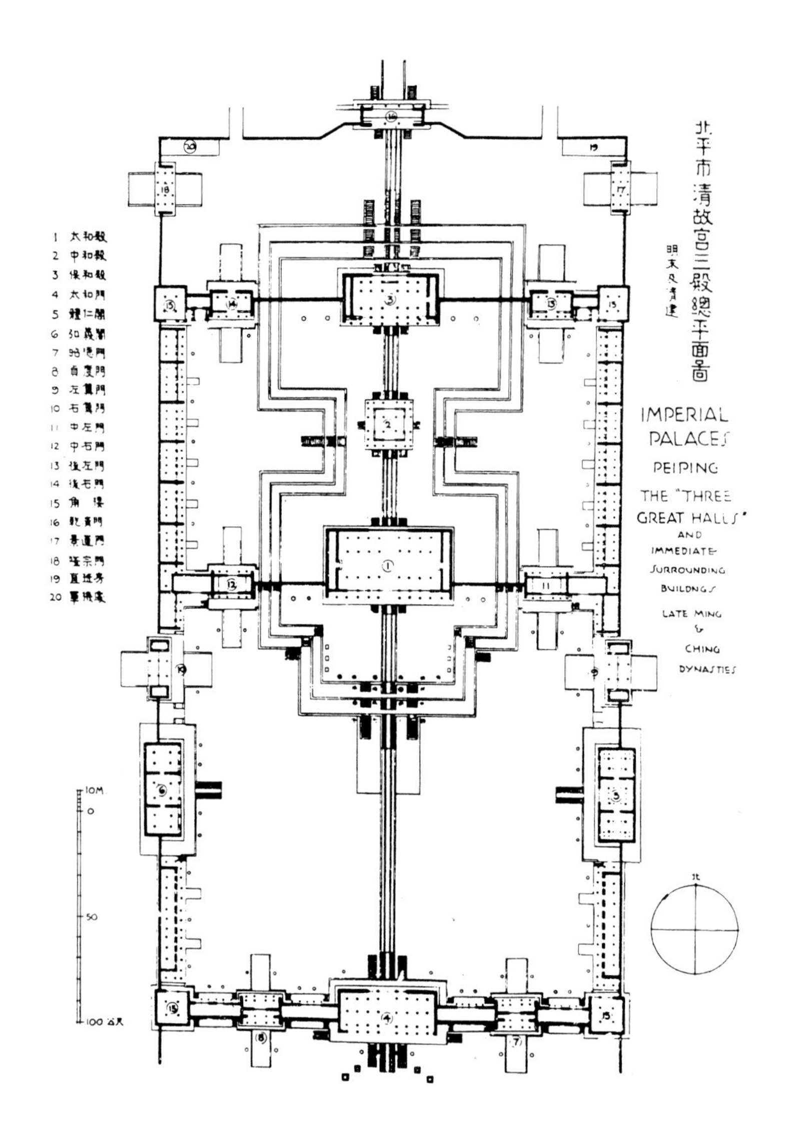

图6-44 紫禁城三大殿总平面图

来源：梁思成. 梁思成全集（第四卷）[M]. 北京：中国建筑工业出版社，2001.

太和殿是整个紫禁城最重要的殿宇，明、清两代皇帝即位、大朝会等最隆重的大典都在这里举行。殿面阔九间（外加侧廊共十一间）、进深五间，仍取“九五之尊”之意，上覆重檐庑殿顶。今天的太和殿是清康熙时重建，建筑面积2377m^2，由台基下地面至鸱吻总高35.05m，是中国现存木构建筑规模最大者（图6-46 ~ 图6-49）。

太和殿前的台基上陈设有日晷、嘉量、铜龟、铜鹤等雕刻，以象征江山永固、万寿无疆等寓意。太和殿室内正中是镂空透雕的金漆基台与宝座，正对宝座上方为蟠龙藻井，宝座两侧有六根盘龙金柱，更衬托出大殿的金碧辉煌（图6-50、图6-51）。

图6-45　三大殿全景
来源：王南摄

图6-46　太和殿正立面全景
来源：王南摄

图6-47　太和殿前广场雪后
来源：王南摄

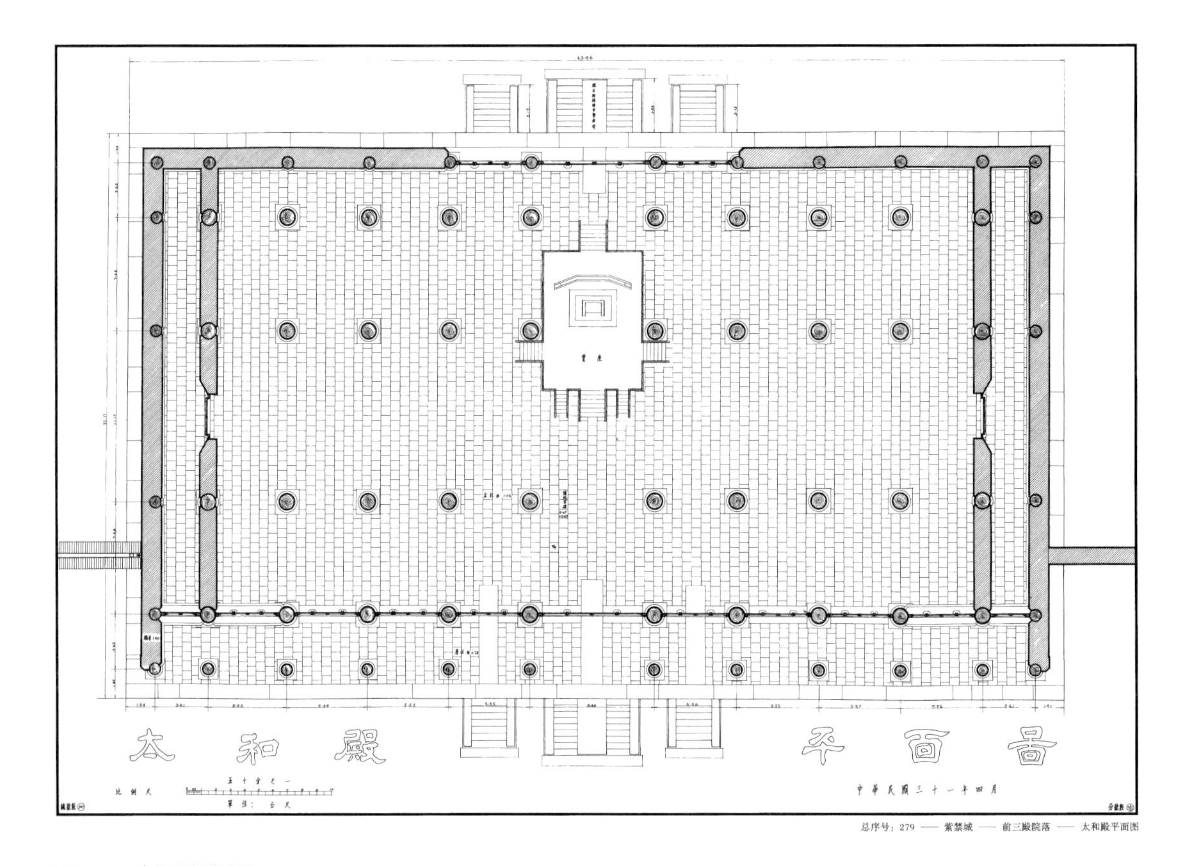

图6-48　太和殿平面图

来源：故宫博物院，中国文化遗产研究院编. 单霁翔，刘曙光主编. 北京城中轴线实测图集[M]. 北京：故宫出版社，2017.

中和殿为皇帝入太和殿举行典礼前的休息之所，平面为正方形，各面均为五间，单檐攒尖顶，上安鎏金宝顶。

保和殿为皇帝宴会番臣和举行殿试之所，面阔九间、进深四间，重檐歇山顶。保和殿北面台基中央有一雕龙御路，为整石雕成，系故宫中最大的石雕，镌刻极为生动精美（图6-52）。

三大殿共居崇台之上，屋顶形式依重要程度而呈庑殿、攒尖与歇山的变化，这样的巧妙设计使三大殿的轮廓错落有致，富于变化，既庄严又带有韵律感。三大殿四周都用廊庑环绕，形成一个封闭的院落，四角是重檐歇山顶的崇楼（类似紫禁城的角楼），东、西庑的南段分立体仁阁、弘义阁。太和门与三大殿之间围合成紫禁城内同时也是整个北京城最大的广场，浩阔的广场与高峻的三台共同烘托出三大殿尤其是太

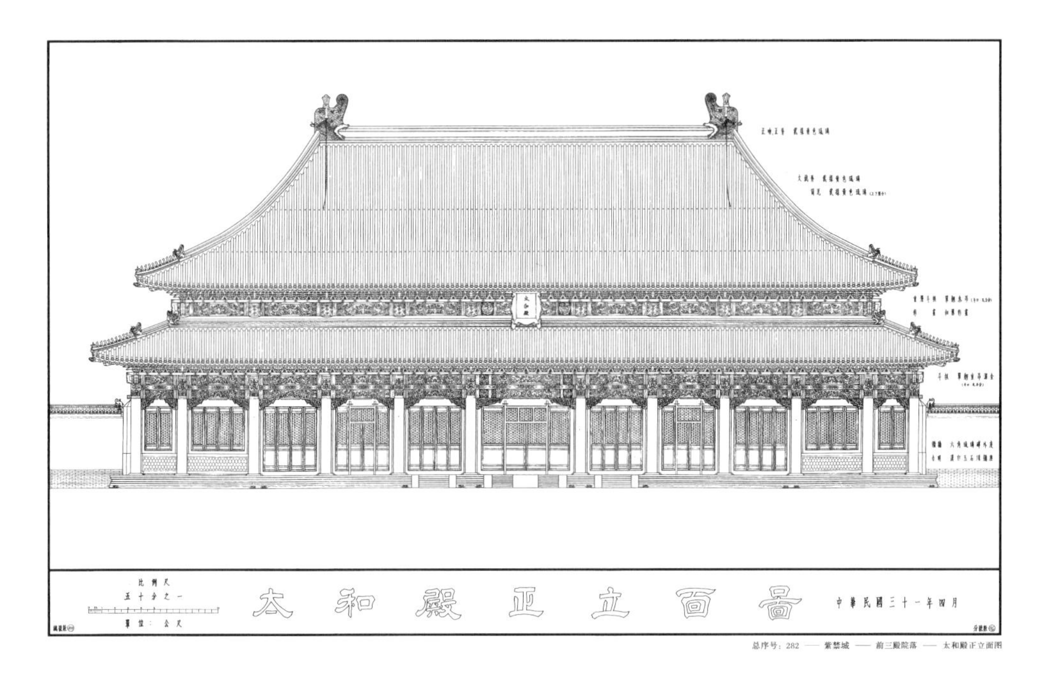

图6-49 太和殿立面图

来源：故宫博物院，中国文化遗产研究院编. 单霁翔，刘曙光主编. 北京城中轴线实测图集[M]. 北京：故宫出版社，2017.

图6-50 太和殿内景

来源：王南摄

图6-51 太和殿藻井

来源：王南摄

图6-52 保和殿内景

来源：王南摄

和殿“君临天下”的庄重地位。北京内城中轴线经正阳门、大明门（大清门）、天安门、端门、午门、太和门的不断铺垫，整个空间序列最终在太和殿达到高潮。“建筑是凝固的音乐”——如果说北京城的中轴线是一阙宏大华丽的交响乐，那么三大殿尤其是太和殿则是这曲交响乐的华彩乐章！

（五）后三宫

为内廷的主体建筑，可谓前三殿之“具体而微者”——除体量较小之外，乾清、交泰、坤宁三殿分别与太和、中和、保和三殿建筑形制一一对应（图6-53）。乾清宫面阔九间，重檐庑殿顶，为皇帝日常办公、接见大臣和外国使臣、受贺、赐宴之所；殿前月台东西侧有石台，台上陈设一对鎏金铜殿，称“社稷江山金殿”。交泰殿为单檐攒尖顶方殿，为存放皇帝御玺之所。坤宁宫面阔九间，东面二间为皇帝大婚时寝室。清代在中间几间按满族习俗设炕及灶，作为崇奉萨满教的祭祀场所——整个紫禁城最能反映满族生活习惯者当属此殿。

（六）养心殿

西六宫之南为著名的养心殿。明代时养心殿为皇帝除了乾清宫处的另一处燕寝之所。康熙时一度设置了负责内廷工艺制作的造办处于此，同时还是康熙帝日常学习的场所。雍正帝即位后将内廷中心由乾清宫移至紫禁城西路的养心殿，并对其进行了改建。

图6-53　后三宫全景
来源：王南摄

养心殿主体建筑平面为“工”字形，前殿三大间，分别为明间和东、西暖阁，跨度均极大，其中明间面阔3.75丈，东西暖阁各面阔3.15丈，通面阔10丈。三大间又各自分作三间，其中明间和西暖阁前出抱厦各三间，这种东西不对称的格局源于不同阶段陆续的改建。后殿五间，为皇后住所。中间以穿堂相连，亦为五间。后殿东西朵殿各三间。东西配殿各五间。

前殿内明间为礼节性空间，设宝座，上有藻井天花（图6–54）。

东暖阁为理政及斋居场所，清中期时南北方向分作前后室，前敞后抑，前室面西设宝座床，后室建有仙楼，有“寄所托”“随安室”“斋室”（即斋居时的寝宫），楼上供佛。东暖阁在同治以后改为召见大臣之所——慈安与慈禧“垂帘听政”即在此处。[①]西暖阁是皇帝起居和召见亲近大臣的地方，为此还在室外抱厦的立柱之间安装了一人多高的板墙以防止窥视。西暖阁隔作三小间，东为走道，中为勤政亲贤殿，西为著名的“三希堂”，以乾隆珍藏的晋人王羲之《快雪时晴帖》、王献之《中秋帖》和王珣《伯远帖》得名，装饰极为精雅，南面装通体大玻璃窗，以利采光。

（七）东、西六宫

后三宫左右为东、西六宫。东、西六宫各分两列，每列由南至北各三宫，共十二宫。这十二宫为一系列可谓“标准单元”的独立院落，每座庭院占地约2000m^2，环以围墙，由前殿、配殿和寝殿组成，外门为琉璃花门。各院落之间有纵横街巷联系：南北向的“一长街”宽9m，“二长街”宽7m，东西向的“巷”宽4m，规划整齐、井井有条——东西六宫的道路和住宅布局与北京城的大街–胡同–四合院体系如出一辙，只是尺度比城市街区略小而已（图6–55、图6–56）。

（八）宁寿宫（外东路）

宁寿宫在紫禁城东北隅，明代为哕鸾宫、喈凤宫，是年老后妃的居所。清康熙年间改建为太后宫，前名宁寿宫，后名景福宫，景福宫西为花园。乾隆三十七年（1772年）大规模改建宁寿宫，预备作为自己归政后的“太上皇宫”，因而宁寿宫可谓清代兴建的宫廷建筑群之代表，其建筑艺术也充分体现了乾隆朝鼎盛时期的风格。[②]然而

---

① 垂帘听政的场所在养心殿明间和东暖阁内，其中比较正式的引见，在明间进行；而皇帝有指示需要君臣对话，一般在东暖阁进行。垂帘的样式“帘用纱屏八扇，黄色。同治帝在帘前御榻坐”。参见：刘畅．北京紫禁城 [M]. 北京：清华大学出版社，2009：245.

② 此处原为明代外东裕库与仁寿殿旧址，康熙二十八年（1689 年）改建为宁寿宫，作为太皇太后、皇太后寝宫。雍正、乾隆朝皇太后、妃等均住乾清宫，乾隆三十七年（1772 年）大规模改建宁寿宫，乾隆四十一年（1776 年）建成，倾注大量心血。

图6-54　养心殿明间内景
来源：王南摄

图6-55　东六宫之景仁宫大门及石影壁
来源：王南摄

图6-56　紫禁城西二街
来源：王南摄

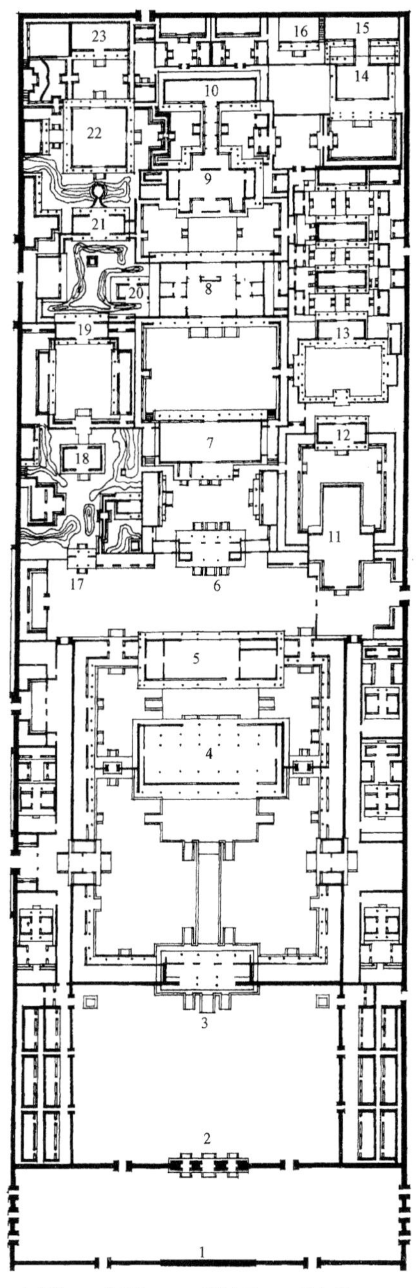

1. 九龙壁
2. 皇极门
3. 宁寿门
4. 皇极殿
5. 宁寿宫
6. 养性门
7. 养性殿
8. 乐寿堂
9. 颐和轩
10. 景祺阁
11. 畅音阁
12. 阅是楼
13. 寻沿书屋
14. 景福宫
15. 梵华楼
16. 佛日楼
17. 衍祺门
18. 古华轩
19. 遂初堂
20. 三友轩
21. 萃赏楼
22. 符望阁
23. 倦勤斋

图6–57　宁寿宫平面图

来源：周维权. 中国古典园林史[M]. 北京：清华大学出版社

乾隆帝退位后并未到此居住，仍在养心殿训政，直至逝世。其后嘉庆、道光、同治各朝仍以宁寿宫为庆典、观戏、筵宴之所。光绪十三年（1887年）光绪帝曾随慈禧太后居住宁寿宫，光绪帝居养性殿，慈禧太后居乐寿堂，但不久慈禧太后移回储秀宫，光绪帝移回养心殿。宣统元年（1909年）在宁寿宫皇极殿为慈禧太后治丧。

宁寿宫实为紫禁城之“具体而微者”，一处“城中城”。建筑群东西宽120m，南北深393m，为一纵长平面，故有“左倚城隅直似弦”之谓（图6–57）。宫殿分前后两部分：前半部分是对康熙年间宁寿宫的改建，以三间七楼琉璃券门皇极门为正门，其南正对五色琉璃九龙壁一座。门内沿中轴线布置宁寿门、皇极殿（图6–58）、宁寿宫（内部布置依照坤宁宫，为祭神之所），与周围附属建筑共同组成宁寿宫的“前朝”。嘉庆元年（1796年）乾隆八十五岁时在皇极殿举行的千叟宴可谓盛况空前，应邀者达五千人之多。

后半部分即宁寿宫之“后寝”，分作中、东、西三路。中路为寝宫主体，依轴线布置养性门、前殿养性殿、后殿乐寿堂，其后为颐和轩与景祺阁，二者以穿廊相连呈“工”字形布局。养性殿平面布置全部模仿养心殿。乐寿堂之规制则模仿圆明园中的长春园淳化轩，面阔七间带回廊，室内以装修将进深方向分作前后两部，东西又隔出暖阁，平面灵活自由，具有江南园林“鸳鸯厅”的风格；其内檐装修之碧纱橱、落地罩、仙楼等皆硬木制作，并以玉石、景泰蓝装饰，天花全部为楠木井口天花，天花板雕刻卷叶草，完全体现了乾隆时代的装饰风格，是清宫廷室内装修的经典。

东路主体建筑为五间三层的大戏台“畅音阁”，此戏台也是紫禁城最大的戏台。戏台北面为阅是楼，为帝后观戏处，周围有转角楼32间（群臣看戏房），戏台、

图6-58　宁寿宫皇极殿
来源：王南摄

楼阁与转角楼共同围合成院落——成为禁宫内的一处“戏园子”（图6-59）。[1]戏园之北为寻沿书屋、庆寿堂等小型建筑群，最北端为景福宫及供佛的梵华、佛日二楼。景福宫乃仿建福宫之静怡轩，梵华楼则贮有大量佛塔、佛龛、佛像以及佛教壁画。

西路即著名的宁寿宫花园，俗称“乾隆花园”，与建福宫“西花园”一东一西遥相呼应。其园基地宽37m，深160m，轮廓甚为狭长，为造园者带来极大挑战。最终匠师们巧妙地完成其园林构思：总体布局采取南北串联式，自南向北安排了四进院落，院落之间似隔非隔、互为因借、彼此渗透，十分精彩。

总观紫禁城，庞大复杂的建筑群沿中轴线分为“前朝后寝”，并于东西两侧辅以东西六宫、“外东路”“外西路”等建筑群构成的次要轴线，布局井井有条、至为严谨，其美感特征体现为高度和谐统一的整体美。梁思成称赞故宫建筑群道：“清宫建

① 紫禁城里戏台众多，至今保存完好的除了畅音阁大戏台之外，还有倦勤斋室内的小戏台、重华宫漱芳斋院中的戏台和斋内的“风雅存”小戏台，以及长春宫院内的戏台等。

图6-59　宁寿宫畅音阁戏楼
来源：王南摄

筑之所予人印象最深处，在其一贯之雄伟气魄，在其毫不畏惧之单调。其建筑一律以黄瓦、红墙碧绘为标准样式（仅有极少数用绿瓦者），其更重要庄严者，则衬以白玉阶陛。在紫禁城中万数千间，凡目之所及，莫不如是，整齐严肃，气象雄伟，为世上任何一组建筑所不及。”①

二、太庙、社稷坛

依照《周礼·考工记》中的“左祖右社”之制，太庙与社稷坛分立天安门与午门之间御道的东、西两侧，形成“一实一虚”的空间格局——太庙以巍峨的三大殿建筑为核心，而社稷坛则以低矮的祭坛空间为核心。

① 梁思成．梁思成全集（第四卷）[M]．北京：中国建筑工业出版社，2001：179.

（一）太庙

太庙为明清两代皇室的祖庙，是国家祭祀设施中“庙”的最高等级的建筑群。太庙共设三重墙垣（图6–60）。外垣内绝大部分面积被柏林覆盖；第二重墙垣内为太庙主体建筑群；最内一重墙垣环绕太庙的核心建筑。

内垣南门称“戟门”，面阔五间，中启三门。门前有七座汉白玉石桥跨在小河之上（类似紫禁城内金水河之制）。戟门屋顶曲线优美，出檐较大，梁架简洁，天花华丽而不伤于纤巧，表现出典型明代殿宇的特征，是永乐时期的重要遗存（图6–61）。

戟门内是中轴线上的前、中、后三殿，为太庙主体建筑。前殿为祭殿，亦称“享殿”，是皇帝祭祀时行礼之所。面阔九间（清乾隆年间加建周回廊成为面阔十一间），进深四间，黄琉璃瓦重檐庑殿顶，立于三重汉白玉石基之上，为紫禁城太和殿的“具体而微者”（图6–62）。殿前有极其宽广的庭院，中央为石铺御路，两侧满用条砖墁地，平整空阔，与墙外古柏森森的气氛形成鲜明的对比。祭殿之后为寝殿，面阔九间，黄琉璃瓦单檐庑殿顶，与祭殿共处在“工”字形的高台之上，呈“前朝后寝”的格局。后殿称祧庙，规制一如寝殿。

综观太庙全局，布局严谨，形制尊贵，红墙、黄瓦、汉白玉阶基——为皇城内仅次于紫禁城外朝三大殿的建筑群，规模甚至在后三宫之上。建筑群环以柏林，林间古柏参天蔽日，增添了太庙作为皇家最尊贵的祭祀建筑群的庄严沉穆之气。

（二）社稷坛

社稷坛为明清两代祭祀社、稷神祇的祭坛——社稷是“太社”和“太稷”的合称，社是土地神，稷是五谷神，二者是农业社会的重要根基。

社稷坛主体建筑群为双重墙垣环绕（图6–63）。其中内垣所环绕的社稷坛，是整个建筑群的核心所在。内垣称“壝墙”，为琉璃砖砌筑的矮墙（高1.7m），各面墙垣长度一致（均为62m），并按五行方位选用不同色彩的琉璃砖：东为青、南为朱、西为白、北为黑，色彩鲜艳夺目。壝墙四面各设一座汉白玉棂星门。墙内中央的社稷坛为正方形三层平台，四出陛。坛上层铺“五色土”——中黄、东青、南朱、西白、北黑。以五色之土象征普天之下的国土，皇权居于中央并控制四方，从而永保江山社稷——这个图案是北京最富于象征意义（尤其是色彩的象征意义）的设计。坛中央有一根方形石柱，为“社主”，又名“江山石”，象征江山永固[①]（图6–64）。

---

① 原坛中还有一根木制的“稷主”，后无存。

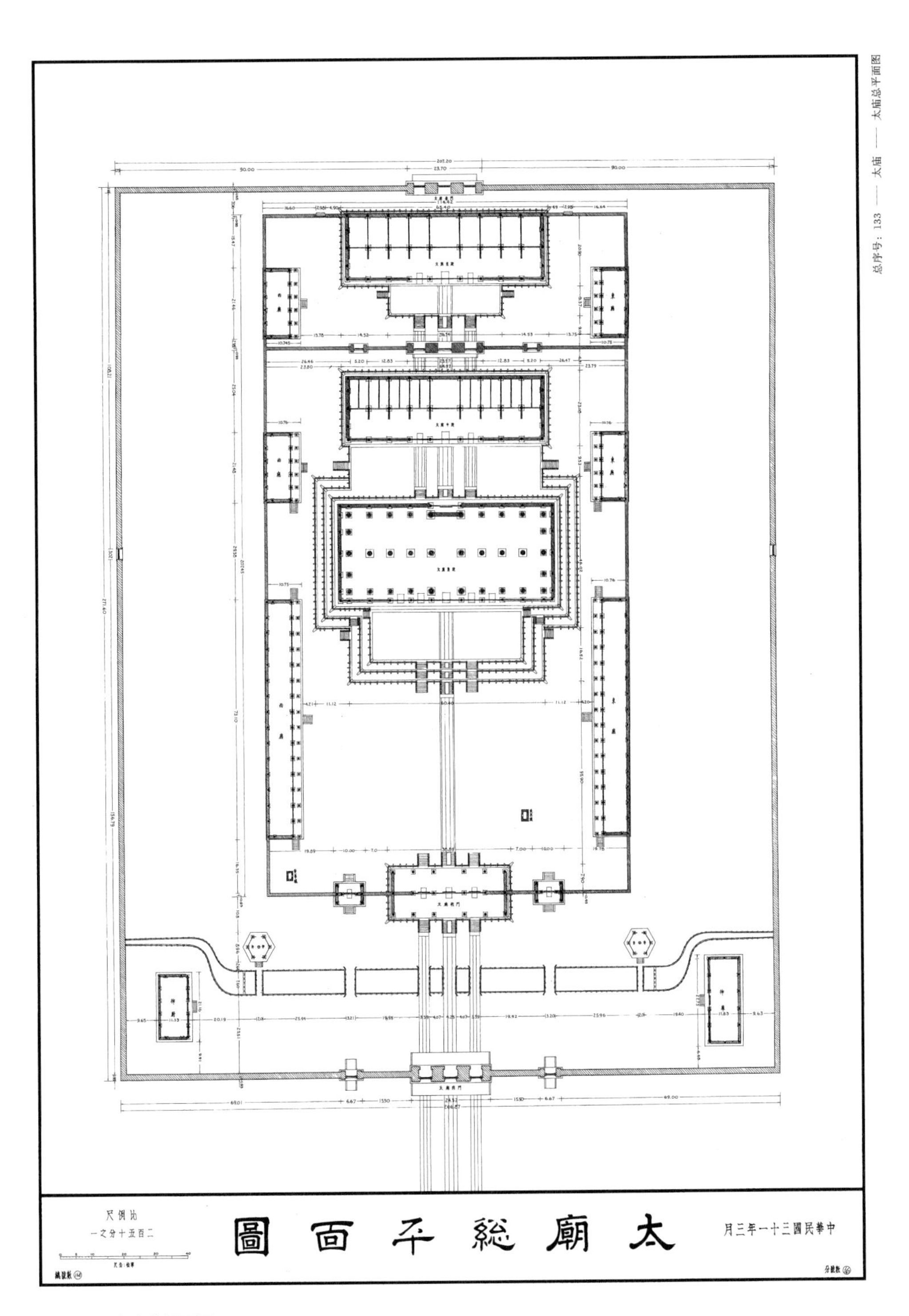

图6-60　太庙总平面图

来源：故宫博物院，中国文化遗产研究院编. 单霁翔，刘曙光主编. 北京城中轴线实测图集[M]. 北京：故宫出版社，2017.

图6-61　太庙戟门
来源：王南摄

图6-62　太庙享殿
来源：王南摄

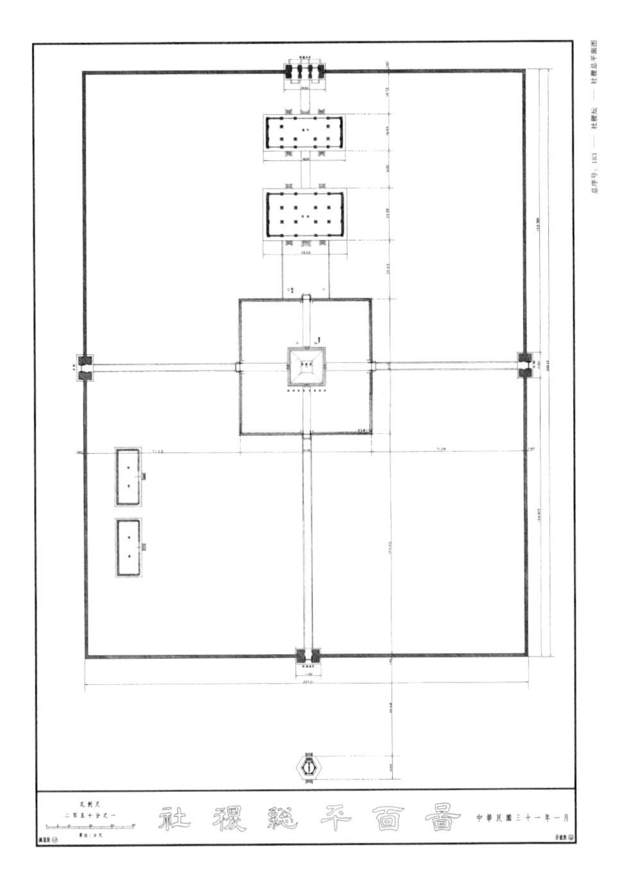

图6-63　社稷坛总平面图
来源：故宫博物院，中国文化遗产研究院编．单霁翔，刘曙光主编．北京城中轴线实测图集[M]．北京：故宫出版社，2017.

图6-64　社稷坛五色土
来源：王南摄

三、天坛

天坛是明清北京城中规模最为宏大、布局最为舒朗，同时艺术造诣最为卓绝的建筑群。

天坛总面积达273hm^2，约四倍于紫禁城，仅布置十余处建筑群，其余大部分地域为苍翠的柏林所覆盖，庄严肃穆。共有内外两重坛墙环绕，两重坛墙的西北、东北隅皆为弧形，从而呈现“南方北圆”的形状，以象征“天圆地方”的传统理念（明初天坛原为天地共祀之所）。

内墙以内称“内坛”，布置天坛的主体建筑群：其中，位于内坛中央偏东处是纵贯内坛的南北中轴线，也是整个天坛规划布局的主轴线，其南北两端分别是祭天的圜丘、皇穹宇和祈祷丰年的祈年殿两组建筑群，这是天坛祭祀建筑的主体；中轴线东侧建有神厨、神库、宰牲亭等小型建筑；内坛墙西门南侧为斋宫，为皇帝祭天前住宿、斋戒之所（图6-65、图6-66）。

整个规划设计和艺术构思的核心全在从祈年殿到圜丘的中轴线，全长900余米，与紫禁城进深相当。位于轴线南北两端的圜丘和祈年殿由高出地面3m余的甬道相连，甬道宽29.4m，全长361m，俗称“丹陛桥”。甬道两侧包砌砖壁，顶面中央铺条石御路（呈中央拱起的浅弧形），御路两旁用条砖海墁铺砌——这条漫长而庄严的道路成为整个中轴线的骨干：由于其高高架起，似乎悬浮在两旁的林杪之间，大大增强了整个祭祀空间的神秘气氛。

（一）祈年殿

祈年殿是天坛中体量最大的建筑，也是北京城形制最为独特的建筑。祈年殿建于一座直径90.9m、高约6m的三层汉白玉圆形台基之上。祈年殿平面也为圆形，直径24.5m，高约38m，三重檐攒尖屋顶——这一造型在北京独一无二。三重屋檐在明代初建时上檐用青色琉璃瓦，中檐用黄色琉璃瓦，下檐用绿色琉璃瓦，以象征天、地、万物，在清乾隆十六年（1751年）三檐一律被改为覆青色琉璃瓦，即今天所见的形象，较明代更为庄重、大气（图6-67～图6-69）。

（二）皇穹宇

祈年殿正南方约700m是皇穹宇，是存放“昊天上帝”牌位之所。它的外围有直径约63m的正圆形围墙，即著名的“回音壁”。皇穹宇也是圆形建筑，单檐攒尖顶。

图6-65　1945年天坛全景航拍图

来源：秦风老照片馆编. 徐家宁撰文. 航拍中国 1945：美国国家档案馆馆藏精选[M]. 福州：福建教育出版社，2014.

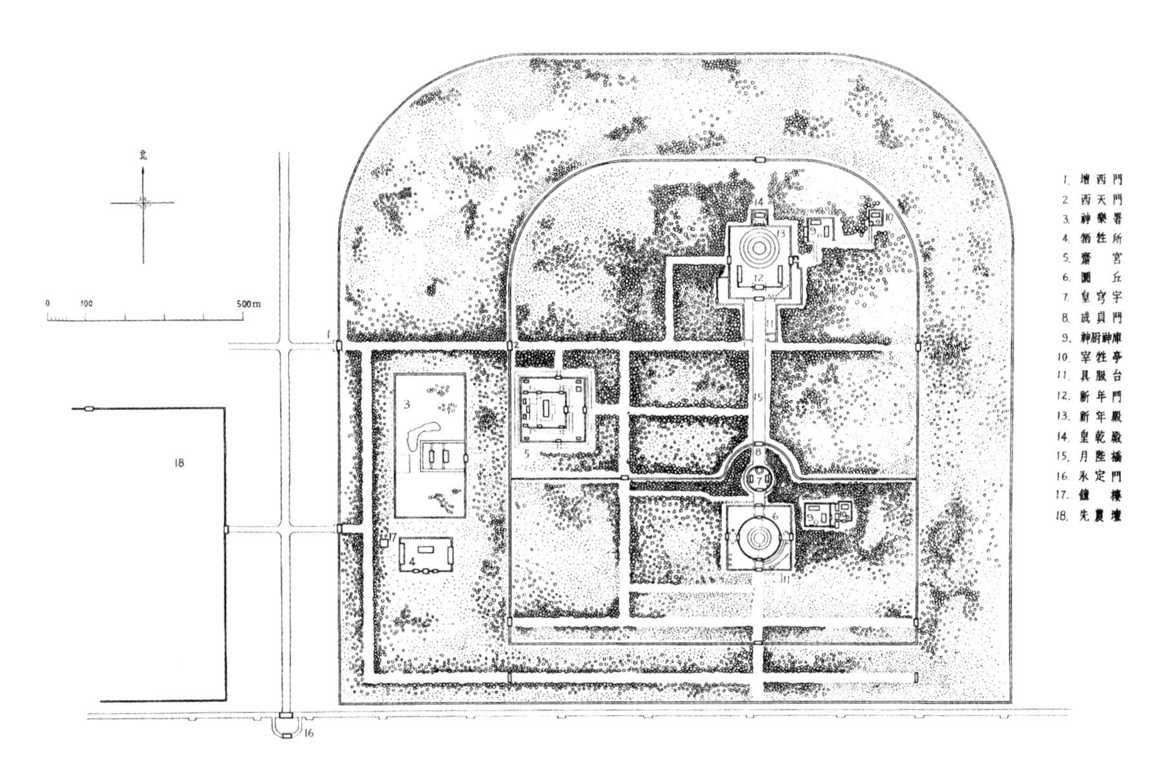

图6-66　天坛总平面图

来源：建筑科学研究院建筑史编委会组织编写. 刘敦桢主编. 中国古代建筑史[M]. 2版. 北京：中国建筑工业出版社，1984.

图6-67　祈年殿西侧全景
来源：王南摄

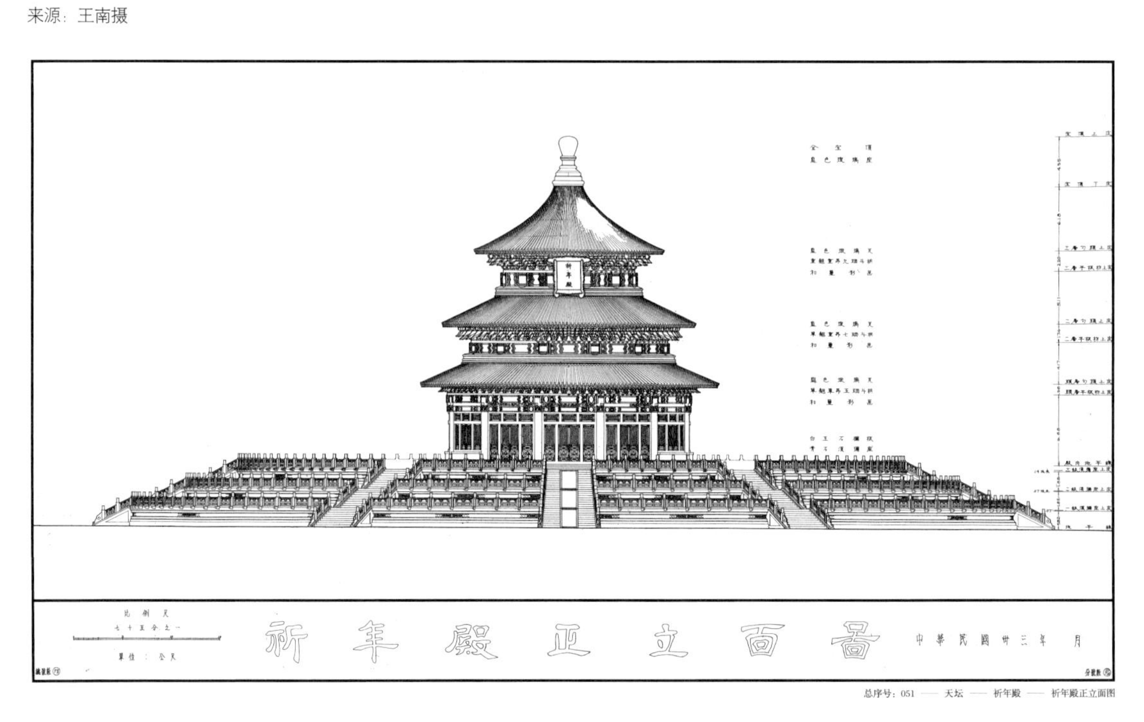

图6-68　北京天坛祈年殿立面图
来源：故宫博物院，中国文化遗产研究院编. 单霁翔，刘曙光主编. 北京城中轴线实测图集[M]. 北京：故宫出版社，2017.

图6-69 天坛祈年殿天花与藻井
来源：王琼摄

（三）圜丘

皇穹宇以南即为祭天的祭坛——圜丘，为三层汉白玉圆台，下层直径54.5m，最上一层直径23.5m，四面皆设台阶可以登坛。由于是形制最高的祭祀之所，圜丘的台阶、栏杆数都取九的倍数，以示尊贵；栏板三层共三百六十块，象征周天；三层台面的直径按古尺设计，上层直径九丈，取一、九数，中层直径十五丈，取三、五数，下层直径21丈，取三、七数，合在一起象征“一、三、五、七、九”五个“阳数”。上层台面以中心一块圆石为圆心，其外铺九环石块，每环石块数也是九的倍数，中、下层台面也一样。诸如此类的象征寓意在天坛的规划设计中比比皆是，从而也使天坛成为北京城最富象征意义的建筑群之一。

需要特别指出的是：由祈年殿向圜丘的丹陛高度在不知不觉中逐渐下降，到圜丘处人已经完全处于周围柏树的环绕之中，偌大的北京城仿佛瞬间消失，头顶仅余茫茫苍穹，形成了“天人对话”般的神秘境界（图6-70）。

天坛特别是圜丘所营造的空间无疑成为北京城最具神性的场所——它与前文描绘的紫禁城太和殿的空间共同构成明清北京城建筑空间艺术的两大巅峰：相比之下，太和殿所象征的皇权深具世俗色彩，而圜丘“天人对话”的巧妙构思则更富于

图6-70　圜丘现状
来源：王南摄

宗教意境。朱丽叶·布莱顿（Juliet Bredon）在其《北京》（*Peking*，1931）一书中曾以诗人般的敏感描写她静观天坛时的感受："若想真正体会天坛的精妙绝伦，你得选择月明星稀或瑞雪缤纷的夜晚，月光是如此的神秘，雪花是那样的轻盈，只有此时此刻，你才能切身体验到天坛，这人类建筑的瑰宝，与那树木的美妙，与那苍穹的空旷是如何和谐，它是如何准确地反映了生命与永恒的真谛！只有此时此刻，你才能领悟这树丛与建筑象征了智慧、爱心、敬畏与无所不在的宁静。神用这些启示教育混沌无知的人类。"①

同样，林语堂也认为"沐浴在月色中的天坛是最令人肃然起敬的，因为在那时天幕低垂，天坛这座雄伟的穹顶建筑与周围的自然景物水乳交融，浑然一体""天坛恐怕是世界上最能体现人类自然崇拜意识的建筑""天坛与哥特式大教堂一样，真正能让人们体察到神灵的启示"。林语堂甚至宣称："在中国所有的艺术创造中，就单件作品来说，称天坛为至美无上的珍品恐怕并不过分，它甚至要超过中国的绘画艺术。"②

① 林语堂著．辉煌的北京 [M]. 赵沛林，张钧等译．西安：陕西师范大学出版社，2002：126-127.
② 同上。

除上述主要坛庙之外，北京城还有先农坛、地坛、日坛、月坛、历代帝王庙、孔庙、堂子等诸多坛庙，共同构成一个宏大而复杂的祭祀建筑系统。

第三节　皇家园林

古都北京为名副其实的山水城市，数量、种类繁多的园林成为城市不可或缺的组成部分。其中，最能代表古都园林艺术成就的则非皇家园林莫属。

一、西苑三海

今天北京的“三海”（即北海、中海和南海）原为明清北京最主要的皇家园林——西苑的主体。西苑由金代大宁宫、元代太液池逐步发展而成，历经金、元、明、清历朝不断添建，愈趋成熟，成为北京皇家园林的代表。

（一）北海

北海南端为团城，中部为琼华岛（又称白塔山），岛上有白塔俏立山巅，成为北海的标志，环湖布列诸多寺观亭台以及园中之园，最著名的包括东岸的濠濮间、画舫斋；北岸的小西天、五龙亭、阐福寺、快雪堂、大西天、静心斋等，蔚为大观（图6–71）。

以下略述北海的重要园林建筑群。

团城：团城元代称“圆坻”，是太液池中的独立岛屿，据马可·波罗称，岛上栽有“北京最美之松树，如白裹松之类”。明代改建西苑，填平了圆坻与东岸间的水面，圆坻由水中岛屿变为突出于东岸的半岛，并将原来土筑的高台改为包砖的城台，更名“团城”。团城中央为清代重建的承光殿，一座平面呈“十”字形的殿宇，造型优美别致。团城与北海西岸间曾建大型石桥，桥东、西两端各建精美牌楼一座，牌楼上分别书“玉蝀”“金鳌”，故此桥称“金鳌玉蝀桥”。团城、金鳌玉蝀桥共同组成西苑的一大美景。《日下旧闻考》引《戴司成集》描绘道：“太液池中驾长桥，两端立二坊，西曰金鳌，东曰玉蝀。天气清明，日光滉漾，清彻可爱。”

团城、承光殿至今保存完好，为中国传统皇家苑囿中“台榭”的难得实例。城台上更有姿态优美的白皮松“白袍将军”、古松“遮阴侯”等古树（图6–72）；而元代

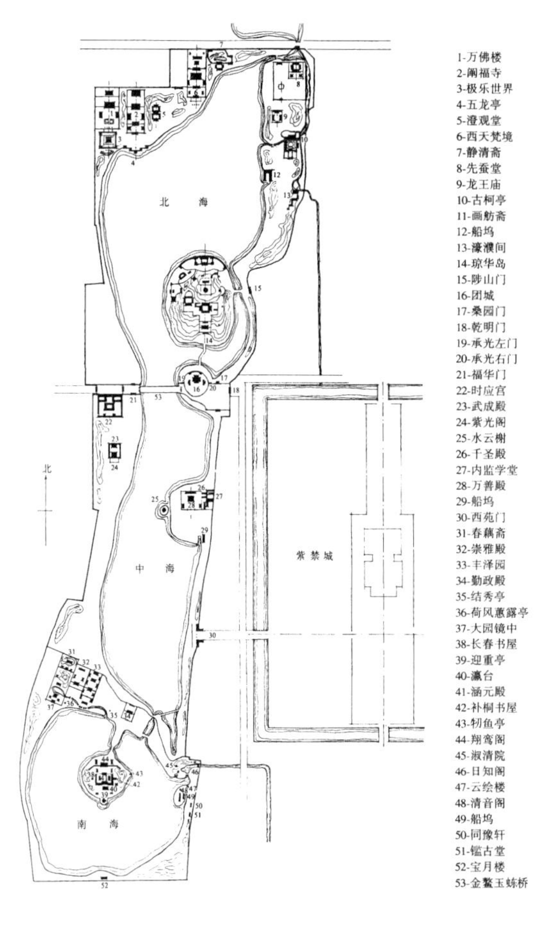

图6-72 北海团城白皮松（白袍将军）
来源：王南摄

图6-71 清乾隆时期三海总平面图
来源：周维权. 中国古典园林史[M]. 2版. 北京：清华大学出版社，1999.

曾置于琼华岛广寒殿的巨型玉瓮“渎山大玉海”清代流落至西安门外真武庙，最终被乾隆皇帝安放于承光殿前亭中，为团城增添了历史的趣味。可惜“金鳌玉蝀桥”及牌楼在1950年代被拆除，改建为现在的北海大桥，不复昔日之旖旎风光。

琼华岛（万岁山、白塔山）：金代大宁宫中央岛称“琼华岛”；元代称“琼华岛”为“万岁山”，为太液池中心，元人陶宗仪《辍耕录》描绘该山景致曰：“*其山皆叠玲珑石为之，峰峦隐映，松桧隆郁，秀若天成*”。山顶为广寒殿，坐落于元大都的制高点，四望空阔，既可以远眺西山，也可以俯瞰街衢。

清顺治八年（1651年）拆毁广寒殿改建白塔一座——琼华岛也从此得名“白塔山”。新建成的白塔顶部距城市地平面67m，成为清代全北京城的最高点。白塔与白塔山南麓的永安寺建筑群构成了一条南北贯穿的中轴线，并通过白塔山南端的“积翠堆云桥”（桥之南北两端各建牌楼曰“积翠”“堆云”，因而得名，与“金鳌玉蝀桥”

相呼应）延续至团城（图6-73、图6-74）。

濠濮间、画舫斋：由白塔山东面渡桥折而北，过陟山门，于人工堆筑、蜿蜒起伏的丘陵东侧，“隐藏”着沿南北向展开的濠濮间、画舫斋两组主要园林，十分幽僻，为北海东岸之精华所在。

由南而北先依土丘而上建云岫厂、崇淑室并由爬山廊串联，继而下至水榭濠濮间，豁然开朗。水上架曲折石桥，桥北设石坊。若换一方向，由北部濠濮间与画舫斋之间的山路曲折南行，于峰回路转之际蓦然抬首，发现山径中忽现石坊曲桥、幽池亭榭，意境更妙——此处园林设计极为隐蔽，深得曲径通幽、濠濮冥思之趣（图6-75）。由此北上，两山对峙，过山口即为画舫斋。画舫斋为一处园墙围绕的多进庭园，主庭院为一方形水院，四面廊庑环绕，与濠濮间的不规则水池形成鲜明对照。主院之前院以院外丘陵余脉造景，形状方正；后院竹石玲珑，造型自由；最精彩的则是东北方一

图6-73　北海琼华岛南面全貌
来源：王南摄

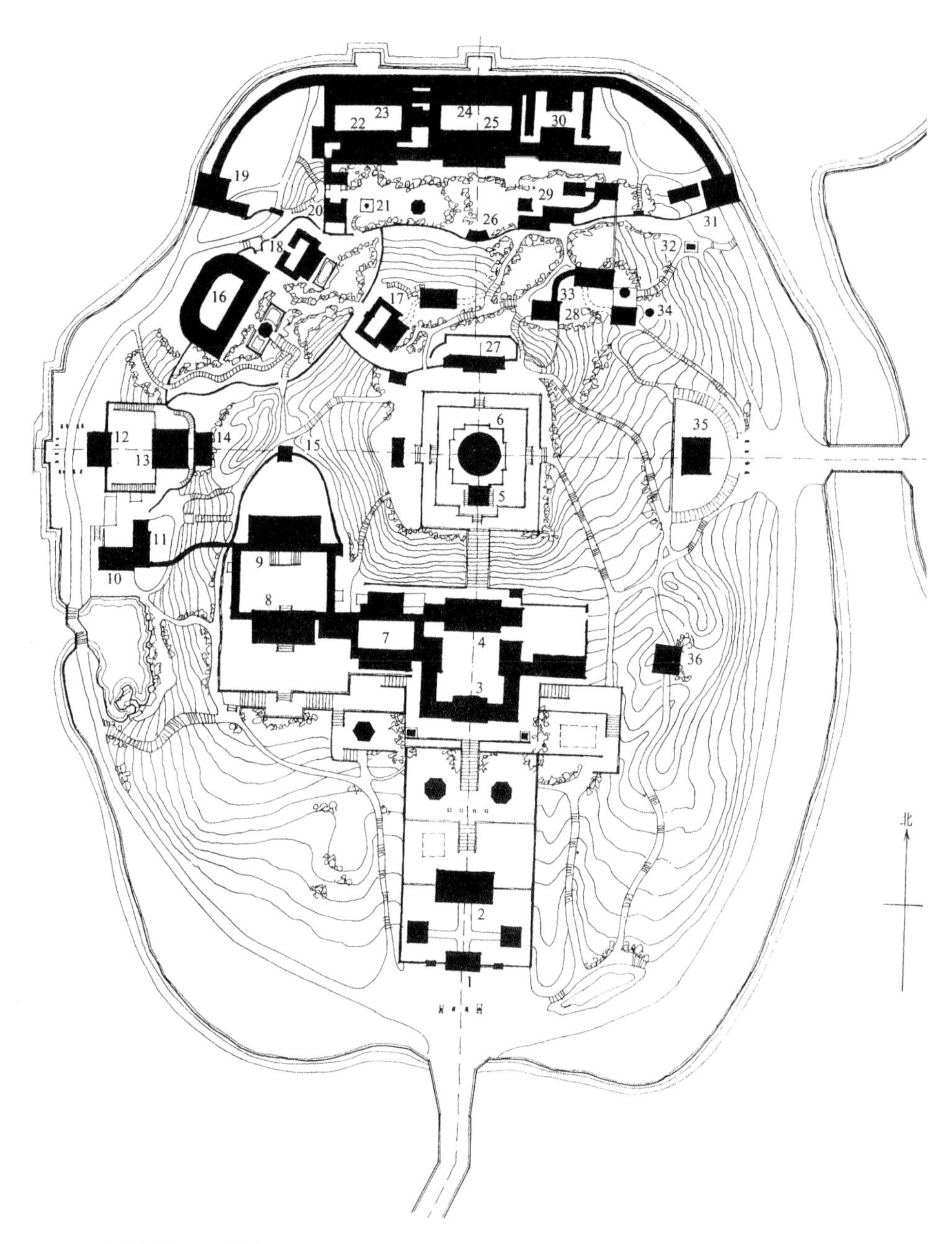

1-永安寺山门　2-法轮殿　3-正觉殿　4-普安殿　5-善因殿　6-白塔　7-静憩轩　8-悦心殿　9-庆霄楼
10-蟠青室　11-一房山　12-琳光殿　13-甘露殿　14-水精域　15-揖山亭　16-阅古楼　17-酣古堂
18-亩鉴室　19-分凉阁　20-得性楼　21-承露盘　22-道宁斋　23-远帆阁　24-碧照楼　25-漪澜堂
26-延南薰　27-揽翠轩　28-交翠亭　29-环碧楼　30-晴栏花韵　31-倚晴楼　32-琼岛春阴碑
33-看画廊　34-见春亭　35-智珠殿　36-迎旭亭

图6-74　清乾隆时期琼华岛（白塔山）平面图

来源：周维权. 中国古典园林史[M]. 2版. 北京：清华大学出版社，1999.

图6-75 北海濠濮间全景
来源：王南摄

处偏院——古柯庭，与画舫斋水院似分而合，其内古柯苍劲，亭廊错落，东南隅更筑曲廊一段，庭园虽小，空间却极尽变化之能事：由主院东北处游廊入古柯庭之曲廊或由后院经画舫斋东墙入古柯庭之折廊，两处入口所见之景截然不同，各备其妙。

静心斋：梁思成《中国建筑史》称北海北岸“布置精巧清秀者，莫如镜清斋”。镜清斋（光绪年间改名静心斋）为一处园中之园，全园占地广110余米，深70余米，面积不大，尤其进深较为促狭，然而通过造园者的精心设计，“予人之印象，似面积广大且纯属天然”，造就了空间层次极为丰富的一组庭园（图6-76）。

园林正门南向，正对烟波浩渺的太液池，入门则为一座面阔约30m、进深约15m的长方形水院——荷沼，由宏敞的北海北岸骤然进入这处幽闭的小水院，空间对比至为强烈，人的心理一下子收束从而获得“静心”的效果；整个方形水池中满植荷蕖，仅水中央立小巧湖石一峰，顿成视觉焦点，进一步让人精神为之集中：这是全园设计的序幕。荷沼北面为全园正厅“镜清斋”，阔五间，北面出抱厦三间临水。斋北水面呈东西宽、南北窄之态，为园林主体，并分别向东、东南、西南三个方向延伸，环绕主体水面和三处支流筑山构屋，形成一大三小四处庭园，似分还连，加上入口荷沼水院，五院环抱镜清斋厅舍。主庭院为全园精华所在（图6-77）——北面堆筑大型山石，由西北自东南逐渐降低，并将余脉伸入东部罨画轩所在小园；山石以南为东西横贯的水池，为了增加水池南北向的进深感与空间层次，于水中央筑“沁泉廊”水榭，两翼叠以低矮山石并逐渐与池北大假山相接，于是呈现前低后高的两重峰峦环抱水榭

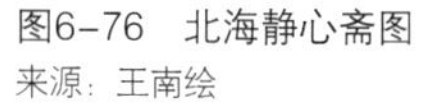
图6-76　北海静心斋图
来源：王南绘

图6-77　北海静心斋后院
来源：王南摄

之态，也将水域分割作南宽北狭的两处，从而在40m左右的进深方向，由南而北造成斋—水—榭（山）—水—山的丰富空间层次，令观者顿觉空间深远。水榭、主厅以及正门共同构成一条全园的主轴线；另于主庭院西部山巅设“枕峦亭”，它与庭院东部的石拱桥遥相呼应，并构成一条东西轴线，从而控制住全园的构图。主体山石高踞园林北面，将园外嘈杂屏蔽一空，即使是今天，园外即为车流熙攘的平安大街，园内在游人稀少时依旧呈现出昔日的宁静祥和。

（二）**中海**

中南海明清时期与北海一同属于西苑（图6-78）。民国初年，袁世凯以中南海为总统府，将乾隆时期修建的南海南端的宝月楼改建为新华门，作为总统府大门。1929年中南海辟为公园。1949年以后成为党中央和国务院所在地。

与北海的壮美繁丽相比，中海布局十分疏朗，风景格外幽丽。明清北京西苑正门位于中海东岸，与紫禁城西华门正对。入西苑门可见中海全景，明人韩雍《赐游西苑记》描绘道：“烟霏苍莽，蒲荻丛茂，水禽飞鸣，游戏于其间。隔岸林树阴森，苍翠可爱。”

循中海东岸往北为蕉园，亦名椒园。西岸建紫光阁，每年端午节皇帝于阁前观赏

图6-78 民国时由北海琼华岛鸟瞰北海与中海（近处为金鳌玉蝀桥）
来源：原北平市政府秘书处编. 旧都文物略[M]. 北京：中国建筑工业出版社，2005.

图6-79 中海紫光阁正面
来源：Sirén，Osvald. Gardens of China[M]. New York: The Ronald Press Company，1949.

龙舟戏水等活动（图6-79）。值得一提的是，乾隆将“燕京八景”之一的“太液秋风”御碑置于中海东岸的水云榭中——这一选址体现了乾隆帝园林鉴赏的独到眼光：从三海整体构图来看，水云榭所在位置适居整个太液池的中心，可谓四面环水、八面来风，北对金鳌玉蝀桥、团城及琼岛白塔，南望南海瀛台，西与紫光阁互为对景，东以万善殿为依托——实在是品味“太液秋风”之最佳处。而水云榭本身的十字形平面、歇山屋顶、四出歇山卷棚抱厦的奇特造型也极好地吻合了“太液秋风”的意境：可以饱览太液四面之美景、吸纳八方徐来之秋风（图6-80）。

图6-80　中海水云榭中海水云榭
来源：Sirén，Osvald. Gardens of China[M]. New York: The Ronald Press Company，1949.

（三）南海

明代南海为三海中最僻静幽深、富于田园风光之所在。水中筑大岛曰“南台”，南台一带林木深茂，沙鸥水禽如在镜中，宛若村舍田野之风光（图6-81、图6-82）。皇帝在此亲自耕种“御田”，以示劝农之意。文徵明有诗曰：“西林迤逦转回塘，南去高台对苑墙。暖日旌旗春欲动，熏风殿阁昼生凉。别开水榭亲鱼鸟，下见平田熟稻粱。圣主一游还一豫，居然清禁有江乡。”

清代康熙选中南海作为日常处理政务、接见臣僚、御前进讲以及耕作御田之所，于是大加营建，并聘请江南著名叠石匠师张然主持叠山。改建后的南台改名“瀛台”，其北堤上新建一组宫殿曰“勤政殿”。瀛台上为另一组更大的宫殿建筑群：共四进院落，由北而南呈轴线布局。乾隆年间又于瀛台南面建宝月楼（今中南海新华门），进一步强化了瀛台岛的中轴线。主轴线东西两侧另有长春书屋、补桐书屋以及假山叠石、亭台轩馆环衬。隔水观望，岛上建筑群红墙黄瓦、金碧辉煌，宛如“瀛台”仙境。

综观西苑园林：三海南北纵列如银河倒挂，北海壮丽、中海疏朗、南海华美而不

图6-81　民国时南海全景
来源：原北平市政府秘书处编. 旧都文物略[M]. 北京：中国建筑工业出版社，2005.

图6-82　南海牣鱼亭
来源：Sirén，Osvald. Gardens of China[M]. New York: The Ronald Press Company，1949.

失幽雅，各尽其妙又一气呵成，与东面的左祖右社、紫禁城和景山形成的中轴线建筑群一柔一刚，互相衬托，实为古都北京城市设计的精髓所在。

二、三山五园

清代帝王不满足于对西苑三海的经营，而是着力在京城西北郊进行大规模的皇家园林营建，最终形成了西起香山、东到海淀、南临长河的一座“园林之城”（图6-83、图6-84）。这座园林之城以皇家园林畅春园、圆明园、香山静宜园、玉泉山静明园以及万寿山清漪园（即著名的“三山五园”）为核心。其中有以山取胜的香山静宜园，有山水俱佳的静明园、清漪园，还有人工叠山构池的畅春、圆明二园，圆明园更以其荟萃性成为“万园之园”——正如周维权在《中国古典园林史》中所言：“三山五园荟聚了中国风景式园林的全部形式，代表着后期中国宫廷造园艺术的精华。”[①]

① 周维权. 中国古典园林史[M]. 北京：清华大学出版社，2010：338.

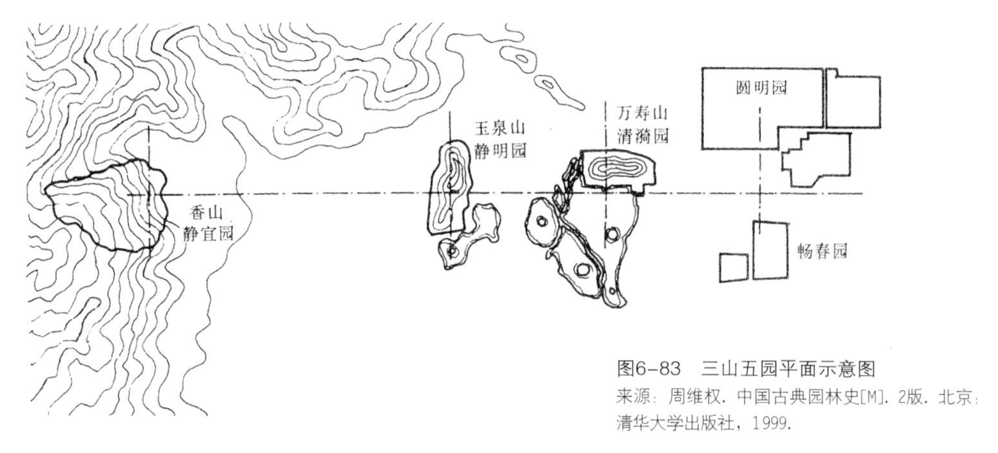

图6-83　三山五园平面示意图
来源：周维权. 中国古典园林史[M]. 2版. 北京：清华大学出版社，1999.

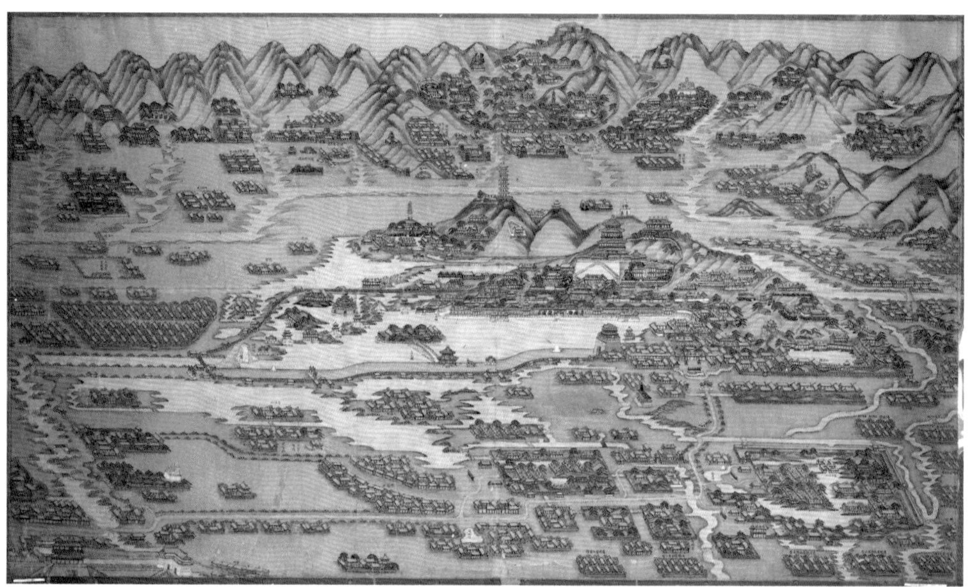

图6-84　清人绘《颐和园图》
来源：贾珺提供

“三山五园”有着各自不同的园林意象，它们所构成的整体则呈现出丰富博大的文化内涵。“五园”之中，畅春园以“朴素”为主要特点，反映了康熙的审美趣味；圆明园则包罗万有，体现出与畅春园正相反的“华丽”的气象；静宜园则以山之“雄”取胜，当然也有“见心斋”这样“雄中藏秀”的景致；静明园与静宜园正好形成对比，山明水秀，尤以泉胜，更多体现出“秀”的气质，当然也有宝塔的雄劲之姿；最晚建成的清漪园则是乾隆园林审美情趣的代表，其自然山水意境胜过以上诸园，为“五园”中之最柔媚者——由乾隆所称道的“何处燕山最畅情，无双风月属昆明”可以见出该园“妩媚”的基本意象。

可惜“三山五园”在清末英法联军和八国联军的劫掠之下受到严重破坏，完整保留至今的仅有在清漪园基础上改建而成的颐和园——可谓中国古代皇家园林最后的杰作。

颐和园

颐和园总体呈山北水南之势，万寿山与昆明湖呈“负阴抱阳”的环抱势态，构成颐和园绝佳的山水骨架（图6-85 ~ 图6-87）。昆明湖北面直抵万寿山南麓，昆明湖中

图6-85　颐和园——最后的皇家园林
来源：王南摄

图6-86　颐和园万寿山西南侧全景
来源：王南摄

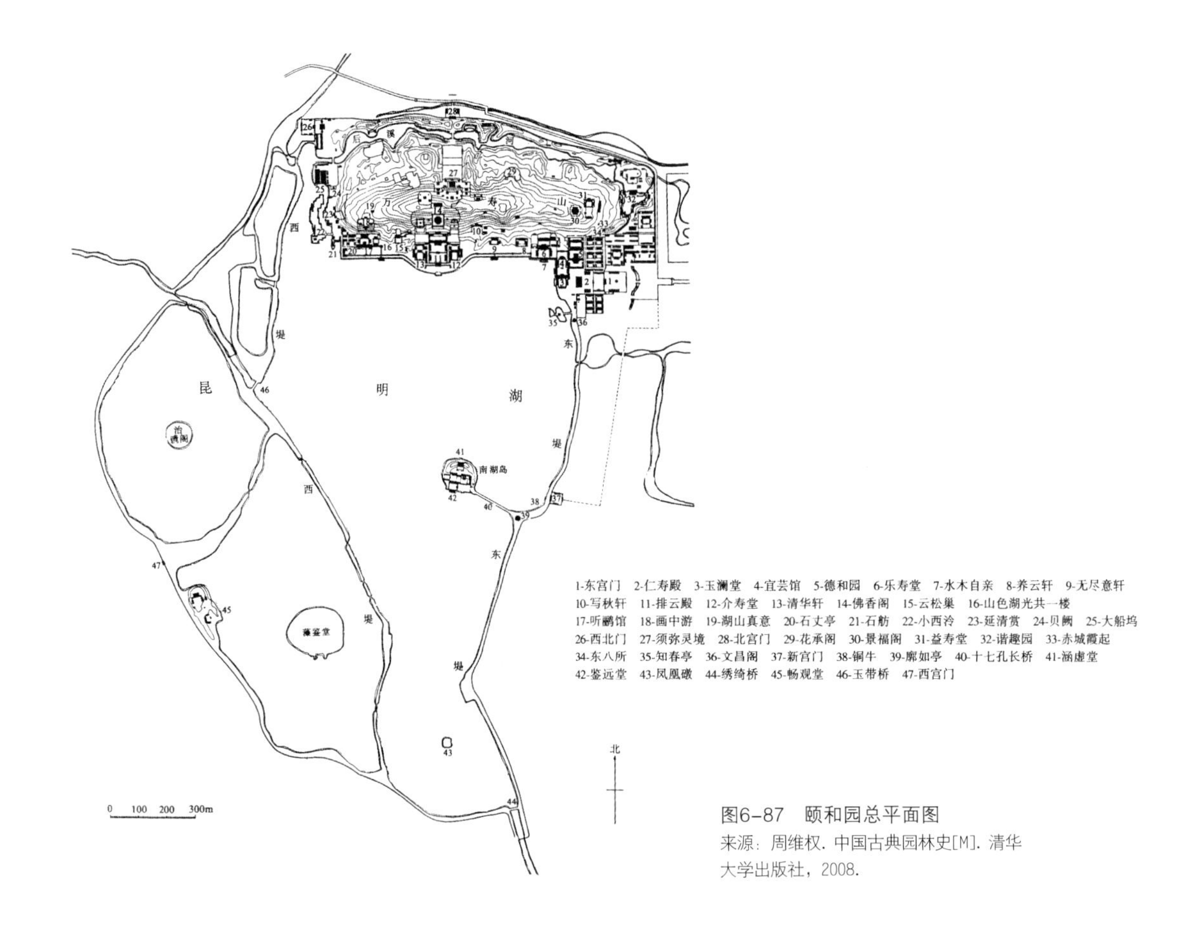

图6-87 颐和园总平面图
来源：周维权．中国古典园林史[M]．清华大学出版社，2008.

央的大岛——南湖岛，比万寿山佛香阁之南北中轴线略微偏东，与万寿山北坡“须弥灵境”建筑群轴线大致吻合。湖东岸建东堤，东堤上造“二龙闸”控制泄水，使园东面与畅春园之间的大量水田得以灌溉。湖西部更设纵贯南北的一道大堤——西堤，西堤以东为昆明湖主体，以西为附属水域，内筑治镜阁、藻鉴堂二岛，甚为幽僻，并与“南湖岛”共同构成“一池三山”的皇家园林传统意象。在山北水南的大格局之下，又从昆明湖西北角另开河道往北延伸，由万寿山西麓过青龙桥入园北的清河，这道水渠的支流由万寿山西麓转抱山北，形成后山一条蜿蜒的河道，称“后溪河”，成为颐和园最幽静的去处，与山南风景区大异其趣。

综观万寿山、昆明湖之山水意境，实际上从杭州西湖获得了许多灵感：万寿山、昆明湖的山水构图，昆明湖水域之划分，西堤的名称与形态，乃至周围环境都酷似杭州西湖——乾隆《万寿山即事》诗曰：“背山面水地，明湖仿浙西。琳琅三竺宇，花柳六桥堤。”足见杭州西湖即乾隆时期清漪园、昆明湖的构思“蓝本”。

乾隆时期清漪园的规划设计有一难得的“大手笔”，即于昆明湖东、南、西三面均不设宫墙，大大改变了历代皇家苑囿封闭的“禁苑”气氛，从而使清漪园与玉泉山、高水湖、养水湖、玉河及两侧田园联成一体，视线毫无阻隔——在园中西望西山、玉泉山，东望畅春园、圆明园，处处皆景，如诗如画，其山水意境堪为“三山五园”之冠，最为开阔、自然（图6–88）。可惜慈禧太后改建后的颐和园加筑围墙，使得清漪园原有的意境大大受损，尤其东堤一带更显逼仄，不得不说是一大遗憾。

颐和园总体布局大致可分为宫廷区、前山前湖景区及后山后河景区三个主要部分。

宫廷区：宫廷区居于全园东北，由东宫门（全园正门）、仁寿门、仁寿殿构成东西主轴线，东宫门前更有影壁、金水河、牌楼。仁寿殿可谓宫廷区的“前朝”部分，而“后寝”部分则是位于仁寿殿西侧的玉澜堂建筑群，其西北部的乐寿堂建筑群为慈禧太后寝宫。宫廷区东北面为德和园大戏楼。

“前山前湖”景区：颐和园浩阔的园景可分作“前山前湖”与“后山后河”两大景区，并且分别呈现为“旷”与“幽”的不同意境，二者的对比极为鲜明，遍游前、后山给人带来极大的审美享受——这是颐和园园林构思的一大特色。

“前山前湖”景区（约占全园面积的88%）的“旷”首先源于昆明湖布局的空阔疏朗：东堤、西堤、三大岛（南湖岛、治镜阁、藻鉴堂）、三小岛（小西泠、知春亭、凤凰礅）为昆明湖主要景观，各岛上建造点景建筑群，岛、堤之间连以桥梁（图6–89）。

纵贯全湖的西堤为杭州西湖“苏堤”之翻版，亦为颐和园昆明湖意境绝佳处。昆明湖西堤与西湖苏堤在位置、走向上完全一致，而且同样在堤上筑六桥。清漪园时期六桥由南而北分别为界湖桥、练桥、镜桥、玉带桥、桑苧桥、柳桥。光绪时期重修颐和园将界湖桥与柳桥之名互换，桑苧桥改为豳风桥，于是由南而北依次为柳桥、练桥、镜桥、玉带桥、豳风桥、界湖桥。与苏堤六桥均为清一色石拱桥不同，西堤六桥造型多姿多彩。其中，玉带桥为曲线饱满流畅的石拱桥（图6–90），界湖桥则为方拱石桥，其余四座均摹自扬州瘦西湖的亭桥：镜桥上建重檐攒尖六角亭；练桥上建重檐攒尖方亭；柳桥上建重檐歇山方亭；豳风桥上建重檐歇山方形亭榭。

与昆明湖格局的“疏”相对比，万寿山前山建筑群布局体现为“密”——整个前山建筑群规模宏丽、气势如虹。中部的排云殿建筑群形成万寿山南麓的规划主轴线：自下而上依次建牌楼、排云门、二宫门、排云殿、德辉殿、佛香阁，一直延伸至偏东一些的“众香界”琉璃牌楼、无梁殿“智慧海”，加上两翼配殿、爬山廊，形成极其庄重稳健的中心构图（图6–91、图6–92）。中轴线东、西分别布置转轮藏、慈福楼建

图6-88　由颐和园知春亭遥望玉泉山静明园
来源：王南摄

图6-89　颐和园南湖岛、十七孔桥及廓如亭暮色
来源：王南摄

图6-90　颐和园玉带桥
来源：王南摄

图6-91　颐和园佛香阁
来源：王南摄

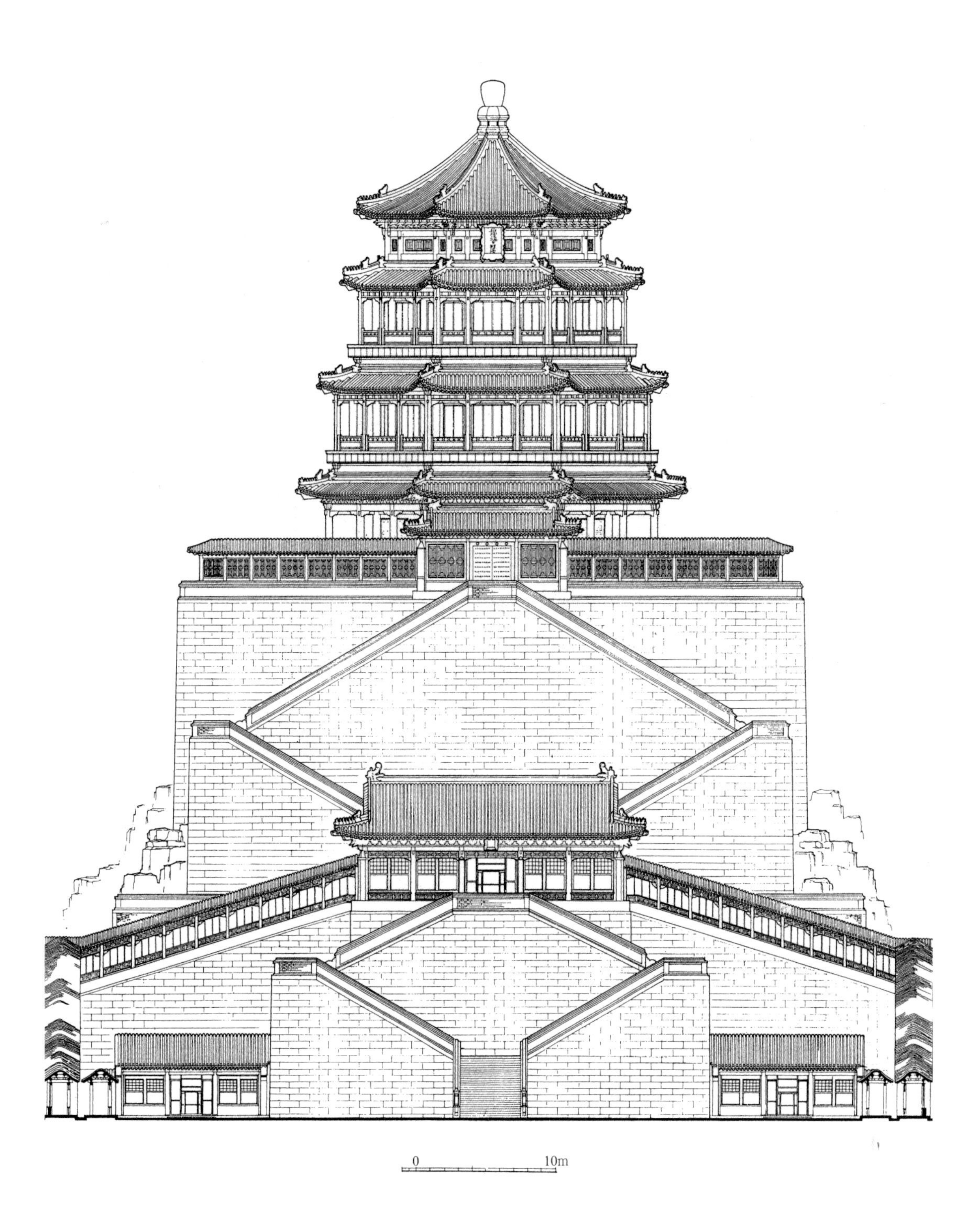

图6-92　颐和园佛香阁南立面图

来源：清华大学建筑学院提供

图6-93　颐和园长廊
来源：楼庆西摄

筑群和宝云阁、罗汉堂建筑群，构成东西次轴线。而与主、次轴线建筑群的“大块文章”不同，前山西侧、东侧则点缀着自由布局的几处景点，更富园林幽致，诸如西侧画中游、湖山真意亭、云松巢，东侧无尽意轩、养云轩、景福阁等。

万寿山与昆明湖之间还有一条重要的“线”串起前山诸景，即著名的长廊。长廊东起乐寿堂、西至石丈亭，共273间，全长约728m，除在中轴线排云门前作曲廊环抱状以外，其余皆呈直线一贯到底，与小型园林中的曲折游廊大异其趣——而这一贯到底的气魄正是长廊的精髓所在，它一方面成为贯穿前山前湖景区的东西轴线及游览路线，另一方面更成为前山与前湖之间的过渡，似隔非隔，大大增加了园林空间的层次与韵律。梁思成曾以长廊为例探讨建筑美学中“千篇一律”与“千变万化”的辩证统一：“颐和园的长廊，可谓千篇一律之尤者也。然而正是那目之所及的无尽的重复，才给游人以那种只有它才能给的特殊感受。”①

长廊的千篇一律，恰恰可以烘托出长廊南北两侧山水长卷的千变万化——尤其透过长廊柱间的框景观赏周围景色，更能体会步移景异的妙趣，因此长廊可谓颐和园大手笔的妙思（图6-93）。

---

① 梁思成. 梁思成全集（第五卷）[M]. 北京：中国建筑工业出版社，2001：379-381.

“后山后河”景区：“后山后河”景区虽仅占全园面积的12%，然而却是格外引人入胜的去处。后山中部建有大型佛寺“须弥灵境”，佛寺与后山北面的石桥、北宫门共同构成后山后河景区的中轴线（图6–94）。

除了主轴线上的建筑群与前山有所呼应以外，沿着蜿蜒的后溪河，后山景致以幽邃为主调，轩亭楼馆尽可能都依山就势自由布局并且掩映于林杪之间，有绮望轩、构虚轩绘芳堂、赅春园、嘉荫轩、云绘轩等小景点（可惜这些小景被英法联军焚毁后始终未能恢复），与前山建筑群中心对称的庄严气氛正相反。加之后山佳木尤多，蓊郁葱茏，近水处大量姿态优美的树木枝叶拂波，使得沿河一带荫翳蔽日，泛舟其间意境最佳，当“有濠濮间想”。后溪河东端，位于全园东北隅的是颐和园中最静谧、幽雅的一处园中园——“谐趣园”，其意境与北海静心斋相若（图6–95、图6–96）。

图6–94　须弥灵境鸟瞰
来源：楼庆西摄

图6–95　谐趣园现状全景
来源：王南摄

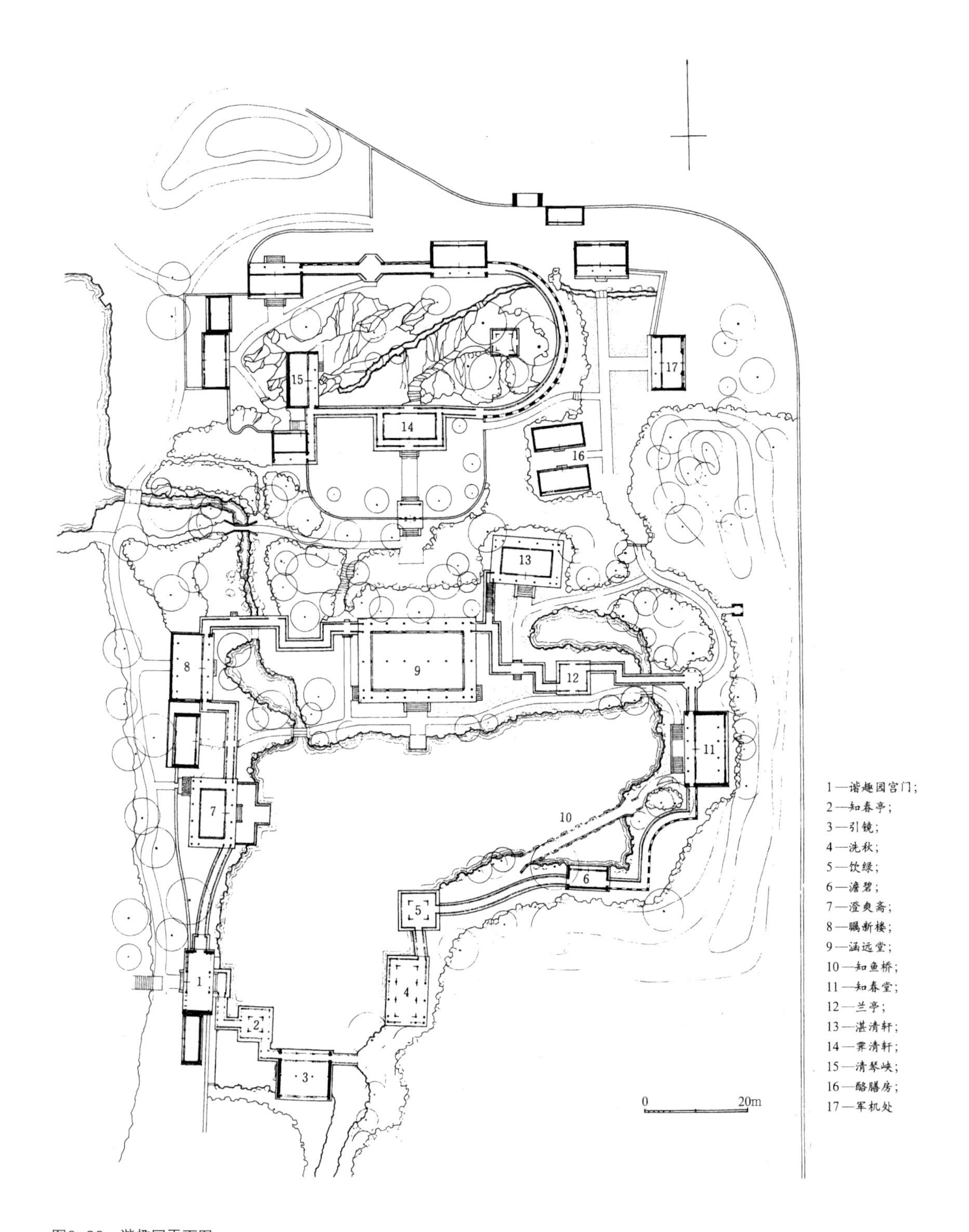

图6-96 谐趣园平面图

来源：清华大学建筑学院提供

第四节 明十三陵

明十三陵位于北京城北郊昌平天寿山南面的山谷之中，明永乐帝到崇祯帝共十三代帝王都埋葬于此。这里汇集了规模宏大、艺术造诣高超的陵墓建筑群，既是明代帝王陵寝的最重要代表，也是中国古代建筑群规划设计的典范——李约瑟更将它誉为中国皇陵中“最大的杰作”。

以下通过明十三陵的总体格局、陵寝形制及其规划设计所体现的象征意义和意境追求来简要介绍这一杰作。

一、总体格局

明十三陵的营建始于永乐帝修长陵。《明太宗实录》记载：“永乐七年（1409年）五月……己卯，营山陵于昌平县。时仁孝皇后来（“未”字之误）葬，上命礼部尚书赵羾以明地理者廖均卿等择地，得吉于昌平县东黄土山。车驾临视，遂封其山为天寿山。”①

《天寿山记》则云：“皇陵形胜，起自昆仑，然而太行华岳连亘数千里于西山，海以达医无闾，逶迤千里于东与此天寿本同一脉，奠居至北正中之处，此固第一大形胜，为天下之主山也。”②

这就将天寿山上升到“天下之主山”的崇高地位。黄土山（即今之天寿山）这一选址极为成功：陵区占地约120km^2（群山内的平原面积约40km^2），几乎是明北京城的两倍，四面群山环绕呈马蹄状，中间是广袤的盆地，具有天然的封闭隔绝之势——仅西南方山脉中断，形成一处缺口，成为整个陵区的入口。入口处两座东西对峙的小山更被巧妙地当作“双阙”，体现了人工与自然的巧妙结合。由外界进入群山环抱的陵区之中，的确有一种“别有洞天”之感。

十三陵的总体布局气势磅礴，形成了波澜壮阔的空间序列。通往诸陵的主神

---

① 转引自：胡汉生．明十三陵 [M]．北京：中国青年出版社，1998：25.

② 转引自：王子林．紫禁城原状与原创（上）[M]．北京：紫禁城出版社，2007：83.

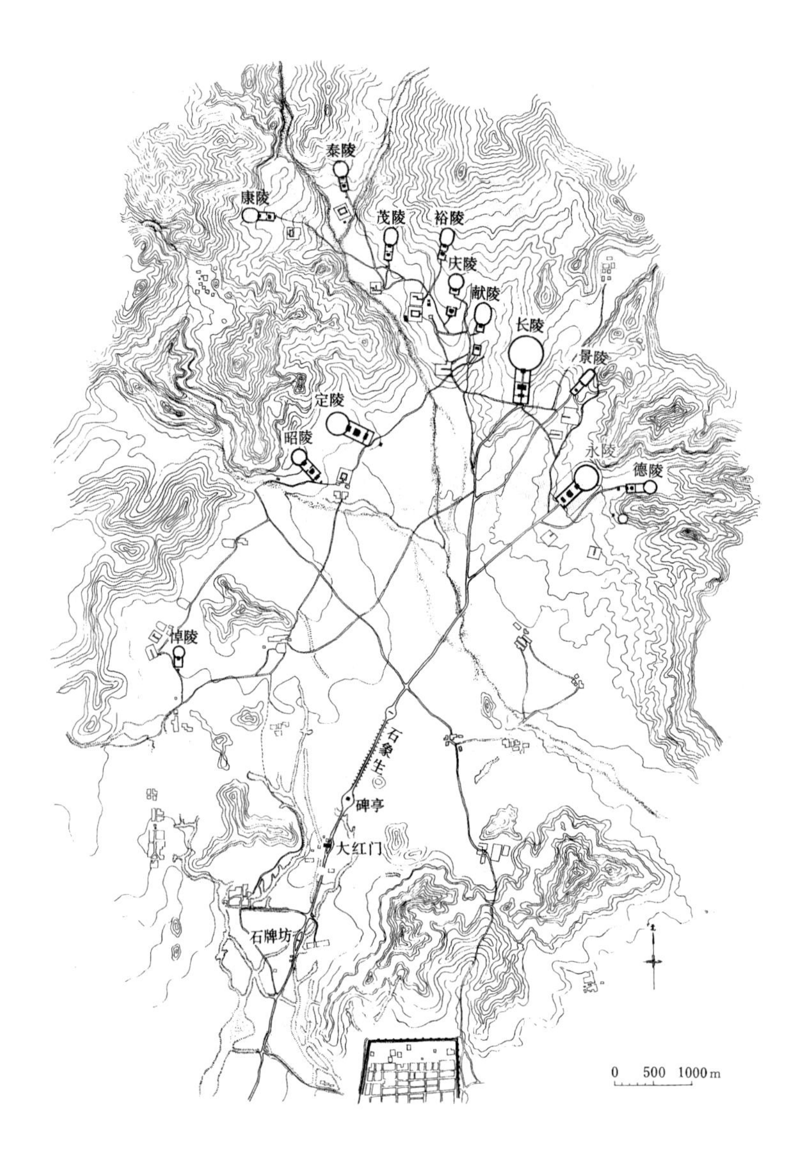

图6-97 明十三陵总平面图

来源：建筑科学研究院建筑史编委会组织编写. 刘敦桢主编. 中国古代建筑史[M]. 2版. 北京：中国建筑工业出版社，1984.

道长约7.3km，由石牌坊、大红门、碑亭、石象生及龙凤门组成，引人入胜（图6-97）。

（一）石牌坊

这首宏大的“乐曲”以陵区入口外1km处巨大的汉白玉石牌坊为“序曲”，呈“五间六柱十一楼”形制，造型魁伟、雕工精美，为中国古代石牌坊中的极品；此外，石坊的当心间正对11km之外的天寿山主峰，形成一条壮伟的轴线，极富张力，更是景观设计的杰作（图6-98）。

图6-98　十三陵入口石牌坊——中间正对天寿山主峰
来源：王南摄

图6-99　十三陵正门——大红门
来源：赵大海摄

（二）大红门、碑亭

由石坊北行约1300m，是位于东西龙、虎二山（双阙）之间横脊上的陵区大门——大宫门（俗称大红门），门东西两侧设“下马碑”，原本在大红门两侧还有墙垣环绕，将整个陵区加以圈护（图6-99）。大红门里外道路都是上坡的坡道，从陵区之外一步步登上大门，忽然望见600m开外黄瓦红墙的碑亭及其两侧洁白无瑕的华表（明代称擎天柱），衬以绵延如屏的远山，立刻感到一股庄严肃穆的气氛；而由碑亭回望地势高起的大红门，则有“天国大门”的神圣之感——足见陵区大门选址及构思的精妙（图6-100）。

（三）石象生、龙凤门

由碑亭继续向北则是乐曲的“展开部”——石象生神道。这段神道长约1200m，两侧成对伫立着二石柱及四狮子、四獬豸、四骆驼、四象、四麒麟、四马、四武将、四文臣、四勋臣组成的十八对整石雕刻——“石象生”（明宣德十年即1453年造），气象端严，俨然是紫禁城宫廷仪仗队的写照（图6-101）。

神道最终以一字排开的三座汉白玉棂星门（俗称龙凤门）作结（图6-102）。此外，在石牌坊与大红门间有三孔桥，龙凤门以北有南五孔桥、七孔桥、北五孔桥等桥梁，各陵之前也大多建有若干座跨水石桥。陵区内还有一些行宫及附属建筑群。

（四）十三陵的“树状结构”

与明清北京城中轴线的纵贯南北、一气呵成不同，十三陵主轴线的规划设计因地制宜，略偏东北方向并且蜿蜒曲折，更加重要的是：自龙凤门向北，轴线开始产生许多分支——其中神道由龙凤门继续向东北延伸至位于天寿山主峰南麓的长陵，其余十二陵除思陵以外（思陵即崇祯帝陵，为清代建造，偏于陵区西南隅，原址为崇祯帝宠妃田氏之墓，因此严格地说不在其余帝王陵墓群总体规划之内），分别布列在长陵的东、西两侧呈众星拱月之势；其中献陵、景陵、永陵、昭陵四陵的神道分别从长陵的“总神道”上分支，其余诸陵则分别从各自就近的宗陵神道分支，如裕陵神道自献陵神道分支、定陵神道自昭陵神道分支、德陵神道自永陵神道分支，等等。这样，十二座皇陵共同组成一个“树状结构”的总体布局（图6-103）。这个“树状结构”以石牌坊、大红门、碑亭、石象生、龙凤门及长陵为“主干”，其余十一陵为分支（或分支的分支）。每座“支陵”都以背后的一座山峰为依托，而“主陵”长陵则以天寿山主峰为背景；各陵实际上都是长陵的“具体而微者”，与长陵共同构成浑然一体却又主次分明的整体格局。不妨再以音乐为喻：与一般乐曲的“序曲—发展—高潮—尾声”的结构不同，十三陵在发展部分之后，分支为十二个大小不同但“母题”一致的分乐章，各有自身的完整结构，即清人所谓“水抱山环，无不自具形势”——而整个乐曲又以长陵为“主旋律”，并在长陵的核心建筑——祾恩殿达到“高潮”，最终以天寿山主峰及周围的连绵群山作为回味无穷的“尾声”，构成波澜壮阔而又丰富多彩的交响！

略述各陵寝建筑形制如下。

图6-100　碑亭及华表
来源：赵大海摄

图6-101　十三陵总神道石象生
来源：赵大海摄

图6-102　龙凤门
来源：赵大海摄

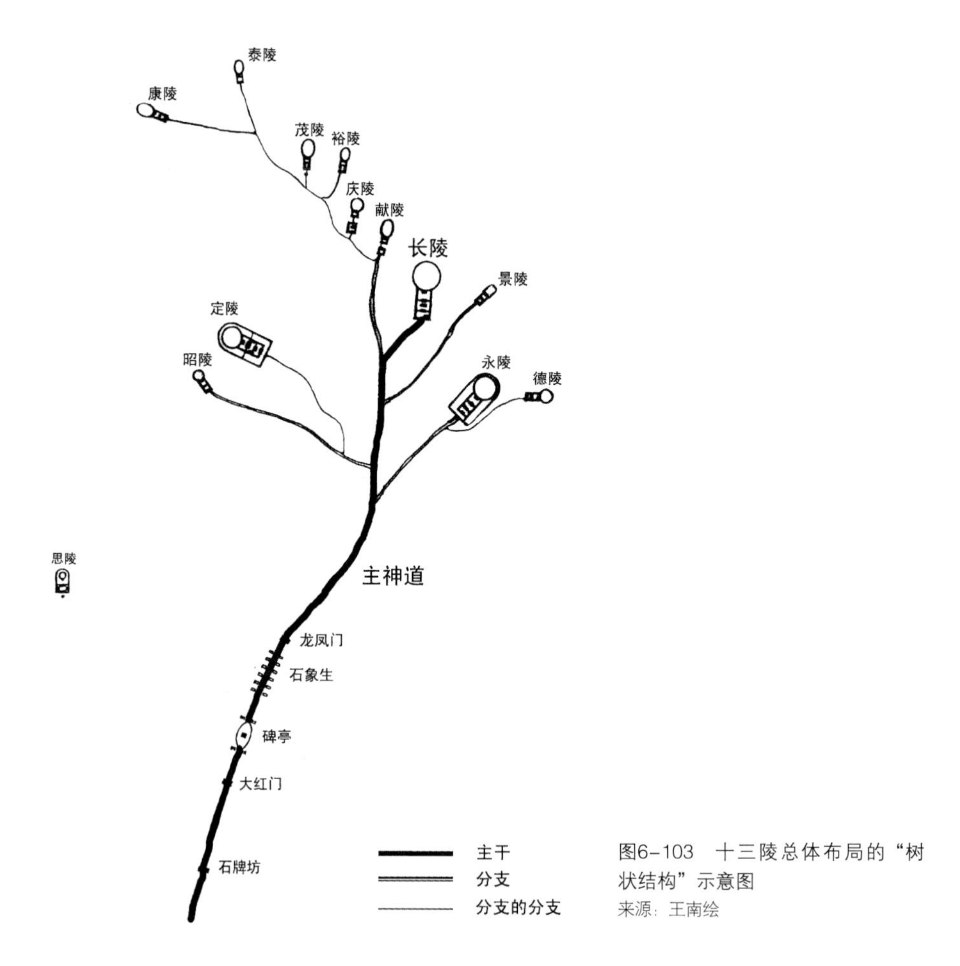

图6-103 十三陵总体布局的“树状结构”示意图
来源：王南绘

二、长陵

长陵为明成祖朱棣陵寝。陵宫依山而建、坐北朝南，呈“前方后圆”式布局：中轴线上由南到北依次排列陵宫门、祾恩门、祾恩殿、内红门、二柱牌楼门、石供案（俗称石五供）、方城明楼以及宝顶（或称宝城）（图6-104、图6-105）。

（一）宫门、碑亭及祾恩门

陵门外是一片平坦的小广场，东、南、西三面松柏环绕，北面高台上的砖石建筑为陵宫门，黄琉璃瓦歇山顶，三道券门。明代在门东有宰牲亭，门西有具服殿五间，现已不存。门内庭院东西侧本有神厨、神库各五间，现亦不存。仅庭院东南角一碑亭尚存。亭内石碑龙首龟趺，雕刻生动，石质润泽，在明陵诸碑中是罕见的精品。

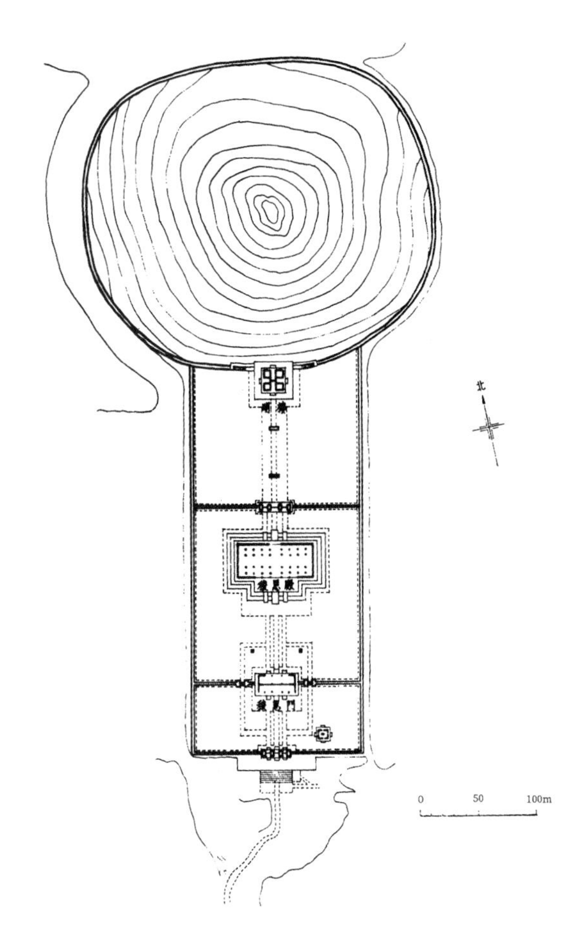

图6-104　明长陵平面图

来源：建筑科学研究院建筑史编委会组织编写. 刘敦桢主编. 中国古代建筑史[M]. 2版. 北京：中国建筑工业出版社，1984.

图6-105　1945年长陵全景航拍

来源：秦风老照片馆编. 徐家宁撰文. 航拍中国 1945：美国国家档案馆馆藏精选[M]. 福州：福建教育出版社，2014

陵门内是祾恩门，面阔五间，单檐黄琉璃瓦歇山顶——与太庙戟门、天坛祈年殿门形式几乎一样。

（二）祾恩殿

位于长陵前三进院落中央的是整个祭祀建筑群的中心——祾恩殿，其形制与北京紫禁城太和殿相近，面阔九间，进深五间（取帝王“九五之尊”的象征意义），面积仅比太和殿略小，面阔甚至略大于太和殿，为中国现存第二大的木构殿堂（图6-106）。上覆重檐庑殿黄琉璃瓦顶，立于三重汉白玉台基之上，台基通高3.13m——比太和殿8.13m的台基要低矮许多，加之殿前广场也比太和殿小，因而整体气势不及太和殿宏敞。但台基中央御路雕刻云龙，雕工古朴严谨，与故宫三大殿前明嘉靖间所雕云龙风格及图案均不同，应是明初原物。

图6-106　长陵祾恩殿
来源：清华大学建筑学院中国营造学社纪念馆

图6-107　长陵祾恩殿楠木大厅
来源：王南摄

祾恩殿内林立着32根柱子，与外檐柱合计，共有62根柱子。各内柱直径都在1m以上，中间四根柱径达1.17m，高度有的超过12m，每柱皆是整根香楠木制成。明代宫殿建筑例用楠木建造，据顾炎武记载，此殿各柱都涂漆，中间四柱饰以金莲。[①]入清以后，年久失修，油饰脱落，露出木材本质，新中国成立后重修时加以磨光烫蜡，使这些巨材呈现为带乌光的深棕色，配以用石绿为主调的天花，形成独特的素雅大气的效果——较油漆金饰的柱子更加壮美动人（图6-107）。

（三）**方城明楼及宝城**

除祾恩殿之外，长陵的另一座标志性建筑是位于“前方后圆”交界处的方城明楼。方城明楼既是宝城的门户，也是整个陵寝建筑群的制高点：明代“陵寝之制，宝城最高，明楼当城台上，又高，远望无不见”。[②]因此，十三陵诸陵的方城明楼既是远眺周围山川的佳处，又是陵寝建筑群的标志——远望诸陵，最先映入眼帘的就是森森松柏间黄瓦红墙的明楼。

长陵的方城明楼由下部方城与上部明楼组成，方城边长35m，高15m，南面正中辟门洞，可由其中通道登城；城上明楼为重檐歇山顶的砖石建筑，四面开拱门（与碑亭形制相似），内立“大明成祖文皇帝之陵”石碑，明楼边长18m，高20m，和其

---

① 据顾炎武《昌平山水记》，十三陵诸陵室内，长陵“中四柱饰以金莲，余皆髹漆”，永、定二陵同长陵；庆陵、德陵均“柱饰以金莲”；献陵“柱皆朱漆”，其余诸陵同献陵。（清）顾炎武．昌平山水记 [M]. 北京：北京古籍出版社，1982.

② 清代梁份《帝陵图说》卷二，转引自：刘毅．明代帝王陵墓制度研究 [M]. 北京：人民出版社，2006：87.

下方城共同构成高峻挺拔的身姿，与雄浑宽广的祾恩殿形成造型、体量上强烈的对比，是中国古代建筑群设计构图的又一佳例。

方城明楼前有长方形石桌，上有石制巨大的香炉、烛台、花瓶共五件，称“石几筵”或“石五供”。

方城明楼之后为圆形的宝城，由城墙环绕着东西直径310m、南北直径280m的坟冢，其上满植柏树，郁郁葱葱，其下即称为“玄宫”的墓室。宝城迤北是天寿山的主峰，作为长陵的依托和屏障。

三、其余诸陵

除了天寿山主峰前的长陵之外，其余十二陵位置分布如下：仁宗朱高炽的献陵位于长陵西侧的黄山寺一岭（又称天寿山西峰）前；宣宗朱瞻基的景陵位于长陵东侧的黑山（又称天寿山东峰）前；英宗朱祁镇的裕陵位于献陵西侧的石门山下；宪宗朱见深的茂陵位于裕陵西侧的聚宝山前；孝宗朱祐樘的泰陵位于茂陵西侧的笔架山前；武宗朱厚照的康陵位于泰陵西侧的莲花山前；世宗朱厚熜的永陵位于景陵东侧的阳翠岭前；穆宗朱载垕的昭陵位于康陵东南方的大峪山前；神宗朱翊钧的定陵位于昭陵东北侧的小峪山前；光宗朱常洛的庆陵位于献、裕二陵间的黄山寺二岭前；熹宗朱由校的德陵位于永陵东侧的潭峪岭前。此外，崇祯帝被葬于陵区西南隅的鹿马山（又作锦屏山）前，原为崇祯帝宠妃田氏之墓。

（一）陵制分类

至长陵建成，明代陵寝制度基本确立。十三陵其余诸陵与长陵形制大同小异而规模都小于长陵，且各陵不再设置独立的神道空间序列，仅由总神道分支出的一小段引路与陵宫组成。陵宫的布局可分为三类（图6-108）：

第一类，将长陵的三进院落简化为二进，即省去陵宫门，直接以祾恩门为入口；另外祾恩殿后的内红门由三座琉璃花门代替；此外陵宫前加设碑亭一座——景、裕、茂、泰、康、昭、德七陵都是如此。

第二类，仁宗献陵与光宗庆陵则是上一种布局形式的变体：由于所处地形的限制，将陵宫分为前后两组院落，前一组由碑亭至祾恩殿；后一组由三座琉璃花门至宝城——二者之间隔着一座小山（即顾炎武所谓“玉案山”或“土冈”），为陵寝之“龙砂”，又是天寿山主山之余脉，为了不伤及“龙砂”“龙脉”，于是因地制宜作了“一

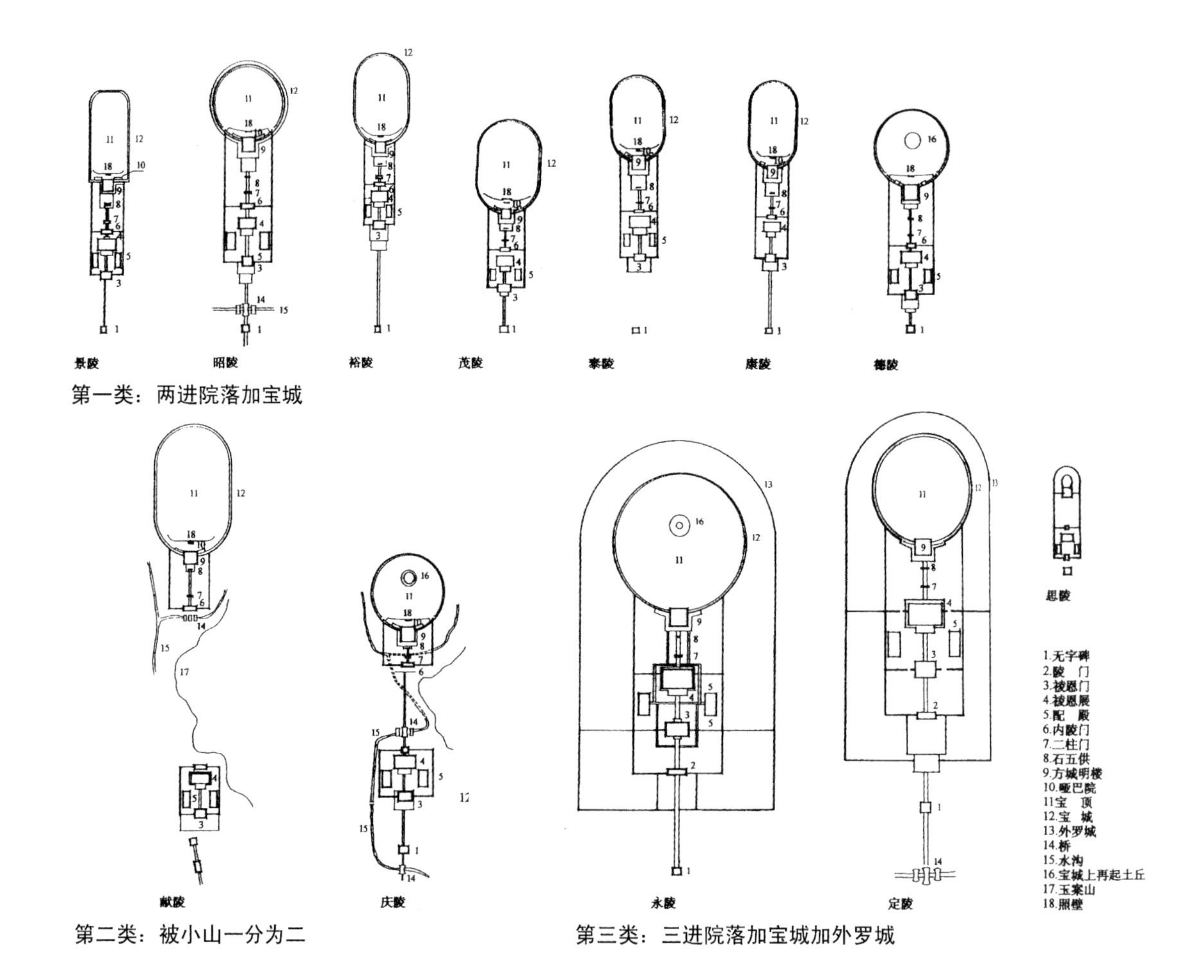

图6-108　长陵以外诸陵平面图：分为三大类型（思陵不算在三类之中）
来源：潘谷西主编. 中国古代建筑史・第四卷：元、明建筑[M]. 2版. 北京：中国建筑工业出版社，2009.

分为二”的变化。

第三类，世宗永陵和神宗定陵，规格高于前两种，陵宫恢复三重院落，但与长陵亦有明显的区别，尤其是在陵宫三进院落之外增设一道“外罗城”，将陵宫与宝城封闭起来，更加强了防卫；此外不设内红门或琉璃花门，而是在祾恩殿两侧设随墙门。二陵之外罗城皆为前方后圆造型，进一步强化了陵寝前方后圆的平面布局母题。《帝陵图说》载永陵外罗城“垣石坚厚，壮大完固，虽孝陵所未尝有”[①]；而定陵外罗

① 转引自：胡汉生．明十三陵 [M]. 北京：中国青年出版社，1998：121.

城“墙基其石皆文石，滑泽如新，微尘不能染。左右长垣琢为山水、花卉、龙凤、麒麟、海马、龟蛇之状，莫不宛然逼肖……”

此外，各陵宝城深广丈尺不等，是与山水环境结合的产物：如景陵宝城所在位置地势逼仄，取前方后圆纵长之形状；献、裕、泰、康诸陵宝城周围地势稍宽，故设计为宽于景陵之狭长椭圆形；而长、永、定、庆诸陵宝城周围地势宏敞，故宝城近乎圆形。宝城之平面布局有在方城明楼与宝顶之间设有月牙形的所谓“哑巴院”者，昭陵、庆陵、德陵均为如此。思陵由于是清代所建，形制最为卑小。

（二）各陵现状

1.献陵

位于长陵西侧，为玉案山分作前后两部分，其中前部的祾恩殿院落仅余遗址，位于松荫之下，供人凭吊。后部院落及宝城保存较好，陵门为三座琉璃花门（图6-109）。门内两柱牌楼门仅存两半截石柱及前后抱鼓石。宝城与明陵完好。神道上仅存石桥、碑亭之台基、残垣和石碑。

图6-109　献陵三座琉璃花门
来源：王南摄

图6-110　景陵内景：可见祾恩殿台基、三座门及方城明楼
来源：江权摄

图6-111　裕陵内景
来源：王南摄

2.景陵

位于长陵东侧，神道仅存石桥、碑亭之台基和石碑。陵宫建筑留有宝城、方城明楼、二柱牌楼门、三座门，其余祾恩门、祾恩殿仅存台基。陵宫外附属的神宫监大门及门厅尚留存（图6-110）。

3.裕陵

位于献陵西侧，神道仅存石桥、碑亭之台基和石碑。保存状况与景陵类似，且祾恩门、殿还有残墙留存，正在修复中。明楼之前古松数株如画（图6-111）。

4.茂陵

位于裕陵西侧，神道仅存碑亭基座与碑，并有一些明代所植古柏。陵宫建筑留存状况与裕陵相若（图6-112）。

图6-112　茂陵侧影
来源：王南摄

5.泰陵

位于茂陵西侧，保存状况类似茂陵而残损更严重些。

6.康陵

位于泰陵西侧，残损情况更甚于泰陵。

7.永陵

位于景陵东侧，神道存石桥、碑亭台基及石碑。碑趺下土衬石上部雕海水漩流，四角分雕鱼、鳖、虾、蟹，十分富有生趣。外罗城仅存遗址，有条石墙基留存。

陵宫大门仍是明代原物，颇为壮伟。祾恩门、祾恩殿均留有明代原始的台基，上部又留有清代乾隆年间缩减后的台基，清晰地展示着陵寝建筑在明清之间的沧桑变迁。

宝城保存最好，仍是明代旧制。城砖垒砌，垛墙全为花斑石磨制平整后组装而成。明楼为明代原物，其石雕的檐椽、飞椽、望板、桁、枋、斗栱、额枋等，不仅完好无损，且有彩画遗存（图6–113）。

8.昭陵

已于1987—1990年进行了全面修缮与复建。沿中轴线由南至北分别为碑亭、石桥、祾恩门、祾恩殿（图6–114）、三座门、二柱牌楼门、石供案、方城明楼、哑巴院和宝城（图6–115）。目前成为仅次于长陵的第二座格局完整的陵寝建筑群。

由昭陵宝城向东北望，近有定陵建筑群横亘于前，原有长陵及左右诸陵一字排开，无比壮美，为欣赏明十三陵群山与陵寝建筑群完美交融之佳处。

9.定陵

保存状况与永陵类似而且更胜一筹，且地宫为十三陵中唯一加以发掘的，详见下文。定陵宝城上是欣赏长陵全貌之最佳所在。

10.庆陵

分前后两组院落，后部院落及宝城已修缮一新，前院仍是祾恩门与祾恩殿之残迹，加之十余株姿态极为优美之古松，使得整个庆陵建筑群望去如一幅天然山水图轴（图6–116）。

11.德陵

德陵位于永陵东侧，保存状况类似庆陵（图6–117）。

12.思陵

1992年修复以前，仅陵冢、石雕及残坏的宝城城台和享殿、陵门台基存于地面，1992年对陵园围墙及宝城进行了复原。

（三）定陵玄宫

1956—1958年对定陵（万历帝陵）地下墓室——“玄宫”——进行了发掘，令明代帝王陵寝最神秘的部分公之于众，对于探索明代皇陵地下建筑的布局起到了关键作用。定陵位于长陵西南方大峪山下，坐西朝东。宝城之下的“玄宫”是一座石砌拱券结构的宏大地下宫殿：平面布局呈“五室三隧”之制，由东向西分别为前、中、后殿，南北各有一座配殿，前殿和两座配殿各有一条隧道通往宝城之外。[①]五座殿宇皆

① 学者推测长、献、景、裕、茂、泰、康、永、昭九陵玄宫与定陵类似，皆是“五室三隧”之制，而庆、德二陵简化五室为三室，去掉了两侧的配殿，并且这一做法为清陵所效仿。至于思陵玄宫则按妃墓制度为前后二室的“工”字形布局。胡汉生．明十三陵 [M]. 北京：中国青年出版社，1998：94–108.

图6-113　永陵方城明楼
来源：王南摄

图6-115　昭陵哑巴院影壁
来源：王南摄

图6-114　昭陵祾恩殿
来源：王南摄

图6-116　庆陵祾恩殿残基及明陵远望，古松如画
来源：王南摄

图6-117　德陵全景
来源：王南摄

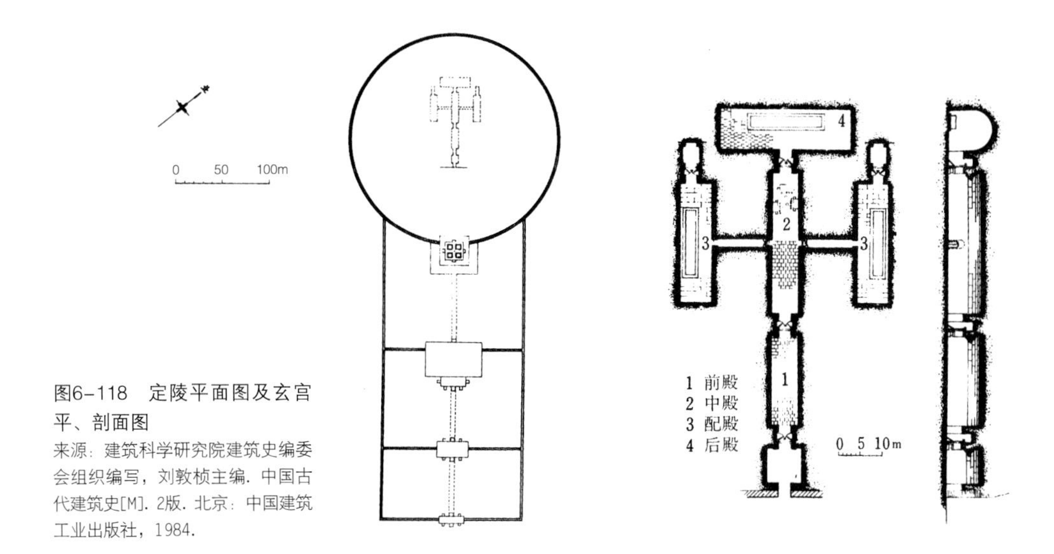

图6-118　定陵平面图及玄宫平、剖面图

来源：建筑科学研究院建筑史编委会组织编写，刘敦桢主编. 中国古代建筑史[M]. 2版. 北京：中国建筑工业出版社，1984.

由条石砌筑，顶棚为拱券式（即所谓无梁殿），并在墙上开设石门，门上方刻有石雕门楼，脊、枋、檐、瓦、吻兽等一应俱全，门扇由整石雕成，并有刻门钉、铺首。前殿、中殿为纵深式平面，中殿设汉白玉宝座及供器；后殿是玄宫的核心，供奉帝后棺椁（图6-118）。玄宫外部虽然未经发掘，然而学者初步推断玄宫的石拱券之上应当有和地面宫廷建筑一样的黄琉璃瓦屋顶，其具体建筑形制有北京皇史宬大殿、天坛斋宫大殿等无梁殿可供参照。

四、象征意义

中国历代帝王陵寝都有着丰富而深刻的象征含义，其中最基本的两个方面表现为对都城的模拟和对山的象征。明十三陵在这两方面既继承了传统，又有“大手笔”的革新，创造了中国古代陵寝建筑群的一个全新意境。

（一）“陵墓若都邑”

中国自古有“事死如事生”的观念①，因此历代帝王都十分重视陵寝的营建：帝

① 《礼记·中庸》：“敬其所尊，爱其所亲，事死如事生，事亡如事存，孝之至也。”《荀子·论礼》：“礼者，谨于治生死者也。生，人之始也；死，人之终也……故事死如生，事亡如存，始终一也。”转引自：孙宗文. 中国建筑与哲学[M]. 南京：江苏科学技术出版社，2000：123.

王去世后的“阴宅”应该按照其“阳宅”——都城（尤其是皇宫）来修建，即《吕氏春秋》所说的陵墓“若都邑”。[①]

正如秦始皇陵象征咸阳、唐乾陵象征长安、明孝陵象征南京等诸多先例一样，明长陵（包括十三陵其余诸陵）也与明北京有着非常直接的象征关系：长陵总神道上的石牌坊、大红门、碑亭及华表、神道石象生可分别与北京中轴线上的正阳门（门前立有五牌楼）、大明门、天安门及华表、天安门与午门之间的御道（举行盛大仪式时两侧列有仪仗队）互相对应。陵宫建筑群则显然是紫禁城的象征：其“前方后圆”的平面布局正是紫禁城规划布局中“前朝后寝”的象征——陵门、祾恩门、祾恩殿分别可以对应紫禁城的午门、太和门、太和殿；方城明楼则对应乾清门，是“前朝”与“后寝”的分界，也是寝宫的大门；宝城（尤其是深埋其下的玄宫）则象征“后寝”。此外，长陵以北的天寿山主峰则与紫禁城北面的景山相呼应（图6-119）。

综上所述，明北京的皇陵与京城关系密切：皇陵主神道象征了京城正阳门至午门的空间序列；而十三陵诸陵都是一座“具体而微”的紫禁城，并且各陵背后的山峰还起到了与景山类似的“屏风”般的效果。整个十三陵之气势磅礴也丝毫不在北京城之下：长陵主轴线从石牌坊至方城明楼为7.3km（北京城中轴线为7.8km）；整个陵区面积则几乎为北京城的两倍。由此可见，十三陵的规划设计可谓是“陵墓若都邑”这一思想的典型代表，它与北京城在规划设计理念上构成了一个有机整体。

（二）从“筑陵以象山”到“融于山水中”

除了“陵墓若都邑”的规划理念之外，中国古代帝王陵寝在外观形象上往往表现出对山的模拟，从陵墓、陵寝的“陵”字即可看出这一点：“陵”字本义即高大的山丘，大约在不晚于春秋战国之际已引申为高大坟冢之意。中国历代陵寝与山的关系都十分密切：“封土为陵”者以封土象山（如秦始皇陵），“因山为陵”者更是直接以自然山岳为标志（如唐乾陵）——可以说明代以前历代皇陵所追求的基本意境都是“筑陵以象山”，亦即陶渊明所说的“托体同山阿”。

明十三陵的规划布局不仅与山有着密切的关系，而且与天寿山一带的整体自然环境浑然一体——这是受了明代十分流行的风水观念尤其是“江西派”（又称“形势宗”）的风水学说之影响所致。前文提到长陵的选址即由江西风水术士廖均卿参与择定，另

① 《吕氏春秋·安死》：“世之为丘垄也，其高大若山，其树之若林，其设阙庭、为宫室、造宾阼也若都邑……”。见：吕不韦著．吕氏春秋新校释 [M]. 陈奇猷校释．上海：上海古籍出版社，2002：542.

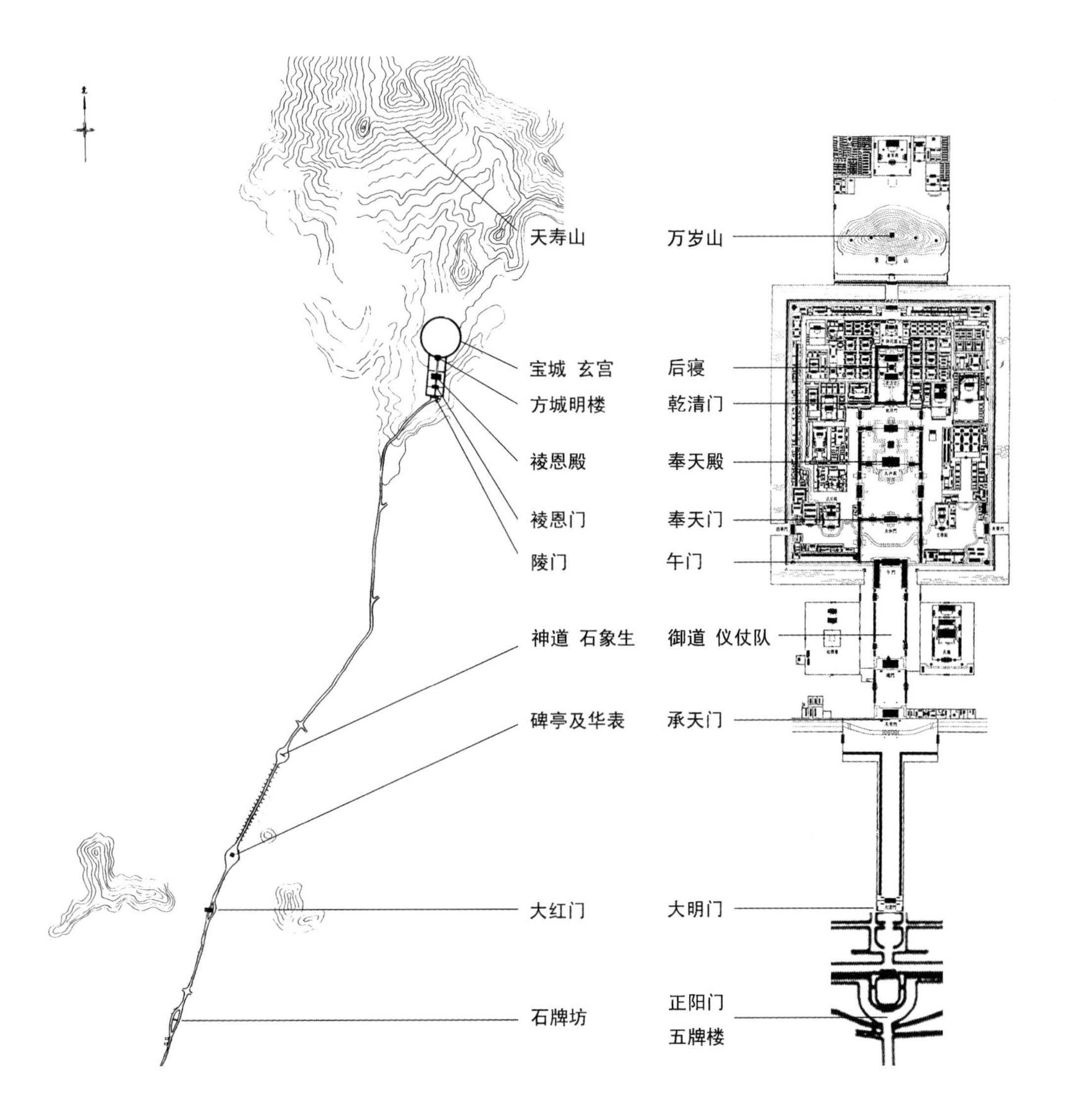

图6-119 明十三陵与明北京之象征关系示意图
来源：据《中国古代建筑史》插图改绘

外还有曾从政，同为江西风水术士，且廖、曾二人皆为世家嫡传[①]；长陵以后诸陵选址亦大多有风水术士参加，风水理论对陵寝选址起着举足轻重的作用。经过“形势宗”风水理论的指导，十三陵诸陵陵址四周都有青龙、白虎、朱雀、玄武等山丘环抱，并且陵前有“朱雀水”横亘，左右有“虾须水”相夹；各陵尤其注重宝城的选

① 胡汉生．明十三陵 [M]. 北京：中国青年出版社，2007：25-26.

①长陵陵宫 ②天寿山中峰（长陵主山） ③天寿山西峰 ④天寿山东峰 ⑤燕山山脉 ⑥太行山脉 ⑦昆仑山 ⑧宝山（长陵朝案） ⑨蟒山（长陵龙砂） ⑩虎峪（长陵虎砂） ⑪长陵神道 ⑫昌平城 ⑬水流（注入温榆河） ⑭水口砂 ⑮马兰峪 ⑯西山

图6-120 长陵风水形势示意图
来源：胡汉生．明十三陵[M]．北京：中国青年出版社，1998．

址，其位置即风水理论中所谓的“穴”：位于玄武山前的小山包往往即“龙脉止处”，为寿宫之“吉穴”——从而形成了十三陵诸陵以身后大山（玄武山）为依托，在山前的缓坡之上建陵的基本模式（图6-120）。清代察勘十三陵的官员称各陵“水抱山环，无不自具形势”[①]，可谓十三陵各陵与山水关系之精辟概括。有学者认为中国古代帝王陵寝经历了“封土为陵”“因山为陵”和“依山建陵”三个发展阶段，明代陵寝即开创了“依山建陵”的模式，将前两种模式巧妙地合而为一。[②]

除了对陵寝周围完美的山川“形势”的追求之外，依照形势宗的“千尺为势，百尺为形”的观念，十三陵建筑群不论在大尺度（势，即建筑群与山水环境的和谐），还是在中、小尺度（形，即建筑与人的和谐）上都处理得十分精当。在这种“陵制与山水相

① 清秘阁《查勘明陵记》，转引自：胡汉生．明十三陵[M]．北京：中国青年出版社，2007：37．

② 南京大学文化与自然遗产研究所孝陵博物馆编．世界遗产论坛——明清皇家陵寝专辑[M]．北京：科学出版社，2004：109．

称”的规划原则之下，明十三陵的建筑意境既不像秦始皇陵那样建造高大粗犷的封土于广袤平原之上，也不同于唐代陵寝那般选择“孤峰回绕”的独立山峦作为象征，而是通过观风水、择吉穴，在群山环抱的环境中建造陵宫，并以层峦叠嶂对建筑群进行烘托。这样一方面与“封土为陵”“因山为陵”一样具有“筑陵以象山”的崇高感，另一方面由于取消了以墙垣环绕封土或山陵的模式，代之以山水环抱陵寝的模式，从而实现了自然与人工的完美结合，形成了全新的“融于山水中”的意境（图6–121、图6–122）。

图6–121　融于山水中的长陵
来源：王南摄

图6–122　由昭陵望定陵（左）及长陵（右）
来源：王南摄

图6-123　清代锡五福所绘《大明十三帝陵图》
来源：胡汉生. 明十三陵[M].

傅熹年描绘了由龙凤门北面的广阔河滩上环视四周所见的画面：“在回环10余公里宽的山麓上，散列着一丛丛的密林，簇拥着红墙黄瓦的方城明楼，各自背倚一山头以为屏蔽，以中央主峰之下体量最巨大的长陵为中心，形成一幅壮丽的画卷。”①

明十三陵所努力追求和精心营造的整体意境正是一幅建筑群与自然山水环境和谐交融的长卷——从许多古人绘制的十三陵图卷中都可以清晰地感受到此中意境（图6-123）。

十三陵作为明代帝王陵墓群的代表，深刻地影响了清东、西陵的规划设计，甚至民国时期中山陵的规划设计也从明代陵寝建筑群的布局中汲取了不少灵感。

① 傅熹年 . 傅熹年建筑史论文集 [M]. 北京：文物出版社，1998：434.

索引

参考文献

[1] 陈桥驿主编. 中国六大古都[M]. 北京：中国青年出版社，1983.

[2] 中国古都学会编. 中国古都研究[M]. 杭州：浙江人民出版社，1985.

[3] 中国古都学会编. 中国古都研究（第二辑）[M]. 杭州：浙江人民出版社，1986.

[4] 中国古都学会编. 中国古都研究（第三辑）[M]. 杭州：浙江人民出版社，1987.

[5] 河南省博物馆，郑州市博物馆. 郑州商代城址试掘简报[J]. 文物，1977（1）：21–61.

[6] 河南省文物研究所. 郑州商代城内宫殿遗址区第一次发掘报告[J]. 文物，1983（5）：1–28.

[7] 河南省文物考古研究所. 郑州商城外郭城的调查与试掘[J]. 考古，2004（3）：40–50.

[8] 袁广阔，曾晓敏. 论郑州商城内城和外郭城的关系[J]. 考古，2004（3）：59–67.

[9] 中国社会科学院考古研究所安阳工作队. 河南安阳市洹北商城的勘察与试掘[J]. 考古，2003（5）：3–16.

[10] 中国社会科学院考古研究所安阳工作队. 河南安阳市洹北商城宫殿区1号基址发掘简报[J]. 考古，2003（5）：17–23.

[11] 杜金鹏. 洹北商城一号宫殿基址初步研究[J]. 文物，2004（5）：50–64.

[12] 中国社会科学院考古研究所安阳工作队. 河南安阳市洹北商城宫殿区二号基址发掘简报[J]. 考古，2010（1）：9–22.

[13] 唐际根，荆志淳，何毓灵. 洹北商城宫殿区一、二号夯土基址建筑复原研究[J]. 考古，2010（1）：23–35.

[14] 中国社会科学院考古研究所. 殷墟的发现与研究[M]. 北京：科学出版社，1994.

[15] 中国社会科学院考古研究所安阳工作队. 2004–2005年殷墟小屯宫殿宗庙区的勘探和发掘[J]. 考古学报，2009（2）：217–245.

[16] 杜金鹏. 殷墟宫殿区乙二十组建筑基址研究[J]. 三代考古，2009（00）：214–235.

[17] 岳洪彬，孙玲. 殷墟小屯宫殿区甲组基址的年代和性质探析[J]. 三代考古，2013（00）：144–168.

[18] 魏凯. 殷墟西北冈王陵区大墓的建造次序与埋葬制度[J]. 考古，2018（1）：98–110.

[19] 田岸. 曲阜鲁城勘探[J]. 文物，1982（12）：1–10.

[20] 山东省文物管理处. 山东临淄齐故城试掘简报[J]. 1961（6）：289–297.

[21] 群力. 临淄齐国故城勘探纪要[J]. 文物，1972（5）：45–54.

[22] 张龙海，朱玉德. 临淄齐国故城的排水系统[J].考古，1988（9）：784–787.

[23] 山东省文物考古研究所. 齐故城五号东周墓及大型殉马坑的发掘[J]. 文物，1984（9）：14–19.

[24] 中国历史博物馆考古组. 燕下都城址调查报告[J]. 考古，1962（1）：10–19，54.

[25] 河北省文化局文物工作队. 河北易县燕下都故城勘察和试掘[J]. 考古学报，1965（1）：83–105.

[26] 山西省考古研究所侯马工作站. 山西侯马呈王古城[J]. 文物，1988（3）：28–34，49.

[27] 陈光唐. 赵邯郸故城[J]. 文物，1981（12）：85–86.

[28] 曲英杰. 赵都邯郸城研究[J]. 河北学刊，1992（4）：78–81.

[29] 陶正刚，叶学明. 古魏城和禹王古城调查简报[J]. 文物，1962（z1）：59–64.

[30] 中国科学院考古研究所山西工作队. 山西夏县禹王城调查[J]. 考古，1963（9）：474–479.

[31] 马世之. 新郑郑韩故城[J]. 中原文物，1978（2）：54–55.

[32] 李德保. 在新郑郑韩故城内发现宫城遗址[J]. 中原文物，1978（2）：64.

[33] 河南省文物考古研究所新郑工作站. 郑韩故城青铜礼乐器坑与殉马坑的发掘[J]. 华夏考古，1998（4）：11–24.

[34] 河南省文物考古研究所. 河南新郑市郑韩故城郑国祭祀遗址发掘简

报[J]. 考古，2000（2）：61–77.
[35] 河南省文物考古研究所. 河南新郑郑韩故城东周祭祀遗址[J]. 文物，2005（10）：4–33.
[36] 河南省文物考古研究院，新郑市旅游和文物局，城市考古与保护国家文物局重点科研基地. 河南新郑郑韩故城北城门遗址春秋战国时期遗存发掘简报[J]. 华夏考古，2019（1）：3–12，113.
[37] 樊温泉. 郑韩故城近年来重要的考古发现与研究[J]. 华夏考古，2019（4）：64–77、108.
[38] 湖北省博物馆，江陵纪南城考古工作站. 全国重点文物保护单位：楚纪南故城[J].文物，1980（10）：76–78.
[39] 湖北省博物馆. 楚都纪南城的勘查与发掘（上）[J]. 考古学报，1982（7）：325–350.
[40] 湖北省博物馆. 楚都纪南城的勘查与发掘（下）[J]. 考古学报，1982（10）：477–507.
[41] 湖北省文物考古研究所. 1988年楚都纪南城松柏区的勘查与发掘[J]. 江汉考古，1991（4）：6–15.
[42] 闻磊，周国平. 郢路辽远：楚都纪南城宫城区的考古发掘[J]. 大众考古，2016（11）：19–28.
[43] 陕西省社会科学院考古研究所凤翔队. 秦都雍城遗址勘查[J]. 考古，1963（8）：419–422.
[44] 凤翔县文化馆，陕西省文管会. 凤翔先秦宫殿试掘及其铜质建筑构件[J]. 考古，1976（3）：121–128.
[45] 陕西省雍城考古队. 秦都雍城钻探试掘报告[J]. 考古与文物，1985（2）.
[46] 陕西省雍城考古队. 凤翔马家庄一号建筑群遗址发掘简报[J]. 文物，1985（3）：1–29.
[47] 田亚岐. 秦雍城遗址考古工作回顾与展望[J]. 秦始皇帝陵博物院，2012（0）：110–134.
[48] 陕西省雍城考古队. 陕西凤翔春秋秦国凌阴遗址发掘简报[J]. 文物，1978（4）：43–46.
[49] 韩伟. 凤翔秦公陵园钻探与试掘简报[J]. 文物，1983（7）：30–37.
[50] 陕西省雍城考古队. 凤翔秦公陵园第二次钻探简报[J]. 文物，1987（5）：55–65.
[51] 南京博物院. 苏州市和吴县新石器时代遗址调查[J]. 考古，1961（3）：151–159.
[52] 吴恩培. 春秋“吴都”“三都并峙”现状与苏州古城历史文化地位的叙述——近三十年来有关苏州古城历史的争议述论兼及纪念苏州古城建城二千五百三十周年[J]. 苏州教育学院学报，2016（1）：2–36.
[53] 傅熹年. 中国科学技术史・建筑卷[M]. 北京：科学出版社，2008.
[54] 俞伟超. 邺城调查记[J]. 考古，1963（1）：15–24.
[55] 中国社会科学院考古研究所，河北省文物研究所，邺城考古工作队. 河北临漳邺北城遗址勘探发掘简报[J]. 考古，1990（7）：595–600.
[56] 徐光冀. 邺城考古的新收获[J]. 文物春秋，1995（3）：1–16.
[57] 蒋赞初，李晓晖，贺中香.六朝武昌城初探[A]//中国考古学会第五次年会论文集.北京：文物出版社，1988.
[58] 鄂州市博物馆，湖北省文物考古研究所. 六朝武昌城考古调查综述[J]. 江汉考古，1993（2）：19–24.
[59] 湖北省文物考古研究所，鄂州市博物馆. 六朝武昌城试掘简报[J]. 江汉考古，2003（4）：3–13.
[60] 陕西省文管会. 统万城城址勘测记[J]. 考古，1981（5）：225–232.
[61] 王银田等著. 北魏平城考古研究——公元五世纪中国都城的演变[M]. 北京：科学出版社，2017.
[62] 朱岩石，何利群，郭济桥，艾力江. 河北临漳县邺城遗址赵彭城北朝佛寺遗址的勘探与发掘[J]. 考古，2010（7）：31–42.
[63] 何利群，沈丽华，朱岩石，郭济桥. 河北临漳县邺城遗址赵彭城北朝佛寺2010～2011年的发掘[J]. 考古，2013（12）：25–35.
[64] 何利群，朱岩石，沈丽华，郭济桥. 河北临漳邺城遗址核桃园一号建筑基址发掘报告[J]. 考古学报，2016（4）：563–591.
[65] 秦大树. 宋元明考古[M]. 北京：文物出版社，2004.
[66] 辽宁省巴林左旗文化馆. 辽上京遗址[J]. 文物，1979（5）：79–81.
[67] 董新林. 辽上京规制和北宋东京模式[J]. 考古，2019（5）：3–19.
[68] 中国社会科学院考古研究所内蒙古第二工作队，内蒙古文物考古研究所. 内蒙古巴林左旗辽上京宫城城墙2014年发掘简报[J]. 考古，2015（12）：78–97.
[69] 中国社会科学院考古研究所内蒙古第二工作队，内蒙古文物考古研究所. 内蒙古巴林左旗辽上京宫城东门遗址发掘简报[J]. 考古，2017（6）：3–27.
[70] 中国社会科学院考古研究所内蒙古第二工作队，内蒙古文物考古研究所. 内蒙古巴林左旗辽上京宫城南门遗址发掘简报[J]. 考古，2019（5）：20–44.
[71] 董新林，汪盈，曹建恩，肖淮雁，左利军. 辽上京遗址宫城内发现大型宫殿基址[J]. 中国文物报，2020-2-21.
[72] 辽中京发掘委员会. 辽中京城址发掘的重要收获[J]. 文物，1961（9）：34–40.
[73] 内蒙古自治区昭乌达盟文物工作站. 辽中京遗址[J]. 文物，1980（5）：89–91.
[74] 赵永军. 金上京城址发现与研究[J]. 北方文物，2011（1）：37–41.
[75] 黑龙江省文物考古研究所. 哈尔滨市阿城区金上京皇城西部建筑址2015年发掘简报[J]. 考古，2017（6）：44–65.
[76] 黑龙江省文物考古研究所. 哈尔滨市阿城区金上京南城南垣西门址发掘简报[J]. 考古，2019（5）：45–65.
[77] 贾洲杰. 元上都调查报告[J]. 文物，1977（5）：65–72.
[78] 魏坚. 元上都城址的考古学研究[J]. 蒙古史研究（第八辑），2005：

86-115.
[79] 魏坚. 元上都[M]. 北京：中国大百科全书出版社，2008.
[80] 河北省文物研究所. 元中都：1998-2003年发掘报告（上、下）[M]. 北京：文物出版社，2012.
[81] 王剑英. 明中都[J]. 故宫博物院院刊，1991（2）：61-69.
[82] 王剑英. 明中都研究[M]. 北京：中国青年出版社，2005.
[83] 陈伯超等主编. 辽宁吉林黑龙江古建筑（上、下册）[M]. 北京：中国建筑工业出版社，2015.
[84] 中国科学院考古研究所，北京市文物管理处元大都考古队. 元大都的勘查和发掘[J]. 考古，1972（1）：19-28.
[85] 王灿炽. 元大都钟鼓楼考[J]. 故宫博物院院刊，1985（12）：23-29.
[86] 徐苹芳. 中国城市考古学论集[M]. 上海：上海古籍出版社，2015.
[87] （清）顾炎武. 历代宅京记[M]. 北京：中华书局，1984.
[88] （汉）司马迁. 史记[M]. 北京：中华书局，2006.
[89] （汉）班固. 汉书[M]. 北京：中华书局，2007.
[90] （南宋）范晔. 后汉书[M]. 北京：中华书局，2007.
[91] （宋）司马光. 资治通鉴[M]. 北京：中华书局，2007.
[92] （宋）李焘. 续资治通鉴长编[M]. 北京：中华书局，1957.
[93] （清）顾祖禹. 读史方舆纪要[M]. 北京：中华书局，2005.
[94] 梁思成. 梁思成全集[M]. 北京：中国建筑工业出版社，2001.
[95] 刘敦桢主编. 中国古代建筑史[M]. 2版. 北京：中国建筑工业出版社，1984.
[96] 刘叙杰主编. 中国古代建筑史·第一卷：原始社会、夏、商、周、秦、汉建筑[M]. 2版. 北京：中国建筑工业出版社，2009.
[97] 傅熹年主编. 中国古代建筑史·第二卷：三国、两晋、南北朝、隋唐、五代建筑[M]. 2版. 北京：中国建筑工业出版社，2009.
[98] 郭黛姮主编. 中国古代建筑史·第三卷：宋、辽、金、西夏建筑[M]. 2版. 北京：中国建筑工业出版社，2009.
[99] 潘谷西主编. 中国古代建筑史·第四卷：元、明建筑[M]. 2版. 北京：中国建筑工业出版社，2009.
[100] 孙大章主编. 中国古代建筑史·第五卷：清代建筑[M]. 2版. 北京：中国建筑工业出版社，2009.
[101] 周维权. 中国古典园林史[M]. 2版. 北京：清华大学出版社，1999.
[102] 贺业钜. 中国古代城市规划史[M]. 北京：中国建筑工业出版社，1996.
[103] 贺业钜. 考工记营国制度研究[M]. 北京：中国建筑工业出版社，1985.
[104] 杨宽. 中国古代都城制度研究[M]. 上海：上海古籍出版社，1993.
[105] 傅熹年. 傅熹年建筑史论文集[M]. 北京：文物出版社，1998.
[106] 叶朗. 中国美学史大纲[M]. 上海：上海人民出版社，1985.
[107] 贺从容. 古都西安[M]. 北京：清华大学出版社，2012.
[108] 王贵祥. 古都洛阳[M]. 北京：清华大学出版社，2012.
[109] 段智钧. 古都南京[M]. 北京：清华大学出版社，2012.
[110] 李路珂. 古都开封与杭州[M]. 北京：清华大学出版社，2012.
[111] 王南. 古都北京[M]. 北京：清华大学出版社，2012.
[112] 王南. 北京古建筑（上、下册）[M]. 北京：中国建筑工业出版社，2016.
[113] 陈桥驿主编. 中国七大古都[M]. 北京：中国青年出版社，1991.
[114] 史念海. 中国古都和文化[M]. 北京：中华书局，1998.
[115] 朱士光主编. 中国八大古都[M]. 北京：人民出版社，2007.
[116] 阎崇年. 中国古都北京[M]. 北京：中国民主法制出版社，2008.
[117] （汉）赵岐等撰. 三辅决录·三辅故事·三辅旧事[M].（清）张澍辑. 陈晓捷注. 西安：三秦出版社，2006.
[118] （晋）葛洪撰. 西京杂记[M]. 周天游校注. 西安：三秦出版社，2006.
[119] （唐）韦述，杜宝撰. 两京新记辑校·大业杂记辑校[M]. 辛德勇辑校. 西安：三秦出版社，2006.
[120] （唐）郑处诲，裴庭裕撰. 明皇杂录·东观奏记[M]. 北京：中华书局，1994.
[121] （唐）杨巨源等. 虬髯客传·红线传·昆仑奴传·虎口余生记·余生录[M]. 北京：中华书局，1991.
[122] （唐）房玄龄撰. 晋书[M]. 北京：中华书局，1974.
[123] （宋）宋敏求. 长安志[M]. 北京：中华书局，1991.
[124] （宋）王谠撰. 唐语林[M]. 上海：上海古籍出版社，1978.
[125] （宋）钱易著. 南部新书[M]. 黄寿成校. 北京：中华书局，2002.
[126] （唐）教坊记·北里志·青楼集[M]. 崔令钦，孙启，夏伯和撰. 北京：中华书局，1958.
[127] （后晋）刘昫等撰. 旧唐书[M]. 北京：中华书局，1975.
[128] （清）徐松撰. 唐两京城坊考[M]. 张穆校补. 北京：中华书局，1985.
[129] 何清谷撰. 三辅黄图校释[M]. 北京：中华书局，2005.
[130] 刘庆柱辑注. 三秦记辑注·关中记辑注[M]. 西安：三秦出版社，2006.
[131] (日)足立喜六. 长安史迹研究[M]. 王双怀，淡懿诚，贾云译. 西安：三秦出版社，2003.
[132] 雷行，余鼎章. 中国历史文化名城丛书：西安[M]. 北京：中国建筑工业出版社，1986.
[133] 胡谦盈. 丰镐地区诸水道的踏察——兼论周都丰镐位置[J]. 考古，1963（4）：188-197.
[134] 胡谦盈. 丰镐考古工作三十年（1951-1981）的回顾[J]. 文物，1982（10）：57-67.

[135] 郑洪春，穆海亭. 镐京西周五号大型宫室建筑基址发掘简报[J]. 文博，1992（4）:76-83.
[136] 郑洪春. 西周建筑基址勘查[J]. 文博，1984（3）：1-9.
[137] 刘庆柱. 秦都咸阳几个问题的初探[J]. 文物，1976（11）：25-30.
[138] 刘庆柱，陈国英. 秦都咸阳第一号宫殿建筑遗址简报[J]. 文物，1976（11）：12-24.
[139] 陶复. 秦咸阳宫第一号遗址复原问题的初步探讨[J]. 文物，1976（11）：31-41.
[140] 瑞宝. 秦咸阳一号建筑遗址分析[J]. 文博，2000（3）：20-23.
[141] 中国社会科学院考古研究所，西安市文物保护考古所，阿房宫考古工作队. 西安市阿房宫遗址的考古新发现[J]. 考古，2004（4）：3-6.
[142] 中国社会科学院考古研究所，西安市文物保护考古所，阿房宫考古工作队. 阿房宫前殿遗址的考古勘探与发掘[J]. 考古学报，2005（4）：205-236.
[143] 中国社会科学院考古研究所编著. 汉长安城未央宫：1980-1989年考古发掘报告（上、下册）[M]. 北京：中国大百科全书出版社，1996.
[144] 刘庆柱，李毓芳. 汉长安城[M]. 北京：文物出版社，2003.
[145] 中国社会科学院考古研究所，陕西省考古研究院，西安市文物保护考古所编. 汉长安城考古与汉文化：汉长安城与汉文化——纪念汉长安城考古五十周年国际学术研讨会论文集[M]. 北京：科学出版社，2008.
[146] （美）巫鸿著. 中国古代艺术与建筑中的“纪念碑性”[M]. 李清泉，郑岩等译. 上海：上海人民出版社，2008.
[147] 王南. 汉家陵阙[M]. 北京：新星出版社，2018.
[148] 敦煌研究院主编. 敦煌石窟全集21建筑画卷[M]. 香港：商务印书馆（香港）有限公司，2003.
[149] 王南. 梦回唐朝[M]. 北京：新星出版社，2018.
[150] 萧默. 敦煌建筑研究[M]. 北京：机械工业出版社，2003.
[151] Sir é n Osvald. The Walls and Gates of Peking Researches and Impressions[M]. London：John Lane, 1924.
[152] 中国国家博物馆编. 中国国家博物馆馆藏文物研究丛书・绘画卷（风俗画）[M]. 上海：上海古籍出版社，2007.
[153] 陕西省考古研究所，秦始皇兵马俑博物馆编著. 秦始皇帝陵园考古报告（1999）[M]. 北京：科学出版社，2000.
[154] 袁仲一. 秦兵马俑坑[M]. 北京：文物出版社，2003.
[155] 孟剑明. 梦幻的军团[M]. 西安：西安出版社，2005.
[156] 刘庆柱，李毓芳. 西汉十一陵[M]. 西安：陕西人民出版社，1987.
[157] 陕西省考古研究所编. 汉阳陵[M]. 重庆：重庆出版社，2001.
[158] 咸阳市文物考古研究所编著. 西汉帝陵钻探调查报告[M]. 北京：文物出版社，2010.
[159] 郑岩. 逝者的面具：汉唐墓葬艺术研究[M]. 北京：北京大学出版社，2013.
[160] 张在明主编. 中国文物地图集（陕西分册）[M]. 西安：西安地图出版社，1998.
[161] 杨鸿勋. 建筑考古学论文集[M]. 北京：清华大学出版社，2008.
[162] （晋）陈寿. 三国志[M]. 北京：中华书局，2011.
[163] （北魏）杨衒之著. 洛阳伽蓝记[M]. 杨勇校笺. 北京：中华书局，2006.
[164] （北魏）郦道元. 水经注[M]. 长沙：岳麓书社，1995.
[165] （北齐）魏收. 魏书[M]. 北京：中华书局，1997.
[166] （唐）刘肃. 大唐新语[M]. 北京：中华书局，1984.
[167] （唐）欧阳询. 艺文类聚[M]. 明嘉靖天水胡缵宗刻本.
[168] （宋）王溥. 唐会要[M]. 北京：中华书局，1955.
[169] （宋）王溥. 五代会要[M].上海：上海古籍出版社，1978.
[170] （宋）薛居正. 旧五代史[M]. 北京：中华书局，2000.
[171] （宋）乐史. 太平寰宇记[M]. 北京：中华书局，2007.
[172] （宋）李格非. 洛阳名园记[M]. 台北：商务印书馆，1983.
[173] （宋）邵博. 邵氏闻见后录[M]. 北京：中华书局，1983.
[174] （清）徐松. 河南志[M]. 北京：中华书局，1994.
[175] 中国科学院考古研究所二里头工作队. 河南偃师二里头早商宫殿遗址发掘简报[J]. 考古，1974（4）.
[176] 中国科学院考古研究所二里头工作队. 河南偃师二里头二号宫殿遗址[J]. 考古，1983（3）.
[177] 中国社会科学院考古研究所编著. 偃师二里头：1959年—1978年考古发掘报告[M]. 北京：中国大百科全书出版社，1999.
[178] 中国科学院考古研究所二里头工作队. 河南偃师市二里头遗址宫城及宫殿区外围道路的勘察与发掘[J]. 考古，2004（11）.
[179] 中国社会科学院考古研究所洛阳汉魏故城工作队. 偃师商城的初步勘探和发掘[J]. 考古，1984（6）.
[180] 中国社会科学院考古研究所河南第二工作队. 1983年秋季河南偃师商城发掘简报[J]. 考古，1984（10）.
[181] 中国社会科学院考古研究所河南第二工作队. 1984年春偃师尸乡沟商城宫殿遗址发掘简报[J]. 考古，1985（4）.
[182] 中国社会科学院考古研究所河南第二工作队. 河南偃师尸乡沟商城第五号宫殿基址发掘简报[J]. 考古，1988（2）.
[183] 中国社会科学院考古研究所河南

第二工作队. 河南偃师商城小城发掘简报[J]. 考古，1999（2）.
[184] 杜金鹏，王学荣，主编. 偃师商城遗址研究[M]. 北京：科学出版社，2004.
[185] 王学荣，谷飞. 偃师商城宫城布局与变迁研究[J]. 中国历史文物，2006（6）：4–15.
[186] 谷飞，曹慧奇. 2011~2014年偃师商城宫城遗址复查工作的主要收获[J]. 三代考古，2015：192–207.
[187] 中国社会科学院考古研究所河南第二工作队. 河南偃师商城宫城第三号宫殿建筑基址发掘简报[J]. 考古，2015（12）：38–51.
[188] 考古研究所洛阳发掘队. 洛阳涧滨东周城址发掘报告[J]. 考古学报，1959（2）：15–43.
[189] 中国社会科学院考古研究所洛阳汉魏城队. 汉魏洛阳故城城垣试掘[J]. 考古学报，1998（3）.
[190] 叶万松，张剑，李德方. 西周洛邑城址考[J]. 华夏考古，1991（2）：70–76.
[191] 钱国祥，刘瑞，郭晓涛. 中国社会科学院考古研究所洛阳汉魏故城队. 河南洛阳汉魏故城北魏宫城阊阖门遗址[J]. 考古，2003（7）：20–41.
[192] 中国社会科学院考古研究所洛阳汉魏故城队. 河南洛阳市汉魏故城太极殿遗址的发掘[J]. 考古，2016（7）：63–78.
[193] 钱国祥，刘涛，郭晓涛. 中国社会科学院考古研究所.汉魏故都丝路起点——汉魏洛阳故城遗址的考古勘察收获[J]. 洛阳考古，2014（2）：20–29.
[194] 中国社会科学院考古研究所编著. 隋唐洛阳城（1959~2001年考古发掘报告，全四册）[M]. 北京：文物出版社，2014.
[195] 中国科学院考古研究所洛阳唐城队.唐东都武则天明堂遗址发掘简报[J]. 考古，1988（4）.
[196] 王贵祥. 唐洛阳宫武氏明堂的建构性复原研究[M]// 王贵祥主编. 中国建筑史论汇刊（第肆辑）. 北京：清华大学出版社，2010.
[197] （日）关野贞著. 日本建筑史精要[M]. 路秉杰译. 上海：同济大学出版社，2012.
[198] 刘景龙著. 奉先寺[M]. 北京：文物出版社，1995.
[199] 刘景龙.龙门石窟[M]. 北京：文物出版社，1994.
[200] 中国石窟雕塑全集编辑委员会. 中国美术分类全集：中国石窟雕塑全集（第四卷 龙门）[M]. 重庆：重庆出版社，2001.
[201] 中国社会科学院考古研究所洛阳工作队. 北魏永宁寺塔基发掘简报[J]. 考古，1981（5）.
[202] 中国社会科学院考古研究所. 北魏洛阳永宁寺1979–1994年考古发掘报告[M]. 北京：中国大百科全书出版社，1996.
[203] 史树青. 北魏曹天度造千佛石塔[J]. 文物，1980（1）：68–71.
[204] 韩有富. 北魏曹天度造千佛石塔塔刹[J]. 文物，1980（7）：65.
[205] 杨鸿勋. 关于北魏洛阳永宁寺塔复原草图的说明[J].文物，1992（9）：82–87.
[206] 钟晓青. 北魏洛阳永宁寺塔复原探讨[J]. 文物，1998（5）：51–64
[207] 张驭寰. 对北魏洛阳永宁寺塔的复原研究[M]// 张复合主编. 建筑史论文集（第十三辑）. 北京：清华大学出版社，2000.
[208] 王贵祥. 关于北魏洛阳永宁寺塔复原的再研究[M]//贾珺主编. 建筑史（第三十二辑）. 北京：中国建筑工业出版社，2013.
[209] 王贵祥. 消逝的辉煌：部分见于史料记载的中国古代建筑复原研究[M]// 北京：清华大学出版社，2017.
[210] 王南. 塔窟东来[M]. 北京：新星出版社，2018.
[211] （唐）许嵩撰. 建康实录[M]. 张忱石点校. 北京：中华书局，1986.
[212] （唐）姚思廉撰. 梁书[M]. 北京：中华书局，1973.
[213] （唐）魏征等撰. 隋书[M]. 北京：中华书局，1973.
[214] （宋）张敦颐撰. 六朝事迹编类[M]. 张忱石，点校. 北京：中华书局，2012.
[215] （明）顾起元撰. 客座赘语[M]. 吴福林点校. 南京：南京出版社，2009.
[216] 张惠衣撰. 金陵大报恩寺塔志[M]. 杨献文点校. 南京：南京出版社，2007.
[217] 周应合. 景定建康志[M] //宋元方志丛刊（第二册）. 北京：中华书局，1990.
[218] 胡广等. 明太祖实录[M]. 台北：“中央研究院”历史语言研究所，1962.
[219] （民国）张璜撰. 梁代陵墓考[M]// 中央古物保管委员会编辑委员会编. 六朝陵墓调查报告. 南京：南京出版社，2010.
[220] 朱偰. 建康兰陵六朝陵墓图考[M]. 北京：中华书局，2006.
[221] 朱偰. 金陵古迹图考[M]. 北京：中华书局，2006.
[222] 朱偰. 金陵古迹名胜影集[M]. 北京：中华书局，2006.
[223] （日）曾布川宽著. 六朝帝陵——以石兽和砖画为中心[M]. 傅江译. 南京：南京出版社，2004.
[224] 潘伟斌. 魏晋南北朝隋陵[M]. 北京：中国青年出版社，2004.
[225] 林树中编著. 六朝艺术[M]. 南京：南京出版社，2004.
[226] 南京市博物馆. 六朝风采[M]. 北京：文物出版社，2004.
[227] 姚义斌. 六朝画像砖研究[M]. 镇江：江苏大学出版社，2010.
[228] 韦正. 六朝墓葬的考古学研究[M]. 北京：北京大学出版社，2011.
[229] 贺云翱. 六朝文化：考古与发现[M]. 北京：生活·读书·新知三联书店，2013.
[230] 王南. 六朝遗石[M]. 北京：新星出版社，2018.
[231] 武廷海.六朝建康规画[M]. 北京：清华大学出版社，2011.

[232] 苏则民编著. 南京城市规划史稿：古代篇・近代篇[M]. 北京：中国建筑工业出版社，2008.

[233] 南京市明城垣史博物馆编. 城垣沧桑：南京城墙历史图录[M].北京：文物出版社，2003.

[234] 南京博物院编著. 南唐二陵发掘报告[M]. 北京：文物出版社，1957.

[235] 高树森，邵建光. 金陵十朝帝王州[M]. 北京：中国人民大学出版社，1991.

[236] 杨新华主编. 南京明故宫[M]. 南京：南京出版社，2009.

[237] 杨之水等主编. 南京[M]. 北京：中国建筑工业出版社，1989.

[238] 罗哲文，杨永生主编. 失去的建筑[M]. 增订版. 北京：中国建筑工业出版社，2002.

[239] 潘谷西，主编. 南京的建筑[M]. 南京：南京出版社，1995.

[240] 郭湖生. 中华古都：中国古代城市史论文集[M]. 台北：空间出版社，2003.

[241] 郭湖生. 台城辩[J]. 文物，1999（5）.

[242] 杨新华，卢海鸣主编. 南京明清建筑[M]. 南京：南京大学出版社，2001.

[243] 贾珺等. 江苏上海古建筑地图[M]. 北京：清华大学出版社，2015.

[244] （宋）孟元老撰. 东京梦华录注[M]. 邓之诚注. 北京：中华书局，1982.

[245] 丘刚主编. 开封考古发现与研究[M]. 郑州：中州古籍出版社，1998.

[246] （英）李约瑟. 中国科学技术史[M]. 香港：中华书局，1975.

[247] 丘刚. 启（开）封故城的兴废与勘探[J]. 史学月刊，1992（2）.

[248] 开封宋城考古队. 北宋东京外城的初步勘探与试掘[J]. 文物，1992（12）：52-61.

[249] 开封宋城考古队. 北宋东京内城的初步勘探与测试[J]. 文物，1996（5）：69-75.

[250] 开封市文物工作队. 河南开封明周王府遗址的初步勘探与试掘[J]. 文物，2005（9）：46-58.

[251] 刘春迎. 金汴京（开封）皇宫考略[J]. 文物，2005（9）.

[252] 刘春迎. 北宋东京城研究[M]. 北京：科学出版社，2004.

[253] 刘春迎. 考古开封[M]. 郑州：河南大学出版社，2006.

[254] 周宝珠. 宋代东京研究[M]. 郑州：河南大学出版社，1992.

[255] 秦文生编. 启封中原文明——20世纪河南考古大发现[M]. 郑州：河南人民出版社，2002.

[256] 傅熹年. 山西繁峙岩山寺南殿金代壁画中所绘建筑的初步分析[M]// 建筑历史研究（第1辑）.北京：中国建筑工业出版社，1982.

[257] 司艳宇. 明清汴京八景内容及其景名特点分析[J]. 兰台世界，2017(19):112-115.

[258] 林正秋. 南宋都城临安研究[M]. 北京：中国文史出版社，2006.

[259] 唐俊杰，杜正贤. 南宋临安城考古[M]. 杭州：杭州出版社，2008.

[260] 国家文物局. 杭州南宋临安皇城考古新收获[M]//2004年中国重要考古发现. 北京：文物出版社，2006.

[261] 袁琳. 从吴越国治到北宋州治的布局变迁及制度初探[J]. 中国建筑史论汇刊，2012（6）.

[262] 杭州市园林文物局灵隐管理处（杭州花圃）编著. 灵隐寺两石塔两经幢现状调查与测绘报告[M]. 北京：文物出版社，2015.

[263] 贺从容，李沁园，梅静编著. 浙江古建筑地图[M]. 北京：清华大学出版社，2015.

[264] 梁思成. 杭州六和塔复原状计划[J]. 中国营造学社汇刊，1935，5（3）.

[265] 吴文. 杭州西湖风景名胜区的历史沿革与发展研究（1949—2004）[D].北京：清华大学硕士学位论文，2004.

[266] 路秉杰. 雷峰塔的历经[J]. 同济大学学报(社会科学版)，2000（4）.

[267] 王士伦. 杭州六和塔[J]. 文物，1981（4）.

[268] 王南. 木骨禅心[M]. 北京：新星出版社，2018.

[269] （元）陶宗仪. 南村辍耕录[M]. 北京：中华书局，1959.

[270] （元）熊梦祥. 析津志辑佚[M]. 北京：北京古籍出版社，1983.

[271] （明）萧洵. 故宫遗录[M]. 北京：北京古籍出版社，1980.

[272] （明）蒋一葵. 长安客话[M]. 北京：北京古籍出版社，1994.

[273] （明）张爵. 京师五城坊巷胡同集[M]. 北京：北京古籍出版社，1982.

[274] （明）刘侗，于奕正. 帝京景物略[M]. 北京：北京古籍出版社，1983.

[275] （清）于敏忠等编纂. 日下旧闻考[M]. 北京：北京古籍出版社，1983.

[276] （清）孙承泽. 天府广记[M]. 北京：北京古籍出版社, 1984.

[277] （清）张廷玉. 明史[M]. 北京：中华书局，1974.

[278] （清）麟庆著文. 鸿雪因缘图记[M]. 汪春泉等绘图. 北京：北京古籍出版社，1984.

[279] （清）沈源，唐岱等绘. 圆明园四十景图咏[M]. 乾隆吟诗，汪由敦代书. 北京：世界图书出版公司北京公司，2005.

[280] 原北平市政府秘书处编. 旧都文物略[M]. 北京：中国建筑工业出版社，2005.

[281] 北京市古代建筑研究所，北京市文物局资料信息中心编. 加摹乾隆京城全图[M]. 北京：北京燕山出版社，1995.

[282] 徐苹芳编著. 明清北京城图[M]. 上海：上海古籍出版社，2012.

[283] 北京市测绘设计研究院编著. 北京旧城胡同现状与历史变迁调查研究（上、下册）[M]. 2005.

[284] 侯仁之主编. 北京城市历史地理

[M]. 北京：北京燕山出版社，2000.

[285] 邓辉，侯仁之. 北京城的起源与变迁[M]. 北京：中国书店，2001.

[286] 北京大学历史系《北京史》编写组. 北京史[M]. 增订版. 北京：北京出版社，1999.

[287] 侯仁之主编. 北京历史地图集[M]. 北京：北京出版社，1988.

[288] 北京市文物研究所. 北京考古四十年[M]. 北京：北京燕山出版社，1990.

[289] 于杰，于光度. 金中都[M]. 北京：北京出版社，1989.

[290] 陈高华. 元大都[M]. 北京：北京出版社，1982.

[291] 陈高华，史卫民.元代大都上都研究[M]. 北京：中国人民大学出版社，2010.

[292] 单霁翔，刘曙光主编. 北京城中轴线实测图集[M]. 北京：故宫出版社，2017.

[293] 朱祖希. 营国匠意——古都北京的规划建设及其文化渊源[M]. 北京：中华书局，2007.

[294] （意）马可波罗著. 马可波罗行纪[M]. 冯承钧译. 上海：上海书店出版社，2001.

[295] （瑞）奥斯伍尔德·喜仁龙著. 北京的城墙和城门[M]. 许永全译. 北京：北京燕山出版社，1985.

[296] （美）埃德蒙·N. 培根著. 城市设计[M]. 黄富厢，朱琪译. 修订版. 北京：中国建筑工业出版社，2003.

[297] 刘畅. 北京紫禁城[M]. 北京：清华大学出版社，2009.

[298] 清华大学建筑学院编. 颐和园[M]. 北京：中国建筑工业出版社，2000.

[299] 梅宁华，孔繁峙主编. 中国文物地图集·北京分册（上、下册）[M]. 北京：科学出版社，2008.

[300] 曹婉如等编. 中国古代地图集·清代[M]. 北京：文物出版社，1997.

[301] 陈平，王世仁主编. 东华图志：北京东城史迹录（上、下册）[M]. 天津：天津古籍出版社，2005.

[302] 王世仁主编. 宣南鸿雪图志[M]. 北京：中国建筑工业出版社，1997.

[303] 故宫博物院编. 清代宫廷绘画[M]. 北京：文物出版社, 2001.

[304] 万依，王树卿，陆燕贞主编. 清代宫廷生活[M]. 北京：生活·读书·新知三联书店，2006.

[305] 中国美术全集编辑委员会编. 中国美术全集 7 绘画篇·明代绘画·上[M]. 北京：文物出版社，1988.

[306] 赫达·莫里逊著. 洋镜头里的老北京[M]. 董建中译. 北京：北京出版社，2001.

[307] 胡丕运主编. 旧京史照[M]. 北京：北京出版社，1995.

[308] 北京东方文化集团，北京皇城艺术馆编撰. 帝京拾趣——北京城历史文化图片集[M]. 北京：北京皇城艺术馆，2004.

[309] 路秉杰著. 天安门[M]. 上海：同济大学出版社，1999.

[310] 于倬云主编. 紫禁城宫殿[M]. 北京：生活·读书·新知三联书店，2006.

[311] 摄影艺术出版社编. 北京风光集[M]. 北京：摄影艺术出版社，1957.

[312] 傅公钺编著. 北京老城门[M]. 北京：北京美术摄影出版社，2001.

[313] 张先得编著. 明清北京城垣和城门[M]. 石家庄：河北教育出版社，2003.

[314] 刘洪宽绘. 天衢丹阙——老北京风物图卷[M]. 北京：荣宝斋出版社，2004.

[315] 华揽洪著. 重建中国——城市规划三十年（1949—1979）[M]. 李颖译. 北京：生活·读书·新知三联书店，2006.

[316] 王南.《康熙南巡图》中的清代北京中轴线意象[J]. 北京规划建设，2007（5）:71-77.

[317] 赵正之.元大都平面规划复原的研究[M]// 科技史文集（第2辑）. 上海：上海科学技术出版社，1999：14-27.

[318] 姜德明编. 北京乎：1919—1949年现代作家笔下的北京[M]. 北京：生活·读书·新知三联书店，2005.

[319] 王贵祥. 北京天坛[M]. 北京：清华大学出版社，2009.

[320] 林语堂著. 京华烟云[M]. 张振玉译. 北京：作家出版社，1995.

[321] 林语堂著. 辉煌的北京[M]. 赵沛林，张钧等译. 西安：陕西师范大学出版社，2002.

[322] Sirén Osvald. Gardens of China[M]. New York: The Ronald Press Company, 1949.

[323] 王军. 城记[M]. 北京：生活·读书·新知三联书店，2003.

[324] 胡汉生. 明十三陵[M]. 北京：中国青年出版社，1998.

[325] 胡汉生编著. 北京的世界文化遗产·十三陵[M]. 北京：北京美术摄影出版社，2004.

[326] 王南. 明十三陵规划设计的象征含义与意境追求[M]// 杨鸿勋主编. 建筑历史与理论（第十辑）. 北京：科学出版社，2009：241-254

[327] 王其亨主编. 风水理论研究[M]. 天津：天津大学出版社，2005.

[328] 王子林. 紫禁城原状与原创（上、下册）[M]. 北京：紫禁城出版社，2007.

[329] （清）顾炎武. 昌平山水记[M]. 北京：北京古籍出版社，1982.

[330] 刘毅. 明代帝王陵墓制度研究[M]. 北京：人民出版社，2006.

[331] 南京大学文化与自然遗产研究所，孝陵博物馆编. 世界遗产论坛——明清皇家陵寝专辑[M]. 北京：科学出版社，2004.

[332] 秦风老照片馆编. 航拍中国 1945：美国国家档案馆馆藏精选[M]. 福州：福建教育出版社，2014.

[333] 吕不韦著. 吕氏春秋新校释[M]. 陈奇猷校释. 上海：上海古籍出版社, 2002.

后记

本书是对中国历代古都，尤其是西安、洛阳、北京、南京、开封和杭州这六大古都历史沿革、都城规划和主要建筑的极其扼要的概览，前言部分则对六大古都以外的其他主要古都进行简介。此书写作的缘起，是 2012 年清华大学建筑学院建筑历史研究所王贵祥教授曾经主持编写“中国古都五书”，王老师自己执笔《古都洛阳》，贺从容老师编写《古都西安》，我的同事、学友李路珂编写《古都开封与杭州》，段智钧编写《古都南京》，而我有幸负责《古都北京》一书。后来，仍然是在王贵祥教授的推荐下，我诚惶诚恐地接受了这部《古都梦华》的写作任务。

中国古都数量众多，历史文化积淀深厚，且不说写一本关于古都的通论，即便是写任何一座古都的专论（例如我此前曾大胆尝试的《古都北京》），也大大超出本人学术能力的范围。所以，这部书仅仅是对此前学者关于各古都研究的一次学习心得的汇总，对于六大古都和其他著名都城的讨论，只能停留在“摆事实”的层面（而且事实的错误亦在所难免），更远远未能达到“讲道理”的程度。至于写作一部关于中国历代古都规划设计发展变迁的理论性著作，则唯有等待未来继续努力了。

本书的写作要感谢许多师友的帮助。首先当然要感谢王贵祥教授的邀约和信任，王老师一直都是我学术研究中的重要引路人。其次要感谢上述“中国古都五书”的其他作者（贺从容、李路珂、段智钧三位老师），本书对各古都的介绍，很大程度上参考、借鉴了他们的研究成果。另外要特别感谢参与本书写作的其他几位博士或硕士研究生——杨安琪、叶晶、李和欣和郑松松，他们分别为本书洛阳、南京、开封和杭州部分的初稿做了大量辛勤的工作。还要感谢为本书提供图片的大量师友（在图片来源中都予以标明，恕不能在此一一致谢）。当然还要感谢中国建筑工业出版社的编辑团队，为本书做了大量专业细致的编辑工作。最后，要特别感谢我的家人对我的研究工作一如既往的大力支持。

王南

2020 年 5 月 31 日于古都北京

参与编写者名单

导　言　王　南

第一章　王　南

第二章　杨安琪　王　南

第三章　叶　晶　王　南

第四章　李和欣　王　南

第五章　宋松松　王　南

第六章　王　南

图书在版编目（CIP）数据

古都梦华=Chinese Ancient Capitals/王南等著
．—北京：中国城市出版社，2020.2
（大美中国系列丛书/王贵祥，陈薇主编）
ISBN 978-7-5074-3242-8

Ⅰ.①古… Ⅱ.①王… Ⅲ.①都城(遗址)－城市规划
－研究－中国－古代 Ⅳ.①TU984.2

中国版本图书馆CIP数据核字（2019）第280600号

责任编辑：李　鸽　陈海娇
书籍设计：付金红　李永晶
责任校对：王　烨

大美中国系列丛书
The Magnificent China Series
王贵祥　陈薇　主编
Edited by WANG Guixiang CHEN Wei
古都梦华
Chinese Ancient Capitals
王南　等　著
Written by WANG Nan et al.
*
中国建筑工业出版社、中国城市出版社出版、发行（北京海淀三里河路9号）
各地新华书店、建筑书店经销
北京方舟正佳图文设计有限公司制版
北京雅昌艺术印刷有限公司印刷
*
开本：787毫米×1092毫米　1/16　印张：26¾　字数：484千字
2020年4月第一版　2020年4月第一次印刷
定价：**316.00**元
ISBN 978-7-5074-3242-8
（904227）